특별하게 오키나와

OKINAWA

특별하게 오키나와

지은이 문신기
초판 1쇄 발행일 2024년 3월 10일

기획 및 발행 유명종
편집 이지혜
디자인 김효진
조판 신우인쇄
용지 에스에이치페이퍼
인쇄 신우인쇄

발행처 디스커버리미디어
출판등록 제 2021-000025(2004. 02. 11)
주소 서울시 마포구 연남로5길 32, 202호
전화 02-587-5558

ISBN 979-11-88829-39-2 13980

* 사진 및 자료를 제공해준 오키나와관광청, 우루마시관광협회, 나키진관광협회 등 모든 기관, 단체, 업체에 감사드립니다.

특별하게 오키나와
OKINAWA

지은이 문신기

디스커버리미디어

지은이의 말

이국적이면서 동시에 편안함을 선사하는 섬

'난쿠루나이사'

오키나와 말로 '다 잘될 거야'라는 뜻이다. 코로나19 팬데믹 기간 오키나와 친구들에게 안부를 물으면 늘 이 말을 잊지 않고 해주었다. 오키나와도 코로나19로 큰 피해를 봤다. 특히 관광업이 타격을 입으면서 경제적으로 일본 다른 지역보다 더욱 힘든 시기를 보냈다. 오키나와는 늘 아픔을 긍정의 힘으로 이겨낸 섬이다. 일본의 강제 병합과 오키나와 전쟁을 거치며 너무 큰 상처를 입었다. 특히 오키나와 전쟁은 태평양전쟁 중에서 가장 짧은 기간에 가장 많은 사람이 죽은 전쟁이다. 난쿠루나이사를 떠올릴 때마다 제주가 고향인 나는 외할머니가 자주 하시던 '살암스믄 살아진다.'(살면 살 수 있다)라는 말을 떠올렸다. 더없이 아름답지만, 제주와 오키나와는 늘 강자에게 고통을 겪었다. '다 잘될 거야.'와 '살면 살 수 있다!' 두 섬의 주인공들은 절망과 고통을 이겨낼 낙천성과 자기 긍정이 필요했으리라.

코로나19가 끝나면 가장 먼저 찾고 싶은 곳이 오키나와였다. 에메랄드빛 바다, 산호초 섬, 쪽빛 바다를 끼고 끝없이 펼쳐진 해안도로, 맛있는 음식과 따뜻한 사람들. 이국적이면서도 편안함을 동시에 선사했던 섬. 팬데믹 기간 동안 불안하고 억눌렸던 감정을 오키나와에서 위로받고 싶었다. 오키나와에서는 시간이 천천히 흐른다. 한없이 투명한 블루, 오키나와의 바다는 바라만 봐도 위안이 된다. 어디 그뿐인가? 해양 스포츠와 환상적인 드라이브를 맘껏 즐길 수 있고, 류큐 왕국의 전통에 일본·중국·미국이 공존하는 문화는 독특함을 넘어 매력적이기까지 하다. 온전히 '당신'을 맡겨도 좋은 곳, 오키나와는 여행자를 위해 태어난 완벽한 섬이다.

오키나와 본섬은 제주도보다 작다. 사실 면적만 보고 조금 쉽게 생각했다. 하지만 오키나와는 너무 많은 매력과 그에 못지않은 스토리를 품은 섬이었다. 코로나가 끝난 뒤 오키나와는 새로운 모습을 보여주고 있다. 여행객의 발길이 끊긴 바다와 숲은 더욱 투명해졌고 울창해졌다. 적지 않은 식당, 카페, 숍이 폐업했지만, 꽃이 다시 피듯, 봄이 다시 오듯, 많은 가게가 새롭게 문을 열고 사람들의 발길을 이끌며 기지개를 켜고 있다. 이 책은 코로나 이후의 오키나와를 담고 있다. 명소, 맛집, 카페 등을 꼼꼼히 담았다. 대중교통, 리무진, 렌터카 정보들도 자세히 담았다. 이 책을 통해 새로운 얼굴의 오키나와와 기분 좋은 만남이 시작되기를 진심으로 기대해 본다.

오키나와를 이 한 권에 담을 때까지 많은 사람의 도움을 받았다. 그때마다 세상은 함께 살아가는 곳이라는 것을 거듭 깨우치게 된다. 특히 손순호 누님에게 감사드린다. 20년 넘게 오키나와에 산 내공으로 아낌없이 로컬 정보를 내어주었다. 덕분에 유명 여행지뿐만 아니라 골목의 숨은 맛집과 카페까지 알차게 담을 수 있었다. 그 밖의 많은 오키나와 친구와 사랑하는 한국의 친구들 그리고 언제나 말없이 응원해 주는 가족, 책이 나올 때까지 이끌어 주신 유명종 선생님과 디스커버리미디어 가족들에게 감사의 말씀을 전한다.

오키나와여, 영원하라!

2024년 2월

제주도 서귀포에서 문신기

일러두기

『특별하게 오키나와』 100% 활용법

독자 여러분의 오키나와 여행이 더 즐겁고, 더 특별하길 바라며 이 책의 특징과 구성, 활용 방법을 알려드립니다. <특별하게 오키나와>가 친절한 가이드이자 멋진 동행이 되길 기대합니다.

① 이렇게 구성했습니다

휴대용 대형 여행 지도 + 여행 준비 필수 정보 + 오키나와 하이라이트 + 본섬과 부속 섬 여행 정보 + 오키나와 숙소 정보 + 실전에 꼭 필요한 여행 일어와 여행 영어

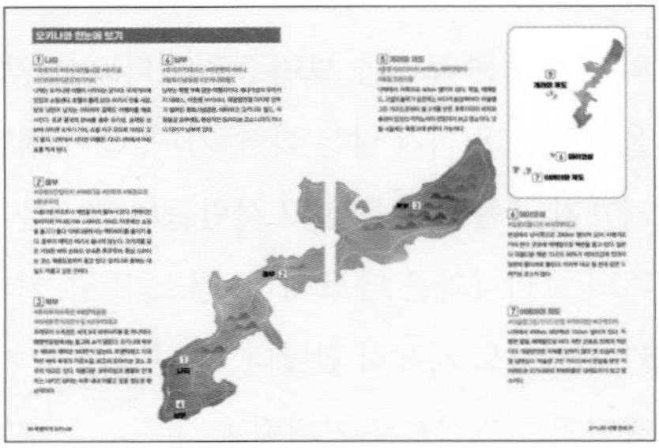

<특별하게 오키나와>는 대형 지도를 담은 특별부록, 오키나와 최신 여행 정보를 담은 본문, 실전에 꼭 필요한 여행 일어와 여행 영어를 수록한 권말 부록으로 구성돼 있습니다. 특별부록엔 두 팔로 펼쳐 보기 딱 좋은 크기로 나하, 북부, 중부, 남부의 여행지도를 담았습니다. 본문 콘텐츠는 여행 준비에 필요한 필수 정보, 오키나와를 특별하게 즐기는 방법을 제안하는 '오키나와 하이라이트', 본섬과 부속 섬의 최신 여행 정보, 권역별 오키나와 숙소 정보를 담고 있습니다. 실전에 꼭 필요한 여행 일어와 여행 영어로 구성된 권말 부록도 주목해 주세요. 여행지에서 자주 일어나는 40개 상황을 먼저 설계한 뒤 상황별로 꼭 필요한 필수 단어와 자주 쓰는 회화 예제를 풍부하게 담았습니다. 흉내만 낸 여행 일어, 여행 영어와는 차원부터 다릅니다.

② 특별부록 : 휴대용 대형 여행지도

나하 지도 + 오키나와 북부 지도 + 오키나와 중부 지도 + 오키나와 남부 지도

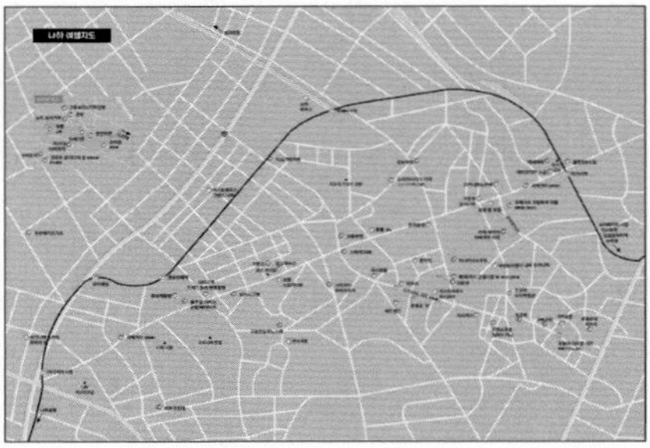

휴대용 대형 여행 지도로 꾸민 특별부록은 '특별하게' 시리즈의 시그니처 콘텐츠입니다. 특별부록엔 오키나와의 네 권역, 구체적으로는 나하와 북부, 중부, 남부의 대형 여행 지도를 실었습니다. 관광지·체험 명소·맛집·카페·바·쇼핑 스폿 등 <특별하게 오키나와>에 나오는 모든 장소를 고유 아이콘과 함께 실었습니다. 명소 앞엔 카메라 아이콘을, 맛집엔 포크와 나이프, 카페와 베이커리엔 커피잔 아이콘, 칵테일 바엔 술잔 아이콘, 쇼핑 스폿엔 쇼핑백 아이콘을 함께 표기했습니다. 휴대용 대형 지도가 오키나와 여행의 친절한 나침반이 되어 줄 것입니다.

③ 여행 필수 정보와 맞춤 테마 여행

오키나와 한눈에 보기 + 월별 날씨와 기온 + 안전 여행을 위한 필수 정보 + 일정별 추천 코스 + 14가지 맞춤 테마 여행

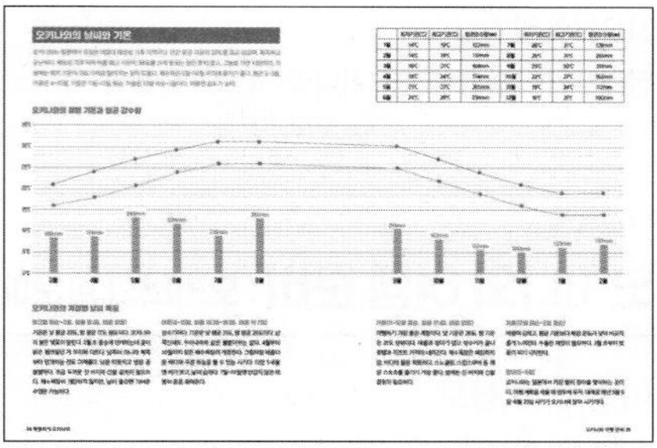

오키나와 여행 필수 정보를 주목해 주세요. 여행을 설계하는 단계부터 실제 여행하는 과정에서 필요한 정보까지 상세하게 안내합니다. 10분 만에 읽는 오키나와 역사부터 두 나라 역사, 렌터카를 비롯한 교통편 정보와 위급 상황 시 대처법까지, 여행 준비와 실전 여행에 필요한 정보를 빠짐없이 담았습니다. 14가지 맞춤 테마 여행을 담은 '오키나와 하이라이트'도 요긴한 정보입니다. 명소와 해양 액티비티, 인생 사진 성지, 미식, 쇼핑, 그리고 테마별 숙소까지 오키나와를 특별하게 즐기는 14가지 방법을 안내해 드립니다.

④ 오키나와 본섬과 부속 섬의 최신 여행 정보

나하 + 오키나와 북부 + 오키나와 중부 + 오키나와 남부 + 게라마 제도 + 미야코섬 + 야에야마 제도

이 책은 여행 정보를 다섯 개 권역으로 세분해 나눠 담고 있습니다. 이국적인 국제거리를 품은 나하는 미식과 쇼핑 여행의 중심지입니다. 오키나와 북부의 매력 포인트는 추라우미 수족관, 코우리 대교, 해양 액티비티, 맹그로브 숲 체험이죠. 산호 비치, 에메랄드빛 바다, 리조트 형 호텔, 매혹적인 쇼핑가, 환상 드라이브 코스……. 중부는 당신이 원하는 여행을 두루 갖추고 있습니다. 오키나와 남부는 특별부록 같은 여행지입니다. 게라마 제도와 미야코섬, 본섬보다 대만이 더 가까운 야에야마 제도. 부속 섬들은 몰디브 부럽지 않은 지상 낙원입니다.

⑤ 권말 부록 : 실전에 꼭 필요한 여행 일어 + 여행 영어

40개 상황별 자주 쓰는 필수 단어 + 40개 상황별 자주 쓰는 필수 회화 예제

여행 일어와 여행 영어를 담은 권말 부록도 특별합니다. 생색만 내는 여행 회화와는 근본부터 다릅니다. 공항·기내·교통수단·숙소·식당·쇼핑 등 여행 과정에서 일어나는 7개 상황을 설계하고 이를 다시 40개 상황으로 세분하여 실전에 꼭 필요하게 구성했습니다. 음식점 항목의 예를 들면, 식당 예약할 때, 음식을 주문할 때, 패스트푸드 주문할 때, 커피 주문할 때, 서비스 요청할 때, 불만 사항을 말할 때, 계산할 때 등으로 세분하여, 상황별로 자주 쓰는 단어와 자주 쓰는 회화 예제를 꼼꼼하게 담았습니다. '실전에 꼭 필요한 여행 일어'와 '여행 영어'가 당신의 든든한 동행이 되어줄 것입니다.

목차

Contents

PART 1

오키나와 여행 준비 : 오키나와 한눈에 보기부터 일정별 추천 코스까지

PART 2

오키나와 하이라이트 : 오키나와를 특별하게 즐기는 방법 14가지

PART 3

나하 : 오키나와 여행의 베이스캠프

PART 4

오키나와 북부 : 오키나와 여행 1번지

PART 5

오키나와 중부 : 완벽한 휴식이 있는 곳

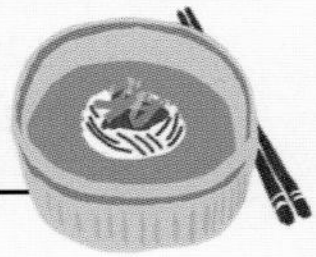

중부 서해안

중부 동해안

PART 6

오키나와 남부 : 특별 부록 같은 여행지

PART 7

오키나와 부속 섬 : 몰디브 부럽지 않다

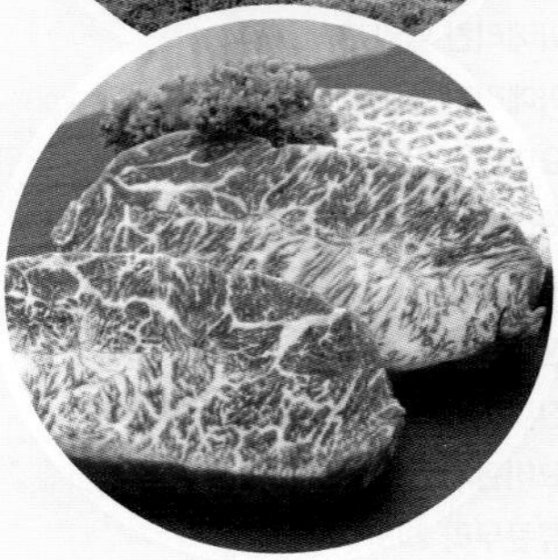

미야코섬

야에야마 제도

PART 8
오키나와 숙소 정보 : 리조트부터 게스트하우스까지

PART 1

오키나와 여행 준비

여행 전에 꼭 알아야 할 필수 정보

준비가 충실하면 여행은 더 즐겁고 풍성해진다. 오키나와를 권역별로 안내하는 '오키나와 한눈에 보기'부터 월별 날씨와 기온, 10분 만에 읽는 오키나와 역사, 공항 교통편과 시내 교통편, 현지에서 유용한 앱, 여행자가 꼭 알아야 할 상식과 에티켓, 일정과 여행 콘셉트별 추천 숙소와 추천 코스까지 오키나와 여행에 꼭 필요한 필수 정보를 모두 담았다.

©오키나와관광청

오키나와 한눈에 보기

1 나하

#국제거리 #마키시전통시장 #슈리성 #쓰보야아치문도자기거리

나하는 오키나와 여행이 시작되는 곳이다. 국제거리에 맛집과 쇼핑센터, 호텔이 몰려 있다. 마키시 전통 시장, 밤의 낭만이 넘치는 이자카야 골목도 여행자를 매료시킨다. 류큐 왕국의 DNA를 품은 슈리성, 오래된 쓰보야 야치문 도자기 거리, 쇼핑 지구 오모로 마치도 잊지 말자. 나하에서 시작된 여행은, 다시 나하에서 마침표를 찍게 된다.

2 중부

#아메리칸빌리지 #마에다곶 #만좌모 #해중도로 #류큐무라

아름다운 리조트가 해변을 따라 들어서 있다. 아메리칸 빌리지와 미나토가와 스테이트 사이드 타운에선 쇼핑을 즐기기 좋다. 마에다곶에서는 액티비티를 즐기기 좋다. 중부의 매력은 여기서 끝나지 않는다. 코끼리를 닮은 기묘한 바위 만좌모, 민속촌 류큐무라, 환상 드라이브 코스 해중도로까지 품고 있다. 오키나와 중부는 내일도 머물고 싶은 곳이다.

3 북부

#추라우미수족관 #해양박공원 #비세후쿠기가로수길 #코우리대교

추라우미 수족관은 세계 3대 아쿠아리움 중 하나이다. 해양박공원에서는 돌고래 쇼가 열린다. 오키나와 북부는 바다의 매력만 보여주지 않는다. 로맨틱하고 이국적인 비세 후쿠기 가로수길, 최고의 드라이브 코스 코우리 대교도 있다. 아름다운 코우리섬과 봄꽃이 만개하는 나키진 성터는 하루 내내 머물고 싶을 정도로 환상적이다.

4 남부

#우미카지테라스 #아웃렛아시비나 #평화기념공원 #오키나와월드

남부는 특별 부록 같은 여행지이다. 세나가섬의 우미카지 테라스, 아웃렛 아시비나, 태평양전쟁 마지막 전투가 벌어진 평화기념공원, 테마파크 오키나와 월드, 석회동굴 교쿠센도, 환상적인 드라이브 코스 니라이 카나이 다리가 남부에 있다.

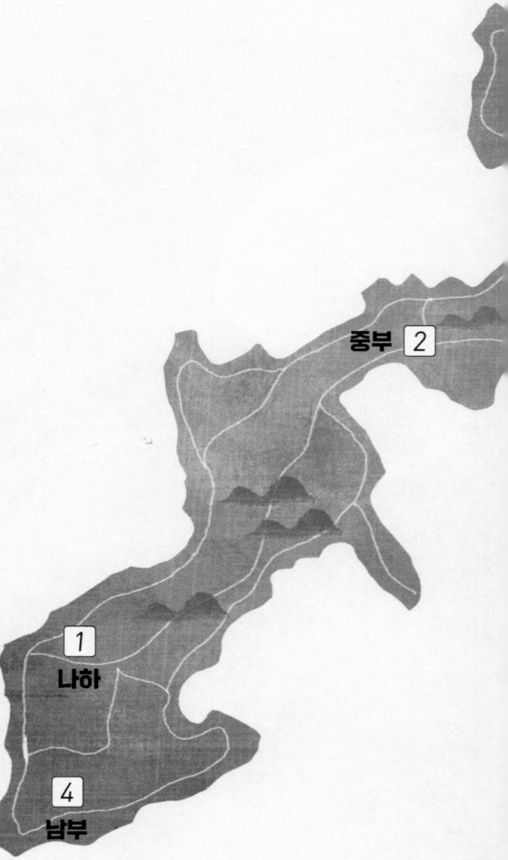

5 게라마 제도

#후루자마미비치 #카미노하마전망대 #혹등고래관광

나하에서 서쪽으로 40km 떨어져 있다. 쪽빛, 에메랄드, 코발트블루가 공존하는 바다가 환상적이다. 미슐랭 그린 가이드로부터 별 2개를 받은 후루자마미 비치와 풍경이 압권인 카미노하마 전망대가 최고 명소이다. 12월~4월에는 혹등고래 관광이 가능하다.

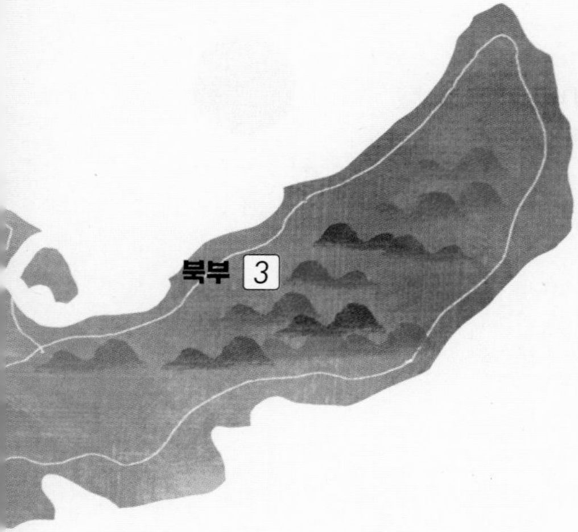

6 미야코섬

#일본의몰디브 #이라부대교

본섬에서 남서쪽으로 290km 떨어져 있어 비행기로 가야 한다. 곳곳에 에메랄드빛 해변을 품고 있다. 일본의 아름다운 해변 10곳의 50%가 미야코섬에 있어서 일본의 몰디브로 불린다. 이라부 대교 등 천국 같은 드라이브 코스가 많다.

7 야에야마 제도

#미슐랭그린가이드만점 #카비라만 #다케도미

나하에서 410km, 대만에선 100km 떨어져 있다. 투명한 물빛, 에메랄드빛 바다, 하얀 산호초 모래가 지천이다. 태평양전쟁 피해를 당하지 않아 옛 모습이 가장 잘 남아있다. 미슐랭 그린 가이드에서 만점을 받은 카비라만과 오키나와의 하회마을인 다케도미가 최고 명소이다.

일본과 오키나와 기본정보

여행 전에 알아 두면 좋을 일본과 오키나와 기본정보를 소개한다. 화폐, 시차, 전압, 물가, 주요 휴일 등을 안내한다. 꼼꼼하게 챙기면 오키나와 여행이 더 즐거울 것이다.

1 일본

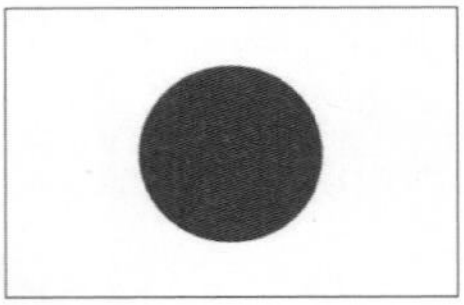

공식 국가명 일본 Japan

수도 도쿄 Tokyo

국기 일장기日章旗にっしょうき, 닛쇼키는 일본의 국기로, 백색 바탕에 태양을 상징하는 붉은 원인 '일장(日章)'을 그려 넣은 깃발이다. 공식적으로는 1870년에 국기로 제정됐다.

국가 번호 81

정치체제 입헌군주제

면적 37만 7,975㎢

인구 약 1억 2,329만 명(2023년 기준)

1인당 GDP 3만 9,312$

화폐 단위 엔 円, yen

공휴일

음력 1월 1·2일(설)

1월 둘째 주 일요일(성년의 날)

2월 11일(건국 기념일), 3월 21일(춘분)

4월 29일(쇼와의 날)

5월 3일(헌법 기념일)

5월 4일(녹색 날)

5월 5일(어린이날)

7월 17일(바다의 날)

8월 11일(산의 날)

8월 14~16일(오봉절)

9월 15일(추분)

10월 둘째 주 월요일(체육의 날)

11월 3일(문화의 날)

11월 23일 (근로자의 날)

12월 23일(천황 탄생일)

비자 대한민국 국민 90일 무비자(관광 목적)

2 오키나와

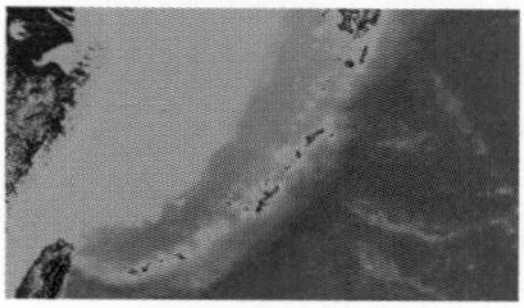

공식 명칭 오키나와현 沖縄県

현청 소재지 나하시

면적 본섬 1,207km²(제주도의 2/3), 전체 2,281km²

인구 1,550,161명

언어 일본어

기후 야에야마 제도는 열대 우림 기후에 속하며, 그 이외의 지역은 아열대 기후에 속한다. 고온 다습하다. 1년 평균 강수량은 2,000㎖ 이상이며, 연평균 기온은 약 22℃이다.

시차 없음

전압 110V를 사용하며 별도 어댑터가 필요함

화폐 엔 円, yen

물가 외식비, 숙박비 모두 우리나라 대비 비싸거나 비슷한 편이고, 택시와 버스요금은 한국에 비해 훨씬 비싸다. 나하 공항에서 추라우미 수족관까지 버스 편도 요금이 2,000엔이다. 3명 이상이라면 렌터카를 적극 추천한다. 오키나와 음식값은 서울과 비슷하다. 오키나와 소바는 500~900엔, 맥도날드 빅맥 세트는 410엔이다.

Travel Tip

오키나와의 주요 관광안내소

오키나와 관광안내소에서는 교통, 관광시설, 이벤트 정보를 얻을 수 있으며, 각종 명소의 입장 티켓을 구매할 수도 있다.

① 나하시 관광안내소

주소 沖縄県那覇市牧志 3丁目 2-10, 1F

찾아가기 모노레일 마키시역에서 도보 5분

구글 좌표 26.216200 127.689215

운영시간 매일 09:00~19:00

② 나하 공항 관광안내소

주소 沖縄県那覇市鏡水 150

찾아가기 나하 공항 1층

운영시간 매일 09:00~21:00

③ 차탄초 관광안내소 一般社団法人北谷町観光協会

주소 沖縄県中頭郡北谷町美浜 16-2

찾아가기 아메리칸 빌리지 내 경찰서 옆 건물 1층

구글 좌표 26.316153 127.757884

운영시간 : 매일 09:00~19:00

④ 오키나와 관광 안내 센터
Okinawa Tourist Information Center

주소 沖縄県那覇市泉崎 1丁目 2 0-6, 2F

찾아가기 모노레일 아사히바시역에서 도보 4분

구글 좌표 26.211539 127.676753

운영시간 매일 11:00~21:00

©오키나와관광안내소

©오키나와관광안내소

오키나와의 날씨와 기온

오키나와는 일본에서 유일한 아열대 해양성 기후 지역이다. 연간 평균 기온이 섭씨 20℃를 조금 넘으며, 쾌적하고 온난하다. 해양성 기후 덕에 여름 최고 기온이 30℃를 크게 웃도는 일은 흔치 않고, 그늘로 가면 시원하다. 겨울에는 최저 기온이 15℃ 아래로 떨어지는 일이 드물다. 해수욕은 5월~10월 사이에 즐기기 좋다. 봄은 2~3월, 여름은 4~10월, 가을은 11월~12월 중순, 겨울은 12월 하순~1월이다. 여름엔 습도가 높다.

오키나와의 월별 기온과 평균 강수량

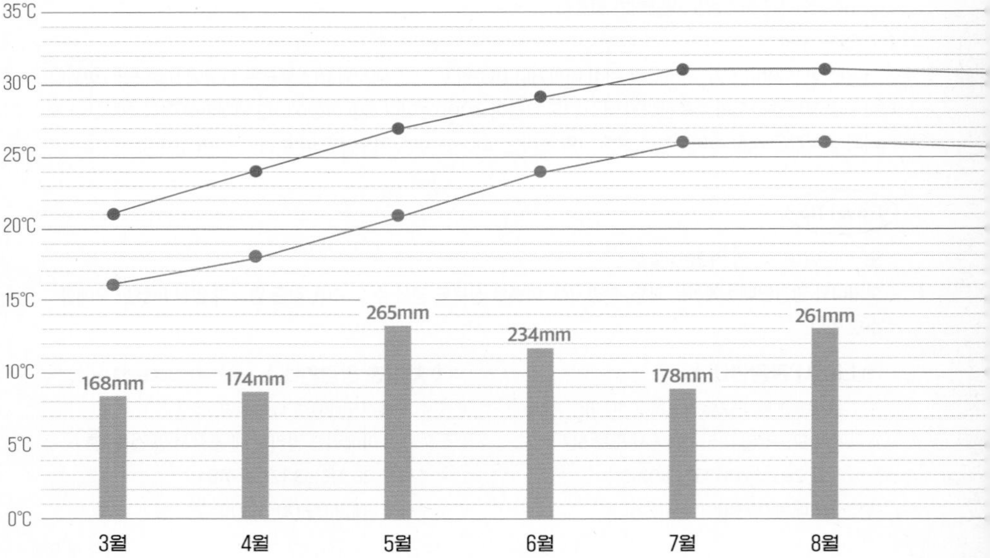

오키나와의 계절별 날씨 특징

봄(2월 하순~3월, 일몰 18:40, 태풍 없음)

기온은 낮 평균 섭씨 22도, 밤 평균 17도 정도이다. 오키나와의 봄은 벚꽃이 알린다. 2월 초·중순에 만개하는데 꽃이 밝은 핑크빛인 게 우리와 다르다. 남쪽이 아니라 북쪽부터 만개하는 것도 이채롭다. 낮은 따뜻하고 밤은 좀 쌀쌀하다. 조금 두꺼운 긴 바지와 긴팔 겉옷이 필요하다. 해수욕장이 개장하지 않지만, 날이 좋으면 가벼운 수영은 가능하다.

여름(4~10월, 일몰 18:30~19:00, 태풍 약 7회)

성수기이다. 기온은 낮 평균 31도, 밤 평균 25도이다. 남쪽인데도 우리나라와 같은 불볕더위는 없다. 4월부터 10월까지 모든 해수욕장이 개장한다. 그림처럼 아름다운 바다와 푸른 하늘을 볼 수 있는 시기다. 다만 5~6월엔 비가 잦고, 날이 습하다. 7월~10월엔 반갑지 않은 태풍이 종종 찾아온다.

	최저기온(℃)	최고기온(℃)	평균강수량(㎜)		최저기온(℃)	최고기온(℃)	평균강수량(㎜)
1월	14℃	19℃	123mm	**7월**	26℃	31℃	178mm
2월	14℃	19℃	137mm	**8월**	26℃	31℃	261mm
3월	16℃	21℃	168mm	**9월**	25℃	30℃	211mm
4월	18℃	24℃	174mm	**10월**	22℃	27℃	162mm
5월	21℃	27℃	265mm	**11월**	19℃	24℃	112mm
6월	24℃	29℃	234mm	**12월**	16℃	21℃	100mm

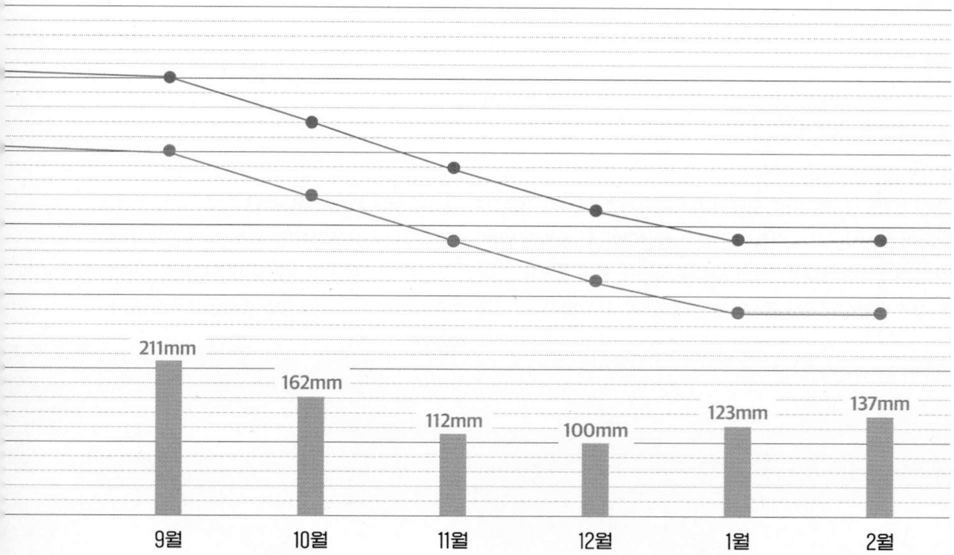

가을(11~12월 중순, 일몰 17:40, 태풍 없음)

여행하기 가장 좋은 계절이다. 낮 기온은 26도, 밤 기온은 21도 안팎이다. 태풍과 장마가 없고 성수기가 끝나 호텔과 리조트 가격이 내려간다. 해수욕장은 폐장하지만, 바다의 물은 따뜻하다. 스노클링, 스킨스쿠버 등 해양 스포츠를 즐기기 가장 좋다. 밤에는 긴 바지와 긴팔 겉옷이 필요하다.

겨울(12월 하순~2월 중순)

바람이 강하고, 평균 기온보다 체감 온도가 낮아 비교적 춥게 느껴진다. 두툼한 재킷이 필요하다. 2월 초부터 벚꽃이 피기 시작한다.

장마(5~6월)

오키나와는 일본에서 가장 빨리 장마를 맞이하는 곳이다. 여행 계획을 세울 때 염두에 두자. 대체로 매년 5월 9일~6월 23일 사이가 오키나와 장마 시기이다.

10분 만에 읽는 오키나와 역사

오키나와 하면 잔잔한 에메랄드빛 바다와 화려한 휴양지가 먼저 떠오른다. 그러나 아름다운 풍경과 달리 상처가 많은 섬이다. 류큐 왕국이라는 독자적인 문화를 가진 국가였으나, 1879년 일본에 편입 당했다. 오키나와 역사 속으로 한 걸음 더 들어가 보자.

오키나와 역사의 시작

오키나와의 역사는 아주 오래전 시작되었지만, 역사가 기록되기 시작한 것은 12세기부터이다. 이후 1429년 류큐 왕국이 들어서면서 독자적인 문화가 형성되었다. 1609년 일본 규슈 남단의 사쓰마번이 류큐를 침공했으며, 1879년 일본 정부는 500여 명의 군경을 파견해 류큐 정부를 없애고 국왕을 도쿄로 압송하면서 오키나와를 일본으로 강제 편입했다. 2차 세계대전 중에 일본에서 유일하게 지상전을 경험했고, 이후 미군정의 통치를 받기도 했다.

산잔 시대(1322~1429)

류큐 왕국 이전 오키나와는, 난잔南山, 남산 츄잔中山, 중산 호쿠잔北山, 북산 이렇게 통치 세력이 셋으로 나뉘어 있었는데, 이 시기를 산잔시대삼산시대, 三山時代라고 한다. 산잔시대는 1322년에서 1429년까지 약 1세기 동안 이어졌다. 1372년 츄잔에서 먼저 명나라에 조공 무역을 시작한 이래 난잔과 호쿠잔 역시 경쟁적으로 조공 무역을 시작했다. 이후 중국을 중심으로 한 동아시아 대외 무역도 활발히 전개하며 삼국은 발전했다. 각 왕조의 경제 활동은 대외 무역에 크게 의존하고 있었기 때문에 무역은 매우 중대한 사안이었다. 중국을 중심으로 한 동아시아의 조공 무역은 전통적으로 조공을 바치면 답례를 주는 형식으로 이루어졌는데, 대개는 받친 조공보다 답례가 넉넉해, 삼국은 무역을 발판으로 발전하기 시작했다.

©Almighty Franklinstein

©kanegen

©David Pursehouse

류큐 시대(1429~1879)

1429년 츄잔의 제2대 쇼하시왕尙巴志王은 난잔과 호쿠잔을 멸하고 삼산통일三山統一을 이루어 류큐국을 세웠다. 이후 쇼엔왕 때부터 일본, 조선, 명나라 등과 폭넓은 교역을 진행하면서 힘을 키워 나갔다. 특히 '대교역 시대'라 불리는 전성기가 찾아오는데, 이 시기 명나라는 해금 정책을 펼쳐 자국의 상선들이 자유로이 무역하는 것을 금지하였기 때문에, 류큐는 동아시아 해역과 동남아시아 해역을 아우르는 해상 무역을 통해 크게 성장하게 되었다.

명나라의 조공 무역 질서는 16세기에 들어 크게 약해지고, 왜구가 다시 해상에서 활동하기 시작했다. 이 시기 스페인과 포르투갈은 필리핀, 말레이시아 등에 거점을 마련하고 동아시아 무역을 확대해 나가 류큐의 무역 활동에 큰 타격을 주었다. 게다가 일본도 동남아시아와 직접 무역을 시작하면서 류큐의 중계 무역권을 빼앗아 갔다. 1609년에는 사쓰마번이 류큐국을 침공해 결국 일본에 조공을 시작하였다. 류큐국은 '중국은 우리의 아버지이고 일본은 우리의 어머니이다.'라는 식으로 외교 노선을 설정하고, 국가의 존립을 위해 중국청나라과 일본 양쪽에 조공을 보내는 이중 조공을 하면서 큰 고통을 받았다. 이후 18세기 말부터 경제력이 약화 되어, 19세기 중반 서양, 청나라, 일본의 개항 압력 속에 중계 무역 거점의 지위를 잃게 된다. 결국 1879년 류큐국은 일본의 막번 체계에 편입되었다.

오키나와 전쟁(1945년)

류큐의 아픔은 아직 끝나지 않았다. 일본은 태평양전쟁에서 패색이 짙어지자, 본토를 방어하기 위해 규슈와 오키나와, 대만을 잇는 방어선을 구축했다. 특히 오키나와를, 본토를 지키는 마지막 보루로 삼았다. 1945년 4월 1일 미군이 오키나와에 상륙했다. 일본에서 유일하게 육지전이 발생한 오키나와. 평화로웠던 작은 섬에 전쟁의 서막이 열린 것이다. 이날을 기점으로 83일 동안 일본과 미국의 전면전이 시작되었다. 83일 동안 오키나와 주민 21만 명이 사망했다. 일본군은 수류탄을 나누어 주며 자살을 강요하고, 직접 민간인을 대량 학살하기도 하였다. 당시 섬 전체 인구는 46만 명이었다.

미군 통치시대(1945~1972)

일본은 미국에 항복했고, 오키나와는 미군정 시대를 맞이한다. 일본 본토에서 미군기지는 4분의 1로 줄었으나, 오키나와에서는 약 2배 늘어난다. 많은 오키나와 토지를 미군에게 내주면서 갈등이 시작된다. 이는 베트남전쟁 때문인데 미군의 군수물자가 오키나와에서 출발해 베트남으로 갔다. 전쟁의 전선 기지로 오키나와가 그 기능을 하면서 오키나와 주민들은 전쟁의 가해자 편에 선다는 인식을 하며 미군 철거 운동을 벌였다. 하지만 지금도 오키나와의 많은 땅은 미군 기지로 활용되고 있고 오키나와에서 미군을 만나는 일은 흔한 일이다. 그래서 오키나와에서는 영어를 쓰는 일이 어렵지는 않다.

일본 편입부터 현재까지(1972~)

1969년 11월, 사토-닉슨 공동성명을 통해 1972년까지 오키나와를 일본으로 복귀시키기로 발표한다. 그리고 1972년 5월 15일 오키나와는 일본으로 복귀하였다. 이때부터 오키나와는 미국의 군사기지가 되었다. 오키나와는 일본 영토의 0.6%에 불과하지만, 주일 미군의 70% 이상이 오키나와에 있다. 스테이크, 햄버거, 스팸 같은 미국의 음식 문화가 이때 들어왔다. 이후 일본은 오키나와에서 전쟁의 기억을 지우고 일본의 대표적인 휴양지 이미지를 만들기 시작한다. 대형 리조트와 호텔들이 들어서고, 1975년에는 국제해양박람회를 개최한다. 2000년대에는 서방 선진국 7개국과 러시아 등 주요 8개국(G8) 정상회담 서밋이 오키나와에서 개최된다. 게다가 각종 드라마와 영화가 제작되면서 지금은 한국, 중국, 대만 등 아시아 여행자들의 사랑을 받는 섬이 되었다.

Travel Tip

한국과 오키나와의 교류사 슈리성에서 나온 고려 기와가 말해주는 것은?

한국과 오키나와의 교류 역사는 800년 전으로 올라간다. 아직 논란이 있지만, 첫 인연은 삼별초였던 것으로 보인다. 진도 용장성 삼별초 유적지에서 나온 기와와 똑같은 기와가 슈리성과 나하 북쪽 우라소에 성터, 왕릉지에서 쏟아져 나왔기 때문이다. 우리와 오키나와 학계에서는 1270년대 원나라와 고려 관군에게 패퇴한 삼별초가 진도와 제주도에서 오키나와로 망명한 것으로 보고 있다. 기록에 나오는 첫 교류는 1389년이다. <고려사>에 따르면 유구국류큐 중산의 왕1429년 통일 이전 류큐는 남산, 중산, 북산 등 삼산국이 공존하고 있었다. 찰도가 사신을 파견해 조공을 바쳤다. 1394년에는 삼국의 다툼으로 남산의 왕이 망명하기까지 했다. 19세기까지 유구국은 조선에 수십 차례 사절을 파견해 진귀한 물건을 바치고 풍랑에 표류한 사람들을 구해 돌려보냈다. 임진왜란 때도 유구국은 조선을 도왔다. 일본 막부가 조선 침략을 위해 군량미와 군사를 요청했지만 거절했다. 오히려 유구는 자신을 책봉해 준 명나라에 침략 정보를 흘리기까지 했다. 일설에 의하면 조선에서 도자 기술을 받아들여 독자적인 도자 문화를 발전시키고, <홍길동전>의 홍길동이 찾아 나선 '율도국'이 본섬에서 남서쪽으로 400km 떨어진 야에야마 제도의 요나구니与那国라는 이야기도 있으나 아직 확인된 바는 없다.

오키나와를 이해하는 핵심 키워드 5가지

일본인 듯 일본과 다른, 아름다운 바다, 렌터카 여행, 추라우미 수족관, 섬 속의 섬. 오키나와를 조금 더 알고 싶다면 이 다섯 가지를 꼭 기억하자. 다섯 가지 키워드가 품은 스토리를 이해하면 오키나와를 더 깊이 알게 될 것이다. 오키나와 속으로 한 걸음 더 들어가 보자.

©Kenji Togo

일본인 듯 일본과 다른

이곳은 일본인가? 아니면 동남아시아인가? 오키나와에 도착하면 가장 먼저 머릿속에 떠오르는 질문이다. 이렇듯 오키나와는 일본인 듯 일본 아닌 제3의 독특한 향기를 섬 가득 풀어놓는다. 일본인데 동남아시아 같고, 어느 순간 중국의 그림자도 보인다. 세계문화유산인 슈리성의 옛 유적지와 중부와 북부의 성 터, 몇몇 민속촌 등에선 류큐 문화를 체험할 수 있다. 제2차 세계대전 이후에는 미국의 영향을 많이 받았다. 특히 아메리칸 빌리지는 미국의 어느 도시를 그대로 옮겨 놓은 것 같다. 미나토가와 외국인 주택단지에서도 미국의 흔적을 느낄 수 있다.

음식도 본섬과 좀 다르다. 소바는 오키나와를 대표하는 음식이다. 일본 소바는 보통 메밀로 만드는데, 오키나와는 독특하게 밀가루로 만든다. 일찍부터 무역이 발달했기 때문에 밀을 사용할 수 있었다. 날씨가 더워 오래 숙성시키지 못해 면발이 툭툭 끊어지는 게 특징이다. 라멘과 스시도 잊지 말자. 전통음식으로는 삼겹살 조림 라후테, 바다의 포도로 불리는 우미부도, 채소·두부·돼지고기를 볶은 찬푸르, 전통 소주 아와모리, 빙수 단팥죽 젠자이, 거품이 부풀어 오르는 차 부쿠부쿠 등이 있다.

아름다운 바다

오키나와는 인천공항에서 1,500km, 비행기로 2시간 10분 남짓 거리이다. 위도상으로는 북위 24~27도 사이에 있다. 화산 폭발로 생긴 섬으로. 딸린 섬까지 포함하면 제주1,849km^2보다 조금 크지만2,281km^2 본섬은 1,206km^2로 제주도보다 작다. 인구는 145만 명으로 제주도의 약 2배이다. 본섬의 남북 길이는 100km에 이를 만큼 길지만, 동서는 10~15km로 무척 짧다. 섬이 긴 탓에 북부, 중부, 남부로 지역을 나눈다. 현청 소재지는 섬 남부에 있는 나하이다. 오키나와는 주변에 유인도 40여 개를 거느리고 있다. 본섬은 아열대 기후지만, 남서쪽으로 400km 떨어져 있는 미야코섬과 이시가키섬은 열대 기후대에 속한다. 이들 섬은 본섬보다 대만에 더 가까이 있으며, 타이베이보다도 남쪽에 있다.

오키나와는 작은 섬이지만 두 눈을 의심케 할 정도로 아름다운 에메랄드빛 바다가 있어 매혹을 넘어 깊은 감동을 준다. 남부의 미이바루 비치에서 북부의 오쿠마 비치까지 어디를 가든 한없이 투명에 가까운 블루의 향연이 펼쳐진다. 게라마 제도 같은 부속 섬으로 가면 더욱 좋다. 에메랄드 블루부터 코발트블루까지, 햇빛과 바다가 창조한 세상의 다양한 남빛 색채를 가슴 벅차게 체험할 수 있다. 액티비티도 다양하다. 스노클링 하며 열대어를 구경할 수 있고, 해적선을 타고 해적 체험을 할 수도 있다. 보트를 타고 나가 바다와 어우러진 맹그로브 숲도 구경할 수 있다.

렌터카 여행

오키나와도 버스로 여행할 수는 있지만, 배차 간격이 길고 비용도 한국보다 비싸므로, 짧은 시간에 제대로 즐기기 위해서는 렌터카를 이용하는 게 좋다. 오키나와에서는 대부분 운전을 천천히 하는 분위기인 데다, 렌터카에 대해 관대하므로 운전 부담은 갖지 않고 드라이브를 즐길 수 있다. 야자기섬과 코우리섬을 이어주는 약 2km에 달하는 코우리 대교는 손꼽히는 드라이브 코스이다. 해안도로는 중부 최고의 드라이브 코스로 뽑힌다. 해안도로는 본섬 동쪽과 헨자섬, 미야기섬, 이케이섬까지 16.7km를 이어준다. 니라이 카나이 다리는 S자 드라이브 코스로 해안 절벽과 지상을 연결해 하늘 위를 달리는 듯 기분이 짜릿하다. 나하에서 풍경 좋기로 이름난 서해안을 거쳐 북쪽 끝 헤도곶까지 내달리는 58번 국도도 기억하자. 이 길의 하이라이트는 온나손의 르네상스 비치에서 북부 나고까지 이어지는 해안도로다. 25km 내내 그림 같은 풍경과 남국의 낭만을 즐길 수 있다.

추라우미 수족관

세계 3대 수족관으로 꼽히는 추라우미를 빼놓고 오키나와 여행을 논할 수는 없다. 추라우미 수족관은 1975년 오키나와 엑스포 전시장에 만든 국립해양공원 안에 있다. 1995년 문을 연 추라우미 수족관은 2002년 대대적으로 리뉴얼을 하면서 오키나와의 명소로 떠올랐다. 수족관 면적은 1만m^2이다. '산호바다로의 여행', '구로시오로의 여행', '심해로의 여행' 등 3개의 테마로 구성되어 있고, 테마마다 여러 개 수조가 있다. 수조 안에는 오키나와 주변에 서식하는 740종, 2만 1천 마리 바다 생물이 살고 있다.

4층부터 1층으로 내려가면서 관람하도록 설계되어 있는데, 이 수족관의 하이라이트는 '구로시오의 바다'이다. 구로시오의 바다에는 70여 종 1만 6천여 마리의 물고기가 산다. 그중 고래상어는 모두 세 마리인데, 몸길이가 8.6m에 이르는 상어도 있지만, 수족관이 워낙 커서 답답해 보이지 않는다. 고래상어 덕분에 대형가오리는 손바닥만 하게 보이고 아열대 물고기는 멸치처럼 작아 보인다. 바다의 한 조각이 그대로 눈 앞에 펼쳐지는 것 같다. 한눈에 담을 수 없어 수조 둘레를 돌아가며 관람하게 되어 있다.

섬 속의 섬

섬 오키나와는 많은 부속 섬과 이웃하고 있다. 오키나와의 부속 섬들은 본토보다 더욱 아름다운 해변을 품고 있어서 가 볼 만하다. 오키나와 사람들도 부속 섬으로 여행을 떠나기도 한다. 게라마 제도, 미야코섬, 야에야마 제도가 그 대표주자들이다. 게라마 제도는 나하에서 서쪽으로 40km 떨어져 있다. 미슐랭 그린 가이드로부터 별 2개를 받은 후루자마미 비치와 풍경이 압권인 카미노 하마 전망대가 최고 명소이다. 12~4월에는 혹등고래를 구경할 수 있다. 미야코섬은 본섬에서 남서쪽으로 290km 떨어져 있어 비행기로 가야 한다. 곳곳에 에메랄드빛 해변을 품고 있다. 일본의 아름다운 해변 10곳의 50%가 미야코섬에 있다. 그래서 일본의 몰디브라 불린다. 야에야마 제도는 나하에서 410km 떨어져 있다. 투명한 물빛, 에메랄드빛 바다, 하얀 산호초 모래가 지천이다. 태평양전쟁 때 피해를 당하지 않아 옛 모습이 가장 잘 남아있다. 미슐랭 그린 가이드에서 만점을 받은 카바라만과 오키나와의 하회마을인 다케도미가 최고 명소이다.

꼭 즐겨야 할 오키나와 축제

오키나와는 흥겨움이 넘치는 섬이다. 1월 말에 열리는 벚꽃축제부터 12월의 나하 마라톤까지 365일 크고 작은 축제가 이어진다. 이제, 오키나와 속으로 한 걸음 더 들어가 보자. 축제를 즐기며 오키나와를 더 깊이 느껴보자.

❶ 나키진 성터 벚꽃축제(1월 21일~1월 28일)

개화 시기에 따라 기간은 매년 조금씩 달라진다. 나카진 성터는 일본의 아름다운 성 100선에 선정되었다. 비슷한 시기에 나고 중앙공원, 야에다케 벚꽃 숲 공원八重岳桜の森公園, 구글좌표 26.649702, 127.916311에서도 벚꽃축제가 열린다.

나키진 성터

맵코드 553 081 414*17 **구글 좌표** Nakijin Castle **입장료** 600엔

❷ 류큐 바다 불꽃 축제(4월 둘째 주 토요일, 트로피컬 비치)

매년 4월 둘째 주 토요일 해수욕장 개장을 기념하며, 중부 기노완시 해변공원과 트로피컬 비치에서 열린다. 입장료는 현장 구매보다 예매하면 더 저렴하다. 그리고 12월 24일, 성탄 전야에는 크리스마스 일루전 축제Christmas Fireworks Illusion가 열린다.

맵코드 33 403 240*01 **구글 좌표** 트로피칼 비치 **입장료** 3,500~5,000엔(성인)
주차 요금 3,500엔 **홈페이지** https://www.ryukyu-kaiensai.com

❸ 나하 하리 축제(5월 3일~5일, 나하 신항)

풍어와 안전을 기원하며 나하 신항에서 열리는 드래곤 보트 경주 대회다. 류큐 왕국 때부터 이어진 축제이다. 20만 명이 찾는 오키나와 최대 축제다. 첫째 날은 전야제가, 둘째 날은 청소년들이, 셋째 날은 성인들이 경주를 벌인다. 공연, 향토 음식 판매, 불꽃놀이도 열린다.

구글 좌표 26.228642, 127.678652 **축제 시간** 08:00~21:00

❹ 해양박공원 섬머 페스티벌 (7월 15일 전후, 해양박공원 에메랄드 비치)

7월 15일 전후 하루 동안 열리는 뮤직 페스티벌 겸 오키나와 최대 불꽃 축제이다. 안전을 위해 참여 인원을 2만 명으로 제한한다. 에메랄드 비치 입구에서 무료 관람권을 배포한다.

구글 좌표 에메랄드 비치 **축제 시간** 12:00~20:50

❺ 에이사 축제 (8월 하순~9월 상순 3일간, 오키나와)

일본에는 오봉이라는 최대 명절이 있다. 오키나와는 오봉 때인 음력 7월 15일쯤에 지역 대표 청년들이 전통 타악 춤 에이사를 추는 축제를 벌인다. 북춤 퍼레이드가 볼만하다. 메인 축제는 오키나와 코자 체육공원에서 열린다. 또 매해 8월 첫째 주 일요일엔 1만 명이 나하시 메인 스트리트에서 에이사 춤 퍼레이드를 벌인다.

구글 좌표 Koza Sports Park **축제 시간** 15:00~21:00

❻ 나하 오오츠나이키 줄다리기 축제 (10월 중순 토, 일, 월요일. 나하 국제거리)

짚으로 만든 거대한 줄로 벌이는 줄다리기 축제이다. 민속 공연과 함께 퍼레이드가 펼쳐진다. 저녁 8시 이후 불꽃놀이도 열린다. 줄다리기가 축제의 하이라이트이다.

❼ 슈리성 축제(10월 말과 11월 초 사이, 슈리성 공원, 나하 국제거리)

나하에서 열리는 큰 축제 중 하나이다. 고대 류큐 왕국의 문화에 흠뻑 빠질 수 있다. 국제거리에서 열리는 왕족 행렬과 슈리성에서 열리는 옛 복식 퍼레이드에서 류큐 왕실과 귀족들의 화려한 의상과 가마 등을 구경할 수 있다. 또 밤에는 슈리성 공원에서 류큐 음악과 춤 공연을 즐길 수 있다.

❽ 나하 마라톤(12월 3일, 나하시와 남부)

오전 9시 나하를 출발해 남부의 사탕수수밭과 평화기념공원을 가로질러 해안선을 따라 달린다. 일본, 대만, 한국 등에서 3만여 명이 참여한다.

참가비 일반 9,800엔, 65세 이상·18세 이하 7,800엔
홈페이지 www.naha-marathon.jp

6문 6답, 여행 전에 알아야 할 오키나와 Q&A

오키나와 여행에 대해 궁금한 점은? 여행 최적 시기, 오키나와에서 꼭 해야 할 버킷 리스트, 조심해야 할 행동 등 여행자들이 제일 궁금해할 내용을 골랐다. 이름하여 6문 6답, 여행 전에 꼭 알아야 할 여섯 가지 질문과 대답.

1. 여행하기 가장 좋은 시기는 언제인가?

오키나와는 1년 내내 햇살이 가득한 섬이다. 날씨와 기온이 일정한 편이라 언제 가도 여행하기 좋다. 3월 중순부터 10월까지는 해수욕을 즐길 수 있다. 그래도 최적 시기를 꼽으라면 3~5월, 9~10월이다. 3~5월은 해수욕장이 개장하며 더워지는 시기로 장마가 시작되기 전이라 여행하기에 좋다. 9~10월은 오키나와의 바다가 가장 아름다운 시기로 습도가 낮고, 밤은 선선해 여행하기 좋다. 특히 인파가 많이 몰리는 성수기가 아니므로 호텔도 조금 저렴하게 이용할 수 있다. 겨울인 1~2월 중순은 호텔과 리조트 호텔 가격이 가장 저렴하다.

2. 며칠 일정이 좋을까?

일정은 여행 기간과 예산에 따라 달라진다. 오키나와는 작은 섬이 아니므로 렌터카를 이용할 경우 최소 2박 3일로도 여행할 수 있다. 여유롭게 많은 것을 보고 느끼고 싶다면 4박 5일을 추천한다. 2박은 나하에서 슈리성, 쇼핑의 거리, 맛집 투어를 즐기고 나머지 2일은 58번 국도를 타고 추라우미 수족관이 있는 북부지역까지 다녀올 수 있다. 오가며 오키나와 중, 북부의 아름다움까지 느낄 수 있어 좋다. 좀 더 시간이 있다면 미야코섬 등 부속 섬까지 다녀올 것을 추천한다.

3. 이것만은 꼭 해라, 오키나와 버킷 리스트 세 가지만 꼽는다면?

❶ 미식 체험

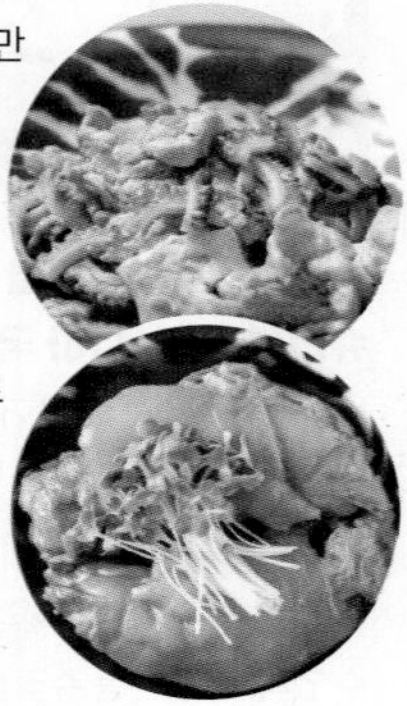

오키나와는 일본의 섬이지만 기후와 자연환경이 다르기에 음식도 색다르고 독특하다. 오키나와 소바는 류큐 시대부터 전해지는 음식으로, 다랑어 또는 닭이나 돼지고기로 육수를 만들어 독특하고 맛이 좋다. 태평양전쟁 이후 미군이 주둔하면서 햄버거, 스테이크, 타코라이스 등이 오키나와 스타일로 새롭게 태어나기도 했다. 류큐 전통음식부터 오키나와 스타일로 바뀐 이국의 음식까지 다양하게 즐겨보자.

©나카진관광협회

❷ 드라이브 즐기기

드라이브는 오키나와 여행의 꽃이다. 나하시를 벗어나면 도로 옆으로 에메랄드빛 바다가 푸른 카펫처럼 펼쳐진다. 58번 국도는 절대 놓치지 말자. 58번 국도는 오키나와 서쪽을 남북으로 관통하는 간선도로이자 중북부에서 가장 유명한 드라이브 코스이다. 나하 공항에서 출발해 아메리칸 빌리지, 푸른 동굴, 만좌모, 나고, 오쿠마 비치를 지나 최북단 헤도곶까지 이어진다. 이외에도 코우리 대교, 해중도로, 니라이 카나이 다리, 이라부 대교 등도 드라이브 코스로 제격이다. 인생 최고의 드라이브를 경험하게 될 것이다.

❸ 해양 액티비티 즐기기

오키나와는 해양 스포츠의 천국이다. 아름다운 산호와 아열대 물고기를 얕은 바다에서도 쉽게 찾아볼 수 있다. 스노클링, 스쿠버 다이빙, 바나나보트, 요트, 트롤링, 윈드서핑 등 다양한 해양 스포츠를 즐길 수 있다. 스노클링은 간단한 교육을 받고, 다이빙은 전문 강사와 함께 즐길 수 있다. 운이 좋으면 바다거북을 만날 수도 있다. 많은 비치에서 액티비티 프로그램을 운영하고 있다. 한 번에 다양한 액티비티를 즐기고 싶다면 호텔에서 운영하는 비치를 선택하는 게 좋다.

4. 오키나와에서는 이런 행동 하면 안 된다고?

현지인들 사이에서 자연스럽게 행동할 수 있도록, 여행자가 지켜야 할 사항에 대한 간략한 안내서를 준비했다. 다른 나라에서는 자연스러운 행동이지만 오키나와에서는 여행객들이 자기도 모르게 오해를 불러일으킬 수도 있다. 그 몇 가지를 소개한다.

- 카페 및 식당에서 휴대전화 충전 금지
- 택시 문 여닫기 및 조수석 탑승 금지
- 버스 정지하기 전에 일어나지 않기
- 음식 남기지 않기. 남은 음식을 싸가는 것도 일반적으로 허용되지 않음.
- 길거리 흡연 금지
- 일본의 가정집은 대부분 현관에서 신발을 벗는다.
- 열차나 버스에서 조용한 목소리로 이야기하는 것은 허용되지만, 큰소리로 통화를 하는 것은 예의에 어긋나는 행동이다.

5. 오키나와 치안은 어떤가요?

오키나와는 일본에서도 치안이 안전한 지역으로 손꼽힌다. 여성 여행자가 밤늦도록 동네 이자카야(일본식 선술집) 순례를 해도 큰 문제는 없다. 밤늦도록 차를 타고 해변의 여기저기를 돌아다녀도 비교적 안전한 편이다. 하지만 여기도 범죄가 아예 없는 것은 아니다. 밤늦게 외곽을 다닐 때는 주의가 필요하다. 미군의 폭력 사건도 종종 일어나니 유의하자.

6. 일본어와 영어 중에서?

간단한 일본어를 숙지하고 여행하자. 미군 부대가 많아 타 일본 본섬보다 영어가 익숙한 편이긴 하지만, 그래도 모두가 영어에 익숙한 것은 아니다.

꼭 알아야 할 오키나와 여행 상식

일본 유일 아열대 지역 오키나와 여행에 관한 상식 중에는 날씨, 기후와 연관된 내용이 많다. 오키나와 여행자가 알아 두면 도움이 될 만한 정보를 소개한다.

❶ 심한 실내외 온도 차이, 긴 팔 웃옷을 챙기자!

오키나와는 고온 다습한 아열대 국가이기 때문에 여름 한낮의 평균 기온은 30~32도를 웃돈다. 실내에서는 어디든 에어컨을 가동한다. 외부와 온도 차가 심하므로, 얇은 카디건 등 긴 팔 상의를 챙겨 다니는 게 좋다.

❷ 우산과 자외선 차단제는 필수!

오키나와 여름은 햇살이 매우 강하고 뜨겁다. 외부에 나가기 전 높은 SPF 지수가 포함된 자외선 차단제를 발라야 피부 손상을 막을 수 있다. 또 습도가 높아 땀이 자주 나기 때문에 탈수 방지를 위해 서라도 물을 수시로 마셔줘야 한다. 우기 시즌에는 비가 올 경우를 대비하여 작은 우산을 휴대하는 것도 잊지 말자.

❸ 현금은 꼭 가지고 다니자!

일본은 아직도 카드보다는 현금으로 결제하는 게 익숙한 곳이다. 호텔, 백화점, 쇼핑센터 등은 카드를 사용할 수 있으나 카페, 식당은 카드를 사용할 수 없는 곳이 많다. 되도록 현금은 꼭 가지고 다니자. 결제 수단이 카드밖에 없을 때는 카드를 사용할 수 있는지 먼저 물어보고 사용하자.

❹ 여권은 소지하고 다니자!

오키나와에서는 렌터카를 많이 사용하게 된다. 만약을 대비해 여권, 국제 면허증은 꼭 가지고 다니자. 술집에서 신분증을 요구할 수도 있다.

❺ 흡연 장소 확인은 필수!

나하시 전역은 노상 흡연이 금지되어 있다. 담배를 피울 때는 흡연 구역을 꼭 확인하자.

안전한 여행을 위한 필수 정보

위급한 상황이 일어나지 않는 게 가장 좋지만, 혹시 일어나더라도 당황하지 말자. 미리 다양한 정보를 확보해 두면 방법을 찾을 수 있다. 안전하고 편안한 여행을 위해 오키나와 입국 시 필요 서류와 여권 분실, 질병 발생, 신용카드와 휴대전화 분실 등 위급 상황 시 대처법을 소개한다.

1. 오키나와 입국 시 필요 서류

우리나라와 일본은 비자면제협정을 체결하고 있어 90일 내 단기 체류 관광 목적이라면 따로 비자를 받지 않아도 된다. 단, 여권 만료 기간은 최소 3개월 이상 남아 있어야 한다.

❶ 여권 사본

여권을 잃어버렸을 대비해 사진이 있는 여권을 복사해 두거나 사진을 찍어서 보관해 두자.

❷ 국제운전면허증

렌터카를 이용할 계획이라면 반드시 국제운전면허증을 가지고 가야 한다. 국제운전면허증은 전국 운전 면허 시험장이나, 국제운전면허증을 발급할 수 있는 경찰서에서 신청하면 발급받을 수 있다. 유효기간은 1년이다.

❸ 여행자 보험

일본은 의료비가 비싼 나라다. 혹시라도 일어날 상해, 자연재해에 대비해 여행자 보험을 준비하자. 해외에서 질병, 사고로 병원에서 치료받으면, 진단서와 영수증을 꼭 챙겨야 보험회사에서 보상받을 수 있다. 도난 사건 경우도 경찰서에서 제공하는 서류들이 있으니 잘 챙겨두자. 자세한 규정은 여행자 보험에 가입할 때 각 회사에 문의해 확인하자.

2. 여권 분실 시 대처법

오키나와에서 여권을 분실한 경우 즉시 인근 경찰서에 분실 신고를 해야 한다. 이후 후쿠오카 총영사관에 연락하여 대체 여행 서류를 신청해야 한다. 오키나와에는 영사관이 없기 때문에 후쿠오카까지 가야만 한다. 되도록 여권을 분실하지 않도록 주의 또 주의하자. 분실 신고 후 여권을 다시 찾더라도 분실 기록이 남아있기 때문에 재사용이 불가하다는 점을 알아 두자.

여권 재발급 시 절차 안내

① 경찰서에 방문하여 여권 분실 신고 접수증을 발급 받는다.

② 영사관에서 분실 신고서, 여권발급신청서를 각 1부 작성하고 재류 카드 등 신분증 복사하여 여권 분실 신고 접수증과 함께 제출. 사진 1매(영사관 촬영 가능 500엔), 항공권 사본 필요. *미성년자(18세 미만) : 법정 대리인(친권자) 동의서 제출 필요

주 후쿠오카 대한민국 총영사관

주소 10-0065 福岡県 福岡市 中央區 地行浜 1-1-3
(1-1-3 Jigyohama Chuo-ku Fukuoka-shi, Fukuoka-ken, Japan 810-0065)

전화 092- 771-0461~2

긴급연락처 080-8588-2806(근무 시간 외 휴일 및 야간)

이메일 fukuoka@mofa.go.kr

홈페이지 http://overseas.mofa.go.kr/jp-fukuoka-ko/index.do

3. 질병과 여행 사고 대처법

여행 중 병에 걸리거나 크게 다쳤다면 즉시 병원으로 가거나 119로 구급차를 부를 수 있다. 언어 소통이 힘들다면 의료 통역 센터에 전화하면 자세한 도움을 받을 수 있다. 핫라인 직원이 한국어로 안내해 준다. 외국어 서비스를 제공하는 병원을 소개해 줄 수도 있다.

오키나와 긴급 전화번호

교통사고 시 110번(경찰), 092-285-9603(통역센터)

경찰 098-836-0110(나하 경찰서)

긴급 의료 요청 전화 119

구급차 119

한국어 가능 병원 098-888-0123

의료통역안내소 0570-050-235

해경 118

화재 119, 098-868-9911(나하 소방서)

여행 준비 정보 여권 만들기부터 출국하기까지

1 여권 만들기

여권은 해외에서 신분증 역할을 한다. 출국 시 유효기간이 6개월 이상 남아있으면 된다. 유효기간이 6개월 이내면 다시 발급받아야 한다. 6개월 이내 촬영한 여권용 사진 1매, 주민등록증이나 운전면허증을 소지하고 거주지의 구청이나 시청, 도청에 신청하면 된다. 25세~37세 병역 대상자 남자는 병무청에서 국외여행허가서를 발급받아 여권 발급 서류와 함께 제출해야 한다. 지방병무청에 직접 방문하여 발급받아도 되고, 병무청 홈페이지 전자민원창구에서 신청해도 된다. 전자민원은 2~3일 뒤 허가서가 나온다. 출력해서 제출하면 된다. 병역을 마친 남자 여행자는 예전엔 주민등록초본이나 병적증명서를 제출해야 했으나, 마이데이터 도입으로 2022년 3월 3일부터는 제출하지 않아도 된다.

외교부 여권 안내 www.passport.go.kr
여권 발급 시 필요 서류 여권발급신청서, 여권용 사진 1매(6개월 이내 촬영한 사진), 신분증(유효기간이 남아있는 여권은 반드시 지참해야 한다)
병역 관련 서류(해당자) 병역 미필자(남 18세~37세)는 출국 시에 국외여행허가서를 제출해야 한다. 전역 6개월 미만의 대체 의무 복무 중인 자는 전역예정증명서 및 복무확인서 제출하면 10년 복수 여권을 발급해 준다.

Travel Tip

대한민국 여권 파워 세계 2위!

국제 교류 전문 업체 헨리 앤 파트너스에 따르면 2024년 1분기 기준 우리나라 여권 파워는 독일, 프랑스, 싱가포르에 이어 세계 2위이다. 덕분에 대한민국 여권은 여행지 내에서 소매치기의 표적이 되기 쉽다. 외국에서는 여권이 신분증 역할을 하므로, 언제나 지니고 다니되, 분실하지 않도록 잘 보관해야 한다. 분실 등 만약의 상황에 대비해 사진 포함 중요 사항이 기재된 페이지를 미리 복사하여 챙겨가면 도움이 될 수 있다.

2 항공권 구매하기

언제, 어디서 구매하는 게 유리한가?

여행에서 숙소와 함께 가장 큰 비용을 차지하는 게 항공료이다. 일정이 정해졌다면 미리 항공사 홈페이지나 항공권 비교 사이트에서 가격 조사 후 구매하는 것이 좋다. 주말, 연휴, 7~8월 휴가철 등 성수기에 여행 계획이 있다면 3~6개월 전에는 미리 구매해야 조금 저렴하게 살 수 있다. 반대로 비수기에는 팔리지 않은 항공권을 특가로 판매하기도 하므로 상황을 보며 1~2개월 전에 구매하는 것을 추천한다.

항공권 가격 비교 사이트
스카이스캐너 https://www.skyscanner.co.kr 와이페이모어 www.whypaymore.co.kr 인터파크 투어 tour.interpark.com

3 숙소 정하기

숙소 형태 정하기

큰 비용을 지출해야 하는 만큼 취향과 여행 동선, 예산에 맞춰 잘 선택하자. 2박처럼 짧은 기간 여행이라면 나하 도심에 잡는 것이 좋고 여행 기간이 여유롭고 렌터카를 이용한다면 중부와 북부의 리조트 혹은 호텔을 예약하자. 따라서 여행 기간에 따라 가성비와 취향에 맞춰 선택하는 것이 좋다.

어느 지역에서 머물까?

오키나와의 숙소는 호텔, 리조트호텔, 게스트하우스, 에어비앤비, 민박 민수쿠이 일반적이다. 3일 묵을 예정이라면 하루는 나하에서 머물며 슈리성과 국제거리를 여행하고, 두 번째 날은 중부와 북부에 머물며 명소와 바다를 즐기길 권한다.

숙소 예약하기

동선과 예산에 맞는 호텔을 발견했다면 예약 사이트와 호텔 공식 홈페이지에서 가격을 비교해 보자. 특가 할인 혜택이 없는 한 요즘에는 예약 사이트와 공식 홈페이지의 가격 차가 크게 나지 않는 편이다. 오히려 공식 홈페이지에서 회원가입을 한 후 직접 예약하면 기념일 케이크나 식음료 할인 쿠폰 등을 제공하는 등 혜택을 볼 수 있다.

호텔 예약 사이트
호텔스닷컴 www.hotels.com 아고다 www.agoda.com 익스피디아 www.expidia.co.kr

4 예산 짜기

여행의 주요 목적미식, 쇼핑, 명소 관람, 휴양, 체험과 일정에 따라 예산은 다 다를 수 있다. 여기에서는 항공권, 숙소, 식비, 교통비 등 일반 예산의 최대, 최소 비용을 소개하기로 한다. 관람과 체험 관련 티켓은 전용 예약 사이트에서 구매하면 조금 저렴하다.

항공권 비용 30만 원~50만 원(한국 출발 기준)
최성수기를 제외하면 저가항공은 30만 원대, 국적기는 40만 원대 티켓을 구매할 수 있다.

숙박비 1일 3만 원~50만 원(하루 기준)
일본의 대표 휴양지라 오키나와 숙박비는 가격이 비싼 편이다. 시기에 따라 다르겠지만 고급 리조트의 경우 1박 20,000~50,000엔, 비즈니스 욕실이 딸린 비즈니스호텔은 5,000엔~10.000엔, 게스트하우스는 3,000엔 정도 예상하면 된다.

식비 1만 원~5만 원 이상(하루 1인 기준)
오키나와에서 보통 점심 가격은 1,000엔 전후로 한국과 비슷하다. 저녁은 2,000엔, 술과 함께하는 이자카야라면 1인 기준 4,000엔 전후 정도이다. 알뜰 여행자라면 편의점 도시락을 300엔 정도에 이용할 수 있다.

교통비 5천 원~3만 원(하루 기준)
나하시 중심을 연결하는 모노레일은 구간마다 가격이 다르다. 기본이 240엔, 1일권이 800엔, 2일권이 1,400엔이다. 렌터카는 1일 렌트 비용이 5,000엔 정도로 저렴한 편이다.

체험비 2만 원~5만 원(하루 기준)
박물관과 미술관 관람료는 시설마다 다르다. 오키나와 현립박물관·미술관이 상설전 성인 입장료가 530엔, 기획전은 1,200~1,300엔 정도이다. 추라우미 수족관은 성인 입장료가 2,180엔 정도이다. 해양 액티비티 체험 비용은 종류에 따라 다르지만, 5,000~6,000엔 사이가 많다.

5 여행자 보험 가입하기

패키지여행의 경우 상품 안에 여행자 보험이 대부분 가입되어 있다. 자유여행을 준비한다면 반드시 여행자 보험을 직접 들어야 한다. 보험료는 5일 기준으로 1~3만 원 정도이다. 여행 중 현지에서 문제가 발생 시, 병원에서는 진단서와 영수증을, 도난 및 분실물은 관할 경찰서에서 증명서를 받아와야 보장받을 수 있다. 공항에서 들면 보험료가 비싸므로 가급적 미리 가입하자

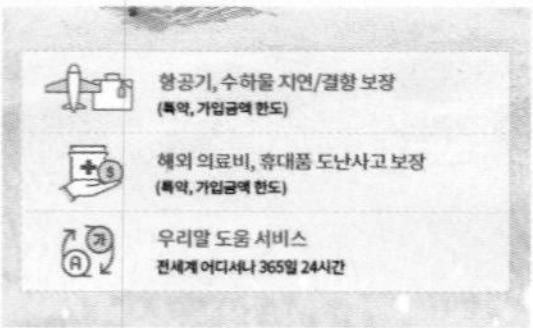

6 환전하기

일본은 아직도 카드보다는 현금으로 결제하는 게 익숙한 곳이다. 호텔, 백화점, 쇼핑센터 등은 카드를 쉽게 사용할 수 있으나 카페, 식당은 카드를 사용할 수 없는 곳이 많다. 환전할 때 큰 단위부터 작은 단위 지폐까지 다양하게 환전하자. 국내 은행에서 환전하는 게 가장 편리하고 이익도 크다. 주거래 은행을 이용하면 우대 서비스를 받을 수 있다. 일본의 통화 단위는 엔円, YEN이다. 지폐는 1,000, 2,000, 5,000, 10,000엔짜리, 동전은 1, 5, 10, 50, 100, 500엔짜리가 있다. 지폐 단위별로 골고루 준비하되 너무 작은 단위를 많이 가져갈 필요는 없다. 상점에선 보통 10,000엔짜리까지 사용할 수 있다. 급하게 작은 단위 지폐나 동전이 필요하면 편의점을 활용하면 된다. 트레블월렛VISA 체크카드이나 트래블로그 체크카드로 현지 ATM에서도 현금을 인출할 수도 있다.

7 짐 싸기

꼭 필요한 물건이 아니라면 미리 포기하자. 체크리스트를 활용하여 콤팩트하게 준비하자. 라이터, 성냥, 100ml 초과 화장품 액체류, 가위나 손톱깎이 등은 기내로 반입이 금지되어 있다. 더 자세한 이용 규정은 해당 항공사 홈페이지를 통해 미리 살펴보자. ※ 수하물은 30kg 이상이면 추가 요금을 내더라도 실을 수 없다.

가방 무게 줄이는 법

짐은 꼭 필요한 물건만 체크 리스트를 만들어 하나하나 점검하면서 싸는 게 좋다. 특히 항공사 수하물 무게 규정을 초과하는 경우 추가 비용을 지급해야 하기에, 아래 소개하는 필수 준비물 중심으로 챙기고 더 필요한 건 현지에서 구매하는 것도 괜찮다. 또한, 기내에 반입 가능한 물품과 수화물로 부쳐야 하는 용품을 꼭 구분해야 한다.

기본 준비물

여권, 여권 사본 및 증명사진 2매(여권 분실 시 필요), 국제 학생증(해당 시), 신용카드(해외 결제 가능용), 현금(엔), 심 카드(공항 픽업용, 예약 사이트 등을 통해 미리 구매), 멀티탭, 휴대전화 및 보조 배터리(수하물로 부칠 수 없고 기내로 가져가야 한다)

의류 및 신발

한국의 여름이라고 생각하고 옷을 챙기면 된다. 다만 가볍게 걸칠 얇은 카디건이나 긴 팔 상의, 지퍼형 후드티 등을 가방에 넣고 다는 것이 좋다. 속옷과 양말, 수영복도 꼭 챙겨두자.

상비약

지사제, 진통제, 상처 연고, 밴드 등 기본적인 상비약은 만일을 위해 챙겨와도 좋다. 이러한 비상약은 드러그스토어 어디서나 구매할 수도 있다.

자외선 대비용

우산 혹은 양산, 모자, 선글라스, 선크림, 휴대용 선풍기

- **기내 반입 금지 품목** 연필·가위·커터칼 같은 끝이 뾰족한 물품, 보조 배터리, 가스 및 화학물질
- **제한적 기내 반입 품목** 액체류 화장품과 의약품 용기당 100ml 이하(투명한 지퍼백에 넣어 모두 1ℓ까지 반입 가능), 휴대용 라이터는 1개까지 가능

8 출국하기

공항으로 이동하기

공항까지 가는 방법은 버스, 택시, 공항철도 중에서 가장 편리한 방법을 선택하면 된다. 버스는 노선과 시간, 요금 등을 미리 확인하는 게 좋다. 공항리무진 홈페이지 www.airportlimousine.co.kr

서울역 도심공항터미널 이용하기

서울역 도심공항터미널에서는 일부 항공사에 한정되지만, 탑승 수속 절차·수하물 부치기·출국 심사까지 사전에 처리할 수 있어 매우 편리하다. 다만, 당일 인천공항 출발 국제선 항공편만 가능하다. 항공사마다 다르지만, 비행기 탑승 최소 3시간 전에는 수속 절차를 마쳐야 한다.

※ 삼성동 코엑스 도심공항터미널은 폐쇄되었다. 광명역 도심공항터미널에서는 리무진 버스만 운행한다.

서울역 도심공항터미널에서 탑승 수속 가능 항공사
인천공항 1터미널 아시아나항공, 제주에어, 티웨이, 에어서울, 에어부산
인천공항 2터미널 대한항공, 진에어
이용 가능 시간 05:20~19:00
전화 1599-7788
홈페이지 www.arex.or.kr

출발 2시간 전 도착

항공사 사정이 수시로 변할 수 있으므로 출발 최소 2시간, 성수기나 연휴 기간에는 최소 3시간 전에는 공항에 도착하는 편이 안전하다. 항공사마다 제1여객터미널, 또는 제2여객터미널로 탑승 장소가 다르다. 탑승 장소를 미리 확인하자. 설령 원하는 터미널에 도착하지 못했더라도 걱정하지 말자. 무료 공항 셔틀버스로 어렵지 않게 이동할 수 있다.

Travel Tip

인천공항 터미널 간 셔틀버스 운행 정보

제1여객터미널에서는 3층 중앙 8번 승차장에서, 제2여객터미널에서는 3층 중앙 4~5번 출구 사이에서 탑승한다. 제1여객터미널의 셔틀버스 첫차는 오전 05시 54분, 막차는 20시 35분에 출발한다. 제2여객터미널의 첫 셔틀버스는 오전 04시 28분, 막차는 0시 08분에 출발한다. 터미널 간 이동 시간은 약 15~18분이다. 배차 간격은 10분이다.

셔틀버스 운영사무실 032-741-3217

탑승 수속과 짐 부치기

E-티켓에 적힌 항공사와 편명을 공항 안내 모니터에서 확인 후 해당 항공사 카운터로 간다. 여권을 제시하고 수화물을 부친다. 항공사 및 좌석 그레이드에 따라 수하물 개수와 무게가 다르므로 미리 해당 항공사 홈페이지를 통해 체크하자.

기내 반입 및 위탁 수하물 규정

항공사	기내반입 수하물	위탁 수하물
대한항공	이코노미 클래스 : 1개, 10kg 이하, 삼변의 합 115cm 이내 프레스티지&일등석 : 총 2개, 18kg 이하, 삼변의 합 115cm 이내	일등석 : 3개, 각 32kg 이하 프레스티지석 : 2개, 각 32kg 이하 일반석 : 1개, 23kg 이하

아시아나 항공	이코노미 클래스 : 1개 10kg 이하 비즈니스 클래스 : 총 2개, 각 10kg 이하, 각 수하물 삼변의 합 115cm 이내	이코노미 클래스 : 1개, 23kg 이하 비즈니스 클래스 : 2개, 각 32kg 이하
티웨이항공	일반·스마트·이벤트 : 1개 10kg 이하 비즈니스 클래스 : 총 2개, 각 10kg 이하, 각 수화물 삼변의 합 115cm 이내	일반·스마트 : 23kg 이하 이벤트 : 15kg 비즈니스 : 32kg 이하

빠른 출국을 위한 팁

자동 출입국 심사 서비스

만 7세부터 대한민국 국민은 여권과 지문 인식만으로 출입국 수속을 마칠 수 있어 시간을 확실히 절약할 수 있다. 만 7세~만 18세 이하는 사전등록이 필요하다. 14세 미만까지는 법정 대리인을 확인할 수 있는 발급 3개월 이내의 신청인 상세 기본증명서 및 가족관계증명, 법정 대리인의 신분증을 가지고 등록한다.

사전등록 장소 인천공항(제1여객터미널, 제2여객터미널), 김포국제공항, 김해국제공항, 대구국제공항, 제주국제공항, 청주국제공항, 부산항·인천항(국제선), 서울역도심공항출장소

패스트트랙

노약자나 유아를 동반했다면 항공사 카운터에 패스트트랙 이용 여부를 확인하자. 긴 대기 줄에 서지 않고 빠르게 입국 수속을 마칠 수 있어 편리하다. 만 7세 미만 유·소아, 70세 이상 고령자, 산모 수첩을 지닌 임산부는 동반 3인까지 이용할 수 있다.

©오키나와관광청

여행 실전 정보 나하 공항 도착부터 귀국할 때까지

1 나하 공항에 도착해서 해야 할 일

입국 심사받기

오키나와에서 입국 심사받는 방법은 두 가지가 있다. 종이 출입국 신고서를 작성해 제출하는 방법과 모바일 혹은 웹으로 신청하는 방법이다. 종이 입국 신고는 도착 전 기내에서 나눠주므로 미리 작성해 두면 편리하다.

모바일일 경우 입국에 필요한 '입국심사', '세관 신고'를 웹사이트 '비지트 재팬 웹 Visit Japan Web'에 등록해 QR코드를 받으면 된다. 노랑 QR코드는 입국심사, 파란 QR코드는 세관 신고로 두 가지 QR코드를 받으면 된다. 비행기에서 내리면 직원 안내에 따라 '비지트 재팬 웹 줄'과 '수기 작성 줄'에 나눠서 선다. 비지트 재팬 웹 줄은 노란 QR코드로 입국심사를 하고 카메라로 사진을 찍은 후 세관 신고 키오스크에서 파란 QR코드를 등록하고 입국하면 된다. 시간도 얼마 걸리지 않고 간단하다. '수기 작성 줄'은 입국 카운터에 줄을 서 있다가 본인 차례가 오면 여권과 입국 신고서를 제출한다. 지문 채취 기계로 지문을 남기고 작은 카메라로 사진을 찍는다. 여권에 부착해 주는 출국카드는 출국 시에 필요하므로 분실하지 않도록 조심하자.

Visit Japan Web
공식 사이트 https://vjw-lp.digital.go.jp/ko/(한국어)
등록 방법(매뉴얼) https://teachme.jp/111284/manuals/19087292(한국어)

수하물 찾기

입국 수속을 마치고 나와 안내 스크린에서 본인이 탑승한 비행기 편명을 확인 후 표시된 레일로 가서 기다렸다 짐을 찾으면 된다.

SIM 카드 구매하기

휴대전화 자동 로밍은 이용료가 비싼 편이므로 데이터양도 넉넉하고 전화도 얼마든지 사용할 수 있는 SIM 카드로 바꿔로 이용하는 것이 이득이다. 한국에서 사용하던 휴대전화의 SIM 카드를 빼고 현지에서 구매한 SIM 카드를 넣으면 현지 임시 번호로 개통된다. 기존 휴대전화에 깔린 SNS나 앱들을 그대로 사용할 수 있으나, 기존 한국 번호로 오는 문자와 전화는 받을 수 없다. 한국에서 예약 사이트를 통해 구매하여 바우처를 들고 공항의 해당 교환처에서 수령하는 편을 추천한다.

공항에서 환전하기

공항에는 환전소가 몇 군데 있으나, 환율이 오키나와 시내보다 좋지 않다. 엔화를 준비하지 못했다면 일단 이동비용 등 최소한만 환전하기를 권한다

2 나하 공항에서 시내 가는 방법

나하 국제공항에서 시내로 이동하는 방법은 모노레일, 버스, 택시 등이 있지만 모노레일이 가장 편리하다. 모노레일의 경우 나하 버스터미널이 있는 아사히바시역旭橋駅까지 10분이 소요되고 국제거리가 있는 겐초마에역県庁前駅까지는 22분이 걸린다. 남부, 중부, 북부처럼 먼 지역으로 이동할 때는 국내선 터미널로 이동하여 고속버스, 리조트 호텔행 리무진 버스, 일반 버스를 사용할 수 있다. 영어로 된 서비스가 없는 게 단점이다.

모노레일

공항에서 나하시 사이에 모노레일유이레일 19개 역이 연결되어 있다. 국제거리 등 나하의 명소를 대부분 지나기 때문에 나하 여행은 모노레일만으로도 충분하다. 1회권 외에 1일권, 2일권도 있어서 나하 여행자에게는 최고 교통수단이다. 하루 3회 또는 그 이상 이용할 계획이면 1일권 구매가 유리하다. 모노레일을 타기 위해서는 국내선 2층으로 이동해야 한다.

모노레일 정보
운행 시간 06:00~23:30
운행 간격 6~10분
요금 **1회권** 구간에 따라 성인 230~370엔, 어린이 120~190엔
1일권 성인 800엔, 어린이 400엔 | **2일권** 성인 1,400엔, 어린이 700엔
홈페이지 www.yui-rail.co.jp

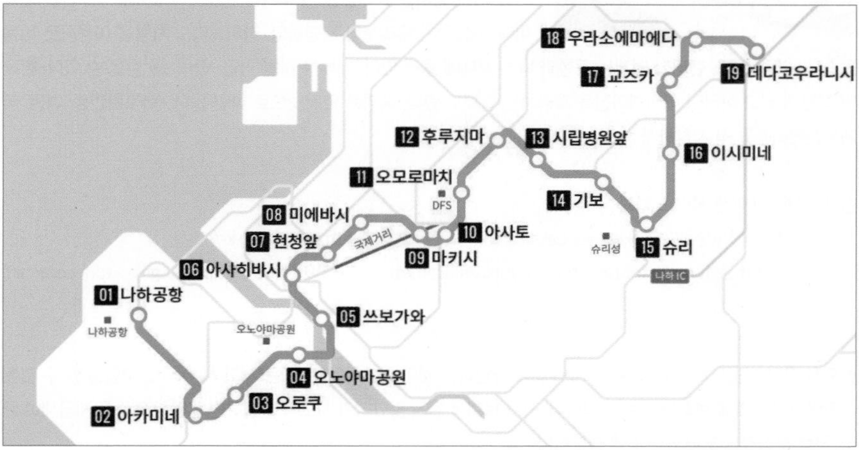

티켓 구매 방법 모노레일 역에 우리의 지하철 매표소와 비슷한 무인 티켓 박스가 있다. 한국어 안내도 있어 이용하기 쉽다.

❶ 먼저 판매기 화면 상단에서 언어 버튼을 누른 뒤 한국어를 선택한다
❷ 승차권을 누른다

❸ 화면에 구간별 요금이 나오면 목적지 요금을 클릭한다
❹ 하단 요금 투입구에 동전 또는 지폐로 해당 요금을 넣는다
❺ 영수증이 필요하면 영수증Receipt 버튼을 누른다
❻ 하단 출구에서 QR 코드가 인쇄된 티켓이 먼저 나오고, 영수증 버튼을 누른 경우 이어서 영수증이 나온다.
❼ 지폐로 샀을 경우, 잊지 말고 거스름돈을 챙긴다
❽ 티켓을 들고 개찰구로 가서 개찰구 QR코드 리더기에 티켓의 QR코드를 가져다 대면 삑 소리가 난다. 그 후 통과하면 된다. 1일권, 2일권도 같은 방법으로 구매하면 된다. 1일권은 구매 시점부터 24시간, 2일권은 구매 시점부터 48시간 이용할 수 있다.

버스와 택시

꼭 필요한 경우에만 타자. 국내선 터미널에서 택시와 버스를 탈 수 있다. 하지만 비용과 시간 면에서 모노레일보다 못하다. 꼭 필요한 경우에만 이용하자. 택시를 타고 국제거리까지 갈 경우 1,500엔~2,000엔 정도다.

3 렌터카 여행 상세 안내

나하 시내는 모노레일을 이용하면 된다. 하지만 유명 여행지로 가려면 렌터카와 버스 중에 선택해야 한다. 내 맘대로 여행을 하고 싶다면 렌터카가 으뜸이다. 3~4명이 여행하면 버스보다 비용을 아낄 수 있다. 가격은 차량 크기에 따라, 그리고 성수기와 비수기에 따라 달라진다. 24시간 기준 경차는 6~8천엔, 소형차는 9천엔, 중형차는 1~2만엔 안팎이다. 기름값은 우리보다 저렴하다. 하이브리드 차량을 이용하면 비용을 더 아낄 수 있다. 렌터카 업체는 공항과 나하 시내에 몰려 있다. 대부분 셔틀 픽업 서비스를 받을 수 있다. 한국인 직원이 있고 한국어 내비게이션을 제공하는 업체도 있다. 예약은 인터넷으로 하면 된다. 예약 확인증, 여권, 국제운전면허증을 꼭 지참하자.

한국어 내비게이션 서비스 업체
오키나와 오박사 https://car.okinawaobaksa.com/ 오달 렌터카 https://odal.co.kr/
OTS 렌터카 https://www.otsinternational.jp/otsrentacar/ko 고고투어 렌터카 https://kr.gogo-tour.com/car/

보험 들기

반드시 자차 보험NOC, None Operation Charge에 가입하는 것이 중요하다. NOC는 사고 시 수리로 영업을 할 수 없는 기간만큼 손실액을 보상해 주는 보험이다. 자차 보험을 들지 않았다가 사고가 발생하면 상당한 액수를 지급해야 한다. 하루 보험료는 500~1,000엔 정도이다.

렌터카 이용 시 알아야 할 것들

❶ 내비게이션 작동법, 맵코드만 입력하면 끝~!

내비게이션 구조가 우리와 비슷하고 렌트할 때 직원이 설명해 주므로 작동법은 어렵지 않다. 맵코드를 입력하는 게 제일 편하다. 언어는 일어, 영어가 일반적이나 한국어를 제공하는 내비게이션도 많다. <특별하게 오키나와>는 모든 장소에 맵코드와 전화번호를 표기하였다. 초기 화면에서 맵코드를 선택하여 번호를 입력하면 된다. 렌터카 회사에서 제공하는 지도에도 맵코드가 나오지만, 맛집과 카페는 없는 경우가 많다. 이럴 땐 화면에서 전화번호를 선택하여 가이드북에 표기된 번호를 누르면 된다. 주소로 찾을 수도 있다. 일본어 가능자는 주소를 입력하자. 가장 정확하다.

❷ 우리와 다른 차량과 차선 구조, 우측 핸들 한 시간이면 충분하다!

일본은 차량과 차선 구조가 정반대다. 왼쪽 차선으로 달려야 하며, 깜빡이는 오른손으로 조작하고 와이퍼와 기어는 왼손으로 조작한다. 모든 것이 반대지만 너무 걱정하지 말자. 1시간만 천천히 운전해 보면 어렵지 않다.

❸ 외국인 운전자 표시인 와카바 마크를 부착하자!

일본에는 초보자와 외국인 운전자를 표시하는 와카바 마크가 있다. 렌터카 인수할 때 요청하자. 이 마크를 붙이면 사소한 실수는 이해해 준다. 배려받으며 운전하기 좋으니 꼭 챙기자.

❹ 도로 주행 시 우회전도 신호를 받고 간다!

다음 세 가지만 숙지하자. 좌측 차선으로 주행할 것, 빨간 불이면 무조건 정차할 것, 좌회전뿐만 아니라 우회 전도 신호를 받고 진행할 것! 특히 우회전 때 신경 쓰자. 꼭 신호를 받고 가야 하는데 도심을 빼고는 우회전 표시가 따로 없거나 있어도 상당히 짧다. 우회전 신호가 없을 때는 파란불일 때 비보호 우회전을 하면 된다. 다만! 반대편 직진 차량이 우선이다. 직진 차량이 다 지나간 뒤 우회전하면 된다.

❺ ETC 진입 금지, 일본판 하이패스 전용 통로이다!

고속화 도로나 오키나와 자동차도로의 톨게이트 진입 시 ETC라고 적힌 곳으로 진입하면 안 된다. 우리의 하이패스 전용 출구와 같은 곳이다. 만약 진입했다면 톨게이트에서 정차 후 요금표를 뽑자. 이미 지나가 버렸다면 톨게이트 나갈 때 통행료를 내면 된다. 쓰미마셍을 외치면서.

❻ ETC 카드를 사용하자!

ETC 카드는 한국의 하이패스와 같은 기능의 유료 고속도로 요금 자동 지불 카드다. 렌터카 가맹점에 따라 ETC 카드 대여가 가능한 곳이 있고, 불가능한 곳이 있다. ETC 카드 대여료는 렌터카를 접수할 때 지급한다. ETC 카드를 대여하지 않은 경우, 유료 고속도로 이용 시 톨게이트에 진입하여 티켓을 받고, 톨게이트 나갈 때 현금을 내면 된다. ETC 카드를 대여한 경우 유료도로 이용 시 ETC라고 적혀 있는 게이트로 출입하고, 통행료는 렌터카 반납 시 렌터카 가맹점에 일괄 결제하면 된다. 렌터카 회사에 꼭 문의하자.

❼ 셀프 주유소도 직원이 상주한다!

직원이 넣어주는 곳과 셀프서비스가 있다. 셀프서비스에도 직원이 상주하기 때문에 친절하게 설명해 준다.

❽ 사고 대처 요령 경미한 사고도 경찰에 신고해야!

한국과 사고 대처 방법이 다르다. 아주 경미한 사고라도 경찰에 바로 신고해야 한다. 신고하지 않으면 보험 적용이

안 된다. 차에 손상되거나 사람이 다쳐도 바로 신고해야 한다. 일본어가 서툴다면 렌터카 업체 혹은 오키나와 관광청에서 운영하는 다국어 정보 발신 콜 0570 077 203을 이용하자. 렌터카 계약 때 주의 깊게 숙지하자. 경찰 신고는 110번. 전화 통화상 통역이 필요한 경우 영사콜센터+82-2-3210-0404/+82-104나 총영사관+81-080-8588-2806에 통역 지원 요청이 가능하다.

❾ 렌터카 반납할 땐 기름을 가득 채우자!

기름을 가득 채우고 반납해야 한다. 주유소에서 '만땅 오네가이시마스'라고 말하면 기름을 가득 채워준다.

Travel Tip

렌터카 이용 시 나하에선 출퇴근 시간을 피하자!

나하는 정말 차가 많이 막힌다. 출퇴근 시간인 07:00~09:00, 17:30~19:30에는 나하와 그 주변의 간선도로에 버스전용차로가 생긴다. 도로 안쪽에 파란 경계선이 있다. 출퇴근 시간은 가능하면 피하자. 피할 수 없는 상황이라면 나하, 기노완, 우라소에 지역을 지날 때는 바깥 차로를 이용하자.

4 오키나와 주요 도로 정보

58번 국도-여행자를 위한 황금 루트

58번 국도는 오키나와 서쪽을 남북으로 관통한다. 오키나와의 간선도로이자 중북부에서 가장 유명한 드라이브 코스이다. 나항 공항에서 출발해 아메리칸 빌리지, 푸른 동굴, 만좌모, 나고, 오쿠마 비치를 지나 최북단 헤도곶까지 이어진다. 중북부 서해안의 유명 명소와 해변을 지나서 여행자에겐 '황금 루트'로 불린다. 일본 대중가요에 등장할 정도로 유명하다. 오키나와 출신 유명한 가수 베긴begin이 '국도 58호선'이란 노래를 불러 크게 히트했다. 이 도로의 하이라이트는 온나손에서 나고까지 이어지는 20km 구간이다. 도로는 이국적인 야자수와 환상적인 바다를 보여주며 북으로 달린다. 와우! 당신은 환호성을 지르며 그냥 달리면 된다.

Travel Tip

58번 국도로 진입하는 방법

렌터카 대리점은 공항과 가까운 모노레일 오로쿠역 주변에 있다. 오로쿠역에서 58번 국도로 진입하려면 331번 국도를 타고 북쪽으로 가면 된다. 초행길이라 어렵다면 내비게이션을 이용하면 된다. 내비게이션에 아메리칸 빌리지의 맵코드33526452*52를 입력하자. 이윽고 루트 옵션이 나오는데 가장 빠른 노선은 대부분 유료 노선이다. 유로 노선을 제외하고 나면 58번 국도로 안내해 준다. 58번 국도의 유일한 단점은 출퇴근 시간에 많이 막힌다는 것이다. 나하 지역은 특히 심각하다. 07:00~09:00, 17:30~19:00는 피하는 것이 좋다.

오키나와자동차도로-중북부로 가는 가장 빠른 길

58번 국도가 환상 풍경을 보여준다면 오키나와자동차도로는 시간을 아껴주는 고마운 고속도로이다. 나하에서 나고 남쪽 교다 IC까지 이어진다. 길이는 57km이다. 나하에서 중부까지 가장 빠르게 종단할 수 있는 도로라 시간을 아껴 써야 하는 여행자에겐 보물 같은 도로다. 추라우미 수족관이 있는 북부로 이동할 때 애용한다. 하행할 때는 58번 국도를 타고 내려오며 만좌모, 푸른 동굴, 잔파곶, 아메리칸 빌리지 등을 여행하자. 반대로, 58번 국도를 타고 올라갔다가 오키나와자동차도로를 타고 내려와도 좋다.

5 맛집보다 더 맛있다, 미치노에키 道の駅

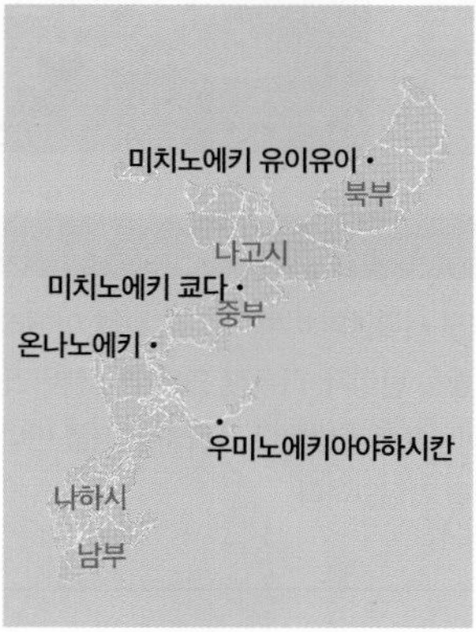

오키나와 지인들에게 맛집 추천을 부탁하면 빠지지 않는 곳이 '미치노에키'이다. 우리의 휴게소 같은 곳이다. 우리나라엔 고속도로에 많지만, 오키나와엔 국도에 주로 있다. 휴게소 어디를 가도 만족스럽다. 일본 여행객들은 일부러 미치노에키를 찾아다니기도 한다. 중부의 온나노에키, 북부의 미치노에키 쿄다, 얀바루에 있는 미치노에키 유이유이가 유명하다. 온나노에키는 류큐무라와 만좌모 사이 58번 국도에 있다. 인기가 좋은 상점은 과일빙수 가게 류핑이다. 트로피컬 푸르츠 빙수가 인기가 좋다. 망고와 각종 과일이 가득 나오는 빙수로 아주 달콤하다. 튀김, 주먹밥, 소바 등 다양한 요리 가게도 있다. 미치노에키 쿄다道の駅 許田는 오키나와자동차도로 끝나고 나고로 가는 길에 있다. 이곳이 유명한 이유는 추라우미 수족관 입장권을 330엔 할인된 가격으로 판매하기 때문이다. 어묵 가게 호카마 카마보코外間かまぼこ가 이곳을 대표하는 맛집이다. 우엉튀김, 어묵에 밥을 넣고 만든 라이스 볼, 새우튀김 등 메뉴가 다양하다. 오츠바 젤라토도 유명하다. 미치노에키 유이유이道の駅ゆいゆい国頭는 가장 북쪽에 있는 휴게소이다. 북쪽엔 식당이 드물어 여행객들이 꼭 들르는 곳이다. 고야와 같은 신선한 얀바루 특산물도 판매한다. 이외에 중부 동해안 미야기섬과 이케이섬으로 가는 해중도로 중간에 있는 미치노에키 우미노에키아야하시칸海の駅 あやはし館도 유명하다. 우루마 바다 문화 자료관うるま市海の文化資料館, Sea Culture Museum 1층에 있다. 이케이섬으로 가는 여행객들이 이곳에서 음식과 스낵을 구매한다. 건물 전망대에 오르면 해중도로가 한눈에 들어온다.

온나노에키 おんなの駅

맵코드 206 035 769*82 **구글 좌표** 온나노에키 나카유쿠이 이치바
찾아가기 ①마에다곶과 류큐무라에서 북동쪽으로 렌터카로 7~10분 ②만좌모에서 58번 국도 경유하여 남서쪽으로 렌터카로 26분 ③추라우미 수족관에서 449번 국도와 오키나와자동차도로沖縄自動車道 경유하여 1시간 10분 **주소** 沖縄県国頭郡恩納村仲泊 1656-9 **전화** 098 964 1188 **영업시간** 매일 10:00~19:00 **휴무** 1일~2일 **홈페이지** http://onnanoeki.com

미치노에키 쿄다 道の駅 許田

맵코드 206 476 708*74 **구글 좌표** 쿄다 휴게소 **찾아가기** ①만좌모에서 북쪽으로 58번 국도 따라 렌터카로 32분 ②나고의 오리온 맥주 해피 파크에서 남쪽으로 렌터카로 9분 **주소** 沖縄県名護市許田 17-1 **전화** 098 054 0880 **영업시간** 매일 08:30~19:00 **홈페이지** https://www.yanbaru-b.co.jp

미치노에키 유이유이 道の駅ゆいゆい国頭

맵코드 485 830 346*86 **구글 좌표** 미치노에키 유이유이 구니가미 **찾아가기** ①나고시에서 북쪽으로 렌터카로 40 ②헤도곶에서 남쪽으로 25분 **주소** 沖縄県国頭郡国頭村字奥間 1605 **전화** 098 041 5555 **영업시간** 매일 09:00~18:00 **홈페이지** https://www.yuiyui-k.jp

우미노에키아야하시칸 海の駅 あやはし館

맵코드 499 576 381*82 **구글 좌표** Umi no Eki Ayahashikan **찾아가기** 카츠렌 성터에서 동쪽으로 렌터카로 10분 **주소** 沖縄県うるま市与那城屋平 4 **전화** 098 978 8830 **영업시간** 매일 09:00~17:30

©우루마시관광협회

6 오키나와 버스 여행 정보

렌터카만큼 편리하진 않지만, 버스 편이 제법 갖추어져 있다. 특히 중부와 북부 서해안의 비치, 리조트 호텔, 아메리칸 빌리지, 만좌모, 추라우미 수족관을 비롯한 주요 명소로 가는 버스 편이 좋은 편이다. 리무진, 얀바루 급행버스, 고속버스, 노선버스 등을 이용할 수 있다. 버스는 공항, 나하와 나고 버스터미널에서 출발한다. 주요 여행지를 반나절 또는 하루 동안 돌아보는 정기관광버스도 있다. 뚜벅이 여행자라면 관심을 가질만하다.

Travel Tip

버스 여행자에게 필요한 필수 정보 3가지

❶ 버스 맵 오키나와-노선버스 안내 사이트

노선버스 안내 사이트이다. 나하, 공항, 중부, 북부, 남부는 물론 부속 섬의 버스 노선, 경유지, 정류장까지 일본어와 영어로 안내해준다. http://www.kotsu-okinawa.org

❷ 버스 나비 오키나와-한글로 버스 노선을 검색하자

한글 검색이 가능한 버스 노선 검색 사이트이다. 출발지와 목적지를 입력하면 버스 번호, 시간표, 승차 장소, 환승 유무, 환승 방법, 운임, 소요 시간 등을 알려준다. 일본과 영어 입력도 가능하다. https://www.busnavi-okinawa.com/top

❸ 오키나와 버스 패스-뚜벅이에게 추천해요!

본섬의 노선버스를 무제한 승차할 수 있는 패스이다. 시내, 시외버스 모두 이용할 수 있다. 500엔을 추가하면, 기간 내 모노레일도 무제한 승차할 수 있다. 1일권 어른 2,500엔, 어린이 1,250엔/3일권 어른 5,000엔, 어린이 2,500엔이다. 티켓은 나하 공항 관광안내소에서 판매한다. 여권과 비행기 티켓 확인 후 구매할 수 있고, 앱 'OTOP'를 다운로드받아 사용할 수도 있다. 고속버스 111번, 117번, 리무진 버스, 정기관광버스는 이용할 수 없다. https://www.okinawapass.com/jp/

얀바루 급행버스, 추라우미 수족관 쉽게 가기

❶ 운행 횟수

나하 공항 국내·국제선, 국제거리 류보백화점(현청 북쪽), 토마린항에서 승차하면 나고시, 북부의 호텔, 추라우미 수족관記念公園前, 나키진 성터를 거쳐 이제나섬伊是名島 페리가 출발하는 운텐코운천항, 運天港까지 하루 11회 왕복한다. http://yanbaru-expressbus.com

❷ 탑승과 하차 방법(요금은 후불제)

나하 공항 국내선 2번 정류장, 국제거리 현청 북부 출구(류보백화점 앞)의 겐초 기타구치 정류장Kencho Kitaguchi 県庁北口, 토마린항 등에서 탑승할 수 있다. 정류장마다 흰색 아치형 표지판이 있다. 탑승 시 버스 내 자동 발권기에서 티켓정리권을 뽑은 후 빈 좌석에 앉는다. 티켓에 적힌 숫자는 탑승 정류장 번호이다. 하차할 때는 벨을 누르면 된다. 요금은 운전석 위 전광판에 표시된 목적지 요금대로 하차 시 내면 된다. 요금은 230엔~2,000엔이다. 추라우미 수족관까지 약 2시간 10분 걸린다.

나하 공항 버스 타는 곳

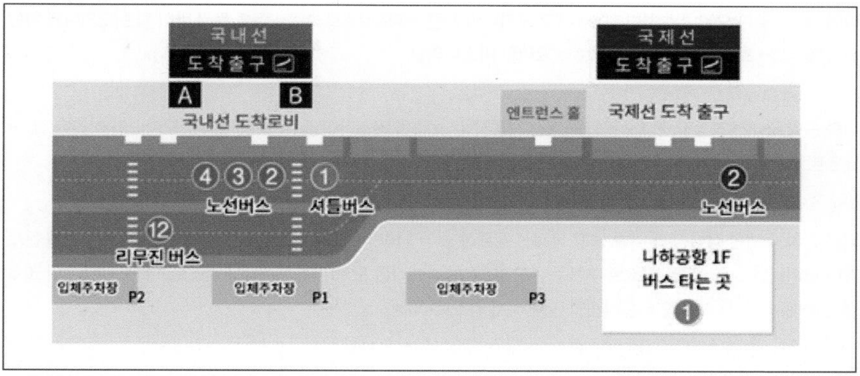

❸ 운행 시간(나하 공항 출발 기준)

06:35, 08:30, 10:30, 11:30, 12:30, 14:30, 16:30, 17:30 18:30, 19:30, 20:30

❹ 주요 경유지(모토부항, 추라우미 수족관, 나키진 성터)

국제거리 류보백화점 → 토마린항 → 합동청사 앞合同庁舎前, 고도초샤마에, 오키나와박물관 옆 → 나고 시청 앞名護市役所前→모토부항本部港, 모토부코 → 호텔 마하이나ホテルマハイナ → 기념공원 앞記念公園前, 기넨코엔마에, 추라우미 수족관 → Centurion Hotel Resort → 호텔 오리온 모토부オリオン モトブ → 나키진 성터 입구今帰仁城跡入口 → 운텐코運天港

공항 리무진 버스, 중북부 여행을 편리하게

7개 노선이 리조트 호텔과 유명 여행지를 연결하여, 나하 공항-나하 버스터미널-중북부 유명 호텔을 하루 1~5회 운행한다. 꼭 해당 숙소를 이용하지 않더라도 중북부 서해안의 비치와 유명 여행지에 접근하기 좋다. 버스는 A·AB · B · C · D · CD · DE 등 7개 노선이 있다. 모두 나하 공항에서 출발하여 나하 버스터미널을 경유하여 목적지로 향한다.

전화 098 869 3301 **홈페이지** http://okinawabus.com/ko

❶ 티켓 판매소와 승차장(현금 탑승 불가)

국내선 터미널에 리무진 버스의 티켓 판매소가 있다. 표를 산 다음, 리무진 버스 정류장에서 버스에 탑승하면 된다. 안내원이 친절해 특별히 어려운 점은 없다. 현금 탑승은 할 수 없다. 승차권은 나하 버스터미널과 각 정차 호텔에서도 살 수 있다. 승차 요금은 거리에 따라 630~2,550엔11세까지는 1,300~1,850엔이다.

❷ 리무진 버스 노선 안내

① A Area Bus(하루 2편/11:30, 13:30)

나하 공항 국내선 정류장 →나하 공항 국제선 정류장2분 → 나하 버스터미널10분 → 오키나와 프린스 호텔 오우션뷰 기노완, 문 오션 기노완 호텔35분 → 더 비 치타워 오키나와38분 → 라구나 가든 호텔65분 → 베셀 호텔 캄파나 오키나와70분 → 힐튼 오키나와 차탄80분 → 레구 오키나와 차탄 스파&리조트82분 → 더블 트리 바이 힐튼 오키나와 차탄 리조트84분

② AB Area Bus(하루 2편/15:40, 17:40)

나하 공항 국내선 정류장 →나하 공항 국제선 정류장2분 → 나하 버스터미널10분 → 오키나와 프린스호텔 오우션 뷰 기노완, 문 오션 기노완 호텔35분 → 더 비치 타워 오키나와38분 → 라구나 가든 호텔65분 → 베셀 호텔 캄파나 오키나와70분 → 힐튼 오키나와 차탄80분→ 레구 오키나와 차탄 스파&리조트82분 → 더블 트리 바이 힐튼 오키나와 차탄 리조트84분 → 호시노야 오키나와114분 → 요미탄 버스터미널143분

③ B Area Bus(하루 2편/11:40, 13:40)

나하 공항 국내선 정류장 →나하 공항 국제선 정류장2분 → 나하 버스터미널10분 → 르네상스 오키나와 리조트62분 → 베스트 웨스턴 오키나와 온나 비치68분 → 호시노야 오키나와85분 → 요미탄 버스터미널102분

④ C Area Bus(하루 2편/11:50, 13:50)

나하 공항 국내선 정류장 → 나하 공항 국제선 정류장2분 → 나하 버스터미널10분 → 호텔 문 비치70분 → 호텔 몬트레이 오키나와74분 → 카푸 리조트 후차쿠 콘도 호텔77분→ 쉐라톤 오키나와 선마리나 리조트81분 → 리잔 시파크 호텔 탄차베이85분 → ANA 인터콘티넨털 만자 비치 리조트100분

⑤ C, D Area Bus(하루 3편/15:20, 16:40, 18:20)

나하 공항 국내선 정류장 →나하 공항 국제선 정류장2분 → 나하 버스터미널10분 → 호텔 문 비치70분 → 호텔 몬트레이 오키나와74분 → 카푸 리조트 후차쿠 콘도 호텔77분→ 쉐라톤 오키나와 선마리나 리조트81분 → 리잔 시파크 호텔 탄차베이85분 → ANA 인터콘티넨털 만자 비치 리조트100분 → 호시노 리조트 BEBE5 오키나와 세라가키103분 → 하얏트 레전시 세라가키 아이슬랜드 오키나와106분 → 하레쿠라니 오키나와119분→ 오키나와 카리유시 비치 리조트 & 오션 스파123분 → 부세나 테라스 호텔128분 → 오리엔탈 오키나와 리조트 & 스파134분 → 카네히데 키세 비치 플레이스137분

⑥ D Area Bus(하루 2편/ 11:20, 13:20)

나하 공항 국내선 정류장 → 나하 공항 국제선 정류장2분 → 나하 버스터미널10분 → ANA 인터콘티넨털 만자 비치 리조트80분 → 호시노 리조트 BEBE5 오키나와 세라가키83분 → 하얏트 레전시 세라가키 아이슬랜드 오키나와86분 → 하레쿠라니 오키나와99분 → 오키나와 카리유시 비치 리주트 오션 스파103분 → 부세나 테라스 호텔108분 → 오리엔탈 오키나와 리조트 & 스파113분 → 더 리츠 칼튼 오키나와117분 → 카네히데 키세 비치 플레이스122분

⑦ D.E Area Bus(하루 2편/ 11:20, 13:20)

나하 공항 국내선 정류장 →나하 공항 국제선 정류장2분 → 나하 버스터미널10분 → ANA 인터콘티넨털 만자 비치 리조트80분 → 호시노 리조트 BEBE5 오키나와 세라가키83분 → 하얏트 레전시 세라가키 아이슬랜드 오키나와86분

→ 하레쿠라니 오키나와99분→ 오키나와 카리유시 비치 리주트 오션 스파103분 → 부세나 테라스 호텔108분 → 오리엔탈 오키나와 리조트 & 스파113분 → 더 리츠 칼튼 오키나와117분 → 카네히데 키세 비치 플레이스122분 → 나고 버스터미널136분 → 오션 엑스포 파크(추라우미 수족관)166분 → 로얄 뷰 호텔 추라우미168분 → 호텔 오리온 모토부 리조트 & 스파170분

노선버스 타고 중부와 북부 여행하기

❶ 공항, 나하, 나고 출발 편 상세 안내

리무진 버스보다 운행 횟수가 많다. 나하 공항 국내선 터미널 1층과 나하 버스터미널, 나고 버스터미널에서 탑승한다. 요금은 후불제이다. 거스름돈이 없으므로 미리 동전을 준비하는 게 좋다. 지폐를 내면 기사가 동전 교환기를 눌러 동전으로 바꿔준다. 그 동전으로 요금을 내면 된다. 요금은 목적지에 따라 230엔부터 2,000엔까지 다양하다.

❷ 노선버스 이용 방법

승차장 위치를 확인한다 → 행선지 확인 후 탑승한다 → 정리권탑승권을 뽑는다 → 빈자리에 앉는다 → 하차할 정류장이 다가오면 운전석 위 전광판에 표시된 요금을 확인한다 → 하차 벨을 누른다 → 요금을 내고 하차한다

① **117번 고속버스** 북부 명소와 리조트 여행하기

나하 공항 국내선과 국제선 정류장을 출발해 나하 버스터미널, 나고 버스터미널을 거쳐 추라우미 수족관과 비세 후쿠기 가로수길 초입까지 하루 9회 운행한다. 공항에서 추라우미 수족관까지 약 2시간 15분 걸린다.

홈페이지 http://okinawabus.com/ko

버스 탑승 장소 나하 공항 국내선 버스 정류장, 나하 버스터미널 남쪽 A구역 승차장

운행 시간표(나하 공항 기준) 07:00, 08:10, 09:20, 09:55, 10:40, 12:55, 13:55, 14:00 14:25

주요 경유지 나하 버스터미널→이온몰→나고 버스터미널→모토부항→오션 엑스포 파크(추라우미 수족관)→호텔 오리온 모토부

② **111번 고속버스** 이온몰 거쳐 나고까지

나하 공항 국내선과 국제선 정류장을 출발해 나하 버스터미널과 이온몰을 거쳐 나고 버스터미널까지 가는 고속버스이다. 네 개 버스 회사에서 하루 14회 운행한다. 나고까지 소요 시간은 약 1시간 40분이다.

버스 탑승 장소 나하 공항 국내선 버스 정류장과 국제선 버스 정류장, 나하 버스터미널 남쪽 A구역 승차장

운행 시간표(나하 공항 기준) 06:00, 06:30, 07:30, 08:45, 11:25, 12:20, 15:15, 15:50, 16:20, 16:45, 17:45, 18:35, 19:20, 20:15

주요 경유지 나하 버스터미널→이온몰→나고 버스터미널

③ **120번 버스** 중부 명소와 리조트 여행하기

나하 공항 국내선 정류장에서 출발해 국제거리와 중북부의 주요 명소를 거쳐 나고까지 운행한다. 나하 공항과 나하 버스터미널 정류장에서 탑승할 수 있다. 네 개 버스 회사에서 공동 운행한다. 공항 기준 08:28부터 19:45까지 약 25분~35분 간격으로 운행한다. 나고 버스터미널까지 2시간 35분 소요.

홈페이지 http://okinawabus.com/ko

주요 경유지 국제거리→토마린항→미나토가와 외국인 주택단지→아라하 비치→아메리칸 빌리지→요미탄 도자기 마을→류큐무라→마에다곶과 푸른 동굴→르네상스 비치→호텔 문 비치→호텔 몬트레이 오키나와→쉐라톤 오키나와 선 마리나→리잔 시파크 호텔-만좌모→ANA 인터콘티넨털 만자 비치→다이아몬드 비치→호텔 미유키 비치→미

션 비치→카리유시 비치 리조트→오키나와 메리어트 리조트→더 부세나 테라스 비치 리조트→오리온 해피파크→21세기의 숲 비치→나고 버스터미널

④ 나하 버스터미널에서 출발하는 중부 명소 노선버스

버스번호	대표 경유지	운행 편수
27번	카츠렌 성터	월~금 15회, 토~일 10회
28번	아라하 비치, 아메리칸 빌리지, 요미탄 버스터미널	월~금 21편, 토~일 18편
29번	요미탄 도자기 마을, 자키미 성터, 요미탄 버스터미널	월~금 4편, 토~일 5편
32번	트로피컬 비치	월~금 8편, 토~일 6편
63번	아라하 비치	하루 16편, 토요일 15편, 일요일 12편, 나하 버스터미널에서 승차, 함비 타운 하차

홈페이지 http://www.kotsu-okinawa.org/en/map/area-honto-south.pdf

⑤ 나고 버스터미널에서 출발하는 북부 명소 노선버스

버스번호	대표 경유지	운행 편수
66번	추라우미 수족관, 에메랄드 비치, 비세 후쿠기 가로수길, 나키진 성터	매일 13편
67번	오쿠마 비치	월~금 12편, 토~일 10편
70번	파인애플 파크, 오키나와 소바 로드, 백년고가 우후야, 키시모토 식당, 모토부항, 추라우미 수족관, 비세 후쿠기 가로수길	매일 3편
76번	파인애플 파크, 오키나와 소바 로드, 백년고가 우후야, 키시모토 식당, 모토부항(도구치항), 세소코섬	매일 2편
78번	히루기 공원	매일 3편

홈페이지 http://www.kotsu-okinawa.org/en/map/area-honto-north.pdf

⑥ 나하 버스터미널에서 출발하는 남부 명소 노선버스

버스번호	대표 경유지	운행 편수
38번	아자마산산 비치, 아자마항, 세이화 우타키	하루 1회
338번	아자마 행	월~금 3편, 토~일 2편
54번	오키나와 월드	월~금 2편, 토~일 없음

홈페이지 http://www.kotsu-okinawa.org/en/map/area-honto-south.pdf

Travel Tip

정기관광버스로 오키나와 여행하기

렌터카도, 뚜벅이 여행도 피곤하다면 하루쯤 정기관광버스를 한국인 가이드와 함께 이용해 보자. 정기관광버스는 오키나와의 대표 명소를 둘러보는 투어 버스이다. 북부 투어 버스와 남부 투어 버스가 있다. 북부 투어 버스는 추라우미 수족관, 코우리 대교, 만좌모, 류큐무라 등을 둘러보는 하루 코스를 진행하며 10시간 정도 소요된다. 류보백화점 건너편 현청 앞 현빈광장에서 오전 9시에 출발한다. 남부 투어 버스는 니라이 카나이 대교, 미이바루 비치, 오키나와 월드 등을 둘러본다. 오전 9시 30분 류보백화점 건너편 현청 앞 현빈광장에서 출발하고, 7시간 소요된다. 성인 기준 북부 투어는 6,500엔 남부 투어는 4,800엔이다. 인터넷 예약이 가능하다. https://www.jinotour.com/

7 오키나와에서 유용한 스마트폰 앱

지도 및 이동 서비스 앱

구글맵 Google Maps

해외여행 시 길을 찾을 때 가장 많이 사용하는 앱이다. 실시간 교통 정보와 경로 보기, 길 찾기 기능 등이 매우 편리하다.

버스나비 오키나와 沖縄バス

오키나와 공식 버스 앱이다. 오키나와 버스 경로, 환승 정보, 요금, 현재 버스 위치를 알려준다. 출발지, 목적지, 시간을 입력하면 버스를 찾아 알려준다.

예약 및 맛집 정보 앱

트립어드바이저 Tripadvisor

미국의 세계 최대 온라인 여행 플랫폼으로 49개국에서 28개의 언어로 사용할 수 있다. 식당이나 호텔 등에서도, 트립어드바이저에서 높은 평점을 받은 초록색 부엉이 엠블럼을 마케팅에 적극적으로 사용할 정도로, 방문객들의 생생한 리뷰가 장점이다.

그 밖의 앱

원하는 맛집 검색이나 예약·쿠폰 서비스를 이용하고 싶다면 아래 사이트를 이용하면 편리하다. 후기와 평점, 직접 찍은 사진도 올라와 있어 비교하기도 좋다. 관광안내소, 호텔 프런트나 컨시어지 서비스 데스크에 맛집 추천을 의뢰하는 방법도 있다.

타베로그 食べログ tabelog.com/kr/okinawa
HOT PEPPER www.hotpepper-gourmet.com/kr
구루나비 ぐるなび gnavi.co.jp/kr/okinawa

번역 및 기타

파파고 Papago

현지 언어를 원하는 언어로 바꿔주는 네이버 번역 앱이다. 100% 정확한 표현은 아니지만, 본인이 하고 싶은 말은 어느 정도 전달할 수 있어 급할 때 유용하다.

구글 번역

현지 언어를 몰라도 의사소통할 수 있도록 도와주는 번역기다. 언어를 선택한 후 글자 혹은 말로 입력하면 번역해 준다. 완벽하진 않지만, 의사소통되지 않는 경우 요긴하게 사용할 수 있다.

8 편리한 오키나와 교통카드 정보

오키카 OKICA(선불 IC 카드)

오키나와 모노레일과 버스를 이용할 수 있는 선불식 IC 교통카드이다. 정기권이나 우대권도 모두 오키카에 이름을 인쇄해 발매하고 있다. 또 버스 안에서 이용 금액을 즉시 충전할 수 있어 편리하다. 판매 금액은 1,000엔부터

2,000엔, 3,000엔, 4,000엔, 5,000엔, 10,000엔까지 6종류이다. 충전액을 제외한 기본 구매 금액(보증금)은 500엔이다. 오키나와 도시 모노레일(유이레일)의 각 역 자동발매기에서도 구매할 수 있다. 한국어 서비스가 있다.

9 오키나와 떠나기

공항으로 가는 방법

시내에서 공항으로 가는 방법은 입국했을 때의 방법을 역으로 활용하면 된다. 택시를 타고 국제거리에서 출발할 경우 공항까지 1,500엔~2,000엔 정도다.

탑승 수속과 짐 부치기

항공권 이티켓에 적힌 해당 터미널에 도착한 뒤 공항 안내 모니터에서 항공사 카운터를 확인하고 카운터로 간다. 여권을 제시하고 수하물을 부친다. 쇼핑으로 짐이 늘어났는지 확인해서 수하물 무게가 기준에 초과하지 않도록 주의하자.

세금 환급받기 상품 및 서비스 세금

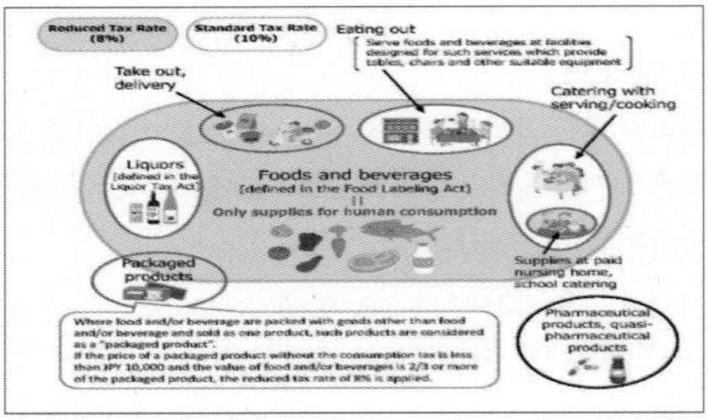

일본은 소비세가 8%로, 현재 소모품을 포함한 모든 품목의 면세가 가능하다. 기본적으로 가전제품이나 의류, 가방, 시계와 같은 '일반 물품'의 경우 한 매장에서 같은 날에 구매한 물품의 총금액이 5,000엔(세금 불포함, 이하 모두 세금 불포함) 이상이면 면세 대상이 된다. 식품이나 화장품, 의약품 등 '소모품'은 같은 매장에서 1일 구매한 총금액이 5,000엔 이상 50만 엔 이하여야 하고, 일본 국내에서 소비되지 않도록 지정된 방법으로 포장해야 한다는 조건이 따른다. 택스리펀 시 여권, 영수증, 구매한 신용카드가 필요하다.

❶ 여권 등 제시

구매자 본인이 여권(사본 불가) 제시. 얼굴 사진과 성명, 국적, 생년월일, 재류 자격, 입경 연월일, 여권 번호 등을 확인받는다.

❷ 구매한 매장에서 필요한 설명 듣기

2021년 10월부터 면세 판매 절차가 전자화됨에 따라 구매품 정보가 기재된 '수출 면세 물품 구입 기록표'를 이용한 절차가 완전히 폐지되었다. 판매한 매장에서 구매 기록 정보를 데이터로 작성해 일본 국세청으로 보낸다. '구매자 서약서'에 서명할 필요도 없어졌다. 그 대신 구매한 매장에서 필요한 내용에 관해 설명을 들으면 된다.

❸ 정산 및 상품 인도

직접 택스리펀을 해주는 작은 가게에서는 여권 제시 후 세금이 포함되지 않은 상품 금액을 지불하고, 상품을 수령한다. 대형 쇼핑몰이나 백화점의 경우는 각 매장에서 쇼핑한 다음, 면세 수속 일괄 카운터에 찾아가 소비세에 상당하는 금액을 환불받는다. 반품 및 교환 시 면세에 필요한 최소 구매 금액을 밑도는 경우에는 모든 상품에 대해 면세가 취소되어 소비세를 지불해야 한다.

❹ 공항에서

구매 기록 정보를 전자 전송하기 때문에 나하 공항에서는 따로 면세 절차는 없지만, 세관 직원이 물어보면 여권을 보여줘야 한다. 면세로 구매한 상품은 원칙적으로 본인이 휴대하고 출국해야 한다. 만일 면세품을 슈트케이스 등에 담아 수하물로 보내고 싶은 경우에는 항공사 체크인 카운터에서 짐을 맡길 때 신고해야 한다. (필수 조건은 아니다) 세관 담당 직원이 체크인 카운터에 와서 면세품을 확인해 준다.

Travel Tip

나하 공항의 여행자 관련 시설

수하물 보관소(코인 로커) 1F 도착 로비 입구, 2F 탑승 대기실 로비, 3F 체크인 로비 옆

ATM 국내선 2F, 국제선 1F

환전소 국제선 2층 보안 검사장 앞, 영업시간 7:00~21:00, 전화 098-987-0865

작가가 추천하는 베스트 코스 6

2박 3일 코스 렌터카 타고 핵심 명소 압축 여행

Day 1 공항→중부

12:00
나하 공항 도착

12:30
렌터카 인수 후
58번 국도 따라
중부로 출발

13:00
미나토가와 스테이트
사이드 타운 도착

14:00
도리소바야
이시구호 소바
전문점에서 점심 식사

16:00
코우리 대교
환상 드라이브

18:30
나하 숙소 체크인

21:00
국제거리 포장마차 마을의
이자카야에서 식사 및
가볍게 술 한 잔

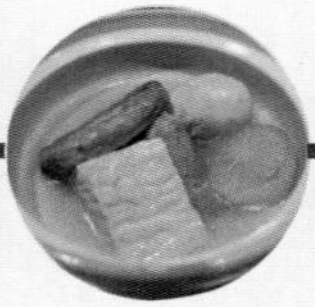

Day 3 나하→남부→공항

11:00
조식 후 세나가섬
우미카지 테라스에서
쇼핑

11:30
렌터카 반납 후
공항 도착

13:30
비행기 타고 한국으로

15:00
아메리칸 빌리지 산책

17:00
잔파곶에서
인생 샷 남기기

18:00
잔파 비치에서
석양 즐기기
(겨울철엔 30분~1시간 일찍 도착)

18:30
중부 숙소 체크인

나하←북부←중부 Day 2

08:30
숙소 체크아웃 후
북부로 출발

10:00
만좌모 산책 후
인생 샷 남기기

12:00
모토부항 키시모토
식당소바 전문점에서
점심 식사

15:00
추라우미 수족관 관람과
비세 후쿠기
가로수 길 산책

3박 4일 코스 버스 타고 오키나와 알차게 여행하기

Day 1 공항→나하→중부→나하

12:00
나하 공항 도착

12:40
모노레일 타고 나하시 도착 후 숙소 체크인

13:00
나하 버스터미널에서 미나토가와 스테이드 사이드 타운으로 출발
11번 승강장에서 20번, 120번 승차. 3번 승강장에서 28번, 29번 승차
소요 시간 30분

14:00
미나토가와의 도리소바야 이시구호에서 점심 식사 후 산책

17:22
얀바루 급행버스 타고 나하로 출발
소요 시간 2시간 20분

19:40
스테이크하우스88 스테이크 전문점, 국제거리점에서 저녁 식사

Day 3 나하←남부←나하

08:30
나하 버스터미널 7번 승강장에서 38번 시키야 행 버스 승차. 세이화 우타키 이리구치 斎場御嶽 入口에서 하차
소요 시간 1시간

10:30
세이화 우타키 관광 또는 아자마산산 비치 산책

13:00
38번 버스 타고 나하 도착 후 코우류라멘라멘 전문점에서 점심 식사

14:30
츠보야 야치문 도자기 거리와 우키시마 거리 산책

16:00
모노레일로 슈리성으로 이동. 슈리성 관람과 긴조초 돌 다다미 길 산책

19:00
호리카와오키나와 소바에서 저녁 식사

16:00
아메리칸 빌리지
쇼핑
20번, 28번, 120번 버스
소요 시간 30분

18:00
센셋 비치에서
석양 감상

18:30
나하로 출발
20번, 28번, 120번 버스
소요 시간 30분

Day 2 나하←북부←나하

08:50
나하버스터미널
(11번 승강장) 혹은
현청 북쪽 출구 앞에서
얀바루 급행버스 타고
추라우미 수족관으로 출발
해양박공원의 기넨코엔마에
정류장 하차
소요 시간 30분

11:00
추라우미 수족관과
해양박공원
오키짱 극장 돌고래 쇼 관람 후
추라우미 수족관 내 식당에서 점심 식사
운영시간
09:00~10:00, 11:00~15:00, 15:30~17:30

15:00
비세 마을

Day 4 나하→공항

20:30
모노레일 타고
국제거리로 이동 후
쇼핑

11:00
뉴파라다이스 거리 산책

11:30
숙소 체크아웃 후
모노레일 타고
공항으로 출발

3박 4일 코스 렌터카 타고 떠나는 쉼표가 있는 여행

Day 1 공항→남부→나하

12:00
나하 공항 도착

13:00
렌터카 인수 후
남부로 출발

14:00
점심 식사 후
세나가섬 우미카지
테라스 산책

15:00
카페하마베노차야
또는 Lodge에서
커피 한 잔

중부←북부 Day 3

11:00
비세 후쿠기 가로수 길
자전거 여행

11:00
추라우미 수족관과
해양박공원 오키짱
극장에서 돌고래 쇼 관람

20:00
숙소 체크인

19:00
북부의 백년고가
우후야샤브샤브에서
저녁 식사

13:30
추라우미 수족관 내
식당에서 점심 식사
운영시간
09:00~10:00,
11:00~15:00,
15:30~17:30

14:30
코우리 대교
환상 드라이브 후
코우리 오션 타워와
하트 록 관광

16:00
중부의
하와이안 팬케이크
하우스 파니라니에서
디저트 즐기기

17:30
아메리칸 빌리지에서
쇼핑 후
선셋 비치에서
석양 감상

16:30 세이화 우타키 관람 및 니라이 카나이 다리 환상 드라이브

19:00 나하로 이동 후 숙소 체크인

20:00 스테이크하우스88 스테이크 전문점, 국제거리점에서 저녁 식사

Day 2 나하→중부 →북부

09:00 중부 동해안 해중도로로 출발
소요 시간 1시간 30분

10:00 해중도로 환상 드라이브

12:00 오도마리 비치 산책

13:30 파야오 직매점의 파야오 식당에서 점심 식사 후 카츠렌 성터 산책

16:00 중부 서해안 만좌모 구경하기

18:00 부세나 해중공원에서 석양 즐기기
구글 좌표
Busena Marine Park

19:30 아메리칸 빌리지 구르메스시에서 저녁 식사

Day 4 중부→공항

09:00 미나토가와 스테이트 사이드 타운으로 출발

10:00 미나토가와 스테이트 사이드 타운 산책 후 렌터카 반납

13:30 비행기 타고 한국으로 출발

3박 4일 코스 아이와 함께 떠나는 행복한 가족 여행

Day 1 공항→중부

12:00
나하 공항 도착

13:00
렌터카 인수 후
중부로 출발

15:00
미나토가와 스테이트
사이드 타운의
도리소바야 이시구호에서
늦은 점심 식사

16:00
미나토가와 스테이트
사이드 타운 산책

Day 3 나하←북부

09:00
코우리 섬으로 출발.
코우리 대교
환상 드라이브 후
코우리 오션 타워 관람

12:30
렌터카 반납 후
나하 숙소 체크인

14:00
라멘단보에서
점심 식사 후
모노레일 타고
슈리성으로 이동

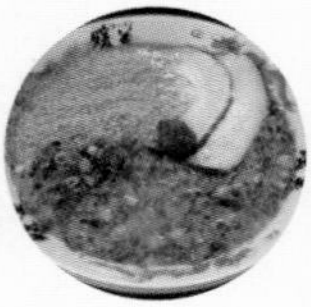

16:00
슈리성 관람과
긴조초 돌 다다미 길
산책

18:00
모노레일 타고
국제거리로 이동 후
쇼핑

19:00
백년고가
우후야샤브샤브에서
저녁 식사

20:00
숙소 도착

20:30
우리준 이자카야에서
저녁 식사와 술

17:00
아메리칸 빌리지에서 쇼핑

19:00
선셋 비치에서 석양 감상

19:30
아메리칸 빌리지 구르메스시에서 저녁 식사

Day 2 중부→북부

11:00
리조트의 해양 프로그램 즐기기
겨울철엔 류큐무라에서 류큐 문화 체험

12:30
만좌모와 부세나 해중공원 구경하기
구글 좌표 Busena Marine Park

14:00
북부의 카진호우피자에서 점심 식사

15:00
추라우미 수족관과 해양박공원 오키짱 극장에서 돌고래 쇼 관람

17:30
비세 후쿠기 가로수 길 자전거 하이킹

Day 4 나하→공항

10:30
우키시마 거리와 츠보야 야치문 도자기 거리 산책

11:30
공항 도착

13:30
비행기 타고 한국으로 출발

3박 4일 코스 바다와 해변을 즐기는 액티비티 여행

Day 1 공항→중부

12:00
나하 공항 도착

13:00
렌터카 인수 후
중부로 출발

15:00
미나토가와 스테이트
사이드 타운 도착.
도리소바야 이시구호소바
전문점에서 점심 식사 후
산책

17:00
아메리칸 빌리지
구경 및 쇼핑

Day 3 나하←북부

11:00
추라우미 수족관 관람

12:30
비세 후쿠기 가로수 길
자전거 하이킹 후
카진호우피자에서
점심 식사

13:30
코우리 대교
환상 드라이브

15:30
나하 숙소 체크인 후
모노레일 타고
슈리성으로 이동

18:00
슈리성 관람과
긴조초 돌 다다미 길
산책

20:00
스테이크하우스88
스테이크 전문점
국제거리점에서
저녁 식사

21:00
국제거리에서 쇼핑

Day 2 중부→북부

19:00
아메리칸 빌리지 구르메 스시에서 저녁 식사 후 마에다곶 숙소로 이동

21:00
숙소 근처에서 가볍게 한 잔

11:00
잔파곶과 잔파 비치 여행하기

13:00
반주테이수제 소바에서 점심 식사

14:30
푸른 동굴에서 해양 스포츠 즐기기

17:00
만좌모와 부세나 해중공원에서 인생 샷 남기기
구글 좌표
Busena Marine Park

19:00
북부로 이동하여 백년고가 우후야샤브샤브에서 저녁 식사

20:00
북부 숙소로 도착

Day 4 나하→남부→공항

10:00
세나가섬 우미카지 테라스에서 쇼핑

11:30
렌터카 반납 후 공항 도착

13:30
비행기 타고 한국으로 출발

4박 5일 코스 | 본섬과 게라마 제도 깊이 여행하기

Day 1 공항→중부→북부

- **12:00** 나하 공항 도착
- **13:00** 렌트카 인수 후 중부로 출발
- **15:00** 미나토가와 스테이트 사이드 타운에서 늦은 점심 후 산책
- **17:00** 만좌모와 부세나 해중공원에서 인생 샷 남기기
- **19:00** 북부로 이동하여 배년고가 우후야 샤브샤브에서 저녁 식사

- **13:30** 메제노자키 전망대로 이동
  도보 7분
- **15:00** 자마미 항에서 후루자마미 비치로 이동
  셔틀버스 10분, 도보 20분
- **17:00** 케라마 블루 감상 및 스노클링
- **18:00** 숙소 체크인

Day 4 자마미섬→나하의 토마린항→국제거리

- **10:00** 아마 비치에서 해변 산책 및 스노클링
- **14:00** 자마미 어협에서 도시락 구매 후 토마린 항 행 페리 승선
- **16:30** 토마린항 도착 후 모노레일 타고 슈리성으로 이동
- **18:00** 슈리성 관람과 긴조초 돌 다다미 길 산책

Day 2 북부→나하

20:00
북부 숙소 도착

10:00
추라우미 수족관 관람

11:30
비세 후쿠기 가로수 길 자전거 하이킹

12:30
카진호우피자에서 점심 식사

13:30
코우리 대교 환상 드라이브

16:00
렌터카 반납 후 나하 숙소 체크인

17:00
국제거리, 우키시마 거리, 츠보야 야치문 도자기 거리 산책

19:00
사카에마치 시장의 이자카야에서 저녁 식사 겸 가볍게 한 잔

Day 3 나하→토마린항-자마미섬

10:00
나하 토마린 항에서 자마미 행 페리 승선
고속선은 09시 출발, 출발 1시간 전에 토마린 항 도착

12:00
자마미 어협에서 도시락 구매 후 카미노하마 전망대로 출발
도보 40분, 바이크 15분

Day 5 국제거리→공항

19:30
슈리 호리카와 오키나와 소바에서 저녁 식사

22:00
국제거리에서 쇼핑 후 포장마차 마을에서 나하의 마지막 밤 즐기기

10:30
우키시마 거리와 츠보야 야치문 도자기 거리 산책

11:30
숙소 체크아웃 후 모노레일 타고 공항 도착

13:30
비행기 타고 한국으로 출발

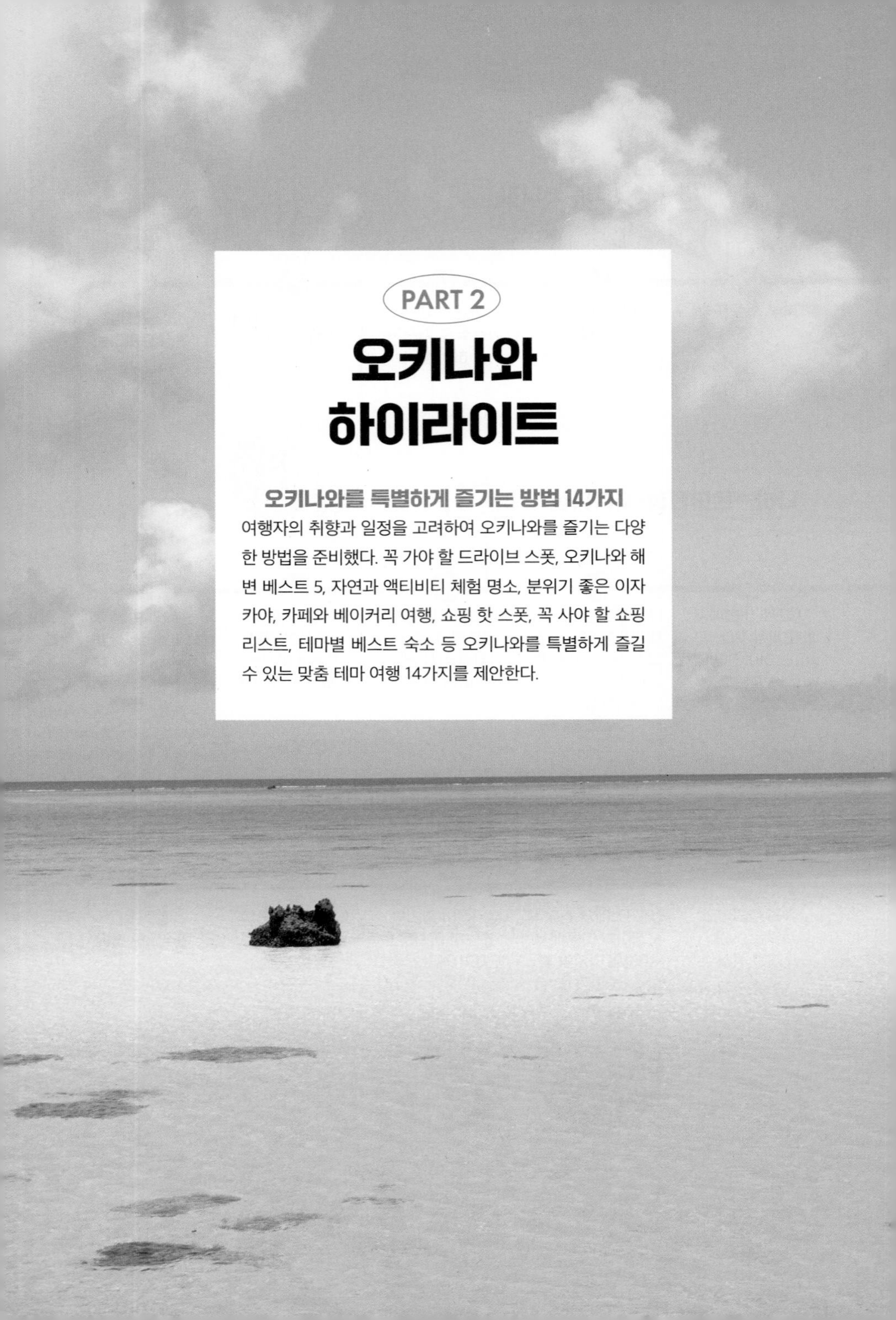

PART 2

오키나와 하이라이트

오키나와를 특별하게 즐기는 방법 14가지

여행자의 취향과 일정을 고려하여 오키나와를 즐기는 다양한 방법을 준비했다. 꼭 가야 할 드라이브 스폿, 오키나와 해변 베스트 5, 자연과 액티비티 체험 명소, 분위기 좋은 이자카야, 카페와 베이커리 여행, 쇼핑 핫 스폿, 꼭 사야 할 쇼핑 리스트, 테마별 베스트 숙소 등 오키나와를 특별하게 즐길 수 있는 맞춤 테마 여행 14가지를 제안한다.

Sightseeing 01

인생 최고의 드라이브
환상 드라이브 코스 베스트 5

드라이브는 오키나와 여행의 꽃이다. 나하시를 벗어나면 도로 옆으로 에메랄드빛 바다가 푸른 카펫처럼 펼쳐진다. 코우리 대교, 해중도로, 니라이 카나이 다리, 58번 국도, 이라부 대교. 이제 달리자. 당신은 지금부터 인생 최고의 드라이브를 경험하게 될 것이다.

©오키나와관광청

① **코우리 대교** 북부 p194

추라우미 수족관에서 차를 타고 동쪽으로 20분 정도 걸리는 곳으로, 야가지섬과 코우리섬을 이어주는 약 2km에 달하는 긴 다리이다. 이 다리를 달리면 천상의 풍경 같은 에메랄드빛 바다가 모두 내 것이 된다.

맵코드 485 662 041*33 구글 좌표 코우리섬

② **해중도로** 중부 p278

오키나와 중부 우루마시에 있다. 본섬 동쪽과 헨자섬, 미야기섬, 이케이섬까지 16.7km를 이어주는 해안도로이다. 중부 최고의 드라이브 코스로 꼽힌다. 도로 초입부터 헨자섬까지 이어주는 4.7km의 해중도로가 하이라이트다. 바다 위를 나는 기분을 만끽하자.

맵코드 499 576 286*13 구글 좌표 해중도로

③ **니라이 카나이 다리** 남부 p317

남부 동쪽 도시 난조에 있다. 331번 국도를 달리다 86번 국도로 접어들면 만나는 S자 드라이브 코스이다. 해안 절벽과 지상을 연결하는 이 다리를 달리고 있으면 하늘 위를 달리는 듯 기분이 짜릿하다. 풍경 또한 환상적이다.

맵코드 232 593 570*63 구글 좌표 니라이 카나이 다리

④ **58번 국도** 중부~북부 p50

58번 국도는 나하에서 풍경 좋기로 이름난 서해안을 거쳐 북쪽 끝 헤도곶까지 내달린다. 이 길의 하이라이트는 온나손의 르네상스 비치에서 북부 나고까지 이어지는 해안도로다. 25km 내내 그림 같은 풍경과 남국의 낭만을 즐길 수 있다.

구글 좌표 26.312463 127.762147

⑤ **이라부 대교** 미야코섬 p372

미야코섬과 이라부섬을 이어주는 3,450m 길이의 다리이다. 남빛 바다 미야코 블루를 눈 멀미가 나도록 바라볼 수 있다. 여행자들은 거북이처럼 천천히 달리며 '실화' 같지 않은 풍경을 마음껏 감상한다. 본섬에 있었다면 무조건 '베스트 1'이 되었을 코스다.

맵코드 721 163 339*17 구글 좌표 이라부 대교

몰디브 안 부럽다
오키나와 해변 베스트 5

미안하지만, 우리나라의 해변은 잊어도 좋다. 에메랄드빛 바다.
산호초 모래밭, 눈이 부실 정도로 투명한 물속. 일본의 아름다운 해변 절반이 오키나와에 있다.
어딜 가도 매혹적이지만 그래도 독자를 위해 본섬 해변 중에서 다섯 곳을 가려 뽑았다.

① **오쿠마 비치** 북부 p215

말이 필요 없는 해변이다. 오키나와 북쪽 끝 헤도곶으로 가는 길 58번 국도변에 있다. 일본 환경청 수질 조사에서 최고 등급인 AA를 받았다.

맵코드 485 829 787*85
구글 좌표 오쿠마 비치

② **세소코 비치** 북부 p197

북부 비치의 하이라이트다. 모토부 반도와 다리로 연결된 세소코섬 끝자락에 숨어 있는 비밀스러운 해변이다. 산호모래와 투명한 물빛이 파라다이스를 연상시킨다.

맵코드 206 822 265*25
구글 좌표 세소코 비치

③ **오도마리 비치** 중부 p284

물이 너무나도 투명하여 오키나와 비치 중에서도 손꼽히는 곳이다. 중부 해중도로 건너 이케이섬에 있다. 스노클링하기 좋다. 한적하게 바다를 느끼고 싶은 여행자에게 추천한다.

맵코드 499 794 665*28
구글 좌표 Oodomari Beach

④ **에메랄드 비치** 북부 p185

이름 그대로 에메랄드 물빛이 환상이다. 추라우미 수족관과 비세 후쿠기 가로수 길 사이에 있다. 1만 8천여 평에 이르는 넓은 해변이 인상적이다.

맵코드 553 105 407*06 구글 좌표 에메랄드 비치

⑤ **만자 비치** 중부 p267

ANA 인터컨티넨탈 호텔에서 관리하는 비치다. 반달 모양 백사장과 에메랄드빛 바다 풍경이 너무 아름답다. 어린이들을 위한 오션 파크가 있어 가족 단위 여행객에게도 인기가 좋다.

맵코드 206 313 455*17
구글 좌표 아나 인터컨티넨탈 만자비치 리조트

Sightseeing 03

열대어와 바다거북을 만나자
해양 액티비티 핫 스폿 베스트 5

오키나와는 해양 스포츠의 천국이다. 스노클링, 스쿠버 다이빙, 바나나보트, 요트, TL워크, 트롤링, 윈드서핑 등 다양한 해양 스포츠를 즐길 수 있다. 스노클링은 간단한 교육을 받고, 다이빙은 전문 강사와 함께 즐길 수 있다. 운이 좋으면 바다거북을 만날 수도 있다. 많은 비치에선 액티비티 프로그램을 운영하고 있다. 다양한 애티비티를 즐기고 싶다면 호텔에서 운영하는 비치를 선택하는 게 좋다.

① 마에다곶과 푸른 동굴 중부 p262

오키나와 최고의 스노클링과 다이빙 스폿이다. 특히 푸른 동굴은 다이빙의 성지라 불리는 곳이다. 동굴 안에서 스노클링과 다이빙을 즐길 수 있다. 바다로 들어가면 다른 세상에 와 있는 듯 신비롭다. 카약 체험 프로그램도 있다.

맵코드 206 065 685*71 구글 좌표 푸른 동굴

② 자마미섬 게라마 제도 p344

게라마 제도는 오키나와 바다 중에서 으뜸으로 꼽히는 곳이다. 자마미섬과 주변 무인도에서 카약, 스노클링, 다이빙 등 다양한 레저 프로그램을 즐길 수 있다. 운이 좋으면 바다거북과 함께 수영할 수도 있다.

맵코드 905 202 428 구글 좌표 Furuzamami Beach

③ 나카노지마 비치 미야코섬 p373

미야코에 딸린 섬 시모지에 있는 비치로 스노클링 천국이다. 바닷속에 펼쳐진 크고 작은 바위 사이에 수많은 산호초와 아열대 물고기가 살고 있다. 이 바위들이 파도를 막아줘 안전하게 물놀이를 즐길 수 있다.

맵코드 721 241 377*83 구글 좌표 Nakanoshima Beach

④ 만자 비치 중부 p267

ANA 인터컨티넨탈 호텔에서 관리하는 비치다. 카약, 드래곤 보트, 스노클링. 아쿠아 사이클, 제트스키, 웨이크보드, 윈드서핑 스쿨, 요트 스쿨, 체험 낚시 프로그램을 운영한다. 다양한 스포츠 메뉴로 구성된 마린 어드벤처 패키지의 인기가 좋다.

맵코드 206 313 455*70 구글 좌표 아나 인터컨티넨탈 만자비치 리조트

⑤ 르네상스 비치 중부 p266

르네상스 호텔에서 관리하는 비치다. 마에다곶과 푸른 동굴 동쪽에 있다. 씨 워크, 패러세일링, 윈드서핑 등 다양한 해양 스포츠를 즐길 수 있으며, 특히 해적선 보트가 인기가 좋다. 해적 분장을 한 직원들이 보트를 운전하면서 연극이나 쇼를 선보인다.

맵코드 206034775 구글 좌표 르네상스 리조트 오키나와

Attention 스노클링할 때 주의 사항

① 준비 운동을 꼭 하자.
② 2인 1조와 구명조끼는 필수이다.
③ 마스크 이용법을 반드시 숙지하자.
④ 스노클링하다 입에 문 호스로 물이 들어오면, 입으로 힘껏 불면 물이 빠져나간다.
⑤ 지정된 장소에서만 스노클링하자.
⑥ 오키나와에는 바다뱀이 살고 있다. 유의하자.

무심코 찍어도 작품이 된다 **인생 사진 성지 베스트 5**

에메랄드빛 바다와 산호 비치, 사계절 푸른 숲길, 탄성이 절로 나오는 해중도로…….
오키나와는 모든 곳이 인생 샷 명소다. 류큐 문화에 일본과 미국 문화가 뒤섞여 분위기 또한 독특하다.
어느 곳이든 명소지만 독자를 위해 인생 샷 성지 5곳을 엄선했다.

©오키나와관광청

① 추라우미 수족관 북부 p176

모토부 반도에 있는 수족관으로, 오키나와 최고의 인생 샷 명소다. 바다를 그대로 옮겨놓은 것 같다. 유유히 헤엄치는 거대한 고래상어와 다양한 열대어가 어울리는 모습은 감동적이기까지 하다. 고래상어 길이만 8.6m로 멀리서 보면 수족관이 아니라 영화 스크린의 한 장면처럼 보인다.

맵코드 553 075 767*66 구글 좌표 추라우미 수족관

©오키나와관광청

② 코우리 대교 북부 p194

모토부 반도 동북쪽 끝 야가지섬屋我地島과 코우리섬을 연결해 주는 다리이다. 다리 아래 바다는 하늘빛 물감을 풀어 놓은 것처럼 푸르러 볼수록 눈이 부시다. 얼마나 아름다운지 여행을 마치고 돌아와서도 길게 여운이 남는 곳이다.

맵코드 485 662 041*33 구글 좌표 코우리섬

③ 비세 후쿠기 가로수 길 북부 p186

추라우미 수족관에서 북쪽으로 자동차로 5분 거리에 있는 가로수 길이다. 키 큰 후쿠기 나무가 흙길 양옆으로 빼곡히 서 있다. 마을 서쪽과 북쪽에는 아름다운 에메랄드빛 바다가 길게 펼쳐져 있어 풍경도 아름답다. 데이트하며 사진 찍기 좋다.

맵코드 553 105 654*06 구글 좌표 비세후쿠기길

④ 잔파곶 중부 p252

오키나와 중부 서쪽에 있는 경승지이다. 일본 영화 <눈물이 주룩주룩>의 촬영지로 유명하다. 30m 높이로 융기한 산호초 절벽과 푸른 바다가 만나 절경을 이룬다. 절벽 위 하얀 등대가 잔파곶의 뷰 포인트다. 모든 풍경이 한 폭 그림 같다.

맵코드 100 568 5325*47 구글 좌표 잔파곶

⑤ 이라부 대교 미야코섬 p372

오키나와의 몰디브라 불리는 미야코섬에서 최고 풍경을 자랑하는 곳이다. 오키나와에서 가장 긴 다리로 양옆으로 투명한 에메랄드빛 바다가 그림처럼 펼쳐져 있다. 천국으로 가는 다리가 있다면 바로 이곳일 것이다. 나하에서 다시 비행기를 타고 가야 하기에 순위가 밀려 아쉬울 뿐이다.

맵코드 721 163 339*17 구글 좌표 이라부 대교

Sightseeing 05

류큐의 숨결을 느끼자
오키나와 문화가 깃든 명소 5

오키나와는 19세기 말, 약 140년 전만 해도 일본이 아니었다. 자신의 문화가 있고 고유 언어를 사용하던 류큐 왕국이었다. 고려 말부터 조선 후기까지 우리나라와 교류가 잦았다.
이제는 일본의 작은 현이 되었지만 섬 곳곳엔 여전히 류큐 왕국의 숨결이 흐른다.
세계문화유산을 중심으로 오키나와의 DNA를 느낄 수 있는 대표 명소를 소개한다.

① **슈리성** 나하 p152

류큐의 랜드마크로, 13세기 말부터 14세기에 걸쳐 완성된 류큐의 왕궁이다. 왕들은 이곳에서 470년간 류큐를 통치했다. 그들의 독보적인 문화와 굴곡진 역사를 상징적으로 보여주는 곳이다.

맵코드 33 161 526*71 구글 좌표 슈리성

©나키진관광협회

② **나키진 성터** 북부 p208

북부를 대표하는 성터이자 유네스코에 등재된 세계문화유산이다. 슈리성 다음으로 큰 성터로, 오키나와의 '만리장성'이라 불린다. 봄이 되면 벚꽃이 가장 먼저 피어 오키나와에 봄이 왔음을 알린다.

맵코드 553081414*44 구글 좌표 나키진 성터

③ **카츠렌 성터** 중부 p280

중부 동쪽 지역에 있는 성으로 12~13세기에 축성된 세계문화유산이다. 역대 카츠렌 성주들이 살았던 곳으로, 그들은 한때 강력한 힘을 가져 슈리 왕국과 전쟁을 하기도 했다. 호족의 힘이 느껴진다.

맵코드 499570170*77 구글 좌표 가쓰렌 성터

©오키나와관광청

④ **자키미 성터** 중부 p250

중부 서쪽 지역에 있는 성곽으로 15세기 전반에 축성된 세계문화유산이다. 최고의 장군이자 천재 건축가라 불렸던 고사마루의 작품으로, 작은 성이지만 성벽의 정교함, 아치문, 성벽의 두께와 기울기 등에서 높은 건축 수준을 확인할 수 있다.

맵코드 33854428*55 구글 좌표 자키미 성터

⑤ **시키나엔** 나하 p162

1799년에 지어진 왕의 별장이자 사신을 접대하던 영빈관이다. 일본식 정원인데 연못에 있는 정자와 아치형 다리는 중국식이다. 일본식 정원에 중국 양식이 적절하게 조화를 이루고 있다. 산책하기 아주 좋다.

맵코드 33130089*45 구글 좌표 시키나엔

입이 즐거워지는 시간
꼭 먹어야 할 오키나와 대표 음식 5

음식은 곧 문화이다. 오키나와는 일본의 섬이지만 기후와 자연환경이 다르기에 음식도 색다르고 독특하다. 태평양 전쟁 이후 미군이 주둔하면서 햄버거, 스테이크, 타코 라이스 등이 오키나와 스타일로 새롭게 태어나기도 했다.
류큐 전통 음식부터 오키나와 스타일로 바뀐 이국의 음식까지 다양하게 즐겨보자.

① **오키나와 소바** 沖縄そば

일본 소바의 재료는 메밀이지만, 오키나와 소바는 100% 밀가루로 만든다. 삶은 면에 기름을 바르고 보관했던 전통을 아직도 지키고 있다. 아열대 기후라서 쉽게 상하므로 반죽은 숙성하지 않는다. 그런 까닭에 밀가루이지만 면이 툭툭 끊어진다. 육수는 다랑어 또는 닭이나 돼지고기로 만든다. 국물 맛이 깊고 진하다. 삼겹살, 돼지 숯불갈비, 파 같은 고명을 얹는다.

② **찬푸르** チャンプルー

오키나와 전통 볶음 요리다. 음식이 빨리 상해 볶음 요리가 발달했다. 대표적인 볶음 음식은 고야 찬푸르ゴーヤーチャンプルー이다. 우리나라에서 '여주'로 불리는 채소 고야를 잘게 썰어 두부와 햄을 넣고 볶아 만든다. 고야는 우리의 김치만큼이나 오키나와 사람들이 즐겨 먹는다. 맛이 쌉쌀해 호불호가 갈린다. 소면 볶음인 소멘 찬푸르そうめん チャンプルー도 있다.

③ **스테이크** ステーキ

태평양 전쟁 후 미군이 들어오면서 전해져 오키나와 스타일로 바뀌었다. 불에 달군 검정 석판에 채소와 함께 내오는데, 먹는 동안에도 지글지글 소리를 내며 익어간다. 육즙은 살아 있고 식감은 부드럽다. 스테이크 고기는 야에야마 제도 이시가키섬의 소 이시가키큐石垣牛를 최고로 친다. 이시가키큐로 만든 스테이크는 가격이 좀 비싼 편이다

④ **타코 라이스** タコライス

스테이크와 마찬가지로 미군 문화의 영향으로 전해져, 오키나와 버전으로 재탄생한 음식이다. 토르티야 빵에 채소와 고기를 싸서 먹는 멕시코 음식 타코Taco에서 유래되었지만, 토르티야 대신 볶음밥을 사용한다. 살사 소스와 채소의 조화가 이색적이다. 간단한 한 끼 식사로 좋다

⑤ **젠자이** ぜんざい

우리의 팥빙수와 비슷한 오키나와 전통 음식이다. 달콤하게 조린 단팥 위에 곱게 간 얼음을 얹어 내오며, 보통 흑설탕이나 시럽을 뿌려 먹는다. 진한 맛을 내는 팥빙수에 익숙한 한국인의 입맛에는 조금 심심할 수 있다.

소바 마니아라면 주목!
오키나와 소바 맛집 베스트 5

소바는 오키나와의 소울 푸드이다. 밀가루로 만들었음에도 독특하게 면발이 툭툭 끊어진다.
지역마다 혹은 가게마다 맛과 조리법이 조금씩 달라 개성이 넘친다.
소바 마니아라면 맛집으로 소문난 가게를 돌아가며 먹어보기를 권한다.

① **키시모토 식당** きしもと食堂 북부 p188

1905년에 문을 연 오키나와에서 가장 오래된 소바 전문점이다. 면을 반죽할 때 목탄 물을 사용하는 전통 조리법을 고수하고 있다. 워낙 유명해 많은 사람이 찾는다. 줄을 서서 기다리는 게 기본이다. 모토부항 근처에 있다.

맵코드 206 857 711*70 구글 좌표 키시모토 식당

② **얀바루 소바** 山原そば 북부 p207

모토부 반도 오키나와 소바 로드84번 국도의 이즈미에 있는 맛집이다. 소키 소바가 유명한데, 우리말로는 돼지 등뼈 갈비 소바다. 돼지고기와 가다랑어를 오랫동안 우려서 육수를 만든다. 독특하게 갈비의 간을 맞추는 일은 주문을 받은 후에 한다.

맵코드 206 834 514*44 구글 좌표 얀바루 소바

③ **슈리 호리카와** 首里ほりかわ 나하 p164

슈리성 근처에 있는 소바 집이다. 오랜 시간 정성으로 반죽하여 숙성시켜 면을 뽑아 오키나와 소바치고 탱탱하다. 돼지고기와 가다랑어를 푹 고아 만든 육수는 담백하면서 끝맛이 아주 깔끔하다.

구글 좌표 슈리 호리카와

④ **도리소바야 이시구후** 鶏そば屋いしぐふ 중부 p233

미나토가와를 대표하는 소바 맛집이다. 오키나와 소바는 대개 돼지고기 육수를 사용하는데, 이 집은 닭 육수를 사용한다. 독특한 닭 육수로 '오키나와 소바 왕 대회'에서 초대 소바 왕으로 뽑혔다. 닭고기로 만든 일본식 만두도 맛이 좋다.

구글 좌표 도리소바야 이시구후 미나토가와점

⑤ **반주테이** 番所亭 중부 p256

요미탄의 자키미 성터에서 차로 10분 거리에 있는 소바 집으로 자색고구마 소바 '베니자루'로 유명하다. 진한 국수장국을 살짝 묻혀 차갑게 먹는 것인데, 간이 적당하고 시원해 더운 오키나와와 잘 어울린다.

맵코드 33 826 455*82 구글 좌표 26.39987 127.757978

Travel Tip

꼭 먹어야 할 편의점 음식 베스트 5

편의점은 일본의 핫 플레이스 가운데 하나이다. 하이라이트는 단연 음식이다. 맛과 질 모두를 겸비해서 한 끼 식사로 문제없다. ①도시락 세트 ②일본 라멘 ③크림치즈 파스타와 야키소바 ④일본식 주먹밥 ⑤푸딩과 오뎅의 인기가 제일 높다. 고소한 닭고기꼬치, 달콤한 멜론 맛 환타도 인기 품목이다.

일본 편의점의 또 다른 장점은 음식이나 물건을 사지 않아도 화장실을 이용할 수 있다는 점이다. 대부분 편의점은 화장실을 갖추고 있다. 급할 때 요긴하게 활용하자.

남국의 밤을 즐기자 **오키나와의 이자카야 베스트 5**

오키나와의 이자카야는 일본 본토와 좀 다르다.
사케보다 오키나와 전통 술 아와모리가 중심이고, 분위기도 더 흥이 넘친다. 남국의 밤은 특별하다.
술과 음악, 인심 좋은 사람들에게 취해보자.

① **쇼코쿠 슈한도코로 겐** 諸国酒飯処 玄 중부 p289

우루마시 북부에 있다. 오키나와 요리는 물론 여러 나라 요리를 맛볼 수 있는 선술집이다. 현지인들의 절대적 사랑을 받는 곳으로 규슈 출신 부부가 요리한다. 오키나와 요리, 전통 규슈 요리, 중화요리에 한국 요리까지 섭렵한 요리의 달인들이다. 오키나와 서민 술집 분위기지만 요리는 일품이다.

구글 좌표 26.406111 127.830240

② **야기료리 사카에** 山羊料理 さかえ 나하 p129

나하 국제거리 포장마차 마을에 있다. 아는 사람만 찾아온다는 맛집 중의 맛집으로 음식도 좋지만, 친절하고 쾌활한 주인아주머니 때문에 더욱 유명하다. 요리를 만들면서 손님들과 스스럼없이 대화를 나누고 유쾌하게 웃기를 좋아한다. 서비스도 최고라 술만 주문하고 서비스 안주로 배불리 먹고 가는 단골도 많다.

구글 좌표 26.216677 127.690688

③ **지누만** Chinuman 恩納村ムーンビーチ前別邸 중부 p271

중부 온나손에 있는 술집으로, 매일 밤 류큐 전통 음악을 라이브로 즐길 수 있다. 흥이 넘치는 류큐 음악을 듣다 보면 자연스레 술잔이 입으로 간다. 온나손에서 가장 즐거운 이자카야로 생선회, 초밥, 찬푸르, 라후테 등 오키나와 요리를 맛볼 수 있다. 호텔 문비치에서 동쪽으로 3분 거리이다.

맵코드 206 096 535*45 구글 좌표 26.450613 127.805335

④ **우리준** うりずん 나하 p142

국제거리 동쪽 사카에마치 시장에 있다. 오키나와에서 손꼽히는 이자카야이다. 1972년에 문을 연 전통 있는 곳으로, 오키나와식 크로켓인 도우루텐을 비롯해 이라부차 사시미오키나와 생선회 등 안주가 무려 47가지나 된다. 오래된 목조 건물이라 실내 분위기가 고풍스러워 술맛이 더욱 좋다.

구글 좌표 우리준 본점

⑤ **마츠노 코민카** 松の古民家 북부 p219

나고시에서 최고 분위기를 자랑하는 아구 샤부샤부 음식점이자 칵테일과 아와모리를 판매하는 바다. 60년이 넘은 민가를 개조해 만들어서 분위기가 정말 좋다. 30가지가 넘는 오키나와 요리가 있다. 입소문이 나서 일본 매체에 소개되기도 했으며, 인기가 좋아 예약은 필수이다.

맵코드 206 627 735*80 구글 좌표 마츠노 코민카

오키나와 빵지 순례
꼭 가야 할 베이커리 베스트 5

일본 본토에서는 오키나와 스타일의 베이커리가 유명하다. 맛도 맛이지만 재료 때문이다.
특히 후쿠시마 원전 사고 이후로 재료에 관한 관심이 더 많아졌다.
오키나와 유명 베이커리의 공통점은 청정한 물, 소금, 밀 등 친환경 재료로 빵을 만든다는 것이다.
꼭 가야 할 오키나와 베이커리로 초대한다.

©오하코르테

©플라우만스런치베이커리

① 플라우만스 런치 베이커리
Ploughman's Lunch Bakery 중부 p277
오키나와 중동부 기타나카구스쿠에 있는 베이커리다. '영국 농부의 건강한 식사'를 콘셉트로 천연 효모를 사용해 빵을 만든다. 천연 효모 빵은 모두 8종이며, 특히 살라미와 오키나와의 채소만을 사용해 만든 샌드위치가 아주 맛이 좋다.

맵코드 33 440 756*25 구글 좌표 플라우만스 런치 베이커리

©오하코르테

② 오하코르테 Ohacorte 중부 p231
아기자기하고 예쁜 타르트 전문점으로 오키나와에서 가장 유명하다. 오하코르테는 장인 정신이 느껴지는 정성으로 만든 타르트로 유명하다. 꼭 제철 과일만을 사용하기 때문에 계절마다 메뉴가 바뀐다. 미나토가와에 본점이 있고, 나하시에 두 개, 나하 공항 국제선 여객터미널 2층에도 가게가 있다.

맵코드 33 341 033*25 구글 좌표 오하코르테 미나토가와점

©스이엔

③ 스이엔 パン屋 水円 중부 p257
중부 서해안 요미탄의 자키미 성터 근처 숲속에 있는 베이커리다. 밀가루와 효모, 물, 소금만을 이용해 빵을 만들어 심플하고 맛있다. 정성을 들여 온도를 조절하면서 천천히 발효시켜 만들어 더욱 유명하다.

맵코드 33 854 097*73 구글 좌표 스이엔 베이커리

④ 야에다케 베이커리 八重岳ベーカリー 북부 p207
얀바루의 야에다케 산기슭에 있는 베이커리로 1977년에 창업한 역사와 전통 있는 곳이다. 천연 효모를 이용해 오랜 시간 반죽해 정성껏 빵을 만든다. 야에다케의 물, 오키나와의 흑설탕과 소금 등 오키나와 재료만 사용한다. 매일 12시 전후로 빵이 구워져 나오는데 오후가 되면 금방 동이 난다.

맵코드 206 801 560 구글 좌표 야에다케 베이커리

⑤ 아라가키 젠자이야 新垣ぜんざい屋 북부 p192
오직 팥빙수젠자이 하나만 판매하는 젠자이 전문점으로 역사가 무려 66년이나 되었다. 오키나와 전통 젠자이는 곱게 간 얼음에 달콤하게 조린 단팥을 넣어 먹는다. 젠자이를 주문하면 처음에 당황하게 된다. 곱게 갈린 얼음만 나온다. 단팥은 얼음 속에 숨어 있다. 사르르 녹는 얼음과 달콤한 단팥의 조화가 환상이다.

맵코드 206 857 711*21 구글 좌표 아라가키 젠자이야

Eat & Drink 05

남국에 흐르는 커피의 향기
분위기 좋은 카페 베스트 6

오키나와에서 꼭 가봐야 할 곳이 카페다. 멋진 인테리어가 아니더라도
아름다운 풍경을 품고 있기에 세상 어디에 내놓아도 부러울 것 없을 만큼 분위기가 근사하다.
오키나와엔 언제나 매혹적인 커피 향이 흐른다.

① 지바고 커피 웍스 오키나와
ZHYVAGO COFFEE WORKS OKINAWA

중부 p247

아메리칸 빌리지 인근 카페 가운데 스타일리시한 분위기로 손에 꼽히는 곳이다. 인더스트리얼 인테리어에 작은 화분들이 더해져 제법 멋스럽다. 에메랄드빛 바다 풍경을 카페에서 감상할 수 있어서 낭만적이기까지 하다.

맵코드 33 526 510*58
구글 좌표 지바고 커피 웍스 오키나와

② 카페 고쿠 カフェこくう
북부 p209

여행책 표지처럼 아름다운 카페 겸 레스토랑이다. 모토부 반도 나키진 성터 부근에 있다. 높은 언덕에 서 있는 붉은 기와와 목조 건물 그리고 그림처럼 펼쳐진 쪽빛 바다. 탄성 소리가 저절로 나온다.

맵코드 553 053 127
구글 좌표 카페 고쿠

③ 카페 이차라 Cafe ichara
북부 p206

얀바루やんばる, 山原 숲에 안겨 있다. 오키나와의 자연을 느낄 수 있는 매력적인 카페다. 숲에서 들려오는 새소리와 바람 소리를 듣고 있으면 저절로 힐링이 된다. 화덕 피자와 수제 케이크 맛도 좋다. 84번 국도 오키나와 소바 로드에 인접해 있다.

맵코드206 834 130*46
구글 좌표 카페 이차라

④ 타소가레 카페 たそかれ珈琲
나하 p135

도쿄 카페에서 오래 경험을 쌓은 주인이 고향 나하로 돌아와 오픈했다. 재즈 음악과 그윽한 커피 향이 카페를 가득 채우고 있다. 직접 로스팅하여 핸드드립으로 정성껏 내린 커피는 나하 최고의 커피로 꼽힌다.

구글 좌표 타소가레 카페

⑤ 하마베노차야 浜辺の茶屋
남부 p325

남부의 바다와 맞닿아 있어, 바다가 바로 아래까지 밀려 들어오는 근사한 카페이다. 바다가 보이는 창가 앞자리는 언제나 만원이다. 야외 테라스에서도 아름다운 풍경을 마음껏 감상할 수 있다.

맵코드 232 469 461*44
구글 좌표 하마베노차야

⑥ Cafe Lodge
남부 p325

난조 시 남쪽에 있다. 꼬불꼬불한 언덕을 올라가면 카페 로지가 나타난다. 종종 줄을 서서 기다릴 만큼 인기가 좋다. 창문 밖으로 푸른 바다가 그림처럼 펼쳐지기 때문이다. 오키나와 연인들은 이곳에서 로맨틱한 데이트를 즐긴다.

맵코드 098 948 1800
구글 좌표 Cafe Lodge

쇼핑은 여기에서!
오키나와 쇼핑 스폿 베스트 6

쇼핑은 여행에서 빼놓을 수 없는 즐거움이다. 오키나와의 쇼핑 스폿은 대부분 나하와 중부에 몰려 있다.
쇼핑은 여행 마지막 날 공항으로 가기 전에 하는 것이 편리하다.
가격, 접근성과 상품 다양성을 기준으로 쇼핑하기 좋은 6곳을 소개한다.

① 이온몰 오키나와 라이카무 중부 p289

이온몰 중 일본에서 가장 큰 지점이다. 대형 유니클로 매장을 비롯하여 H&M, 애플 스토어 등 이름만 들어도 알만한 브랜드들이 가득하다. 기념품부터 일반 쇼핑까지 모두 해결할 수 있다.

맵코드 33530406*45
구글 좌표 이온몰 오키나와 라이카무

② 우미카지 테라스 남부 p299

나하 공항 남쪽 세나가섬에 있다. 류큐 온천 세나가지마 호텔 근처 바닷가에 있다. 숍, 레스토랑이 몰려 있는 아케이드이다. 새하얀 건물과 푸른 바다가 아름다워 오키나와의 산토리니라고 부른다.

맵코드 098 851 7446
구글 좌표 우미카지 테라스

③ 미나토가와 외국인 주택단지 중부 p228

오키나와의 젊은 여성들에게 인기가 좋은 곳이며, 여행객에게도 핫플레이스로 꼽힌다. 액세서리 숍, 패션 숍, 개성 넘치는 편집숍이 즐비하며, 구경하는 것만으로도 여행의 즐거움을 더해준다.

구글 좌표 Minatogawa Stateside Coin Parking Lot

④ 돈키호테 나하 p121

나하 국제거리의 대표 쇼핑 스폿이다. 화장품, 액세서리, 문구, 가전제품, 와사비, 오키나와 전통술 아와모리 등을 저렴하게 쇼핑할 수 있다. 선물이나 소소한 쇼핑을 하기에 좋다.

구글 좌표 돈키호테 국제거리점

⑤ 오키나와 아웃렛몰 아시비나 남부 p307

한국의 백화점 아웃렛 같은 곳이다. 명품 브랜드부터 갭, 아디다스, 반스 같은 대중적인 브랜드까지 모여 있어 한 번에 쇼핑하기 좋다. 나하 공항과도 가까워 여행을 마치고 돌아가기 전 잠시 들러 쇼핑하기 좋다.

맵코드 232 544 541*15
구글 좌표 오키나와 아웃렛몰 아시비나

⑥ 다이코쿠 드러그 나하 p123

한국인에게 인기 만점인 드럭스토어로 약은 물론 화장품, 스낵, 건강 기능성 제품, 잡화 등을 판매한다. 국제거리에만 2개 매장이 있다. 국제거리 입구에 있는 현청앞점이 상품이 많다.

구글 좌표 26.214041 127.680767

이 섬을 오래 기억하기 위하여
오키나와 기념품 베스트 6

기념품은 여행지의 추억을 새록새록 떠올리게 해준다.
오키나와엔 다양한 수공예품을 비롯하여 청정 지역 소금, 흑설탕 등 기념품으로 살만한 것들이 많다.
다른 여행지에서 흔히 볼 수 없는 기념품들이라 간직하는 즐거움을 더해준다.

① 야치문 도자기

야치문은 오키나와 도자기를 말한다. 무역이 발달한 류큐는 조선과 중국의 도자기 기술을 받아들여 독자적인 도자기를 만들었다. 오키나와 특유의 물고기나 식물 문양이 새겨져 있어 개성이 넘친다. 전통과 현대 도자기 모두 인기가 좋다. 요미탄 도자기 마을과 국제거리 남쪽 즈보야 야치문 거리에 가면 쉽게 만날 수 있다.

② 류큐 유리 공예품 琉球ガラ
류큐가라스

오키나와 공예품에서 유명한 품목 중 하나이다. 형형색색의 컵, 접시, 병 등 생활용품과 예술 작품을 만날 수 있다. 아름다운 빛깔이 인기를 더해준다. 오키나와현의 전통공예품으로 인정받았다.

③ 사자 캐릭터 시사
プレ ビュー

캐릭터용품 시사는 오키나와 방언으로 '사자'를 뜻하는데, 복을 부르고 액을 막아준다는 전설의 동물이다. 오키나와 민가 지붕이나 문 앞에서 쉽게 찾아볼 수 있다. 기념품 가게에서 귀여운 캐릭터용품으로 만들어져 인형, 열쇠고리, 티셔츠 등으로 판매하고 있다.

④ 하와이풍 옷 카리유시
かりゆし

다양한 야자수가 그려진 하와이풍 의류이다. 색깔이나 무늬가 화려하다. 공공 기관이나 호텔에서 직원들이 공식적으로 착용한다. 다양한 스타일로 만들어져 기념품으로 구매하기 좋다.

⑤ 오키나와 소금 沖縄 の塩
오키나와 노시노

깨끗한 바다에서 만들어지는 오키나와의 소금은 일본에서도 유명하다. 오키나와 남쪽 미야코섬의 유키시오 제염소 소금과 중부 동해안 미야기 섬의 누치우나 소금이 유명하다. 소금으로 만든 쿠키와 아이스크림도 인기가 좋다.

⑥ 오키나와 흑설탕 沖縄黒糖
오키나와 코쿠토

오키나와에서 생산되는 사탕수수로 만든 천연 흑설탕이다. 미네랄과 비타민이 풍부해 건강에 좋다. 일본 여행객들 사이에서 베스트 품목으로 꼽힌다.

Shopping 03

여행 선물은 드럭스토어에서
꼭 사야 할 드럭스토어 선물 아이템

일본의 드럭스토어에서는 약품은 물론 화장품, 건강 기능성 제품, 스낵, 음료 등 다양한 상품을 판매한다. 시세이도의 센카 퍼펙트 휩, 키스미 마스카라, 키스미 아이브로, 호로요이, 곤약 젤리 등이 한국 여행객에게 특히 인기가 좋다. 가격도 비교적 저렴해 선물용으로 그만이다.

① **시세이도 센카 퍼펙트 휩**

시세이도의 맨얼굴용 세안제이다. 화장을 지우는 클렌징폼은 퍼펙트 더블 워시이다. 가격이 저렴해 부담 없이 구매할 수 있다. 120g에 490엔 정도.

② **키스미 마스카라** キスミーマスカラ

만화 주인공처럼 속눈썹을 만들어 주는 마스카라이다. 가성비가 좋으며, 한국 여행객에게 인기가 좋다. 가격은 1,000엔 내외이다.

③ **키스미 아이브로로**

여성 여행객에게 인기가 좋은 아이브로우 펜슬이다. 미용액 판테놀 성분이 함유되어 있어서 눈썹을 부드럽게 감싸주고 오랜 시간 또렷한 눈썹을 연출할 수 있다. 컬러가 다양하다. 가격은 1,000엔 안팎.

④ **호로요이** ほろよい

알코올이 들어있는 탄산 과일주다. 알코올 농도는 3~4% 정도이다. 기분 좋게 음료처럼 마실 수 있다. 아쉽게도 입국할 때 2캔 이상은 관세가 붙는다. 350ml 가격은 150엔 정도이다.

⑤ **곤약 젤리** 蒟蒻畑 곤이쿠바타케

남녀노소 모두 좋아하는 제품이다. 달콤하지만 칼로리가 낮아서 다이어트를 꿈꾸는 여성들이 즐겨 찾는다. 특히 복숭아 맛과 포도 맛이 인기가 좋다. 가격은 12개들이 188엔 정도.

⑥ **휴족시간** 休足時間 규조쿠지캉

오래 걸어야 하는 여행자에게 필수 제품이다. 발바닥과 종아리에 붙이면 뭉친 근육을 풀어준다. 가격은 6개들이 600엔 내외이다.

⑦ **로이히 츠보코** ロイヒつぼ膏

한국인에게 인기 좋은 동전 타입 파스이다. 결리고 쑤시는 부분에 붙이면 효과 좋기로 유명하다. 부모님 선물로 1등 아이템이다. 파스가 잘 안 붙는 부위도 잘 붙는다. 가격은 156개들이가 600엔 정도.

⑧ **카베진 정**

일본뿐만 아니라 세계에서 유명한 위장약이다. 양배추를 주원료로 만든 알약으로 위장 점막을 회복시켜 준다. 속 쓰림, 위산과다, 소화불량 등에 좋다. 가격은 300정에 2,000엔 안팎이다.

Stay

작가가 추천하는
테마별 베스트 숙소

오키나와는 5성급 럭셔리 호텔부터 프라이빗 해변을 갖춘 리조트까지 숙소 형태가 다양하다. 전망, 커플, 휴양, 아이 동반 등 취향과 여행 목적에 따른 최고 숙소를 추천한다. 예산과 취향, 상황에 맞게 선택하자.

❶ 전망이 환상적인 호텔

① 히야쿠나 가란 Hyakuna Garan 百名伽藍 남부 p409

남부에 있는 고품격 럭셔리 호텔 겸 리조트다. 바다와 맞닿아 있어 끝없이 펼쳐진 남부의 바다를 마음껏 감상할 수 있다. 다다미 바닥으로 된 거실에 앉으면 아름다운 바다가 한눈에 들어온다. 지친 일상에서 벗어나 완벽한 휴식을 즐기기 좋다. 가격이 비싼 게 흠이다.

맵코드 232 469 434*58 구글 좌표 Hyakuna Garan

©BiteAMap

② 카후 리조트 후차쿠 콘도 호텔
カフーリゾートフチャク コンドホテル 중부 p404

호텔 문 비치와 쉐라톤 오키나와 사이에 있다. 바다와 골프장 사이에 있는 4.5성급 리조트 겸 호텔이다. 연인, 가족, 단체 여행객, 비즈니스 투숙객에게 최고의 만족을 선사한다. 나하 공항까지 약 70분 정도 소요되며, 중부의 명소 만좌모, 마에다 곶, 류큐무라, 비오스의 언덕과 가깝다.

맵코드 206 127 227*50 구글 좌표 Kafuu Resort Fuchaku

❷ 오붓한 커플 여행에 딱 좋은 호텔

① 스파 리조트 에그제스
Spa Resort Exes スパリゾートエグゼス 중부 p406

헬스클럽, 사우나, 실내 수영장, 실외 수영장, 스파 등 다양한 편의시설을 갖추고 있다. 객실은 90개이다. 객실이 넓고 전망이 좋다. 상점, 레스토랑도 잘 갖추어져 있어 숙소에서 시간 보내기 좋다. 특히 수영장 시설이 좋아 호텔에서 시간을 보내며 여유를 즐기는 투숙객이 많다. 레스토랑도 맛집으로 유명해 식사하기 좋다.

맵코드 098 967 7500 구글 좌표 Spa Resort Exes

② 카누차 리조트 カヌチャリゾート 북부 p401

북부지역 호텔은 대부분 서쪽의 모토부 반도에 모여 있는데, 카누차 리조트는 동쪽에 있다. 주위에 명소는 없지만, 리조트가 넓어 조용하고 느긋하게 휴식을 즐길 수 있는 럭셔리 리조트다. 베이비시터와 세탁 서비스를 받을 수 있으며, 애완동물 출입도 가능하다. 맹그로브 숲으로 유명한 히루기 공원과 가깝다.

맵코드 485 159 341*51 구글 좌표 kanucha resort

❸ 아이가 더 좋아하는 가족여행 추천 호텔

©오키나와현청

① 르네상스 리조트 오키나와 Renaissance Resort Okinawa 중부 p402

중부 온나손에 있는 해양 스포츠에 최적화된 리조트다. 르네상스 비치를 품고 있으며, 씨 워크, 트롤링, 윈드서핑 등 다양한 해양 스포츠를 즐길 수 있다. 마에다 곶과 류큐무라에서 차로 5분 거리이다.

맵코드 206 034 686*30 구글 좌표 르네상스 리조트 오키나와

©오키나와관광청

② ANA 인터컨티넨탈 만자 비치 리조트 ANA Intercontinental Manza Beach Resort 중부 p405

중부 만좌모 옆에 있다. 중부지역에서 가장 유명한 리조트 겸 럭셔리 호텔이다. 에메랄드빛 바다와 하얀 모래로 유명한 만자 비치를 품고 있다. 어린이들을 위한 미끄럼틀, 해수 풀 등을 갖춘 오션파크가 있어 가족 단위 여행객에게 좋다.

맵코드 206 313 455*17 구글 좌표 아나 인터컨티넨탈 만자 비치 리조트

❹ 휴양지의 낭만을 즐기기 좋은 호텔

① **콘페키 더 빌라 올 슈이트** Azure The Villa All-Suite 이라부섬 p412

미야코섬 동북쪽 이라부섬에 있다. 커플을 위한 프라이빗 풀빌라로 객실이 8개밖에 되지 않는다. 객실마다 작은 수영장이 있다. 수영장에서 환상적인 미야코 블루를 마음 가득 담을 수 있다. 신축 건물이라 쾌적하다. 너무 먼 게 단점이다.

맵코드 098 078 6000 구글 좌표 Azure The Villa All-Suite

② **서든 비치 호텔 & 리조트 오키나와**

Southern Beach Hotel & Resort Okinaw サザンビーチホテル&リゾート沖縄 남부 p408

연인, 가족 단위 여행자들에게 인기 있는 호텔이다. 호텔 앞으로 에메랄드빛 바다와 하얀 모래 해변이 펼쳐져 있다. 나하 공항 남쪽의 이토만항 주변에 있어 시내로의 이동이 매우 편리하며, 오키나와 아웃렛 몰 아시비나, 평화기념공원과도 가깝다. 조용한 이토만 항구 풍경을 감상하기도 좋다. 바, 레스토랑, 주차장, 엘리베이터, 흡연실 등이 준비되어 있으며, 448개의 객실은 모두 쾌적하다. 그 밖에 키즈 클럽, 어린이 수영장, 오락실, 마사지, 실외 수영장 등 다양한 편의시설이 있다.

맵코드 232 453 347*62 구글 좌표 서든 비치 호텔 앤 리조트 오키나와

PART 3

나하

Naha, 那覇

오키나와 여행의 베이스캠프

나하는 오키나와현의 현청 소재지로, 오키나와 남쪽에 있다. 인구는 약 31만 명이다. 아열대 기후 지역으로 겨울철 최저 기온이 영상 15℃ 안팎일만큼 따뜻하다. 한여름엔 35℃까지 기온이 오른다. 국제공항을 끼고 있는 나하는 오키나와 여행의 베이스캠프이다. 대표적인 명소로는 맛집·쇼핑센터·호텔이 몰려 있는 국제거리, 생기가 넘치는 마키시 전통 시장, 오래된 츠보야 야치문 도자기 거리, 류큐 왕국의 DNA를 품은 슈리성, 밤의 낭만이 넘치는 이자카야 골목, 쇼핑지구 오모로마치를 꼽을 수 있다. 오키나와 여행객은 누구나 나하에서 여행을 시작하고 나하에서 마침표를 찍는다.

交通安全県民運動実施中

나하 한눈에 보기

행정구역으로는 더 세분화할 수 있지만, 여행자의 시선으로 보면 나하는 크게 서쪽 구역과 동쪽 구역으로 나눌 수 있다. 서쪽 구역의 중심은 호텔, 맛집, 쇼핑 명소가 몰려 있는 국제거리이다. 동쪽 구역엔 슈리성과 왕의 별장 시키나엔이 대표 명소이다. 서울에 비유하면 국제거리는 명동 같은 곳이고, 서쪽 구역은 북촌과 비슷하다.

1 국제거리 지구 Kokusai-dori

#여행자 거리 #쇼핑 명소 #돈키호테

방콕의 카오산, 바르셀로나의 람블라스 같은 여행자의 거리이다. 오키나와 중심에 있으며, 일본어로는 고쿠사이 도리라 부른다. 공항에서 모노레일을 타면 15분 내외에 도착할 수 있다. 오키나와에서 가장 번화한 거리로, 길이는 동쪽의 아사토 삼거리安里三叉路에서 서쪽의 류보백화점 부근까지 약 1.6km이다. 양옆으로 늘어선 야자수는 남국의 이국적인 풍광을 연출한다. 현청과 시청, 호텔, 맛집, 쇼핑 명소, 선술집, 카페가 몰려 있다.

2 슈리성 지구 Shurijo Castle

#슈리성 #돌 다다미 길 #시키나엔

슈리성 지구는 서울로 치면 북촌 같은 곳이다. 대표적인 명소는 슈리성이다. 1879년 오키나와가 일본에 강제로 합병될 때까지 약 450년 동안 류큐 왕국의 궁궐이었다. 2019년 10월 불에 타 일부는 복원했고, 일부는 아직 복원 공사 중이다. '일본의 아름다운 길 100'에 선정된 긴조초 돌다다미 길, 슈리성과 이웃해 있는 왕릉, 왕의 별장이자 외국 사신을 대접하던 영빈관 시키나엔도 슈리성 지구를 대표하는 명소이다.

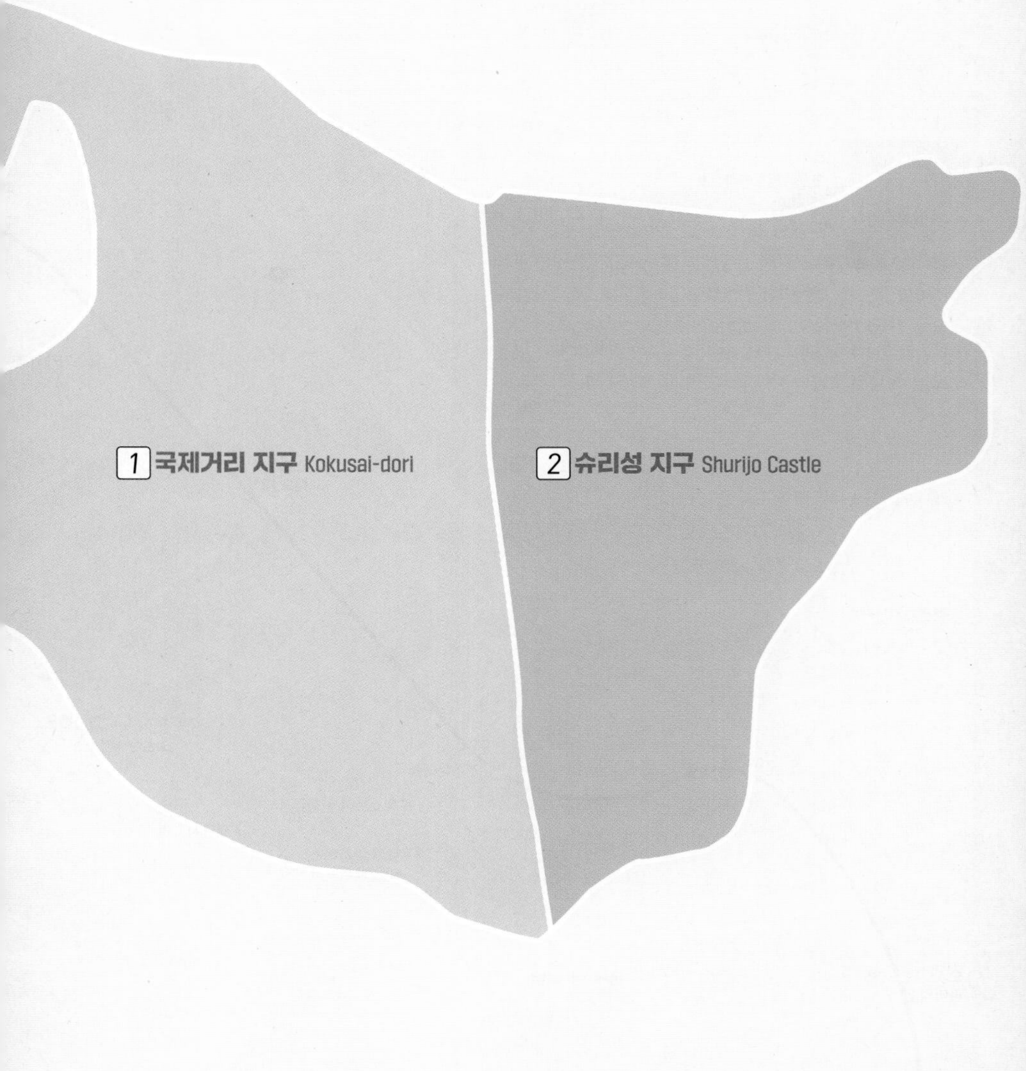
1 국제거리 지구 Kokusai-dori
2 슈리성 지구 Shurijo Castle

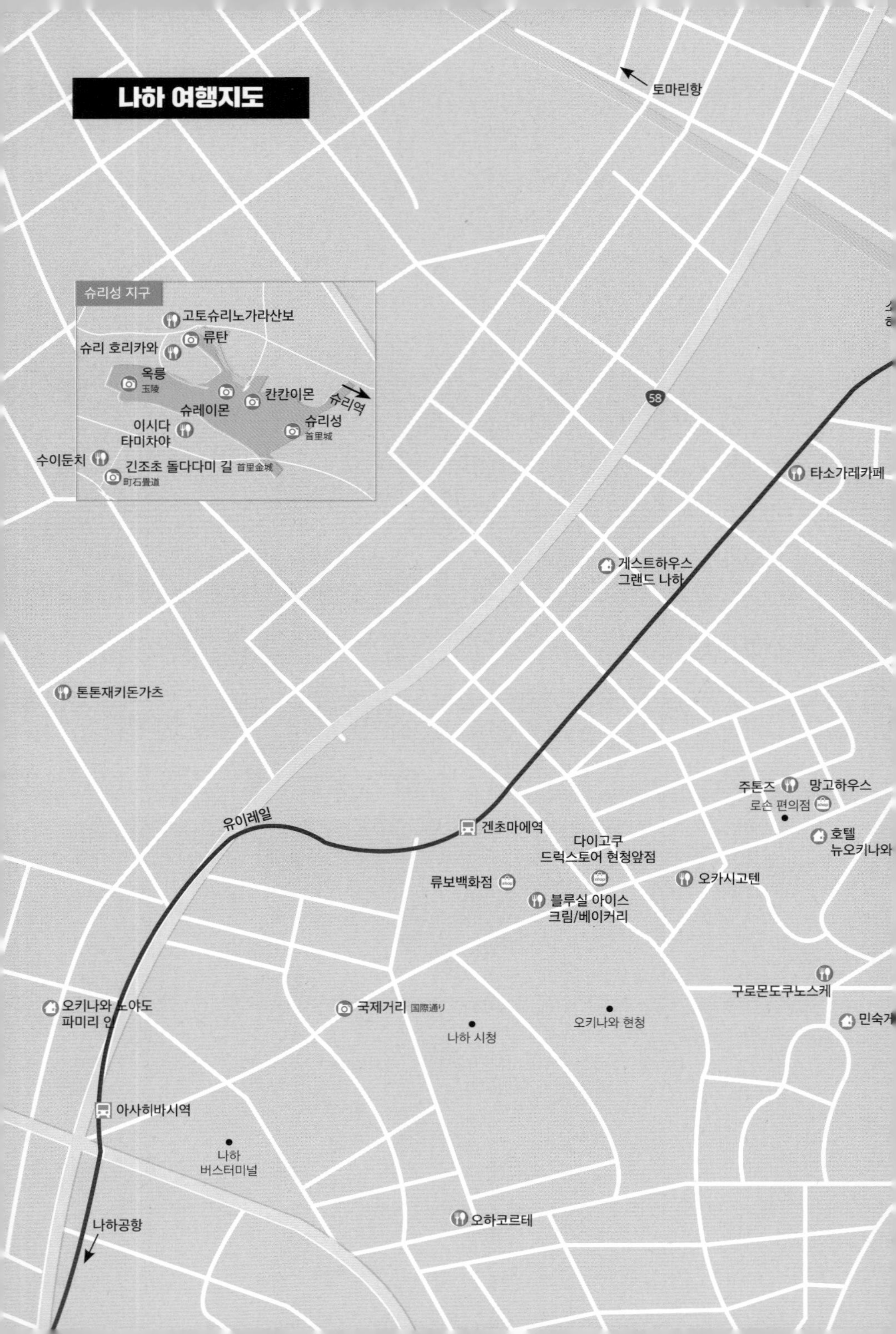

나하 여행지도
토마린항
슈리성 지구
고토슈리노가라산보
류탄
슈리 호리카와
옥릉
玉陵
슈레이몬
칸칸이몬
슈리역
슈리성
首里城
이시다
타미차야
수이둔치
긴조초 돌다다미 길 首里金城
町石畳道
58
타소가레카페
게스트하우스
그랜드 나하
톤톤재키돈가츠
주톤즈
망고하우스
로손 편의점
호텔
뉴오키나와
유이레일
겐초마에역
다이고쿠
드럭스토어 현청앞점
류보백화점
오카시고텐
블루실 아이스
크림/베이커리
구로몬도쿠노스케
오키나와 노야도
파미리 인
국제거리 国際通り
나하 시청
오키나와 현청
아사히바시역
나하
버스터미널
오하코르테
나하공항

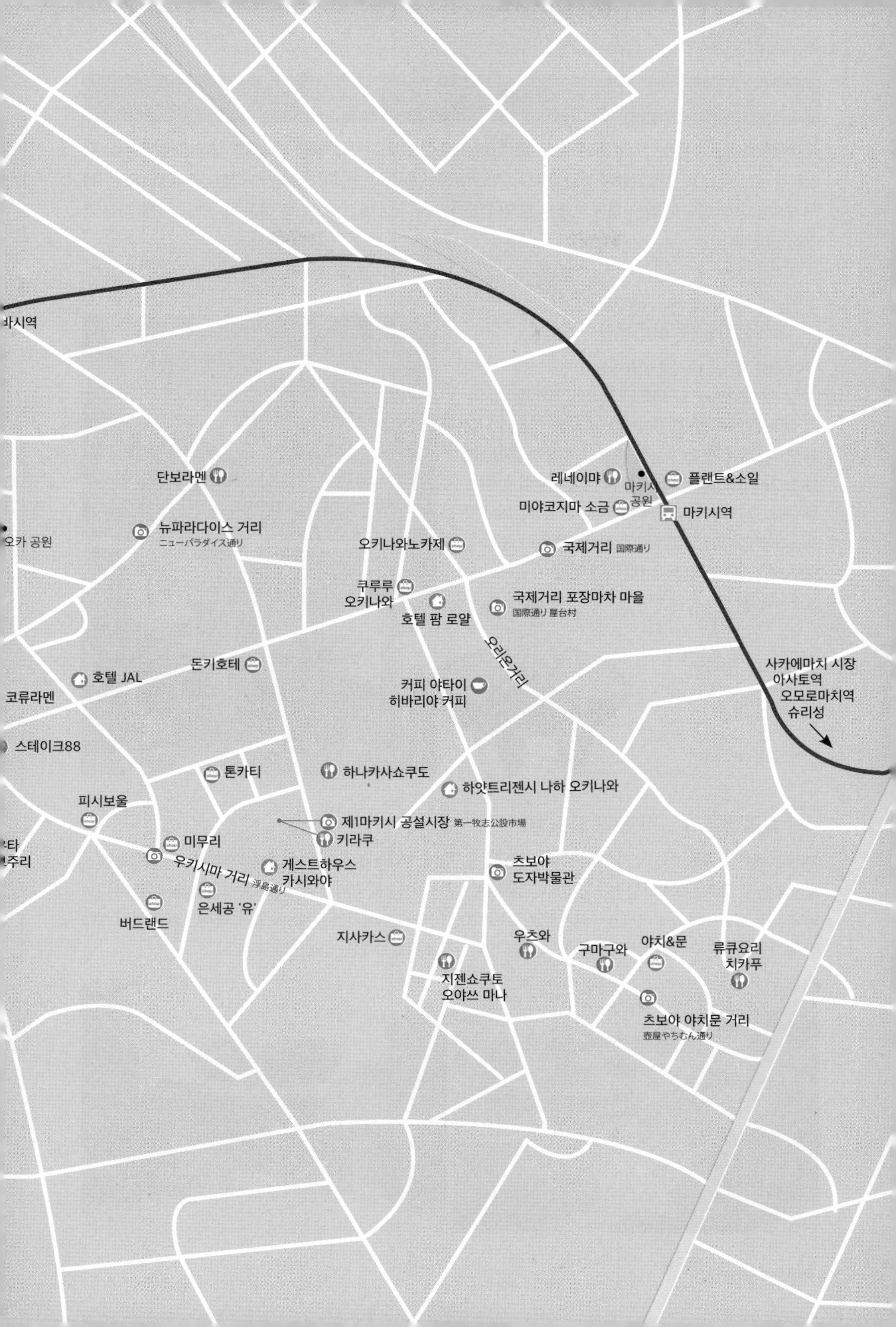

바시역
오카 공원
단보라멘
뉴파라다이스 거리
ニューパラダイス通り
레네이마
마키시 공원
플랜트&소일
미야코지마 소금
마키시역
오키나와노카제
국제거리 国際通り
쿠루루 오키나와
호텔 팜 로얄
국제거리 포장마차 마을
国際通り 屋台村
오리온거리
돈키호테
호텔 JAL
코류라멘
커피 야타이
히바리야 커피
사카에마치 시장
아사토역
오모로마치역
슈리성
스테이크88
톤카티
하나카사쇼쿠도
하얏트리젠시 나하 오키나와
피시보울
제1마키시 공설시장 第一牧志公設市場
키라쿠
미무리
우키시마 거리 浮島通り
게스트하우스 카시와야
츠보야 도자박물관
은세공 '유'
버드랜드
지사카스
우츠와
구마구와
야치&문
류큐요리 치카푸
지젠쇼쿠토 오야쓰 마나
츠보야 야치문 거리
壺屋やちむん通り

나하 버킷 리스트 5

국제공항을 품은 나하는 오키나와 여행의 베이스캠프이다. 오키나와에서 인구도 제일 많고, 즐길 거리도 다양하다. 오키나와 최고의 여행자 거리 고쿠사이 도리, 류큐 왕국의 숨결이 흐르는 슈리성, 오키나와 쇼핑 1번지 오모로마치, 남국의 밤을 즐기기 좋은 포장마차 마을……. 오키나와에서 꼭 해야 할 버킷리스트 다섯 가지를 소개한다.

1 국제거리 산책하기

나하 중심 지역을 동서로 관통하는 약 1.6km의 거리이다. 오키나와에서 가장 번화한 거리로, 키가 큰 야자수가 이국적인 분위기를 자아낸다. 백화점, 이름난 시장과 드럭스토어, 맛집과 술집, 호텔과 게스트하우스, 그리고 오키나와현청과 나하시청, 버스터미널이 이 거리를 중심으로 몰려 있다. 드럭스토어에서 쇼핑하거나 국제거리에서 유명한 스테이크를 먹어도 좋겠다. 굳이 무엇을 하지 않고 가볍게 산책하듯 거리를 구경해도 퍽 낭만적이다.

©오키나와관광청

2 슈리성에서 나하 전망 즐기기

1429년 류큐 왕국을 세운 뒤 지은 왕궁이다. 1879년 일본이 오키나와를 강제로 병합할 때까지 류큐의 심장이었다. 왕궁의 동서 길이는 400m 남북은 200m이다. 육중한 성벽이 왕궁을 감싸고 있다. 1945년 오키나와 전쟁 때 파괴되고, 다시 류큐대학이 들어서면서 훼손되었으나 1970년대 대학을 옮기면서 복원되었다. 하지만 2019년에 불에 타 다시 복원 중이다. 슈리성은 나하 시내와 푸른 바다까지 조망할 수 있는 멋진 전망대이다.

©David Pursehouse

©오키나와관광청

3 제1마키시 공설시장 구경하기

국제거리 남쪽에 있는 유명한 2층 재래시장이다. 1층에서는 해산물을 판매한다. 정육, 채소, 식료품, 열대과일 가게도 있다. 2층은 식당가이다. 공설시장에 가면 '모치아게'를 즐겨보자. 1층에서 해산물을 구매하고 2층으로 가 조리비와 자릿값을 내고 음식을 먹는 서비스이다. 우리나라의 노량진수산시장과 비슷하다고 보면 된다. 이밖에 2층에는 다양한 식당과 디저트 가게도 있다. 소바와 스테이크 같은 음식을 즐겨도 좋겠다.

©오키나와관광청

©Ted McGrath

©오키나와관광청

4 츠보야 야치문 도자기 마을 산책하기

츠보야 야치문은 오키나와 도자기를 이르는 말이다. 국제거리 남쪽에 오키나와 도자기 이름을 딴 거리가 있다. 1682년 류큐 왕국은 나하의 츠보야 지역에 대규모 가마를 만들고 오키나와에 흩어져 있던 장인들을 한데 모았다. 도자 선진국이었던 조선에서 장인들을 초청해 기술을 배웠다고 전해진다. 400m의 거리에 50개가 넘는 도예 공방과 체험 공방, 카페가 모여 있다. 도공이 살던 아라가키新垣勲라는 붉은 기와집도 일부 남아 있다.

©SHANGCHIEH

©SHANGCHIEH

5 포장마차 마을에서 남국의 밤 즐기기

나하에서 남국의 밤을 즐기고 싶다면 국제거리의 포장마차 마을国際通り 屋台村, 고쿠사이도리 야타이무라로 가자. 국제거리의 나하 경찰서 마키시 파출소에서 남쪽으로 골목길을 따라 1분만 내려가면 오른쪽으로 포장마차 마을이 나타난다. 이곳에는 분위기 좋은 이자카야 20여 개가 몰려 있다. 손님의 80%가 외국 여행자라서 영어 메뉴판을 준비하고 있다. 포장마차 마을 입구의 안내도를 보고 가게를 선택하면 된다. 오키나와 민속 공연도 즐길 수 있다.

©Alpha

국제거리 지구 Kokusai-dori

국제거리는 방콕의 카오산, 바르셀로나의 람블라스 같은 매혹적인 여행자 거리이다.
호텔, 맛집, 시장, 패션가, 이자카야, 도자기 마을이 거리 이곳저곳에 선물처럼 펼쳐져 있다.
남국의 낮과 밤을 제대로 즐겨보자.

국제거리 지구 여행지도

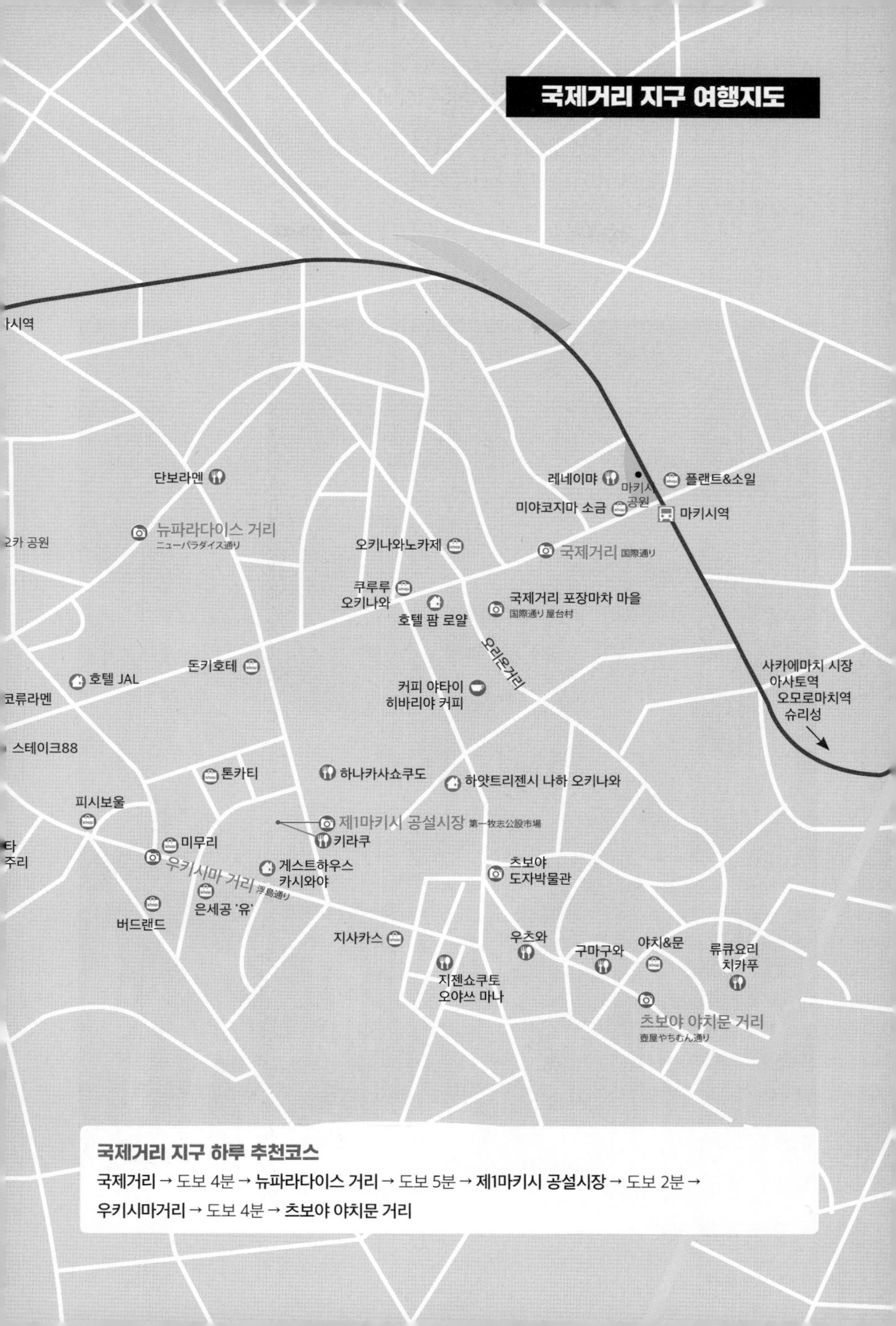

국제거리 지구 하루 추천코스

국제거리 → 도보 4분 → **뉴파라다이스 거리** → 도보 5분 → **제1마키시 공설시장** → 도보 2분 → **우키시마거리** → 도보 4분 → **츠보야 야치문 거리**

국제거리 国際通り 고쿠사이 도리

맵코드 33 156 177*58 구글 좌표 국제거리

모노레일 겐초마에역県庁前駅, 마키시역牧志駅에서 도보 2분, 미에바시역美栄橋駅에서는 도보 5분

沖縄県那覇市牧志1丁目 1 098 863 2755

©오키나와관광청

Travel Tip

매주 일요일 12시부터 18시까지 류보백화점에서 모노레일 마키시역까지 차 없는 거리로 변한다. 국제거리를 산책하며 자유를 만끽해 보자.

오키나와 여행의 베이스캠프

유명 관광지라면 여행자 거리 하나쯤 있기 마련이다. 방콕의 카오산, 바르셀로나의 람블라스 같은 거리가 오키나와에도 있다. 나하시 중심에 있는 고쿠사이 도리라 불리는 국제거리다. 공항에서 유레일모노레일을 타면 15분 내외에 도착할 수 있다. 국제거리는 여행자의 베이스캠프 같은 곳으로 오키나와에서 가장 번화하다. 오키나와현청과 나하시청, 경찰서, 문화예술회관, 버스터미널 등도 국제거리에서 아주 가깝다. 저렴한 숙소부터 특급 호텔까지 들어서 있고, 선술집·숍·카페마다 여행객의 발길이 끊이지 않는다. 특히 뚜벅이 여행자와 개별 여행자에게 인기가 좋다. 국제거리 양옆으로 늘어선 야자수는 남국의 이국적인 풍광을 연출한다. 특히 일본어가 새겨진 네온사인과 다양한 이미지의 간판이 어우러져 오키나와만의 이색적인 분위기를 자아낸다.

국제거리는 동쪽의 아사토 삼거리安里三叉路에서 서쪽의 류보백화점과 오키나와현청 부근 사거리겐초키타구치, 県庁北区까지 1.6km쯤 이어진다. 오키나와 전쟁 이후 화려한 모습으로 가장 먼저 복구가 되어 '기적의 1마일'이라 불린다. 국제거리라는 이름은 당시 나하 미사키시에 있던 '국제극장'에서 유래되었다.

국제거리는 쇼핑의 거리로도 유명하다. 오키나와를 대표하는 쇼핑센터인 돈키호테, 오카시고텐 고쿠사이도리 마쓰오점, 류보백화점 등이 있다. 도시적인 분위기보다 현지 분위기를 느끼고 싶다면 오키나와 최대 시장 마키시 공설시장을 추천한다. 또 오키나와를 대표하는 도자기 '츠보야 야키'의 발상지인 츠보야 야치문 거리, 오키나와에서 가장 멋스러운 우키시마 거리 등이 국제거리를 중심으로 모여 있어서 천천히 둘러보며 남국의 속살을 온전히 느낄 수 있다. 나하의 주요 축제도 이 거리에서 열린다. 국제거리에 어둠이 내리면 네온사인으로 불을 밝힌 선술집, 레스토랑, 바 등이 여행객에게 손짓을 보낸다. 거리 연주가들이 노래를 부르며 분위기를 띄우면, 현지인들은 퇴근의 자유를, 여행자들은 일상 탈출의 해방감을 만끽한다.

스테이크 88 ステーキ88

전통 있는 스테이크 전문점

국제거리에서 가장 유명한 스테이크 전문점이다. 일본 최남단 섬 이시가키에서 자란 소 이시가키규와 일본 규슈 지방의 소 그리고 오키나와 북부 지역의 돼지고기를 이용해 스테이크를 만든다. 메뉴를 주문하면 수프와 샐러드, 밥이 함께 나온다. 스테이크는 소가 그려진 이글거리는 철판 위에 소스와 함께 나오는데, 육즙이 살아있고 맛이 부드럽다. 국제거리에만 영업점이 두 개이다. 니시구치점은 국제거리 서쪽에서, 국제거리점은 동쪽에서 가깝다.

구글 좌표 스테이크하우스 88 코쿠사이도리니시구치점

국제거리 니시구치점 国際通り西口店 모노레일 겐초마에역県庁前駅에서 도보 7분 沖縄県那覇市松尾 1 丁目 4-3 永昇商事ビル 2階 098 867 8888 매일 11:00~22:30 ¥ 스테이크 2,300엔~8,800엔(1인), 햄버그스테이크 1,350엔 http://s88.co.jp

구글 좌표 스테이크하우스 88 국제거리점

국제거리점 모노레일 마키시역牧志駅 서쪽 출구로 나와 로손편의점 끼고 좌회전. 도보 6분 沖縄県那覇市牧志 3丁目 1-6 勉強堂ビル 2 F 098 866 3760

단보 라멘 ラーメン暖暮 那覇牧志店

여행객에게 가장 인기 좋은 라멘집

일본과 오키나와에서 유명한 라멘 체인점으로, 규슈 후쿠오카 스타일의 라멘집이다. 오키나와에만 여섯 개 매장이 있다. 일본 본토와 호주, 베트남 등 해외에도 매장이 있다. 여행객들에게 입소문이 나기 시작하면서 해외 가이드북에 소개되었고, 지금은 아시아 여행객에게 가장 인기가 좋은 라멘집이 되었다. 메뉴판도 한국어를 비롯해 다양한 언어로 준비되어 있다. 주문은 자판기에 동전을 넣고 메뉴를 선택하면 된다. 영수증에 면발 굵기, 양념 등 선택 사항이 있으므로 기호에 맞게 선택하여 직원에게 전달하면, 진하고 담백한 맛있는 라멘이 나온다.

구글 좌표 단보라멘

나하마키시점 那覇牧志店

스타벅스 국제거리점에서 오키사카에도리Okiei St, 沖映大通り따라 북쪽으로 202m 직진 沖縄県那覇市牧志 2 丁目 16-10 098 863 8331 11:00~02:00 휴무 없음 ¥ 미소라멘 850엔(1인) http://ramendanbo.okinawa/

코우류 라멘 ラーメン康竜

탱탱한 면발, 맛이 깊은 육수

오키나와엔 소바 음식점보다 라멘집이 적다. 다행히 여행객이 많은 국제거리에는 맛있는 라멘집이 꽤 많이 있는데, 코류는 그중에서도 이름난 라멘 가게이다. 전형적인 일본 라멘집 분위기가 난다. 입구에 있는 자판기에서 라면의 종류를 선택해 티켓을 구매하면 된다. 자판기에는 한글이 없지만, 자판기 옆에 한국어로 라면 종류가 설명된 메뉴판이 있으니 참고하자. 라면 굵기, 국물의 농도, 매운 정도, 마늘이나 파 같은 토핑 4가지 등 다양한 선택 사항이 있어 개인의 기호에 맞춰서 주문할 수 있다.

구글 좌표 코우류 라멘

모노레일 겐초마에역県庁前駅에서 도보 8분. 마츠야마 거리松山通り의 주차장2 Chome-17-10 Kume, Naha 건너편 골목으로 도보 1분 沖縄県那覇市松山1丁目 8-6 098 941 5566 일~목 11:00~03:00, 금·토 11:00~05:00 ¥ 850엔~1,200엔(1인 기준)

쿠로몬 도쿠노스케 黒門徳乃介, Kuromon Tokunosuke

저렴하지만 수준 높은 초밥

국제거리 남쪽 오키나와현청 근처에 있다. 고급스러운 분위기에서 저렴한 가격에 맛있는 스시를 먹을 수 있는 곳이다. 주택가에 있어서 분위기가 조용하다. 가게는 바와 여러 개의 룸으로 나뉘어 있다. 이 집 셰프는 수십 년째 스시만 만들어 온 장인이다. 메뉴는 계절과 당일 재료에 따라 달라진다. 오마카세를 시켜도 좋다. 우리 돈으로 1인 기준 5~6만 원이면 주방장이 해주는 정말 맛있는 초밥을 먹을 수 있다. 참치 마니아라면 싱싱한 뱃살을 회로 즐기는 것도 좋겠다. 직원의 영어가 조금 서툴지만 번역기 돌리며 친절하게 안내해 준다.

구글 좌표 Kuromon Tokunosuke

①모노레일 겐초마에역県庁前駅에서 남동쪽으로 도보 6분. 현청 앞 사잇길로 진입 ②국제거리의 로코 호텔Hotel Rocore Naha에서 도보 3분. 현청 앞 사잇길로 진입 沖縄県那覇市松尾 1 丁目 9-33 098 963 9377 18:00~23:00 휴무 수·일요일 ¥ 스시 세트寿司セット 2,500엔(10개)

주톤즈 ズートンズ, Zooton's

아메리칸 스타일의 수제버거

나하 국제거리에 있는 아메리칸 스타일의 수제버거집이다. 분위기부터가 대형 햄버거 가게와 다르다. 바 주위에 많은 맥주와 위스키병이 진열되어 있어, 미국의 소도시에 있을 법한 작은 펍 같다. 하지만 주톤즈의 메인 메뉴는 수제 햄버거다. 아보카도 햄버거, 수제 베이컨 달걀 치즈버거, 칠리 버거 등 메뉴는 다양하다. 맛은 미국에서 먹는 수제버거 맛 그대로다. 햄버거 안의 치즈, 양파 등은 추가로 주문할 수 있다. 다양한 맥주와 함께 즐길 수도 있다.

구글 좌표 주톤즈

모노레일 겐초마에역県庁前駅에서 동쪽으로 도보 6분 沖縄県那覇市久茂地 3丁目 4-9 098 861 0231
월·수~토 11:00~20:00, 일·화 11:00~16:00 ¥ 1,500엔

톤톤재키돈가츠 豚々ジャッキー

'겉바속촉' 돈가스

톤톤재키돈가츠는 겐초마에역에서 조금 떨어진 조용한 골목에 있다. 하지만 현지 여행객들이 일부러 찾아오는 소문 난 맛집이다. 돼지 등심, 안심, 치즈 등으로 만든 돈가스와 치킨가스가 주메뉴. 새우튀김, 두부튀김 같은 사이드 메뉴도 있다. 어떤 돈가스를 주문해도 다 맛있다. 두툼하게 튀겨져 나온 돈가스는 겉모습부터가 입맛을 당긴다. 겉은 바삭거리고 속은 육즙이 살아있다. 특히 이 집의 돈가스 소스는 감칠맛을 더한다. '단짠'의 조화가 한국인 입맛에 딱 맞는다. 맥주도 판매한다.

구글 좌표 톤톤재키돈가츠

모노레일 겐초마에역県庁前駅에서 도보 9분 沖縄県那覇市久米 2丁目 9—11 Abc久米ビル 2층 098 866 1010
11:30~13:30, 17:00~20:30 휴무 월·화요일 ¥ 1,400엔~2,000엔

하나가사쇼쿠도 花笠食堂

저렴하게 즐기는 오키나와 음식

마키시 시장 근처에 있는 오키나와 가정식 백반집이다. 얼핏 보기엔 평범한 작은 밥집 같지만, 여행객에게 인기가 많은 곳이다. 저렴한 가격으로 오키나와 음식을 다양하게 즐길 수 있기 때문이다. 주요 메뉴는 하나가사 런치, A런치, B런치, 서비스 런치, 된장국 정식, 라후테 정식, 돈가스 정식 등이다. 날마다 반찬이 조금씩 달라진다. 뭘 먹어도 실패할 확률이 거의 없다. 찬푸르와 라멘도 판매한다.

구글 좌표 하나가사쇼쿠도

모노레일 마키시역牧志駅에서 도보로 8분, 돈키호테 국제거리점에서 남동쪽으로 도보 4분 沖縄県那覇市牧志 3丁目 2-48 098 866 6085 11:00~14:00, 18:00~19:00 휴무 목요일 ¥ 1,000엔

커피 야타이 히바리야 珈琲屋台ひばり屋

정원이 독특한 야외 카페

작은 정원에 있는 독특하고 인상적인 야외 카페다. 오키나와는 물론 일본에서도 아주 유명한 곳이다. 키보가오카 공원希望ヶ丘公園 근처 작은 골목으로 들어가면 아기자기하고 아름다운 정원이 나온다. 미소를 띤 주인이 바퀴가 달린 작은 포장마차 같은 가판대에서 정성껏 핸드드립 커피를 내려준다. 커피 향을 맡으며 여유롭게 시간을 보내기 좋다. 야외에 의자 몇 개 놓은 작은 공간이지만, 커피는 정말 맛있다. 야외 카페라 우천 시에는 이용하기 어렵다. 한여름에는 모기가 있는 편이다.

구글 좌표 커피야타이 히바리야

모노레일 마키시역牧志駅에서 도보 6분 沖縄県那覇市牧志 3丁目 9－26 098 355 7883 10:30~19:00 휴무 부정기(우천 시 홈페이지에서 확인) https://twitter.com/hibariyasachiko/

레네미아 renemia

커피도 마시고 전시도 보고

국제거리 마키시역 부근의 마키시 공원 건너편에 있는 카페이자 갤러리이다. 오키나와 출신의 디자이너와 일러스트레이터 부부가 운영하는 곳으로, 오키나와 출신과 해외 아티스트들의 작품을 전시한다. 벽과 전시용 테이블에서 다양한 공예품과 디자인 상품, 미술 작품을 구경할 수 있다. 생활 자기, 액세서리, 티셔츠, 회화 작품 등 전시 품목이 다양하다. 전시된 상품은 현장에서 구매할 수 있다. 전시 공간 옆으로 작은 바가 있는데, 이곳이 카페다. 메뉴는 커피밖에는 없지만, 커피 한잔 마시면 예술적 분위기에 젖어 들어 기분이 절로 좋아진다.

구글 좌표 renemia

모노레일 마키시역牧志駅 1번 출구에서 북서 방향 沖縄県那覇市牧志 2-7-15 098 866 2501 13:00~17:30
휴무 일요일 http://www.renemia.com/

시마우타 라이브 주리 島唄ライブ樹里

술과 노래, 춤이 있는 이자카야

국제거리 중간 마쓰오松尾 사거리에서 남쪽으로 약 200m 떨어져 있는 이자카야이다. 오키나와 민요 가수가 직접 운영하는 곳이다. 술집 상호에서 알 수 있듯이 주인을 비롯한 민요 가수들이 매일 밤 8시에서 10시 사이에 공연한다. 오키나와 전통의상을 입고 노래 부르고 민속춤을 추며 분위기를 띄운다. 메뉴는 오키나와 전통 요리가 주를 이룬다. 돼지고기 장조림인 라후테ラフテー 와 덴푸라揚げもの, 튀김가 아주 맛이 좋다. 오키나와 전통주 아와모리 등 다양한 술도 판매한다. 라이브 연주 일정은 홈페이지에서 확인할 수 있다.

구글 좌표 SHIMAUTA LIVE JURI OKINAWAN LIVE IZAKAYA

①모노레일 겐초마에역県庁前駅에서 도보 8분 ②국제거리 중간 마쓰오松尾 사거리에서 남쪽으로 3분
沖縄県那覇市松尾 2 丁目 2-29 098 861 0722 18:00~24:00(라스트 오더 23:00) 휴무 부정기
¥ 1,000엔~2,000엔(1인) http://shimautalive0722.ti-da.net

돈키호테 ドン・キホーテ

쇼핑 마니아의 천국

쇼핑을 좋아하는 사람이라면 놓치지 말아야 할 곳이다. 생활용품, 식품, 가전 등 다양한 제품들을 저렴하게 판매한다. 국제거리 중간쯤에 있는데 거대한 노란 간판이 한눈에 들어온다. 숍은 4층으로 이루어져 있으며 화장품, 오키나와 전통술 아와모리, 와사비, 액세서리, 문구, 가전이 가득하다. 한 장소에서 다양한 제품을 구경하고 쇼핑도 할 수 있는 데다, 1+1 이벤트, 할인 행사 등 다양한 이벤트가 일 년 내내 열려 많은 사람이 찾는다. 해외 여행객은 5,001엔 이상 구매하면 8% 할인을 받을 수 있다. 할인을 받으려면 여권이 필요하다.

구글 좌표 돈키호테 국제거리점

모노레일 마키시역牧志駅 1번 출구에서 국제거리 따라서 도보 7분 沖縄県那覇市松尾 2丁目 8-19 0570 054 711
매일 09:00~05:00 http://www.donki.com

미야코지마 소금 宮古島の雪塩 미야코지마 노 유키시호

소금 쿠키, 소금 아이스크림

미야코섬의 소금, 그 소금으로 만든 쿠키와 아이스크림을 살 수 있는 가게이다. 겐초마에역 부근 국제거리 초입 사거리에 있다. 오키나와 소금은 일본에서도 인기가 좋은 제품인데, 그중에서 가장 유명한 소금이 미야코섬의 소금이다. 세계에서 가장 많은 미네랄을 함유한 소금으로 2000년에 기네스북에 이름을 올리기도 했다. 이 숍에서는 미야코의 청정지역 소금은 물론 소금 쿠키, 소금을 넣은 소프트아이스크림 등을 판매한다. 여행객들이 기념품으로 많이 구매하며, 특히 아이스크림은 맛이 부드럽고 고소해 인기가 아주 좋다.

구글 좌표 ① 26.213892, 127.680673 ② Yukishiosando Kokusai-dori

모노레일 겐초마에역県庁前駅에서 도보 3분 沖縄県那覇市久茂地 3丁目 1-1 0120 408 385 11:00~20:00
휴무 없음

류보백화점 デパートリウボウ 데파토류보시호

무인양품과 프랑프랑 매장이 있는

나하를 대표하는 백화점으로 국제거리의 상징이다. 모노레일 겐초마에역県庁前駅과 연결되어 이용하기 편리하다. 명품관은 없지만, 일본의 대표 브랜드 매장이 있어서 여행객들에게 인기가 좋다. 일본 라이프스타일 브랜드인 무인양품良品計画과 유럽 스타일의 인테리어 편집숍 프랑프랑francfranc 등의 매장이 8층에 있다. 지하 푸드코트에서는 햄버거와 피자, 돈가스 등으로 식사할 수 있다. 주차장은 유료지만 3,300엔 이상 구매하면 1시간, 5,500엔 이상 구매하면 2시간 무료이다.

맵코드 33 156 172*02 구글 좌표 류보백화점

모노레일 겐초마에역県庁前駅 동쪽 출구와 연결 那覇市久茂地1-1-1
098 867 1171 B1~2층 10:00~20:30, 3~8층 10:00~20:00(매장마다 다름)
http://ryubo.jp

오카시고텐 御菓子御殿

과자와 기념품의 왕국

오키나와의 대표적인 과자와 디저트 체인점이다. 국제거리에만 매장이 세 곳이다. 이 집의 베니이모 타르트는 여행자들이 꼭 사가는 기념품이다. 프렌치 디저트 타르트와 자색고구마를 결합한 것인데, 맛이 부드러우면서도 달콤하다. 오카시고텐은 베니이모 타르트를 처음 만들어 판매한 곳이다. 국제거리 매장 중 마쓰오점松尾店이 가장 규모가 크고 많은 사람이 찾는다. 류큐 전통가옥 분위기로 꾸며져 있어 멀리서도 쉽게 찾을 수 있다. 자색고구마 쿠키, 오모로크림 치즈 케이크, 망고 케이크, 화장품 등 다양한 기념품들을 만날 수 있다. 2층에는 오키나와 요리매장이 있다.

구글 좌표 Okashigoten Kokusai Street Matsuo Branch

마쓰오점 모노레일 겐초마에역県庁前駅에서 도보 3~4분 沖縄県那覇市松尾 1 丁目 2-5 098 862 0334
09:00~22:00 휴무 없음 http://www.okashigoten.co.jp

쿠쿠루 오키나와 ククル 沖縄 kukuru okinawa

천연 염색으로 만든 기념품

오키나와에는 오키나와를 상징하는 신 시사, 꽃, 아열대 식물 등을 이용해 만든 기념품이 많다. 쿠쿠루는 이런 기념품을 구매할 수 있는 대표적인 체인점이다. 천연염색으로 만든 셔츠, 손수건 등 다양한 제품이 있다. 식물과 원색 꽃, 파도 등의 이미지로 제작되어 하와이를 연상시킨다. 오키나와의 독특한 기념품을 사고 싶다면 쿠쿠루 오키나와를 찾아보자. 국제거리에 아카리점あかり店, 이치바점市場店(돈키호테 부근, 沖縄県那覇市松尾2-8-27), 시마유이점島結店(那覇市久茂地3-2-23) 등 3개 체인점이 있다.

구글 좌표 쿠쿠루 오키나와

모노레일 마키시역牧志駅에서 1번 출구에서 국제거리 따라 서쪽으로 도보 6분 沖縄県那覇市牧志 3丁目1-6
098 943 5285 10:00~22:30 휴무 없음 http://www.kukuru-okinawa.com

다이고쿠 드럭스토어 현청앞점 ダイコクドラッグ 国際通り県庁前店

한국인에게 인기 좋은 드럭스토어

일본의 드럭스토어는 약은 물론 화장품, 스낵, 건강 기능성 제품, 잡화 등을 판매하는 생활 잡화 편의점 같은 곳이다. 가격도 저렴하며, 여행객들이 많이 찾는다. 특히 한국 여행객에게 인기가 좋다. 시세이도 퍼펙트 휩, 키스미 마스카라, 곤약 젤리 등이 한국 여행객들이 많이 찾는 상품이다. 국제거리의 다이코쿠는 대표적인 드럭스토어이다. 국제거리 주변에 2곳의 매장이 있는데, 국제거리 입구에 있는 현청앞점이 세일 상품도 많고 1+1행사 상품도 꽤 있다. 해외 여행객은 5,001엔 이상 구매하면 8% 할인받을 수 있다.

구글 좌표 26.214041, 127.680767

모노레일 겐초마에역県庁前駅에서 도보 3분 沖縄県那覇市久茂地 3丁目1-10 098 860 7771
10:05~22:50 휴무 없음 https://kvcpt.imachika.com/store/607

망고 하우스 Mango House

오키나와 스타일의 원피스와 티셔츠

쿠쿠루 오키나와가 기념품으로 적합한 상품을 판매하는 곳이라면, 망고 하우스는 오키나와 소재를 이용해 만든, 일상생활에서 입고 사용할 수 있는 의류를 판매하는 곳이다. 쉽게 말하자면 오키나와 라이프스타일 의류를 판매한다. 천연염색 제품도 있으며, 남국의 식물 이미지를 프린트하여 넣은 원피스, 남방, 티셔츠 등이 있다. 컬러는 원색보다는 부드러운 파스텔 색조가 많아 여행객뿐 아니라 시민들에게도 인기가 좋다.

구글 좌표 Mangohausu Kokusai Dori 5 Goten

모노레일 겐초마에역県庁前駅에서 동쪽으로 도보 5분 450m 沖縄県那覇市久茂地 3丁目3-19 098 917 1947
10:00~22:00 휴무 없음

오키나와노 카제 沖縄の風

유명 잡지에 자주 나온 멋진 디자인 숍

'오키나와의 바람'이라는 뜻을 가진 디자인 숍이다. 이곳 상품은 다른 기념품점 상품과 완전히 느낌이 다르다. 다른 숍은 대체로 오키나와를 소재로 하여 대량 생산한 상품인데, 이곳은 오키나와에서 활동하는 작가들이 각자의 스타일로 디자인한 소량의 작품을 판매한다. 티셔츠, 나무와 가죽 공방 제품, 펠트 용품, 스카프, 가방, 커피잔 등 다양한 상품이 있는데 상당히 멋스럽고 모던해 지갑이 자연스레 열린다. 작가의 개성이 상품에 녹아 있고 독특하여 일본의 유명 잡지에도 자주 소개되고 있다.

구글 좌표 잡화점 오키나와노 카제

모노레일 마키시역牧志駅에서 국제거리 따라서 서쪽으로 도보 4분 沖縄県那覇市牧志 2-5-2
098 943 0244 11:00~19:00 휴무 설날(1월1일)

톤카티 toncati

나무로 만든 리싸이클링 인테리어 소품

목재 상품을 재활용하여 리싸이클링 상품을 만드는 곳이다. 작업실이 숍과 같이 있어서 가게 안으로 들어가면 '뚝딱뚝딱' 무언가를 만드는 정겨운 소리가 들린다. 상품은 화분, 액자, 테이블, 의자 등 아주 다양하다. 기성품에서는 찾아볼 수 없는 독특함이 묻어난다. 튀지 않는 색감, 정형화되지 않은 형태 그리고 일본 특유의 아기자기함이 더해져 아주 멋스러우면서도 귀엽다. 제품은 홈페이지에서도 확인할 수 있다. 돈키호테 국제거리점 남쪽 제1마키시 공설시장 근처에 있다.

구글 좌표 toncati

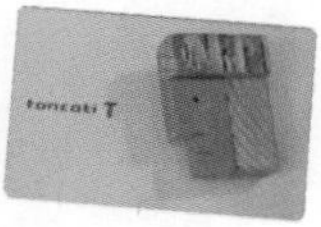

돈키호테 국제거리점에서 남쪽으로 도보 2분 沖縄県那覇市松尾 2丁目 9-1 098 868 9288
10:00~12:00, 13:00~18:00 휴무 부정기 http://toncati.com/

플랜트 & 소일 plant & soil

개성이 돋보이는 남성 패션 숍

남성 패션 멀티숍으로, 젊은 일본 디자이너 브랜드들을 공수해 판매한다. 주인이 추구하는 철학에 부합하는 제품만 취급한다. 숍 이름의 'plant'는 '모종'을 'soil'은 '토양이나 기반'을 의미하는데, 이는 오키나와에 맞는 패션, 예술, 사람, 물건, 상품으로 새로운 오키나와 라이프 스타일을 만든다는 의미이다. 그래서 디자이너들이 직접 디자인하고 생산한 브랜드를 선택한 것이다. 스타일이 깔끔하고 모던한 티셔츠, 팬츠, 코트, 넥타이 등이 주를 이룬다. 또 오키나와 예술가들과도 콜라보레이션을 통해 가죽 제품과 액세서리 등을 제작하고 있다.

구글 좌표 plant & soil

모노레일 마키시역牧志駅에서 2번 출구로 나가 길을 건넌 후 도보 20m 沖縄県那覇市安里 1丁目 1-3
098 943 0017 11:00~21:00 휴무 일요일

제1마키시 공설시장 第一牧志公設市場 다이이치 마키시 코세쓰 이치바

맵코드 33 157 264*63 구글 좌표 Makishi Public Market

①모노레일 마키시역牧志駅에서 도보 9분 ②쇼핑몰 돈키호테ドン・キホーテ 국제거리점에서 도보 3분. 돈키호테 옆 이치바혼도리 아케이드市場中央通り로 진입 沖縄県那覇市松尾 2 丁目 10-1 098 867 6560 08:00~24:00(점포마다 다름, 2층 식당 라스트 오더 20:00) 휴무 매월 넷째 일요일(12월은 매일 영업)

푸짐해서 좋다! 나하의 부엌

제1마키시 공설시장은 오키나와에서 가장 유명한 재래시장이다. 돈키호테 국제거리 매장에서 남쪽으로 약 200m 떨어져 있다. 몇 년 전까지만 해도 재래시장 분위기가 많이 났지만, 지금은 쇼핑몰처럼 리모델링해서 분위기가 아주 깨끗해졌다. 오키나와 말로는 '마치치'라고 한다.

1층에서는 오키나와의 신선한 해산물을 많이 판매한다. 한국에서 볼 수 없는 독특한 물고기가 많아 구경하는 재미가 제법 쏠쏠하다. 정육점, 채소 가게, 식료품점, 과일가게도 1층에 있다. 우리나라에서 나지 않는 열대과일을 많이 구경할 수 있다. 이 시장에서 꼭 봐야 하는 명물이 하나 있는데 선글라스를 낀 돼지머리 '제니퍼'이다. 1층의 미사토 정육점에 가면 볼 수 있다. 이 돼지를 보기 위해 많은 여행객이 일부러 시장으로 찾아든다. 2층은 식당가이다.

©Hyougushi

©오키나와관광

Travel Tip 1

마키시 공설시장은 돈키호테 국제거리점 동쪽 이치바혼도리 아케이드市場中央通り를 통해 가는 게 편리하다. 원래 이곳에는 강이 있었다고 전해진다. 전쟁 후엔 '수상 점포'로 변했다가, 지금의 상점가로 발전했다. 여행객들은 간혹 이곳을 마키시 시장으로 오해하기도 한다. 혼동할 수 할 있으므로 주의가 필요하다.

Travel Tip 2

공설시장에서 '모치아게' 즐기기

마키시에는 '모치아게'라고 불리는 서비스가 있다. 1층에서 물고기를 구매하고 2층으로 가 조리비와 자릿값을 내고 식사할 수 있는 서비스이다. 노량진수산시장과 비슷하다고 보면 된다. 2층에는 다양한 식당과 디저트 가게들도 있다. 오키나와 소바, 스테이크 같은 음식은 물론 간단히 술 한잔하기도 좋다. 시장 출입구는 모두 13곳이다.

Travel Tip 3

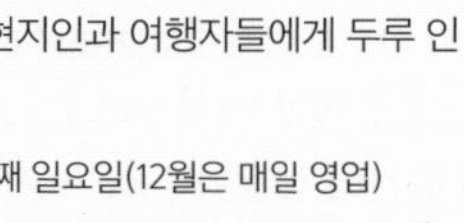

마키시 공설시장의 맛집

키라쿠 きらく食堂, kiraku Shokudo

다양한 요리, 하나 같이 맛있다.

마키시 공설시장 2층에 있는 맛집이다. 츠바메ツバメ, Tsubame Shokudou와 더불어 2층을 대표하는 맛집이다. 츠바메보다 공간이 넓어 자리 잡기가 쉽다. 수십 가지 음식을 판매하는데, 하나같이 맛이 좋다. 사시미, 찬푸르, 소바, 볶음요리, 오키나와 돼지 수육 등 오키나와 요리를 주로 판매한다. 가격이 저렴해 현지인과 여행자들에게 두루 인기가 좋다.

☏ 098 868 8564 ◷ 09:00~21:00 ¥ 쇠고기볶음 750엔, 새우볶음밥 750엔 휴무 매월 넷째 일요일(12월은 매일 영업)

©Richard

국제거리 포장마차 마을 国際通り 屋台村 고쿠사이도리 야타이무라

로손 맵코드 33 158 482 구글 좌표 국제거리 야타이무라

모노레일 마키시역牧志駅에서 국제거리로 진입. 도보 4분 직진 후 나하경찰서 마키시 파출소那覇警察署 牧志交番에서 좌회전하여 도보 1분. 沖縄県那覇市牧志 3 丁目 11-17 11:00~24:00(가게마다 조금씩 다름)

https://kokusaidoori-yataimura.okinawa

이자카야에서 낭만의 밤을 즐기자

마키시 공설시장과 사카에마치 시장의 이자카야는 현지인들이 많이 찾는다. 이런 까닭에 영어 메뉴판이 없는 집이 많다. 이럴 땐 국제거리의 포장마차 마을로 가자. 국제거리의 나하 경찰서 마키시 파출소에서 남쪽으로 골목길을 따라 1분만 내려가면 오른쪽으로 포장마차 마을이 나타난다. 포장마차 마을엔 분위기 좋은 이자카야 20여 개가 영업하고 있다. 현지인도 찾는 편이지만 외국 여행자가 훨씬 더 많다. 손님 중에서 외국 여행자 비율은 80% 가까이 된다. 포장마차 마을 입구에 있는 안내도를 참고해 가게를 선택하면 된다. 가게들 대부분이 영어 메뉴판을 준비하고 있어서 일어에 대한 부담 없이 찾을 수 있다. 맥주나 오키나와의 전통 소주 아와모리를 찾는 손님이 많다. 안주는 대체로 간편한 편이나 종류는 다양하다. 어묵, 꼬치, 튀김, 초밥, 소바 등 다채로운 안주가 손님을 기다린다. 마을 안 공연장에서 오키나와 민속 공연도 즐길 수 있다. 공연 정보와 점포 정보는 홈페이지에서 확인할 수 있다.

Travel Tip

포장마차 마을의 대표 맛집

점포 정보는 마을 초입에 지도로 그려져 있다. 덴푸라 맛집 카유나미ゆうなみ, 스시 맛집 츠키지 오오마에築地男前鮓, 야키토리(닭고기꼬치) 맛집 킹 오브 치킨キングオブチキン, 타코리아시 맛집 홍이모타코스와 타코라이스紅イモタコスとタコライス 등이 많이 알려져 있다.

국제거리 포장마차 마을의 술집

오키라쿠 沖らく

오키나와 전통술을 마시고 싶다면

국제거리 포장마차 마을은 국제거리 남쪽, 오리온 거리オリオン 通り, 국제거리에서 남쪽으로 난 길 동쪽에 있다. 사케와 맥주, 아와모리 같은 술과 오뎅, 꼬치, 튀김, 초밥, 소바 등을 즐길 수 있다. 영어 메뉴판도 준비되어 있다. 오키나와의 술 아와모리를 즐기고 싶다면 오키라쿠를 추천한다. 아와모리 전문점으로 아와모리 외에 아와모리 칵테일 등을 맛볼 수 있다. 아와모리는 보통 도수가 높은데 희석하면 15도 정도 된다. 대표적인 아와모리는 오키나와 양조협동조합에서 만드는 '난푸'泡盛南部와 기미무라 양조장에서 만드는 '단류'泡盛暖流 이다. 안주로는 어묵이 맛있다.

구글 좌표 26.216645, 127.690527

모노레일 마키시역牧志駅에서 국제거리로 진입. 도보 4분 직진 후 나하경찰서 마키시 파출소那覇警察署 牧志交番에서 좌회전하여 도보 1분 沖縄県那覇市牧志 3 丁目 11-17 099 802 6112 12:00~23:30 휴무 수요일

야기료리 사카에 山羊料理 さかえ

서비스 좋은 이자카야에서 염소 요리를

포장마차 마을은 오리온 거리オリオン 通り, 국제거리에서 남쪽으로 난 길 동쪽에 있다. 2006년에 생겼는데 분위기 좋은 이자카야 20여 개가 모여 있다. 늘 사람들이 붐비며, 손님 대부분이 여행객이다. 야기료리 사카에는 포장마차 마을 동쪽 길 건너에 있는 소박한 이자카야이다. 염소 요리로 유명해 현지인과 여행객이 즐겨 찾는다. 간판이 작아 잘 눈에 띄지 않지만, 아는 사람만 찾아온다는 맛집 중의 맛집이다. 주인장 아주머니가 재미있다. 성격이 유쾌해 웃음이 떠나지 않는다. 서비스 안주도 많아 단골손님이 많다.

구글 좌표 26.216677, 127.690688

모노레일 마키시역牧志駅에서 국제거리로 진입. 도보 4분 직진 후 나하경찰서 마키시 파출소那覇警察署 牧志交番에서 좌회전하여 도보 1분 沖縄県那覇市牧志 3 丁目 12-20 098 866 6401 17:00~21:00 휴무 일요일

추천메뉴 염소 육회山羊さしみ

우키시마 거리 浮島通り 우키시마 도리

로손 맵코드 33 157 147 구글 좌표 우키시마 거리

①모노레일 겐초마에역県庁前駅에서 도보 8분 ②돈키호테 국제거리점에서 서쪽으로 도보 4분

오키나와에서 가장 스타일리시한

패션 스트리트로 오키나와에서 가장 세련된 거리이다. 우리나라의 홍대와 인사동을 섞어놓은 분위기다. 거리에는 유명 브랜드와 스포츠 유니폼으로 도배된 구제 숍, 아티스트들이 직접 만든 액세서리 가게, 도예품과 멀티숍, 그림책 서점, 멋스러운 카페, 맛집이 넘쳐난다. 이 거리만 보면 오키나와가 아니라 도쿄나 오사카의 멋스러운 골목에 있는 느낌이 든다. 그도 그럴 것이 대부분 숍 주인이 일본 본토에서 넘어온 이주민이다. 각박한 도시 삶을 버리고 아름다운 자연을 찾아 오키나와로 온 사람들이다. 여유를 최고의 가치로 여기는 사람들이라 많은 가게가 정오가 지나서야 문을 열고 이른 밤에 문을 닫는다. 휴일도 비정기적이다. 600m가 조금 넘는 거리 곳곳에는 늦은 저녁에만 문을 여는 바와 선술집도 많다. 국제거리와 도자기 거리인 츠보야 야치문 거리, 마키시 공설시장과도 연결되어 있어 구경거리가 많다.

Travel Tip

우키시마 거리는 도로 폭이 꽤 좁다. 게다가 일방통행 도로인데다 주차장을 갖춘 가게도 많지 않다. 따라서 자동차로 진입하는 것은 좋지 않다. 우키시마 거리는 나하에서 꽤 세련된 거리이다. 여유롭게 걸어 다니며 우키시마 거리의 멋을 만끽해 보자.

우키시마 거리의 맛집과 숍

지젠쇼쿠토 오야쓰 마나 自然食とおやつmana, Natural food and snack mana

친환경 채소 샐러드

친환경 채소와 전통 조미료로 음식을 만드는 친환경 식당이다. 대표 메뉴로는 베지터블 플레이트가 있다. 신선한 채소로 샐러드를 만들어 밥과 함께 내오는데, 재료가 신선해 씹히는 맛부터 다르다. 화학조미료가 첨가되지 않아도 이렇게 맛있는 음식이 나올 수 있다는 게 놀라울 따름이다. 구마모토 현미로 밥을 짓고, 오키나와 무농약 채소로 샐러드를 만든다. 우키시마 거리가 끝나는 지점에 있다.

구글 좌표 Natural food and snack mana

국제거리에서 도보 6분. 우키시마 거리 따라 걷다가 길 끝나기 직전 오른쪽 골목으로 진입 沖縄県那覇市壺屋 1 丁目 6-9 098 943 1487 11:00~15:00 휴무 일·화요일

피쉬 보울 フィッシュボール FISH BOWL

보물 상자 같은 빈티지 숍

모자, 신발, 의류, 책, 장난감 등이 바닥, 벽면, 천장에 진열되어 있다. 바닥에는 신발과 책이, 벽에는 의류가, 천장에는 모자가 잔뜩 걸려있다. 수십 년 전 제품부터 최근의 상품까지 종류가 다양하며, 대부분 미국과 일본 브랜드이다. 청바지와 청재킷, 구두, 미국 스포츠 유니폼 등을 구경하다 보면 시간이 금방 흘러가 버린다. 가격도 비싸지 않아 지름신 내리기 딱 좋은 곳이다. 아동복도 있다. 우키시마 거리 왼쪽에 있다.

구글 좌표 fish bowl

국제거리에서 우키시마 거리로 진입하여 도보 2분 沖縄県那覇市松尾 2 丁目 5-27 098 866 9650
12:00~20:00 휴무 부정기 http://fishfishfish.ti-da.net

버드랜드 バードランド 바도란도 Birdland

모던하고 멋스러워 좋아!

가죽 제품과 패션 제품을 파는 멀티숍이다. 가죽을 직접 수공예로 제작한 제품, 디자이너 가죽 제품과 청바지, 셔츠류 등을 함께 판매한다. 가죽 제품으로는 쪼리 샌들, 슬리퍼, 부츠, 가방 등이 있다. 특히 가죽 쪼리가 인기가 많다. 착용감이 좋고, 엄지와 둘째 발가락 사이가 편안하다. 과하지도 부족하지도 않게, 모던하게 디자인되었다. 천연가죽으로 만들어 가격이 조금 비싸지만, 디자인이 멋스러워 구경하는 재미가 있다.

구글 좌표 birdland naha

국제거리에서 우키시마 거리로 3분 직진 후 오른쪽 골목으로 1분 진입 沖縄県那覇市松尾 2丁目 12-28
098 863 24520 13:00~18:30 휴무 일요일

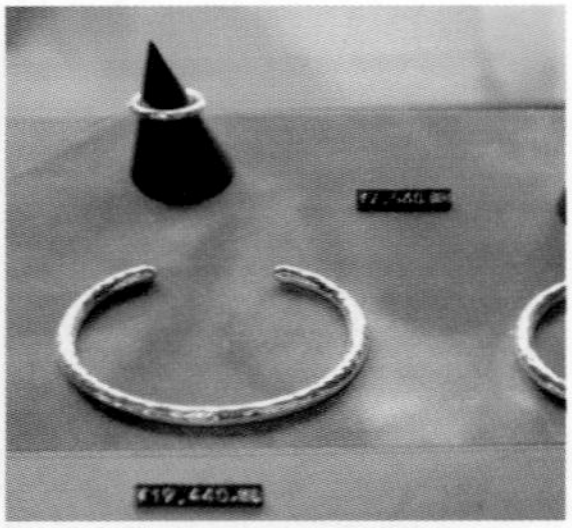

은세공 '유' 沖縄手作銀細工 '琉 오키나와 테즈쿠리 긴자이쿠 '유'

예술품 같은 핸드메이드 은팔찌와 은귀걸이

수공예 실버 액세서리 브랜드숍으로, 우키시마 거리 중간 지점 가이난츄오 거리와 만나는 곳에 있다. 턱수염이 매력적인 훈남 주인장은 도쿄와 파리에서 금속공예를 공부하고 작가로 활동하다 오키나와에 정착한 실력파이다. 오키나와의 자연과 문화에서 영감을 얻어 수공예품을 만든다. 모던한 반지와 귀걸이, 팔찌 등에 다양한 문양을 예술적으로 표현했다. 숍 규모는 작지만 구경하는 재미가 있다. 예술 작품 같아 보이지만 착용하기에도 전혀 부담이 없다. 다른 작가의 작품도 판매하고 있으며, 가죽 공예제품도 있다.

구글 좌표 ① 26.213853, 127.687387 ② Okinawa handmade Silver Ryu

국제거리에서 우키시마 거리로 진입하여 도보 4분 沖縄県那覇市松尾 2丁目 19-1 098 959 0758
12:30~18:00 휴무 화·수요일 http://ryu-silver.shop-pro.jp/

지사카스 じーさーかす

글로벌 빈티지 숍

우키시마 거리를 걷는 여행자라면 꼭 들르게 되는 곳으로, 노점 상점처럼 출입문이 없는 숍이다. 일본 및 해외의 빈티지 잡화 가게로, 오래된 민가를 개조해 만들어 빈티지 박물관을 연상케 한다. 토이 아톰, 토이 미키마우스, 1992년 바르셀로나 올림픽 배지, 일본 프로 야구팀 캐릭터 인형, 오키나와 맥주 티셔츠 등등 정말 많은 물건이 가득하다. 가격도 저렴한 편이다. 100엔 정도로 구매할 수 있는 물건도 있다. 부담 없이 구경하기 좋으며, 독특한 기념품을 원하는 이에게 추천한다.

구글 좌표 지사카스

국제거리에서 우키시마 거리로 진입하여 도보 6분. 길 오른쪽 위치 沖縄県那覇市牧志 3丁目 4-6
098 943 1154 11:00~19:00 휴무 없음

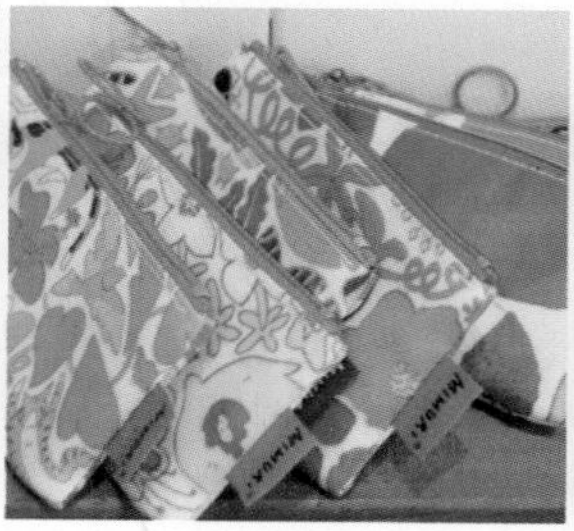

미무리 mimuri

원색으로 빛나는 꽃 그림 소품

우키시마 거리의 꽃이라 불리는 숍이다. 꽃 그림을 그려 넣은 가방, 스카프, 지갑 등을 판매하는데, 모든 제품이 원색이라 멀리서 봐도 한눈에 들어온다. 오키나와 최남단 이시가키섬 출신 디자이너가 운영하는 가게로, '상품'이 아니라 '그림'이라는 콘셉트로 제작된 것이다. 아름다운 이시가키섬에서 자란 감수성이 그대로 담겨 있다. 모든 상품은 오키나와 전통 염색 방식을 이용해 만들며, 가게에서 디자이너가 직접 제품을 제작하는 모습도 구경할 수 있다. 디자이너가 그림을 직접 그려 넣은 세계에서 단 하나뿐인 지갑과 가방을 살 수 있다.

구글 좌표 mimuri

국제거리에서 우키시마 거리로 진입하여 도보 3분 沖縄県那覇市松尾 2-7-8 050 1122 4516
일~목 10:00~18:00, 금·토 10:00~19:00 http://www.mimuri.com

뉴파라다이스 거리 ニュー パラダイス 通り 뉴파라다이스도리

맵코드 33 157 497*85 구글 좌표 Midorigaoka Park

모노레일 미에바시역美栄橋駅에서 도보 5분. 국제거리 북쪽 블록

개성 넘치는 거리와 파라다이스 같은 공원 산책하기

파라다이스 거리는 여행객으로 북적이는 국제거리와 이웃해 있지만, 이 거리와 달리 한산하고 평화로운 분위기로 가득한 곳이다. 거리 곳곳에 개성 넘치는 카페와 식당, 액세서리 숍, 옷 가게 등이 조용히 자리를 잡고 있어서 천천히 구경하며 산책하기 좋다. 거리 이름 파라다이스는 이 거리에서 유명했던 댄스 클럽 '파라다이스'에서 유래했다. 이 거리의 미도리가오카 공원緑ヶ丘公園은 파라다이스를 연상시키는 아름다운 공원이다. 넓은 공원에 큰 나무들이 가득하고 놀이터와 벤치도 있어, 국제거리를 실컷 누비고 다닌 후에 잠시 쉬어 가기 좋다. 유모차를 끌고 지나가는 가족, 애완견과 산책하는 사람, 운동하는 학생, 데이트하는 연인들을 쉽게 찾아볼 수 있다.

뉴파라다이스 거리의 카페와 숍

타소가레 카페 たそかれ珈琲

LP를 들으며 나하 최고의 커피를

뉴파라다이스 거리 옆 미도리가오카 공원緑ヶ丘公園을 오른쪽에 두고 계속 걸어가면 머리 위에서 달리고 있는 모노레일이 보이고, 그 아래로 자동차가 열심히 달린다. 바로 그곳에 타소가레 카페가 있다. 카페 안으로 들어가면 감미로운 재즈와 그윽한 커피 향이 카페를 가득 채우고 있다. 도쿄의 카페에서 오랜 시간 경험을 쌓은 주인이 고향으로 돌아와 오픈했다. 직접 로스팅하여 핸드드립으로 정성껏 커피를 내린다. 주인장이 직접 만든 케이크와 토스트도 판매한다. 커피를 마시며 엘피 재즈 음악을 듣고 싶다면 타소가레로 가자.

구글 좌표 타소카레 커피

모노레일 미에바시역美栄橋駅 남쪽 출구로 나와 모노레일 밑 도로 따라 서남쪽으로 도보 7분. 길 왼쪽에 위치
沖縄県那覇市牧志1-14-3, 1F 090 8355 7883 09:00~15:00 휴무 목·일요일

투이트리 + 자카툭툭 tuitree + zakka tuktuk

귀엽고 세련된 공예품 구경하기

뉴파라다이스 거리 중간에 있다. 자카툭툭과 투이트리トゥ イトゥリー, tuitree로 동시에 불리는 가게이다. 오키나와 그릇, 천연염색 스카프, 액세서리, 기념품, 음악 CD 등을 판매한다. 뉴파라다이스 거리에서 유명한 숍으로, 오래된 민가를 고쳐 만들었지만 하얀 건물이라 하와이풍의 이국적인 분위기가 물씬 풍긴다. 상품은 대부분 염색 작가인 주인이 외국 여행을 하면서 수집하여 들여온 것들이거나, 오키나와에서 활동하는 작가들이 만든 작품들이다. 금속공예 작품, 가죽 제품, 도자기 등이 눈을 즐겁게 해준다. 여성 고객에게 인기가 좋다.

구글 좌표 tuitree

①국제거리 Hotel JAL City Naha에서 도보 3분 ②모노레일 미에바시역美栄橋駅에서 오키에이오도리沖映大通り 경유하여 도보 6분 沖縄県那覇市牧志 1 丁目 3-21 098 868 5882 13:00~18:00 휴무 수·목·일요일
http://www.tuitree.com/

초보야 야치문 거리 壺屋やちむん通り 츠보야 야치문 도리

맵코드 33 158 065*33 구글 좌표 츠보야 야치문 거리

①국제거리 덴부스광장てんぶす広場, 테부스히로바, 맥도날드 국제거리 마키시점 길 건너편에서 남쪽으로 하얏트리젠시 나하 오키나와 호텔 경유하여 도보 6분 ②모노레일 마키시역牧志駅에서 도보 10분

남국의 정취가 스민 도자기 마을로 가자

©SHANGCHIEH

츠보야 야치문이란 오키나와를 대표하는 도자기 이름이다. 도자기 이름을 그대로 거리 이름으로 따왔다. 이 거리의 역사는 1682년으로 거슬러 올라간다. 류큐 왕족은 도자기 문화를 발전시키려고 츠보야 지역에 대규모 가마를 만들고 오키나와에 흩어져 있던 장인들을 한데 모았다. 요즘으로 치면 판교나 구로 같은 디지털 단지를 만든 셈이다. 당시 도자 선진국이었던 조선에서 장인들을 초청해 기술을 배웠다고 전해진다. 츠보야 야치문은 정교하게 빚는 한국과 일본의 도자와 다르다. 세밀하다기보다는 투박하다. 오키나와의 물고기와 식물 등이 그려져 있어 오키나와만의 개성을 느낄 수 있다.

츠보야 야치문 거리는 400m로 짧은 편이지만 50개가 넘는 도예 공방과 체험 공방, 카페들이 아기자기하게 모여 있다. 또 류큐 왕조 시대에 도공의 주거지로 쓰였다는 아라가키 주택 등이 지금도 남아 있어 거리 자체가 박물관이나 다름없다. 거리가 시작되는 곳에는 츠보야 도자기 박물관이 있다. 박물관을 지나면 길에 촘촘히 박혀있는 돌길이 시작된다. 돌길을 걸어가면 오래된 오키나와 전통 가옥과 덩굴로 뒤덮인 돌담 등이 고즈넉한 분위기를 자아내며 자리하고 있다. 11월 초에 츠보야 야치문 거리에서 이틀 동안 도자기 축제가 열린다.

One More 1

츠보야 도자기 박물관

도자기 마을 거리 초입에 있는 박물관으로 오키나와 도자기의 역사를 한눈에 볼 수 있다. 오키나와 도자기의 역사를 살펴보다 보면 한국 도자기와의 연결점도 만날 수 있다. 다만 한국어 설명이 없어 아쉽다. 박물관 안에 옛 오키나와 민가도 재현해 놓았다.

맵코드 33 158 153*40 구글 좌표 츠보야 도자기 박물관

沖縄県那覇市壺屋 1 丁目 9-32 098 862 3761
10:00~18:00 **휴무** 월요일 ¥ **입장료** 350엔(학생 무료)

©오키나와관광청

©오키나와관광청

One More 2

도공들이 살던 아라카키 주택

도자기 마을 거리를 걷다 보면 아라가키新垣勲라는 붉은 간판이 걸려있는 도자기 숍이 나온다. 이 숍을 끼고 언덕길을 오르면 붉은 기와로 된 주택이 눈에 들어온다. 이곳이 아라가키 주택으로, 류큐 왕조 시대에 도공이 거주하던 곳이다. 2002년 일본 중요문화재로 지정되었고, 붉은 기와에 있는 시사사자를 닮은 오키나와 전설의 동물가 유명해 사진을 찍으러 오는 여행객이 많다. 이 주택에는 '아가리누'라는 가마도 있다. 개인 주택이기 때문에 실내 구경은 못 하지만, 외부에서도 중요한 것은 모두 볼 수 있다.

츠보야 야치문 거리의 맛집과 숍

류큐요리 누치가후 琉球料理ぬちがふう

부쿠부쿠 차와 소바

류큐요리 누치가후는 차와 요리를 모두 즐길 수 있는 곳이다. 실내 분위기가 고풍스러워 츠보야 야차문 거리와 잘 어울린다. 인테리어 소품에서도 옛 정취가 물씬 풍긴다. 분위기가 류큐 전통 차 부쿠부쿠를 즐기기 좋다. 오키나와 음식도 정갈하고 맛이 좋다. 특히 오키나와 소바와 사시미가 맛있다. 아이스크림 같은 디저트도 판매한다. 류큐의 음식을 먹으며 츠보야 야치문 거리를 바라보고 있으면 마음이 편안해진다. 앞에는 류큐 시대 도공의 주택이 있는데, 가게 안에서 담 너머로 가마가 보여 더욱 운치가 흐른다.

구글 좌표 류큐요리 누치가후

①국제거리 마키시점 길 건너편 덴부스광장てんぶす広場, 테부스히로바에서 남쪽으로 하얏트리젠시 나하 오키나와 호텔 경유하여 도보 6분 ②모노레일 마키시牧志駅역에서 남쪽으로 도보 8분 沖縄県那覇市壺屋 1 丁目 28-32 098 861 2952 11:00~14:30, 17:30~21:00 휴무 수요일 ¥ 1,000엔~3,200엔(1인)

야치 & 문 ヤッチとムーン 야치토문 yacchi & moon

도자 편집숍

야치 & 문은 다양한 오키나와 도자를 구경할 수 있는 곳이다. 2014년 오픈한 도자 편집숍으로 젊은 작가들의 작품을 구비하고 있다. 곰이나 고양이 등이 그려진 귀여운 도자부터 해골이 그려진 주전자까지 보는 이들의 눈길을 잡아당긴다. 민가를 개조해 만들어서 룸마다 다른 스타일의 도자를 전시해 놓고 있다. 구경하는 재미가 쏠쏠하다. 젊은 작가들의 작품이 현대적이면서도 아기자기해 여성 여행객에게 인기가 좋다.

구글 좌표 26.212715, 127.692122

①국제거리 마키시점 길 건너편 덴부스광장てんぶす広場, 테부스히로바에서 남쪽으로 하얏트리젠시 나하 오키나와 호텔 경유하여 도보 7분 ②모노레일 마키시역牧志駅에서 남쪽으로 도보 10분 沖縄県那覇市壺屋 1 丁目 21-9 098 988 963 매일 10:00~18:30 https://www.yacchi-moon.jp/

구마구와 guma-guwa

전통부터 현대 도자까지

구마구와는 츠보야 거리에 있는 츠보야키 가마모토 이쿠토엔이라는 공방이 운영하는 도자기 가게이다. 이쿠토엔은 330년 전통의 유서 깊은 공방으로 도자 장인 마모토가 운영하는 곳이다. 장인의 작품뿐만 아니라 젊은 도공들의 스마트한 작품까지 만나볼 수 있다. 흙과 유약은 모두 오키나와 자연산을 고집하고, 도자를 굽는 방식도 전통 방식을 지키고 있다. 유서가 깊은 곳이지만 가게는 아기자기하고 여성스럽다. 오키나와 전통 문양인 물고기 등이 그려진 것도 있고, 현대적인 패턴으로 디자인한 도자도 눈에 띈다.

구글 좌표 구마구와

①국제거리 마키시점 길 건너편 덴부스광장てんぶす広場, 테부스히로바에서 남쪽으로 하얏트리젠시 나하 오키나와 호텔 경유하여 도보 6분 ②모노레일 마키시역牧志駅에서 남쪽으로 도보 9분 沖縄県那覇市壺屋 1 丁目 16-21
098 911 5361 매일 10:00~18:00 휴무 없음 http://www.ikutouen.com/gumaguwa/

우추와 UTSUWA, チャタロウ

접시부터 화분까지

다양한 작가의 도자를 모아서 판매하고 있다. 옛 민가를 개조해서 만들어서 거실과 방으로 쇼룸이 나누어져 있다. 방마다 도자의 스타일이 다르다. 한 쇼룸은 부엌에서 쓸 수 있는 주전자, 젓가락, 접시 등이 아기자기하게 전시되어 있고, 다른 쇼룸은 화분, 찻잔 같은 인테리어 소품이 전시되어 있어, 마치 도자 마니아의 집에 초대된 것 같은 기분이 든다. 전통적인 도자가 얼마나 멋진 인테리어 소품인지 이곳에 가면 알 수 있다. 도자기로 오키나와 라이프스타일을 보여주는 어여쁜 숍이다.

구글 좌표 26.213109, 127.690952

국제거리에서 도보 5분. 사쿠라자카니카 거리를 경유하여 츠보야 거리로 진입 沖縄県那覇市壺屋 1 丁目 8-12
098 862 8890 10:00~18:30 휴무 없음 https://tsuboya-yachimundori.com/utsuwa-chataro

사카에마치 시장 栄町市場 사카에마치 이치바

맵코드 33 158 504*50 구글 좌표 사카에마치 시장

모노레일 아사토역安里駅에서 북동쪽으로 도보 3분 沖縄県那覇市安里 381-379

098 886 3979

현지인처럼 나하의 밤 즐기기

국제거리 동쪽에 있는 작은 시장이다. 국제거리와 달리 조촐하고 분위기가 소박하다. 1955년에 문을 열었으며, 쇼와 시대1926년~1989년 분위기가 아직 남아 있다. 150개의 점포가 들어서 있다. 낮에는 분위기가 차분하지만, 저녁이 되면 이자카야 거리가 북적대기 시작한다.

어둠이 내리면 일과를 마친 회사원들이 하나둘 나타난다. 때맞춰 선술집들이 주황빛 불을 밝히고, 여기저기서 꼬치 굽는 연기가 흘러나온다. 꼬치, 사시미, 덴푸라, 돼지고기 등 메뉴도 다양하다. 여행객들도 눈에 띄지만, 손님 대부분이 나하 시민들이다. 종로의 피맛골 같은 분위기로 차분하면서도 흥과 진솔함이 묻어난다. 6월에서 10월까지 매월 마지막 주 토요일에는 '사카에마치 시장 포장마차 축제'가 열린다. 현지 인기 그룹인 '아줌마 랩퍼즈'와 지역 뮤지션의 공연이 함께 열린다.

Travel Tip

일어 메뉴판 미리 익히기

사카에마치 시장의 이자카야는 현지인들이 많이 이용한다. 이런 까닭에 영어 메뉴판이 없는 가게가 많다. 하지만 현지인 분위기를 느끼기엔 이만한 곳도 드물다. 사카에마치의 선술집에 갈 계획이라면 미리 기본적인 일본어를 숙지하고 가는 것이 좋다. 야키토리やきとり, 닭고기꼬치, 스시寿司, 초밥, 덴푸라天ぷら, 어묵, 야꾸니꾸焼(き)肉, 불고기, 오키나와 소바沖縄そば, 오키나와 메밀국수, 비루ビール, 맥주, 아와모리泡盛, 오키나와 소주, 사케酒, 일본 정종 등만 알아도 주문하는 데 큰 불편은 없다.

©오키나와관광청

©오키나와관광청

사카에마치 시장의 맛집과 이자카야

벤리야 べんり屋

줄 서서 먹는 만둣집

사카에마치 시장은, 낮에는 장을 보기 위해 나하 시민들이 많이 찾아오고, 밤에는 퇴근한 직장인과 여행객들이 이자카야에서 한잔하기 위해 많이 찾는다. 이자카야가 많은 이 거리에 유독 사람들이 줄 서서 기다리는 맛집이 있는데, 상하이식 전통 만두 샤오룽바오를 파는 만둣집 벤리야이다. 타이완 출신 주방장이 중국 스타일 만두를 만든다. 만두피는 얇고 부드럽다. 만두소는 육즙이 가득하여 담백하고 맛있다. 물만두, 군만두, 새우만두 등이 있으며 술도 판매한다. 노천 테이블에 앉아 술 한 잔에 만두 한 입 베어 먹으면 그 맛이 끝내준다.

구글 좌표 벤리야

모노레일 아사토역安里駅 동쪽 출구로 나와 시카마에치 시장으로 진입, 도보 3분 沖縄県那覇市安里 388-1
098 854 0177, 098 887 7754 월~토 11:30~15:00, 17:00~23:00 휴무 일요일 추천메뉴 샤오룽바오しょうろんぽう
¥ 770엔~1,000엔

우리준 うりずん

45년 전통, 줄 서서 기다리는 이자카야

사카에마치 시장에서 가장 유명한 이자카야이자 오키나와에서도 손꼽히는 이자카야이다. 1972년에 문을 연 전통 있는 곳으로 오키나와의 서민 음식부터 궁중요리까지 다양하게 다룬다. 대표 메뉴로는 오키나와식 크로켓인 도우루텐이 있다. 도우루텐은 이 집에서 처음 시작된 것으로도 유명하다. 이라부차 사시미오키나와 생선회 등 안주가 무려 47가지에 이르며, 너무 다양해 고르기 어려울 정도이다. 오래된 일본식 목조 건물이라 실내 분위기가 고풍스러워 술맛이 더욱 좋다. 인기가 좋아서 대부분 줄 서서 기다려야 한다는 것이 단점이다.

구글 좌표 우리준 본점

모노레일 아사토역安里駅 동쪽 출구로 나가 330번 국도 경유하여 사카에마치 시장으로 진입. 도보 3분
沖縄県那覇市安里 388-5 098 885 2178 매일 17:30~00:00
휴무 없음 http://urizun.okinawa

쇼와차야 昭和茶屋

옆 손님과 친구가 되는 이자카야

사카에마치 시장의 벤리야와 같은 건물에 있다. 현지인이 인정하는 오래된 선술집이다. 직장인이 많이 찾는 곳으로 오래된 오키나와 이자카야 분위기가 물씬 풍긴다. 오키나와 출신 중년 부부가 운영하며, 안주 메뉴 또한 주로 오키나와 요리이다. 대표적 메뉴로는 소면과 야채를 볶아 만든 소면 찬푸르, 오키나와를 대표하는 채소 고야를 볶아 만든 고야 찬푸르 등이 있다. 맥주도 판매하지만, 오키나와 전통 술 아와모리의 인기가 더 좋다. 술잔을 기울이다 보면 옆 손님과 자연스럽게 친구가 된다.

구글 좌표 26.217402, 127.696855

벤리야와 같은 건물. 모노레일 아사토역安里駅 동쪽 출구로 나와 사카에마치 시장으로 진입. 도보 3분

沖縄県那覇市安里388-1 090 8590 7235 16:00~22:00 휴무 매월 둘·넷째 월요일

니만하센고쿠 二万八千石

꼬치 전문 이자카야

꼬치 요리 전문 이자카야 니만하센고쿠는 사카에마치도리栄町通り에 있다. 해가 지기 시작하는 이른 저녁에 오픈하는 데 가게 근처만 가도 고소한 냄새에 군침이 돈다. 실내는 성인 다섯 명이 들어가면 꽉 찰 정도로 작지만, 맛은 일품이다. 주문하면 바로 그 자리에서 코치를 구워 내온다. 야키토리 소금구이가 맛이 좋다. 우리네의 프라이드치킨 같은 닭튀김도 있는데, 겉은 바삭하고 속은 부드러워 맥주와 환상 궁합을 자랑한다. 한국어 메뉴판은 없지만, 주인장이 친절하게 설명해 준다.

구글 좌표 직화구이 이만팔천석

모노레일 아사토역安里駅 동쪽 출구로 나와 사카에마치 거리栄町通り로 좌회전. 길 오른쪽에 위치. 도보 3분

沖縄県那覇市安里 (字) 388-10 098 885 6478 매일 17:00~24:00 휴무 없음

오모로마치역 栄町市場 사카에마치 이치바

구글 좌표 오모로마치역

모노레일 오모로마치역おもろまち駅에서 하차 沖縄県那覇市おもろまち4-1

098 865 5511 휴무 없음

쇼핑은 나하 신도심 오모로마치역에서

역사가 있는 도시는 대부분 구도심과 신도심으로 나뉜다. 나하도 마찬가지다. 나하의 구시가지를 대표하는 곳은 국제거리 지구이다. 이곳엔 주요 호텔과 시장, 맛집, 백화점, 시청과 현청, 경찰서와 버스터미널 등이 집중돼 있다. 나하의 신시가지를 대표하는 곳은 오모로마치역 지구이다. 오로마치역은 나하 북동쪽에 있는 모노레일 역으로 이곳을 중심으로 호텔, 대형 쇼핑센터, 신도심 공원, 츠타야 서점, 다양한 음식점, 오키나와 현립박물관과 현립미술관 등 생활과 밀접한 공간이 몰려 있다. 특히 쇼핑으로 유명한데, 명품관부터 생활용품 상점까지 쇼핑 공간이 다양하다. 대표적인 곳으로 시내 면세점 T 갤러리아 오키나와, 나하에서 가장 큰 쇼핑센터 산에이 나하 메인 플레이스, 유니클로와 무인양품 매장 등을 꼽을 수 있다.

오모로마치의 쇼핑 스폿과 명소

T 갤러리아 오키나와 DFS Tギャラリア 沖縄 T Galleria By DFS Okinawa

오모로마치역의 시내 면세점

오모로마치역 서쪽 옆에 있는 시내 면세점이다. 구찌, 오메가 등 다양한 럭셔리 브랜드가 들어와 있다. 한국에 없는 브랜드도 있다. 이곳은 '오키나와 특정 면세' 혜택을 받을 수 있는 곳이다. 이를 이용하려면 입구에 있는 리셉션 카운터에 등록해야 한다. 이름과 주소, 귀국 항공편 출발 시각 등을 등록하면 쇼핑 카드를 준다. 쇼핑은 비행기 출발 시각 2시간 전까지만 가능하다. 상품은 직접 받을 수 없고, 결제 후 공항 인도 카운터에서 영수증 확인 후 받을 수 있다. 따라서 영수증을 잘 관리해야 한다. 쇼핑 시 또 상품 인도 시 여권도 필요하다.

맵코드 33188239*36 구글 좌표 T 갤러리아 오키나와 by DFS

모노레일 오모로마치역 바로 서쪽 0120 782 460 10:00~20:00 https://www.dfs.com/kr/okinawa

산에이 나하 메인 플레이스 サンエー 那覇メインプレイス

쇼핑도 하고 시민의 삶도 엿보고

나하에서 가장 큰 쇼핑센터로, 오키나와 현립박물관과 T 갤러리아 오키나와 사이에 있다. 5층 규모로 대형 마켓, 의류점과 가구점, 서점과 영화관, KFC, 베스킨라빈스, ABC마트, 보석 가게 등이 입점해 있다. 일본 브랜드가 많은 편이다. 음식점도 많고, 쇼핑센터 맞은편의 푸드트럭을 이용하는 즐거움도 있다. 여행자만큼이나 나하 시민들도 많이 찾는 까닭에 쇼핑도 하고 나하 시민들의 일상생활도 엿볼 수 있다. 주차는 무료이다. 오모로마치역에서 서북쪽으로 6분 거리이다.

맵코드 33 188 559*24

구글 좌표 산에이 나하 메인 플레이스

09:00~22:00(식품관 23:00까지)

유니클로 아메쿠리우보라쿠이치점 ユニクロ天久りうぼう楽市店

우리나라보다 훨씬 싸다

신도심 공원과 오키나와 현립박물관 서북쪽에 있다. 창고 같은 매장으로 오키나와에서 가장 크다. 제품도 다양하며, 한국보다 가격이 훨씬 싸서 우리나라 여행객이 많이 애용한다. 5,000엔 이상 구매하면 면세도 가능하다. 바로 옆에 무인양품 무지가 있다. 오모리마치역에서 조금 먼 게 단점이다.

맵코드 33 218 063*17 구글 좌표 Uniqlo Ryubo Ameku Rakuichi

①오모리마치역에서 서북쪽으로 도보 17분 ②신도심 공원에서 서북쪽으로 도보 5분

098 860 9550 10:00~21:00

무인양품 무지 無印良品 天久, Muji

미니멀리즘 굿즈의 천국

유니클로 매장과 붙어 있어서 한꺼번에 쇼핑하기에 좋다. 매장이 넓고 상품도 무척 다양하다. 굿즈 같은 미니멀리즘 상품의 천국이다. 가격이 국내보다 30% 정도 저렴한 것도 큰 장점이다.

맵코드 33 218 093*87 구글 좌표 26.230056, 127.690347

①오모리마치역에서 서북쪽으로 도보 17분
②신도심 공원에서 서북쪽으로 도보 5분

098 941 1164 10:00~22:00

신도심 공원 新都心公園, Shintoshin Park

산책도 즐기고 문화 체험도 하고

오키나와 현립박물관과 현립미술관 서쪽에 인접한 공원이다. 나무, 산책로, 잔디광장, 운동장, 야외공연장 등이 있다. 기업과 단체의 야외 행사가 많이 열린다. 나하 시민이 애용하는 나들이 장소이다. 오모로마치역에서 서북쪽으로 도보 9분 거리이다.

구글 좌표 신도심 공원

沖縄県那覇市大室町3丁目 098-951-3239 24시간

오키나와 현립박물관과 현립미술관

沖縄県立博物館・美術館 오키나와 켄리츠하쿠부 츠칸 비주츠칸

맵코드 33 188 675*85 | 구글 좌표 오키나와현립박물관·미술관

모노레일 오모로마치역おもろまち駅에서 북서쪽으로 도보 10분 沖縄県那覇市おもろまち3丁目1-1

098 941 8200 일~목요일 09:00~18:00(17:30까지 입장) 금·토 09:00~20:00(19:30까지 입장) 휴무 월요일

¥ 입장료 미술관 성인 400엔, 고등·대학생 220엔, 초·중생 100엔 박물관 성인 530엔, 고등·대학생 270엔, 초·중생 150엔

http://okimu.jp/

오키나와의 내면 속으로

오키나와는 에메랄드빛 바다가 아름다운 남국의 섬이다. 이 섬에는 오랜 시간 섬 사람들이 만든 문화와 역사가 있다. 오키나와 현립박물관은 그들의 문화와 역사 그리고 생태를 한눈에 살펴볼 수 있는 곳이다.

박물관의 첫인상은 가히 압도적이다. 반듯한 건물은 거대한 돌덩어리를 깎아 만든 것 같다. 그러나 사실은 류큐 왕조 시대의 성 구스크를 현대적으로 재해석하여 디자인한 건물이다. 지상 4층, 지하 1층의 건물에는 자연사, 고고학, 미술, 공예, 민속 등 5개 부문 전시실이 있으며, 야외 전시실도 갖추고 있다.

박물관 입구 반대쪽에는 미술관이 있다. 현지 작가 작품부터 해외 예술가의 작품까지 다양한 미술품을 전시하고 있다. 미술 전시회뿐만 아니라 건축·공예·서예 전시도 열리며, 문학·음악·무용 행사도 열린다. 국제거리 북동쪽, 면세점과 대형 쇼핑몰이 있는 오모로마치 신도심과 가까워 박물관과 미술관 관람 후에 쇼핑하기도 좋다.

나미노우에 비치 波の上ビーチ

맵코드 33 186 150 구글 좌표 Naminoue Beach

모노레일 겐초마에역県庁前駅 북쪽 출구에서 도보 15분 沖縄県那覇市若狭 1丁目 25-9
098 863 7300 해수욕 기간 4월~10월 09:00~18:30
¥ 편의시설 이용료 샤워실 100엔, 코인 로커 300엔(대)·200엔(소) naminouebeach.jp

나하의 해변을 즐기자

나하의 오아시스 같은 비치이다. 나하 공항과 이웃해 있고 시내에서 차로 10분이면 다다를 수 있다. 나하 시민들은 이곳을 시민 비치라 부른다. 규모가 작은 인공비치지만 고운 모래를 자랑한다. 도시적인 분위기와 오키나와 자연의 매력을 동시에 품고 있다. 유유자적 시간을 보내며 오키나와의 바다를 느끼기 좋다. 해변 앞바다 위로 나하 공항과 시내를 연결하는 나하니시 도로那覇西道路가 뻗어 있다. 한강의 다리를 보는 듯한 느낌이 든다. 밤에는 파도 소리를 들으며 산책하기 좋다.

©오키나와관광청

One More

나미노우에 신사 波上宮 나미노우에구

등 뒤로 푸른 바다가 펼쳐진다

오키나와에서 일본 본토 분위기를 느낄 수 있는 곳이다. 나미노우에 비치를 지나 작은 언덕을 오르면 나미노우에 신사가 나타난다. 옛날 뱃사람들이 바다로 나가기 전 무사 안녕을 기원하며 기도를 드리던 곳이다. 아름다운 절벽 위에 있는데, 신사 뒤로는 바다가 시원하게 펼쳐져 있다. 나하 시민과 본토 여행객이 기도를 올리는 모습을 볼 수 있다. 나미노우에 비치에 들렀다가 가볍게 산책하기에 좋다.

맵코드 33 185 022*16 구글 좌표 나미노우에 신사

모노레일 겐초마에역県庁前駅 북쪽 출구에서 도보 15분 沖縄県那覇市若狭 1丁目 25-11 098 868 3697
09:00~17:00 ¥ 입장료 무료 http://naminouegu.jp/

슈리성 지구 Shurijo Castle Park

슈리성 지구는 서울에 비유하면 고궁과 한옥마을을 품은 북촌 같은 동네이다.
류큐 왕국의 궁궐 슈리성과 북촌의 골목길을 연상시키는 긴조초 돌 다다미 길,
류큐 왕실의 별장이자 영빈관으로 사용한 시키나엔이 오키나와의 옛이야기를 소곤소곤 들려준다.

슈리성 지구 여행지도

슈리성 지구 하루 추천코스

슈리성(슈레이몬) → 도보 5분 → **옥릉** → 도보 14분
→ **긴조초 돌 다다미 길** → 자동차로 11분 → **시키나엔**

슈리성 首里城 슈리조우

©David Pursehouse

류큐의 고궁을 산책하는 즐거움

슈리성은 우리의 경복궁이나 창덕궁 같은 곳이다. 1400년대 초까지 오키나와는 여러 부족이 나누어 통치하고 있었다. 시기는 다르지만, 우리나라의 삼한 시대와 비슷했다. 1429년 부족 국가 중산국中山國의 왕 쇼하시尙巴志가 오키나와를 통일한 뒤 슈리성과 류큐 왕국을 세웠다. 1879년 오키나와가 일본에 강제 병합될 때까지 슈리성은 450년 동안 류큐의 심장이었다.

붉은 왕궁을 감싼 육중한 성벽이 눈길을 끈다. 왕궁은 몇 개의 문과 전각, 정원, 슈리성의 꽃인 정전으로 구성되어 있다. 왕궁의 동서 길이는 400m 남북은 200m이다. 중국과 일본의 양식이 엿보인다. 여기에 오키나와의 독자적인 스타일도 적절히 스며들어 있다. 여러 양식이 섞이고 융합된 왕궁 모습이 퍽 독특하고 인상적이다.

아름다운 왕궁이지만 역사의 뒤안길에는 슬픔도 많이 서려 있다. 1879년 오키나와가 일본에 병합된 뒤에 슈리성은 일본군의 지역 사령부로 사용되었다. 2차 세계대전 막바지인 1945년에는 미국의 공격으로 슈리성이 완전히 파괴되는 불운을 겪었다. 얼마나 많은 포탄이 떨어졌던지 한동안 궁궐터에 식물이 자라지 못했다고 한다. 1945년부터 오키나와가 미국령이 되면서 슈리성도 미군이 관리하게 되었다. 미국은 1972년 오키나와를 일본에 반환했다. 1950년 미국은 성안에 류큐대학을 세웠다. 1984년 대학이 나하시 북동쪽에 있는 니시하라로 옮겨간 뒤 복원을 시작하여 1992년에야 옛 모습을 온전히 다시 찾았다. 슈리성 터를 비롯하여 문화재 8점이 세계문화유산복원된 왕궁은 세계유산이 아니다.에 등재되었다. 왕궁과 성을 복원하면서 주변의 아름다운 자연도 되살렸는데, 성과 왕궁, 자연을 아울러 슈리성 공원首里城公園, 슈리조우 코우엔이라고 한다. 성과 왕궁보다 공원이 더 넓지만, 편의상 슈리성을 슈리성 공원이라고 봐도 큰 무리는 없다.

2019년, 안타깝게도 누전으로 정전을 비롯하여 슈리성 8곳이 전소되었다. 다행히 '보이는 복원'이라는 주제로 복구하고 있어 관람하는 데 큰 문제는 없다. 2026년을 목표로 복원 중이다.

맵코드 33161546*85 구글 좌표 슈리성

모노레일 슈리역首里駅 하차 ①슈리역에서 슈레이몬(종합안내소)까지 도보 15분(슈리역 남쪽 출구로 나와 직진, 로손편의점에서 좌측으로 이동) ②슈리역에서 큐케이몬久慶門, 이누몬공원까지 도보 12분(슈리역 남쪽 출구로 나와 성벽 언덕 방향으로 이동)
택시 슈리역에서 3분 소요(요금 550엔 정도)
버스 ①나하 버스터미널 1번 승강장에서 7번 버스 탑승 후 슈리조우마에首里城前 정류장 하차(35분 소요) ②나하 버스터미널 8번 승강장에서 346번 탑승 후 슈리조코엔리구치首里城小園口 정류장 하차 후 도보 1분(30분 소요)
렌터카 나하 공항에서 10km, 40분 소요
沖縄県那覇市首里金城町 1-2 098 886 2020
무료 구역 4월~6월 8:00~19:30, 7월~9월 8:00~20:30, 10월~11월 8:00~19:30, 12월~3월 8:00~18:30 유료 구역 4월~6월 8:30~19:00, 7월~9월 8:30~20:00, 10월~11월 8:30~19:00, 12월~3월 8:30~18:00(폐관 30분 전까지 입장)
휴무 매년 7월 첫째 주 수·목요일
¥ 입장료 ①슈리성 공원 무료 ②세이덴正殿 구역 : 일반 400엔, 고등학생 300엔, 초·중학생 160엔, 6세 미만 무료(유레일 프리티켓 소지자는 일반 320엔, 고등학생 240엔, 초·중학생 120엔)
주차 요금 중대형 1,200엔, 소형 400엔(슈리성 공원 안에 주차장 있음) ≡ http://oki-park.jp/shurijo

(One More) 꼭 봐야 할 슈리성 주요 스폿

① 슈레이몬 守札門

©슈리성공원

당신을 가장 먼저 반겨준다

여행객을 가장 먼저 반겨주는 슈리성의 정문이다. 붉은색 문이 멀리서도 한눈에 들어온다. 문 앞에서 기념사진 찍거나 류큐 전통의상을 입은 사람들을 쉽게 찾아볼 수 있다. 초석 위에 세운 기둥 4개와 기와지붕에서 류큐의 독특한 건축 양식을 찾아볼 수 있다. 약간 중국 분위기도 느껴지는데, 중국의 패루성루가 있는 문를 본떠 건축했기 때문이다. 현판에 새겨진 '수례지방'守禮之邦은 류큐 왕국의 국가 이념인 예의지국예를 지키는 나라을 의미한다. 일본인들에게 슈레이몬은 2,000엔짜리 지폐 그림으로 유명하다. 2000년에 '26회 규슈-오키나와 G8 정상회담'을 기념하고, 소비 증진과 오키나와에 관한 관심을 일으키려고 발행했다. 하지만 충분한 검토 없이 발행해 거의 사용되지 않는다. 그래서일까? 가끔 방송 개그 프로그램에서 쓸모없다는 의미를 담아 '이런 2천엔 권 같으니!'라는 표현으로 시청자들에게 웃음을 준다.

② 소노향우타키 석문 園比屋武御嶽石門 소노향우타키이시몬

©오키나와관광청

우리도 그들처럼 소원을 빌자

슈레이몬을 지나 조금 안으로 걸어가면 길 왼쪽으로 육중한 돌을 쌓아 올려 만든 작은 석문이 보인다. 여행객들은 거대한 슈리 성벽에 집중하다 대부분 이 문을 그냥 스쳐 지나가 버린다. 커다란 석묘 같은 이 문은 2000년 12월 세계문화유산으로 지정되었다. 슈레이몬의 붉은색과 달리 세월의 더께가 느껴지는 무채색 석문이라 잘 눈에 띄지 않지만, 이 문은 중요한 의미를 지니고 있다. 류큐 왕국의 왕들이 나라의 평안과 백성의 안정을 위해 기도를 드린 곳이기 때문이다. 또 류큐 왕국 최고위 여신관의 취임식이 이곳에서 열렸다. 지금은 오키나와 사람들이 문 앞에서 행복을 위한 기도를 올린다. 우리도 그들처럼 소원을 빌어보자.

③ 칸칸이몬 歓会門

류큐 왕국의 옛 분위기가 시작되는

소노향우타키 석문을 지나면 본격적으로 류큐 왕조를 향한 과거로 여행이 시작된다. 가장 먼저 반겨주는 것이 칸칸이몬歓会門이다. 세월의 흔적이 묻어있는 석회암 문으로, 칸칸이몬은 환영한다는 뜻을 담고 있다. 중국 황제의 책봉사류큐 국왕이 즉위할 때 그것을 인정하는 칙서를 들고 오는 사신를 환영한다는 의미로 지어졌다. 슈리성으로 들어가는 첫 번째 외곽문이며, 류큐 말로 환영한다는 뜻을 담아 '아마에우죠'あまえ御門라고도 불린다. 칸칸이몬을 지나 안으로 들어가면 도심에서 들려오던 소음이 사라지고, 성의 품 안으로 깊이 들어가는 듯한 느낌이 든다. 그리고 본격적으로 류큐 왕조의 옛 분위기가 느껴지기 시작한다.

④ 즈이센몬 瑞泉門

슈리성과 나하 시내를 보여주는 전망대

칸칸이몬의 환영을 받으며 류큐 왕궁으로 들어서면 이윽고 즈이센몬瑞泉門이 등장한다. 즈이센몬을 지나기 위해서는 계단을 올라야 하는데, 그 계단 오른쪽에 작은 용머리에서 흘러나오는 샘물이 있다. 왕이 마시던 샘물 '즈이센'瑞泉이다. 즈이센은 '훌륭하고 경사스러운 샘'이란 뜻이다. 물이 나오는 용머리는 중국에서 가져온 것으로 '류히'龍樋라고 불린다. 즈이센몬을 지나 계단을 다 오르면 아래로 성과 나하 시내 풍경을 내려다볼 수 있다. 석회암 성벽이 꿈틀거리는 용처럼 곡선을 그리며 부드럽게 누워 있다. 그 아래로는 나하 시내가 평화롭게 펼쳐진다. 보편적으로 성은 아군을 보호하기 위한 건축물이지만 슈리성에서는 전쟁의 목적이 느껴지지 않는다. 그래서일까? 서구인들은 류큐 왕국을 무기와 전쟁이 없는 전설의 왕국이라고 했다. 즈이센몬 계단에서 바라본 풍경은 전쟁보다 평화가 먼저 떠오르게 한다.

⑤ 봉신문·남전·번소·북전 호신몬·난덴·반쇼·호쿠덴

정전을 보좌하라

즈이센몬을 등지고 안쪽으로 걸어가면 매표소로 사용되는 코후쿠몬広福門이 보이고, 이어 호신몬奉神門이 눈에 들어온다. 호신몬에는 입구가 세 개인데, 양쪽 두 개 문은 문관과 무관들이 사용하던 문이고, 중앙 문은 국왕이나 중국 사신 같은 지위가 높은 사람만 사용했다. 지금은 티켓만 있다면 누구나 중앙 문을 지나 정전으로 갈 수 있다. 수리성의 정문인 슈레이몬부터 호신몬까지는 다행히 불타지 않아서, 옛 모습 그대로 구경할 수 있다.

호신몬을 지나면 붉은 건물로 둘러싸인 안뜰, 우나가 있었으나 지금은 복원 공사가 한창이다. 류큐 왕국의 미술품과 역사 자료를 전시하던 남전南殿, 난덴과 보초소였던 번소番所, 기념품점으로 쓰이는 북전北殿, 호쿠덴이 화재로 사라졌다. 남전은 일본 본토 분위기가 물씬 풍기는 건물이었다. 북전은 업무 공간이자 외교 사절 접대 공간으로 쓰였다. 광장 중앙에는 신료들이 왕을 알현하거나 중국의 책봉 사절을 맞이할 때 사용한 통로 우키미치중앙 통로가 있었다. 우키미치 끝에는 정전正殿, せいでん이 있었으나 역시 불타 북원 중이다.

©슈리성공원

⑥ 정전 正殿 세이덴

1층은 집무실, 2층은 살림집

2026년을 목표로 복원 중인 정전은 류큐의 왕들의 업무 공간이자 생활 공간이었다. 남전과 달리 중국 분위기가 많이 풍겼다. 기둥과 문 등은 빨갛게 옻칠했고, 기둥과 편액은 국왕의 상징인 용으로 장식했었다. 기와는 류큐 특유의 붉은 기와였는데, 류큐 왕국 초기에는 고려 기와가 사용되었다고 전해진다. 정전은 여러 문과 성벽으로 둘러싸여 있었다. 이는 중국의 자금성紫禁城과 구조가 흡사했다.

정전은 '왕이 거주한다' 하여 '카라후'唐破風 からふぁーふー라고도 불렀다. 시차구라 불리는 1층은 국왕의 집무 공간이자 정치 공간이었다. 101개 기둥이 곳곳에 있어 미로 같은 분위기가 났다. 가운데에 왕의 옥좌 우사스카御差床 うさすか가 있었고, 제관들은 그 앞에서 왕을 보좌하였다. 옥좌 뒤에는 청나라 4대 황제 강희제康熙帝가 내린 중산세토中山世土라는 편액이 걸려 있었다.

2층은 왕가의 사적 공간으로 1층보다 훨씬 화려했다. 2층에도 옥좌가 있었다. 2층에는 아지우자시키라 불리는 전시 공간이 있었는데, 히벤칸이라 불리는 왕관이 유명했다. 288개의 옥으로 장식한 왕관인데 우리의 왕관과 비슷해 눈길을 끌었으나, 지금은 화재로 소실됐다.

류탄 龍潭

구글 좌표 용담

슈레이몬에서 소노향우타키 석문 지나 성 밖 왼쪽 길로 접어들어 도보 5분 沖縄県那覇市首里川町1丁目

왕의 연못에서 산책을 즐기자

어느 나라이건 궁궐에는 왕이 산책하거나 사신을 대접했던 정원이 있었다. 조선의 경복궁 경회루와 창덕궁 후원, 중국 자금성의 어화원御花园이 그랬다. 프랑스에는 궁전 자체가 거대한 정원이었던 베르사유 궁전이 있었다. 그리고 슈리성에는 아름다운 왕의 연못, 류탄이 있다.

1429년 1대 왕 쇼하시 때 만든 연못으로, 왕들이 산책을 즐겼다. 분위기가 아기자기한 데 반해 주변 좌우로는 거대한 숲이 우거져 있다. 중국의 조경 기술을 전수하여 만들었다. 특이한 점은 연못이 성 밖에 있다는 것이다. 슈레이몬에서 슈리성을 향해 가다 왼쪽 길로 접어들면 나오는데, 왕족이나 귀족들은 물론 백성들도 잠시 쉬어갈 수 있도록 성 밖에 조성했다. 류큐 왕국이 폐쇄보다는 개방을 중시했음을 알 수 있다. 연못 주변으로는 높이 10m가 넘는 아카기 나무가 숲을 이루고 있었지만, 오키나와 전쟁 때 불타 없어졌다고 전해진다. 하지만 지금도 키 큰 나무들이 산책로 양옆을 지키고 있어 옛 정취를 자아낸다. 류탄 산책로를 걷고 있으면 현지인들이 여유롭게 앉아 자연을 즐기는 모습을 쉽게 찾아볼 수 있다.

옥릉 玉陵 타마우든

맵코드 33 160 659*77 구글 좌표 옥릉

슈리성 슈레이몬에서 서쪽으로 도보 5분 沖縄県那覇市首里金城町 1-3 098 885 2861
09:00~18:00(입장마감 17:30) 휴무 없음 ¥ 성인 300엔, 어린이 150엔

©오키나와관광청

풍장, 바람이 넋을 위로해 주네

슈리성과 이웃해 있는 석조 왕릉이다. 류큐 왕국 최고의 명군 쇼신왕재위 1477~1526이 1501년 아버지이자 류큐의 초대 왕 쇼우엔재위 1469~1476의 유해를 안치하기 위해 만들었다. 지금은 왕족들의 유해도 안치되어 있다.

붉은빛이 화려한 슈리성과 달리 옥릉은 무채색 석회암으로 만들었다. 그래서 더 경건함이 느껴지고 엄숙해진다. 찾아가는 길도 유명 관광지 무색하게 조용하다. 입구에는 호위무사처럼 거대한 나무들이 우직하게 서 있다. 돌담과 돌문을 지나면 동서로 이어진 거대한 돌무덤이 나타난다. 이 돌무덤은 풍장風葬을 위해 절벽에 구멍을 뚫고 3개의 객실을 만들어 꾸민 것이다. 오키나와에서는 사람이 죽으면 동굴 같은 곳에서 자연 상태로 부패시킨 후 유골만 수습하여 유골함에 안장하는 풍장의 전통이 있었다. 왕의 능도 오키나와 장례 전통을 따라 만든 것이다. 옥릉의 동쪽 객실에는 왕과 왕비의 유골이, 서쪽 객실에는 왕족의 유골이 안치돼 있다.

오키나와 전쟁1945.3~1945.6 당시 일본군이 이 무덤에서 진지전을 펼쳤는데, 안타깝게도 미국의 폭격을 받아 많이 파괴되었다. 1974년부터 3년에 걸쳐 복원되었으며, 2000년 12월 세계문화유산으로 등록되었다.

긴조초 돌 다다미 길 首里金城町石畳道 긴조초 이시다타미미치

맵코드 33 161 423*83 구글 좌표 긴조정 돌다다미길

①슈리성 슈레이몬에서 도보 3분(슈레이몬 나오기 전 좌측으로 100m 정도 가면 입구가 나온다.) ②나하 버스터미널 1번 승강장에서 7번 버스 탑승 후 잇추켄지노토이리구치―中健児の塔入口 정류장에서 하차, 도보 5분

沖縄県那覇市首里金城町 2丁目

일본의 아름다운 길 100선

류큐의 귀족들은 슈리성 남쪽 긴조초에 모여 살았다. 긴조초는 조선 시대 권문세가들이 모여 살던 북촌 같은 곳이다. 왕과 가까이 있을수록 권력이 강력하다는 것을 의미하므로, 귀족들에게 왕궁에서 가까운 곳에 사는 것은 매우 중요했다.

마다마미치真珠道는 긴조초 지역과 슈리성을 이어주는 길이다. 슈리성 정전에서 나하 부두까지 9㎞ 정도 이어진다. 긴조초의 귀족들은 이 길을 통해 슈리성을 오갔다. 이 길은 슈리성의 군대가 유사시에 사용하기 위해 만들어진 길이기도 했다. 오키나와 전쟁 때 파괴되어 이제는 약 300m의 긴조초 이시다타미미치首里金城町石畳道만 남아 있다. 류큐 왕국의 옛 정취를 고스란히 간직하고 있어, 일본의 아름다운 길 100선 중 하나로 꼽혔다.

슈리성을 나와 슈레이몬에서 남쪽으로 3분쯤 걸어가면 나무가 우거지고 돌바닥이 고풍스러운 좁은 골목길이 나타나며 돌 다다미 길이 시작된다. 바닥엔 류큐의 석회암이 촘촘하게 박혀있고, 골목 양옆으로는 이끼 끼고 덩굴 옷을 입은 오래된 돌담이 서 있다. 길을 따라 내려가면 오키나와 전통 기와집과 현대 가옥이 오순도순 모여 있는 평화로운 풍경이 눈에 들어온다. 나지막한 담 너머로 빨래가 널린 아담한 마당 풍경이 담백하고 따뜻하게 다가온다.

이 길 주변에는 유명한 곳이 많다. 한국 드라마 <상어> 촬영지, 잠시 쉬어가기 좋은 무료 휴게소, 류큐 전통 차 체험을 할 수는 있는 찻집, 가나구시쿠 우후히자라 불리는 공동 우물도 있다. 우리네 북촌 같은 분위기지만 북촌보다 사람들이 살아가는 분위기가 더 잘 살아있다.

One More

애니메이션에 나올법한 200살 넘은 아카기나무

돌길 초입에서 조금 걸어가면 왼쪽으로 나무로 만든 작은 이정표가 나온다. 이정표를 따라가면 웅장한 나무가 한 그루 나타나는데, 이 나무가 일본 애니메이션에 나올법한 슈리 긴조초의 아카기나무구글 좌표 Shuri Kinjo Big Akagi Tree이다. 1972년에 천연기념물로 지정되었다. 추정 수령은 200년이 넘고 높이는 20m가 넘는다. 슈리성 주위에 이런 나무가 많았다고 전해진다. 오키나와 전쟁 때 모두 소실되고 지금은 이 나무만 살아남아 긴조초의 상징이 되었다. 마을 주민들은 아침, 저녁으로 기도하기 위해 이 나무를 찾는다.

Travel Tip

나하 시내로 가는 방법

돌 다다미 길을 끝까지 가면 슈리역으로 연결되는 도로가 나오지만 역까지 걸어가기엔 너무 멀다. 가까운 거리가 아니므로 택시를 이용하는 것도 방법이다. 슈리역까지 5분 정도 걸리며 요금은 약 700엔이다. 택시비가 부담스럽다면 언덕을 내려가면 나오는 한타가와이리구치繁多川入口 정류장에서, 14번 버스다이도 행, 大道向け를 탑승하면 국제거리 근처의 나하 버스터미널까지 갈 수 있다.

시키나엔 識名園

맵코드 33 131 090*26 구글 좌표 시키나엔

①슈리성에서 택시로 10분. 요금은 약 1,000엔, ②나하 버스터미널에서 14번 버스 승차 후 시키나엔 정류장 하차. 도보 13분 이동 沖縄県那覇市真地 421-7 098 855 5936

4~9월 09:00~18:00, 10~3월 09:00~17:30 휴무 수요일 ¥ 입장료 400엔(중학생 이하 200엔)

©오키나와관광청

초대받은 사신처럼 왕의 별장을 산책하자

시키나엔은 류큐 왕국 시절 왕의 별장이다. 중국 황제의 사신을 접대하는 영빈관으로 사용하기도 했다. 슈리성에서 남쪽으로 약 2km 떨어져 있다. 입구에는 키 큰 나무들이 서 있다. 거대한 나무들이 울울창창해 마치 정글을 지나 마법의 집을 찾아가는 듯한 기분이 든다. 또 곳곳에는 류큐 석회암으로 만든 돌담이 있어서 독특한 분위기가 난다. 숲을 지나면 갑자기 시야가 확 트이며 연못이 나타난다.

류큐 왕국의 건축물이나 정원은 대개 중국 분위기를 자아낸다. 하지만 시키나엔은 일본식 정원에 중국 양식이 적절하게 조화를 이루고 있다. 시키나엔의 정원은 오키나와에 있는 유일한 회유식 정원이다. 회유식 정원이란 교토와 와카야마 지방에서 주로 볼 수 있는 것으로, 큰 연못을 중심에 두고 주위에 작은 섬, 정자, 다리 등을 배치한 정원을 일컫는다. 시키나엔의 연못 안에는 작은 중국식 정자 육모정六角堂이 있고, 중국식 무지개다리를 놓았다.

한쪽에 붉은 기와의 류큐 전통가옥이 있는데 이곳이 왕족의 별장이자 중국 사신을 접대했던 영빈관 시키나엔이다. 신발을 벗고 들어가 건물 안을 관람할 수 있다. 연못 주위로는 벚꽃, 버드나무, 매화 등이 계절에 따라 꽃 피우고 열매 맺으며 각기 다른 아름다움을 뽐낸다.

슈리성 지구의 맛집과 카페

슈리 호리카와 首里ほりかわ

탱탱한 면발, 담백한 육수

슈리성 주변에서 가장 맛있고 유명한 오키나와 소바 맛집이다. 옥릉玉陵, 타마우든과 왕의 연못인 류탄龍潭 사이, 슈리마와시초首里真和志町 주택가 골목에 있다. 주택을 개조해 만들어 일본 가정집 같은 기분이 든다. 입구 티켓 자판기에 동전을 넣고 메뉴를 선택하면 된다. 오키나와 소바는 메밀이 아니라 밀가루로 만든다. 특이하게 오키나와 소바는 툭툭 끊어지는 데, 그 이유는 날이 덥고 습해 상하는 걸 피하기 위해 반죽을 숙성하지 않기 때문이다. 하지만 이곳의 면발은 탱탱하다. 과감히 전통과 결별하고 밀가루 반죽을 숙성시키는 까닭이다. 국물도 끝내준다. 돼지고기와 가다랑어를 오랜 시간 고아 만든 육수가 담백하면서 끝맛이 무척 깔끔하다.

구글 좌표 슈리 호리카와

①슈리성 정문슈레이몬, 守札門에서 서북쪽으로 도보 4분 ②모노레일 슈리역首里駅 남쪽 출구에서 서쪽으로 도보 15분
沖縄県那覇市首里真和志町1丁目 27 098 886 3032 11:00~15:45 휴무 목요일

수이둔치 首里殿内

오키나와 전통 요리와 퓨전요리

수이둔치는 슈리성 근처에 있는 오키나와 요리 전문점이다. 오키나와 프렌차이즈 레스토랑으로 오키나와 전통 요리와 퓨전요리를 함께 판매한다. 오래된 오키나와 고택을 리모델링해 분위기가 독특하다. 인테리어 콘셉트가 류큐 왕조시대의 귀족 가옥이라, 분위기가 한적하면서도 품위가 있다. 특히 마당의 좌식 테이블에서 식사할 수 있어 좋다. 오키나와의 대표 요리인 찬푸루, 오키나와 소바, 라후테, 테치비, 샤부샤부 등을 맛볼 수 있다. 오키나와 모든 음식을 조금씩 맛볼 수 있는 한상차림도 있다. 가격은 3,500엔이다.

구글 좌표 수이둔치

모노레일 슈리역首里駅에서 도보 22분, 긴조초 돌 다다미길 남쪽 끝자락에 있다. 沖縄県那覇市首里金城町 2丁目 81
098 885 6161 매일 11:00~15:00, 17:00~00:00 휴무 없음 ¥ 1,500엔

이시다타미차야 신주 石畳茶屋 真珠

긴조초 돌 다다미 길옆 카페

슈리성에서 긴조초 돌 다다미 길로 가는 길목에 있는 카페이다. 슈리성 남쪽 주차장에서 나무가 우거진 작은 골목을 걸어가다 보면 길이 휘어지는 언덕에 자리하고 있다. 언덕이라 카페 안에서 바라보는 풍경이 아름다우며, 긴조초 돌 다다미 길이 한눈에 들어온다. 망고 빙수, 흑설탕 사이다, 커피 등 다양한 음료를 판매한다. 언덕길을 걷다 보면 쉬어갈 만한 카페가 그리울 즈음 기다렸다는 듯 반갑게 맞아준다. 긴조초 돌 다다미 길로 내려갔다 다시 올라와 아름다운 풍경을 감상하기 좋다. 이곳에서 음료 한잔 마시면 피곤이 확 풀린다. .

구글 좌표 26.217166, 127.715820

①슈리성 슈레이몬守札門에서 남서쪽 도보 3분 ②모노레일 슈리역 남쪽 출구에서 서쪽으로 도보 17분
沖縄県那覇市首里金城町 1 丁目 23 098 884 6591 11:00~16:00 휴무 화요일

코토슈리노 가라산보 古都首里の嘉例山房

기모노 차림으로 맞아주는 부쿠부쿠 찻집

류큐 전통차인 부쿠부쿠 찻집이다. 류탄 서남쪽 길 건너 주택가에 있다. 슈리성과 류탄 인근에 있어 여행객이 많이 찾지만, 지역 주민들의 모임 장소로도 유명하다. 아지트 같은 찻집이어서 정감이 간다. 주인이 기모노를 입고 있어서 류큐 분위기를 자아낸다. 오키나와 관련 서적과 소품이 가게 안을 가득 채우고 있다. 실내는 복층이며 테라스도 있다. 메뉴판에 부쿠부쿠 차 만드는 법을 한국어로 설명하여 놓았다. 열심히 거품을 만들어 마시는 맛이 일품이다. 거품도 상당히 고소하다.

구글 좌표 Koto Shuri Kari Sanfan

①슈레이문에서 북쪽으로 도보 4분 ②모노레일 슈리역首里駅 남쪽 출구에서 서북쪽으로 도보 12분 沖縄県那覇市首里池端町 9 098 885 5017 10:00~17:30 휴무 화·수요일 추천메뉴 부쿠부쿠차ぶくぶく茶 ¥1,200엔

PART 4

오키나와 북부

Northern Okinawa

沖縄 北部

오키나와 여행 1번지

북부는 오키나와 여행의 중심 지역이다. 나하 공항에서 약 90~100km 떨어져 있다. 북부는 서쪽으로 불쑥 튀어나온 모토부 반도와 가장 북쪽인 얀바루 지구로 나눌 수 있다. 모토부 반도는 세계 3대 아쿠아리움인 추라우미 수족관, 돌고래 쇼와 섬머 페스티벌이 열리는 해양박공원, 로맨틱한 비세 후쿠기 가로수길, 환상적인 드라이브 코스 코우리 대교를 품었다. 얀바루는 국립공원을 품은 자연 여행지이다. 맹그로브 숲 체험, 오키나와 최북단 헤도곶, 청정 해변 오쿠마 비치……. 얀바루의 청정 매력은 끝이 없다.

HALF-PIPE
SPORTSSTUF
296-25171 沖縄

오키나와 북부 한눈에 보기

오키나와 북부는 크게 세계 3대 아쿠아리움 추라우미 수족관이 있는 모토부 반도와 청정한 야생의 자연이 빛나는 얀바루 지구로 나눌 수 있다. 모토부 반도는 오키나와 여행의 하이라이트라 할 수 있고, 얀바루는 맹그로브 숲 카약 체험 등으로 야생의 자연을 느끼기 좋다.

1 모토부 반도 Motobu

#추라우미수족관 #비세후쿠기가로수길 #코우리 대교

모토부 반도는 북부 여행의 하이라이트이다. 오키나와 바다를 그대로 옮겨 놓은 것 같은 추라우미 수족관, 이름처럼 쪽빛으로 빛나는 에메랄드 비치, 산책하거나 자전거 타기 좋은 로맨틱하고 이국적인 비세 후쿠기 가로수길, 북부 최고의 드라이브 코스 코우리 대교와 종일 머물고 싶은 환상의 코우리 섬, 유네스코 세계문화유산 나키진 성터, 20km 가까이 이어지는 오키나와 소바 로드……. 모토부 반도의 매력은 끝이 없다.

2 얀바루 지구 Yanbaru

#맹그로브숲체험 #오쿠마비치 #산호절벽

얀바루는 오키나와 가장 북쪽 지역이다. 아름답고 청정한 오키나와 자연을 체험하기에 최적 지역이다. 오키나와 중심부에서 멀리 떨어진 덕에 순수의 자연을 잘 간직하고 있다. 오쿠마 비치는 일본 최고 수질을 자랑하는 청역 해변이다. 얀바루에선 카약을 타고 일본의 천연기념물인 맹그로브 숲 체험을 할 수 있다. 북쪽 끝으로 자동차를 달리면 산호 절벽이 아름다운 헤도곶이 당신을 반겨준다.

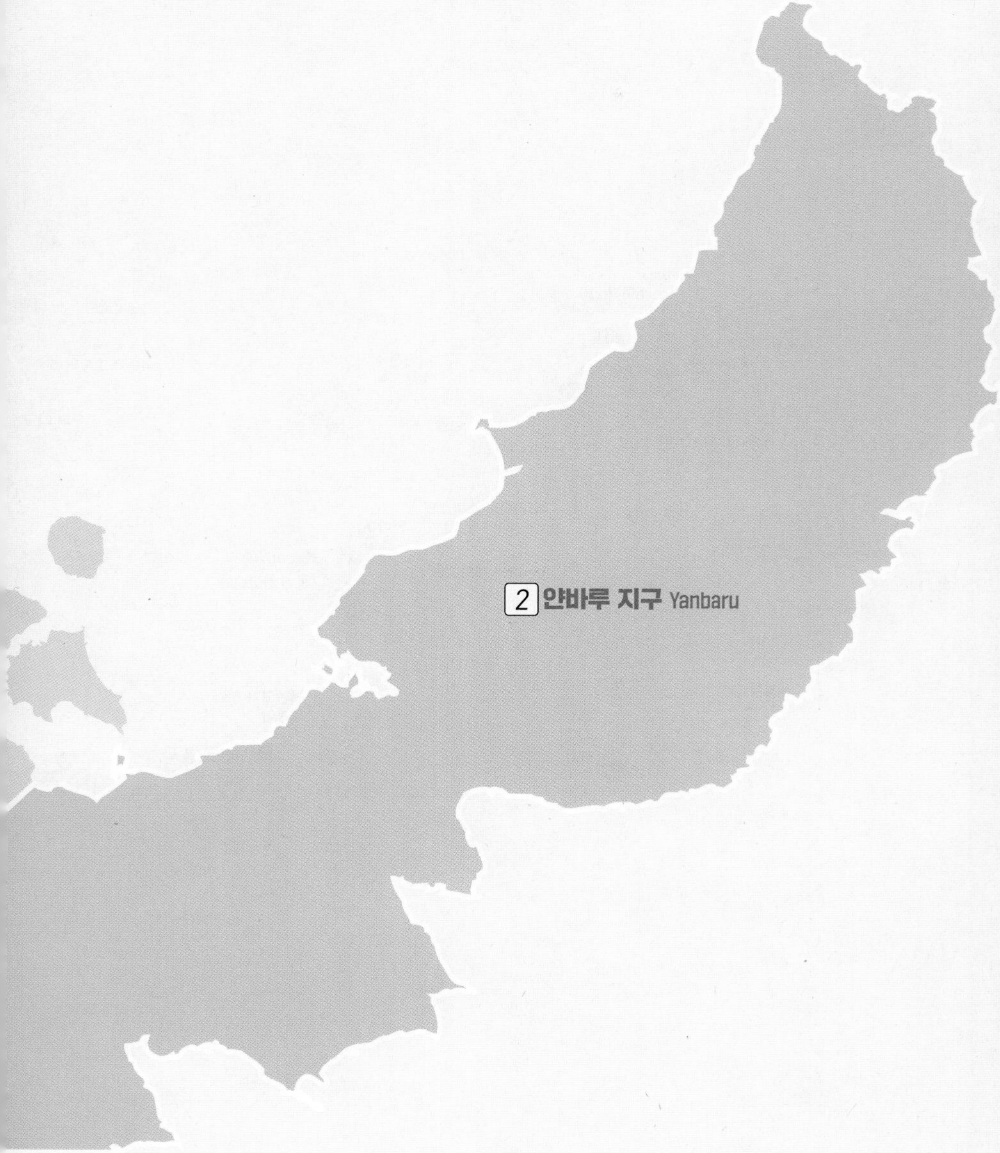

2 얀바루 지구 Yanbaru

오키나와 북부 여행지도

이에섬
이에비치
비세 곶
비세 후쿠기 가로수길
備瀬のフクギ並木通り
에메랄드 비치
エメラルドビーチ
추라우미 수족관
美ら海水族館
해양박공원
海洋博公園
114
505
나키진 성터
今帰仁城跡
115
카페 고쿠
모토부 겐키무라
もとぶ元気村
소바토코로
카진호우 피자
모토부항
오키나와 소바로드
(84번 도로)
얀바루
소바
카페 이차라
카페 하코니와
세소코 비치
瀬底ビーチ
민나 비치
水納ビーチ
fuu 카페
오렌지 선셋
세소코 섬
瀬底島
아라가키 젠자이야
키시모토 식당
아이다케
베이커리
카페 요시코
드라이브인
레스토랑
하와이
모토부 반도
백년고가
우후야
72
84
파인애플 파크
ナゴパイナップルパーク
58
449
나고시
나고 버스터미널
캡틴 캥거루
마츠노 고민가
21세기의 숲 비치
21世紀の森ビーチ
오리온 해피 파크
オリオンビールハッピーパーク
나고
교쿠구 레스토랑
미치노에키 쿄다
오키나와
자동차도로
하트 록
ハートロック
코우리
코우리 오션 타워
古宇利 オーシャンタワー
古宇利ビーチ 코우리 비치
코우리 대교
古宇利大橋

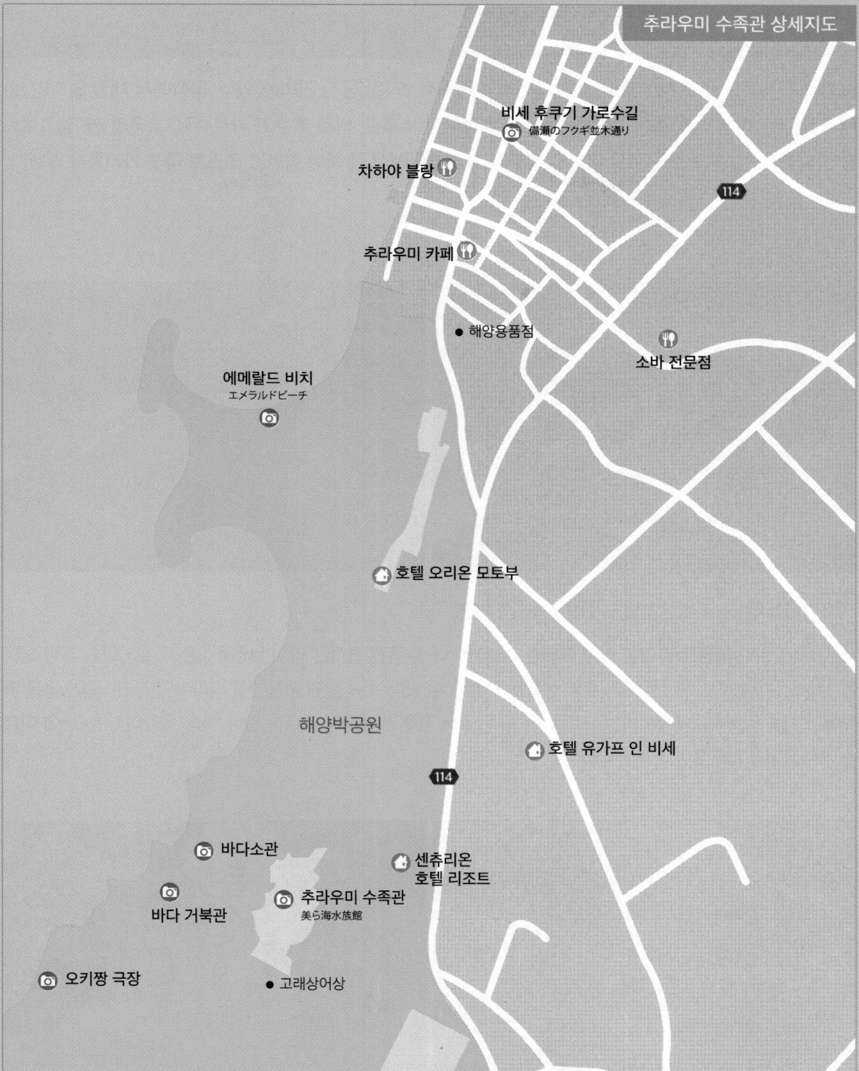

추라우미 수족관 상세지도
비세 후쿠기 가로수길
備瀬のフクギ並木通り
차하야 블랑
114
추라우미 카페
해양용품점
소바 전문점
에메랄드 비치
エメラルドビーチ
호텔 오리온 모토부
해양박공원
호텔 유가프 인 비세
114
바다소관
센츄리온
호텔 리조트
추라우미 수족관
美ら海水族館
바다 거북관
오키짱 극장
고래상어상
주차장

오키나와 북부 버킷 리스트 5

오키나와 북부 명소는 대부분 나하 공항에서 자동차로 2시간 남짓 거리에 있다. 공항에서 제일 멀지만, 반대로 빛나는 여행지를 가장 많이 안고 있다. 추라우미 수족관, 비세 후쿠기 가로수길, 코우리 섬, 맹그로브 숲 카약 체험, 그리고 소바 로드 미식 여행까지, 오키나와에서 꼭 해야 할 버킷리스트 다섯 가지를 소개한다.

1 추라우미 수족관에서 바다 체험하기

세계 3대 아쿠아리움으로 꼽힐 만큼 거대한 수족관이다. 수족관 면적만 약 1만m^2에 이른다. 오키나와 주변 바다에 서식하는 740종, 2만 1천 마리 해양 생물을 구경할 수 있다. 수족관 관람 동선을 따라가면 자연스럽게 얕은 바다에서 차츰 깊어지기 시작하여 마지막에는 아주 깊은 심해 세상까지 이르게 된다. 특히 몸길이가 8.6m에 이르는 고래상어가 압도적이다.

2 비세 후쿠기 가로수 길 산책

300년 전 태풍과 바람을 막으려고 심은 후쿠기福木 나무가 멋진 산책길을 만들었다. 후쿠기는 망고스틴 나무의 일종이다. 추라우미 수족관에서 북쪽으로 1km 거리엔 후쿠기 나무가 멋들어지게 자란 비세 마을이 있다. 서쪽과 북쪽으로 에메랄드빛 바다를 끼고 있는 낭만적인 가로수길이다. 숲길을 돌아보려면 걸어서 1시간이 넘게 걸린다. 자전거 타고 산책해도 낭만적이다.

3 코우리섬 환상 여행

모토부 반도 동북쪽 바다에 있는 섬이다. 이 섬의 대표 명소는 코우리 대교이다. 야가지섬과 코우리섬을 연결하는 대교에 진입하면 입을 다물지 못할 정도로 아름다운 에메랄드빛 바다가 펼쳐진다. 길이는 1,960m로, 오키나와 본섬에서 가장 길다. 오키나와에서 아름다운 드라이브 코스로 손에 꼽힌다. 하트 모양 바위 '하트록'과 코우리 비치, 코우리 타워도 기억하자.

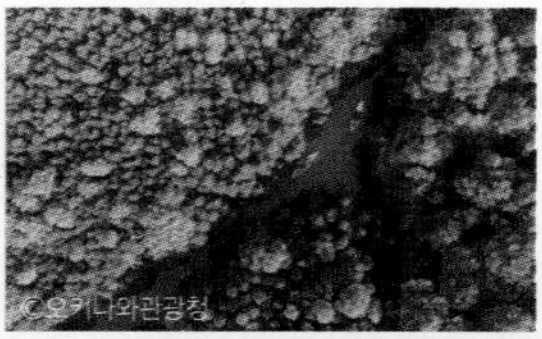

4 맹그로브 숲 카약 체험

맹그로브 숲은 민물과 바닷물이 만나는 곳에서 자란다. 태풍, 해일, 쓰나미를 막아주고, 오염 물질을 정화한다. 새우와 물고기의 보금자리 구실도 해준다. 오키나와 북동부의 하가시 해안의 히루기 공원에 가면 10만 평에 이르는 이 소중한 숲을 구경할 수 있다. 산책로를 따라 돌아볼 수 있고, 카약을 타고 맹그로브 숲을 체험할 수도 있다. 카약 투어는 2시간 정도 진행된다.

5 소바 로드 미식 여행

소바 로드는 오키나와 북부의 중심 도시 나고시에서 시작된다. 84번 도로가 모토부 반도를 가로지르며 북서쪽으로 약 20km 이어지는 길에 소바 가게가 많이 모여 있다. 100년이 넘은 소바 집부터 퓨전 소바 집까지 다양하다. 대표 가게로는 토구치항 근처에 있는 '키시모토 식당'과 산속에 자리 잡은 '백년고가 우후야'이다. 국물 맛이 깊고 진한 소바를 찾아 미식 여행을 떠나자.

모토부 반도 Motobu

모토부 반도는 북부 여행의 하이라이트이다.
오키나와 바다를 그대로 옮겨 놓은 것 같은 추라우미 수족관, 에메랄드 비치,
로맨틱하고 이국적인 비세 후쿠기 가로수길, 종일 머물고 싶은 환상의 코우리섬,
세계문화유산 나키진 성터…….모토부 반도의 매력은 끝이 없다.

모토부 반도 여행지도

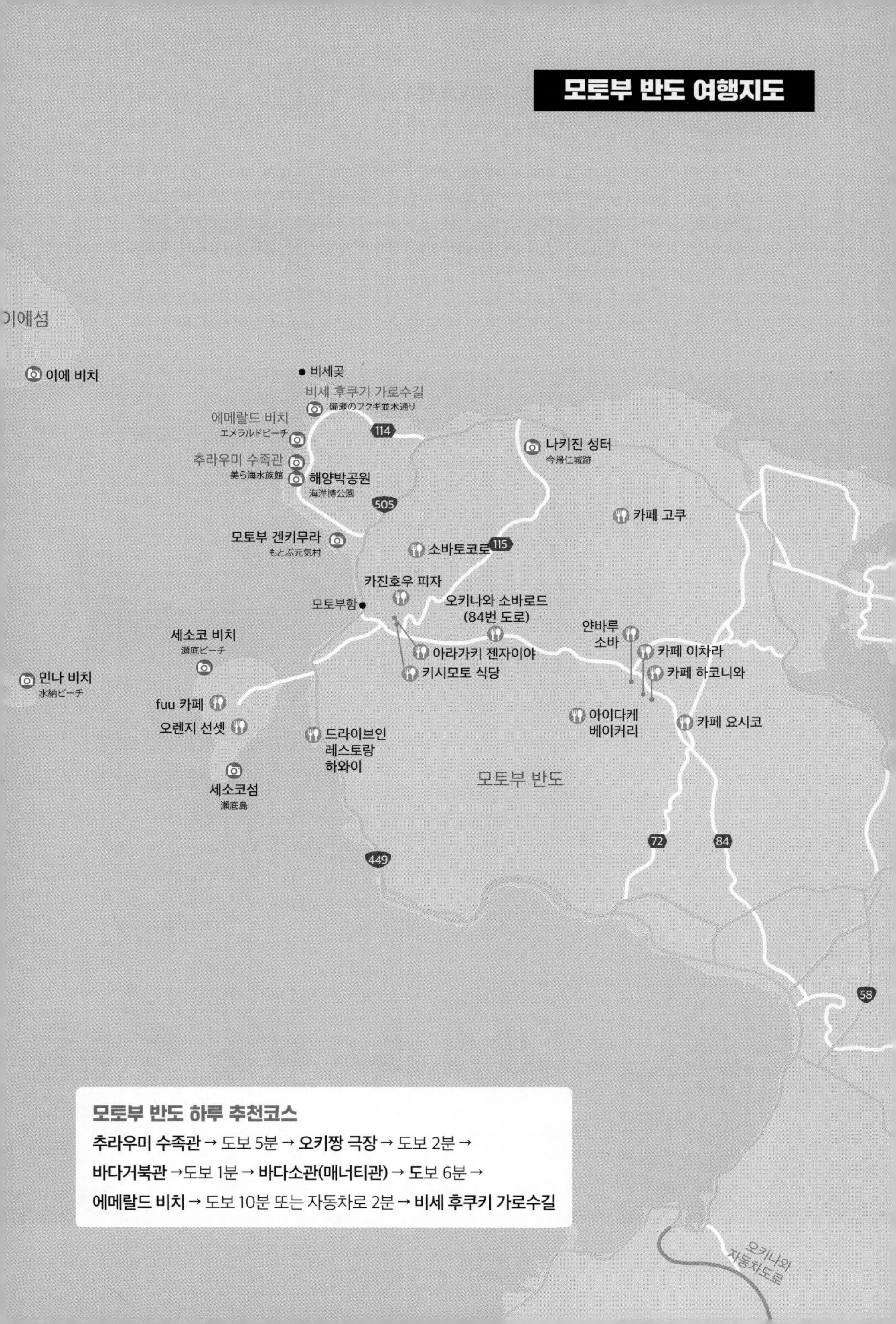

모토부 반도 하루 추천코스

추라우미 수족관 → 도보 5분 → **오키짱 극장** → 도보 2분 →
바다거북관 →도보 1분 → **바다소관(매너티관)** → **도**보 6분 →
에메랄드 비치 → 도보 10분 또는 자동차로 2분 → **비세 후쿠기 가로수길**

추라우미 수족관 美ら海水族館 츄리우미수이조쿠칸

맵코드 553 075 797 구글 좌표 추라우미수족관

렌터카 나하 공항에서 오키나와자동차도로沖縄自動車道와 58번 국도 경유하여 1시간 40분 버스 ①나하 공항 국제선 청사 앞 버스 승강장 2번에서 추라우미 수족관 직행버스 117번 탑승하여 추라우미 수족관 앞 하차. 2시간 25분 소요 ②나하 공항 국제선 청사 앞 버스 승강장 2번에서 얀바루 급행버스やんばる急行バス, Yanbaru Express Bus(YKB) YKB 888번 승차하여 기넨코엔마에記念公園前 정류장 하차. 2시간 25분 소요 ③나하 공항 국제선 청사 앞 리무진 버스 승차장에서 DE지역 행 버스 탑승. Ocean EXPO Park 정류장에서 하차. 2시간 25분 소요

098 048 3748 10월~2월 08:30~18:30(마지막 입장 17:30까지) 3월~9월 08:30~20:00(마지막 입장 19:00까지, 휴관일 홈페이지 확인 필수) ¥ 입장료 성인 2,180엔 고등학생 1,440엔 초·중생 710엔 https://churaumi.okinawa/

바다를 그대로 옮겨다 놓은 듯

추라우미 수족관은 모토부 반도 해양박공원 안에 있다. 이 공원은 1975년 오키나와 엑스포 전시장에 만든 국립해양공원이다. 1995년 추라우미 수족관이 개관하고, 2002년 대대적으로 리뉴얼을 하면서 오키나와의 명소로 떠올랐다. 우리나라에서는 TV 예능 프로그램 <슈퍼맨이 돌아왔다>에서 추블리 부녀가 찾으면서 유명해지기 시작했다. 추라우미의 '추라'는 오키나와 말로 '예쁘다', '아름답다'라는 뜻이다. 수족관 면적은 1만m^2이다. '산호바다로의 여행', '구로시오로의 여행', '심해로의 여행' 등 3개의 테마로 구성되어 있고, 테마마다 여러 개 수조가 있다.

수조 안에는 오키나와 주변에 서식하는 740종, 2만 1천 마리 바다 생물이 살고 있다. 4층부터 1층으로 내려가면서 관람하게 되며, 물고기가 최대한 잘 적응하며 살아갈 수 있는 환경을 만드는 데 초점을 맞추어 설계되었다. 처음에는 오키나와 주변의 얕은 바다에 살고 있는 불가사리, 해삼 등이 여행객을 맞이해 준다. 오키나와 산호와 아열대 물고기를 비롯하여 애니메이션 <니모를 찾아서>의 주인공 '크라운 피쉬'흰동가리, 오키나와 민물에 사는 망둥어, 류큐 은어 등도 찾아볼 수 있다. 수족관의 동선을 따라가다 보면 자연스럽게 더 깊은 바다 세상으로 안내받게 된다.

수족관의 하이라이트는 '구로시오의 바다'이다. 수조의 크기만 해도 깊이 10m, 폭 35m에 이르고 수족관 물의 양은 7,500m^3나 된다. 이 수조에는 70여 종 1만 6천여 마리의 물고기가 산다. 바다의 한 조각이 그대로 눈 앞에 펼쳐진다. 한눈에 담을 수 없어 수조 둘레를 돌아가며 관람하게 된다. 수족관 정면에 서면 거대한 고래상어가 유유히 물속을 떠다니는 모습을 눈앞에서 볼 수 있다. 몸길이가 8.6m에 이르지만, 수족관이 작아 보이지 않는다. 고래상어는 모두 세 마리인데, 세계 최초로 복수 사육에 성공했다. 고래상어 덕분에 대형 가오리는 손바닥만 하게 보이고 아열대 물고기는 멸치처럼 작아 보인다. 수족관 관람이 끝나도 '구로시오의 바다'의 잔상은 뇌리에서 떠나질 않는다.

One More — 자세히 알고 가자! 추라우미 수족관 상세 안내

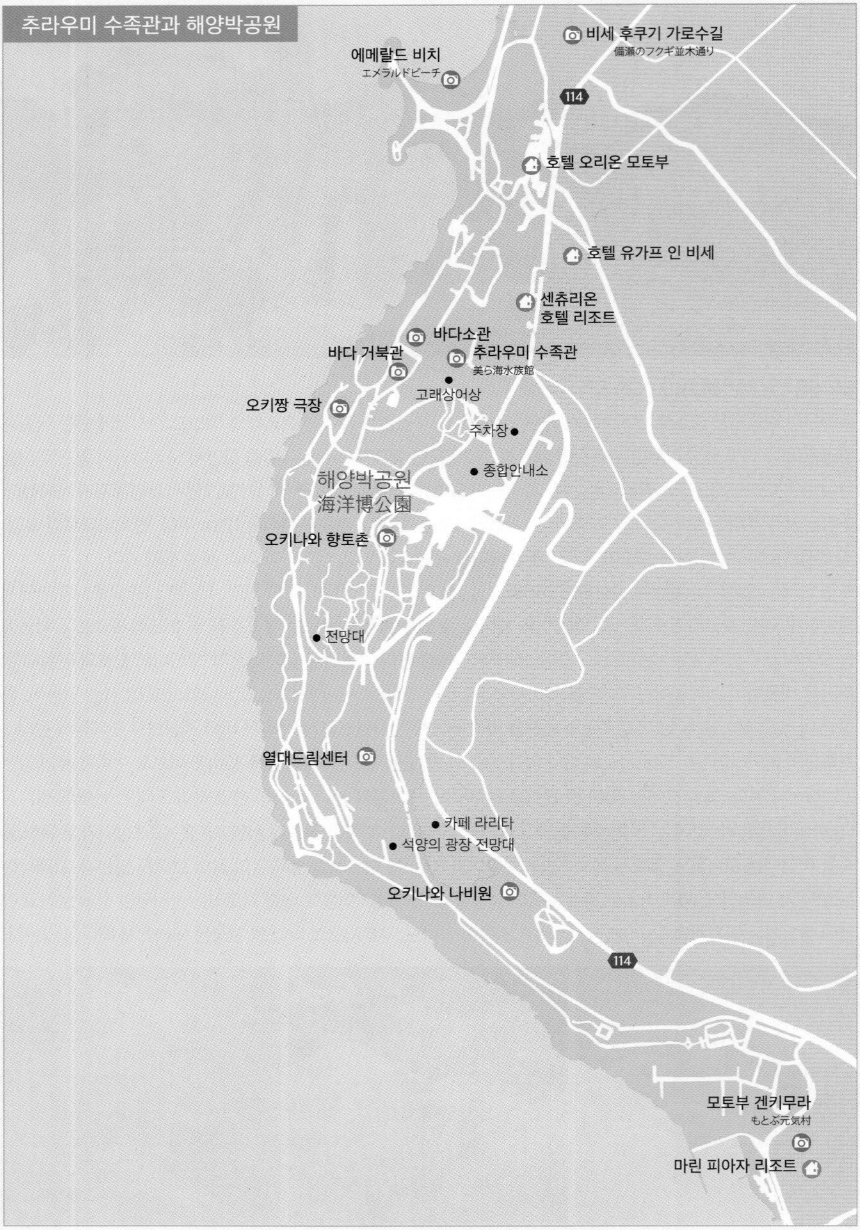

① 이노의 생물들 イノー の 生き物 たち

생물들을 직접 손으로 만질 수 있다

추라우미에서 가장 먼저 만나게 되는 수조로 얕은 바다를 재현해 놓은 곳이다. '이노'는 산호초의 여울이라는 오키나와 방언이다. 수조 안 하얀 모래 위에는 크기가 30cm나 되는 큰혹불가사리와 붉은 설거지 장갑 같은 만두혹불가사리, 흰발검정해삼 등 다양한 바다 생물이 살고 있다. 수족관에서 유일하게 생물을 손으로 만질 수 있어 어린이들에게 인기가 좋다.

② 산호의 바다 サンゴの海

형형색색, 산호가 있는 풍경

오키나와 바다의 다양한 산호를 자연 그대로 재현한 수조이다. 약 70종에 800개가 넘는 산호가 있다. 깊은 바다에 있는 형형색색 산호들도 볼 수 있어 더욱 신비롭다. 잔잔한 바다에서 볼 수 있는 거품 모양의 버블코랄 산호, 코발트블루 인상적인 블루탱 등을 볼 수 있다.

③ 열대어의 바다 熱帯魚の海

크라운 피쉬와 그의 친구들

바닷속 풍경이 본격적으로 펼쳐지는 수조이다. 스노클링으로 볼 수 있는 바닷속을 재현해 놓았다. 산호초 군락과 커다란 암벽 사이로 다양한 물고기가 자유롭게 노니는 모습을 볼 수 있다. 애니메이션 <니모를 찾아서>의 주인공 '크라운 피쉬'와 작은 물고기 200종을 구경하는 재미가 쏠쏠하다. 크라운 피쉬는 '흰둥가리'라고도 불리는데, 언제나 말미잘 혹은 산호 사이에 귀엽게 숨어 있다. 수컷은 알을 품고 있고, 암컷은 망을 보기 때문에 숨어 있는 것처럼 보인다. 이외에 노랑과 검은 줄무늬가 있는 열대어 깃대돔, 나이가 들면서 머리에 혹이 생기는 파랑비늘돔 등 다양한 아열대 물고기를 만날 수 있다.

④ 산호초 여행_개별 수조 サンゴ礁への旅 個水槽

산호초에서 노니는 물고기들

산호초에 사는 물고기들을 볼 수 있는 수조이다. 30여 종의 물고기를 볼 수 있는데, 작은 물고기들이 많아 자세히 봐야 한다. 하얀 모래에 몸을 감추고 머리만 내밀고 주위를 살펴보는 정원장어, 표범처럼 검은 반점이 몸에 가득한 점박이곰치 등을 볼 수 있다.

⑤ 구로시오의 바다 黒潮の海

추라우미의 하이라이트

고래상어가 유유히 헤엄치고 있는 거대한 수조이다. 가오리 중 가장 큰 만타가오리, 점박이 무늬가 온몸에 가득한 범무늬소녀 가오리, 줄무늬 고등어, 몸길이 1m가 넘는 무명갈전갱이 등 70종 1만 6천여 마리의 물고기가 고래상어와 더불어 헤엄치는 모습이 장관이다.

고래상어는 추라우미 수족관의 마스코트이다. '잔타'라는 이름도 가지고 있으며, 1995년 3월부터 지금까지 추라우미에서 살고 있다. 몸길이는 8.6m, 몸무게는 5.5톤에 이르며, 사육 중인 생물로는 세계에서 가장 크다. 세계 최초로 세 마리를 복수 사육하고 있다. 수조가 워낙 커서 몇 곳으로 나누어 보아야 하는데, 정면에 가면 모든 물고기를 볼 수 있는 '샤크스탠드'가 있다. 샤크스탠드에는 천천히 수조를 관람할 수 있도록 의자가 준비되어 있어 아이맥스 영화관에 앉아 있는 기분이 든다. 정면 오른쪽에는 수조를 옆에서 보며 시간을 보낼 수 있는 카페 '오션블루'가 있다. 이곳에서는 음료와 샌드위치도 즐길 수 있다. 왼쪽에는 투명한 아크릴 패널로 이루어진 통로 '아쿠아룸'이 있다. 머리 위에서 유영하는 고래상어의 거대한 배를 볼 수 있다. '구로시오의 바다'의 또 다른 볼거리는 고래상어가 먹이를 먹는 모습이다. 하루에 두 번 15:00, 17:00에 먹이를 주는데, 먹이를 먹을 때 빨아들이는 바닷물의 양만 100L가 넘고, 한 번 먹는 먹이의 양도 35㎏이나 된다. 또한, 측면에서만 관람하던 수족관을 위에서 관람할 수 있는 프로그램도 생겼다. 위에서 물고기들을 보기 때문에 마치 배를 타고 바닷속을 바라보는 느낌을 받을 수 있다. 일본어로 진행하는 해설도 있다. 운영시간 08:30~11:00, 17:00~영업 종료 시까지.

⑥ 심해의 바다 深海への旅

다른 곳에서는 볼 수 없는 심해 풍경

수심 200m가 넘는 심해 생물들이 사는 수조다. 심해 환경을 재현해 놓아 전시 공간이 어둡고, 이곳 생물들은 빛이 없는 곳에서 살아가는 것들이라 생김새가 독특하다. 커다란 눈을 가진 둥글돔, 다리 길이가 4m에 이르는 키다리게 등이 있다. 이곳이 아니라면 어디서도 볼 수 없는 생물들이라 재미있다.

⑦ 상어 박사의 방 サメ博士の部屋

상어의 유영, 아이들이 환호한다

상어가 유영하는 모습을 볼 수 있는 수조로 어린이들에게 특히 인기가 좋다. 몸길이 3.4m의 황소상어, 독특한 호랑이 무늬의 뱀상어 등을 볼 수 있다. 상어뿐만 아니라 대형 상어의 턱뼈도 볼 수 있다. 이 턱뼈는 약 160만 년 전에 존재했던 '메갈로돈'의 것이라 전해진다. 메갈로돈은 길이가 20m나 되는 거대한 상어다.

Travel Tip

추라우미 관람 위해 알아 두세요!

❶ 오키나와 편의점에서 추라우미 수족관 10%(230엔) 할인된 입장권을 구매할 수 있다.

❷ 나고시 남서쪽 58번 국도변 휴게소 미치노에키 쿄다道の駅 許田에서 330엔 할인된 가격으로 입장권을 판매한다. **맵코드** 206 476 708*74 **구글 좌표** 쿄다휴게소 **주소** 沖縄県名護市許田17-1 **전화** 098 054 0880

❸ 홈페이지에서 QR코드를 통해 '추라우미 앱'을 스마트폰에 설치하면 무료로 한국어 오디오 가이드를 제공받을 수 있다.

❹ 티켓을 구매한 날만 재입장할 수 있다. 입장할 때 손목에 스탬프를 받아야 하며, 티켓은 꼭 소지해야 한다.

❺ 추라우미 수족관 관람객은 해양박공원의 열대드림센터 입장료를 50% 할인받을 수 있다.

❻ 해양박공원 부지가 상당히 넓어 걸어서 모든 것을 보기는 쉬운 일이 아니다. 공원 내를 운행하는 전기 유람차를 활용해 보자. 모두 13곳의 정류소가 있고, 9~25분 간격으로 운행된다. 1일 이용권 500엔(1회 승차 300엔), 6세 미만 무료, 정류장은 인포메이션 센터에 문의.

❼ 추라우미 수족관에서 가장 가까운 주차장은 북쪽 게이트 주차장 P7이다.

해양박공원 海洋博公園 카이요우하쿠코우엔

맵코드 53 075 797 구글 좌표 추라우미수족관

추라우미 수족관과 동일 휴무 12월 첫째 수요일과 그다음 날

볼거리와 즐길 거리가 가득

추라우미 수족관이 워낙 유명해 해양박공원을 추라우미 수족관으로 알고 찾아가는 여행객이 많다. 정확히 말하면 추라우미 수족관은 해양박공원 안에 있는 수족관이다. 해양박공원은 1975년 오키나와에서 열린 해양 엑스포 때 만들어진 국립해양공원이다. 당시에는 미래형 해양 도시 모습을 그리며 공원을 만들었지만, 엑스포가 끝난 뒤에는 공간을 제대로 활용하지 못하여 애물단지로 전락했다. 1995년 추라우미 수족관이 개관하고, 2002년 대대적으로 리뉴얼을 하면서 오키나와뿐만 아니라 일본을 대표하는 명소가 되었다. 해양박공원은 규모가 어마어마할 뿐만 아니라 추라우미 말고도 다양한 볼거리와 즐길 거리로 채워져 있다. 오키나와 아열대 지역의 꽃과 식물을 볼 수 있는 열대드림센터, 오키나와 과거를 재현한 오키나와 향토 마을, 태평양 지역의 해양 문화를 소개하는 해양문화관 등이 여행객들에게 즐거운 시간을 선사한다. 또 공원 북쪽 끝에는 북부 지역을 대표하는 해변 에메랄드 비치가 있다.

©海洋博公園

©海洋博公園

©海洋博公園

① 오키짱 극장 オキちゃん劇場

웃후~~ 돌고래 쇼!

돌고래 쇼가 열리는 극장이다. 추라우미 남쪽 해양박공원에 있다. 쇼는 무료로 진행된다. 남방큰돌고래와 흑범고래가 다이나믹하고 역동적인 모습으로 관람객들을 즐겁게 만든다. 조련사와 한 팀이 되어 다양한 기술을 선보이는데, 조련사와 소통하고 또 명령에 따라 즉각 반응하는 돌고래의 지능에 놀라게 된다. 인간만이 이성적 사고를 하는 것이 아님을 돌고래가 몸소 보여준다. 남방돌고래의 이름은 오키짱, 흑범고래는 곤짱, 뱀머리돌고래의 이름은 사쿠라다. 돌고래쇼는 매일 10:30, 11:30, 13:00, 15:00, 17:00에 열린다. 20분 정도 소요된다.

🕓 매일 10:30, 11:30, 13:00, 15:00, 17:00

©海洋博公園

② 바다소관(매너티관) マナティー館

큰 덩치에 귀여움이 가득, 해우 구경

대서양이 고향인 바다소는 해우라고도 불리는, 멸종 위기에 처한 귀한 바다 생물이다. 몸길이는 2.5~4m에 이르며, 앞다리 대신 커다란 지느러미와 둥근 부채 모양의 꼬리를 가지고 있다. 전체적으로 외모는 바다코끼리와 비슷하다. 둥글둥글 오동통한 모습이 거대하지만, 거대한 몸짓으로 유유자적 물속을 누비고 밥을 먹는 모습이 귀엽고 신비롭다. 추라우미 수족관 북쪽에 있다. 입장료는 무료이다.

🕓 3~9월 08:30~19:00, 10~2월 08:30~17:30

③ 바다거북관 ウミガメ館

눈앞에서 바다거북이 유영한다

바다거북은 7~8종류가 존재한다고 알려져 있다. 바다거북관에는 붉은바다거북, 푸른바다거북, 검은바다거북 등이 있다. 모두 멸종 위기 해양 생물이다. 수조는 지상층과 지하층으로 나뉘어 있는데, 깊은 바닷속 풍경을 볼 수 있는 지하층에서 빠른 속도로 움직이는 바다거북의 신기한 모습을 찾아볼 수 있다.

🕓 매일 3월~9월 08:30~19:00, 10월~2월 08:30~17:30

©海洋博公園

©海洋博公園

④ 해양문화관 海洋文化館

별 1억 4천만 개가 뜬 밤하늘

태평양 해양 문화의 모든 것을 전시한 박물관으로 2013년에 리모델링하였다. 박물관의 테마는 '신천지를 찾아 바다를 건너온 사람들-바다와 함께 생활하며 탄생한 문화'로 오키나와 해양 문화와 태평양 지역 해양 민족의 역사와 문화를 다양하게 만나볼 수 있다. 태평양으로의 인류 이주 역사에 대한 스토리를 스크린 영상과 다양한 콘텐츠로 소개한다. 또 대형 카누 등 오세아니아와 오키나와의 귀중한 민속자료 약 750점을 전시하고 있다. 해양문화관에는 돔 형태로 지어진 플라네타륨 홀도 있다. 1억 4천만 개의 별이 뜬 밤하늘을 영상으로 재현해 인기가 좋다. 매시 45분마다 상영하며, 상영 시간은 30분이다.

🕓 3월~9월 08:30~19:00(입장 마감 18:30) 10월~2월 08:30~17:30(입장 마감 17:00)
¥ 입장료 성인(고등학생 이상) 190엔, 초·중생 무료

⑤ 열대드림센터

낯설지만 아름다운 열대 식물 관람하기

열대와 아열대 식물과 꽃, 과일 등을 전시한 식물원이다. 난 2천 여종도 전시하고 있다. 식물원을 한눈에 담을 수 있는 전망대도 있으며, 전망대와 빅토리아 온실에서는 아로와나 골설어과에 속하는 민물 조기 어류 붉은 꼬리메기 등을 관찰할 수 있다.

🕓 3월~9월 8:30~19:00(입장 마감 18:30),
10월~2월 8:30~17:30(입장 마감 17:00)
¥ 입장료 성인 760엔, 초·중생 무료

©海洋博公園

⑥ 오키나와 향토촌

류큐 시대의 전통마을 구경하기

류큐 왕국 시대의 오키나와 민가와 촌락을 재현하고 있는 민속촌이다. 오키나와 식물만 모아둔 '오모로 식물원'도 있다. 다과 무료 서비스, 전통 악기 연주, 전통춤 같은 프로그램을 즐기며 류큐의 문화를 느낄 수 있다.

🕓 3월~9월 8:30~19:00(입장 마감 18:30),
10월~2월 8:30~17:30(입장 마감 17:00) ¥ 입장료 무료

에메랄드 비치 エメラルドビーチ

맵코드 553 105 407*00 구글 좌표 오키나와 에메랄드 비치

추라우미 수족관에서 자동차로 3분, 수족관 출구에서 북쪽으로 도보 7분 4월 1일~4월 30일 8:30~18:30, 5월 1일~8월 31일 8:30~19:00, 9월 1일~9월 15일 8:30~18:30, 9월 16일~9월 30일 8:30~18:00, 10월 1일~10월 31일 08:30~17:30

¥ 편의시설 이용료 파라솔 1,000엔, 튜브(대) 1,500엔, 베드 1,000엔, 구명조끼(140cm~150cm) 1,000엔

©海洋博公園

©海洋博公園

산호초와 푸른 바다를 그대 품 안에

1975년에 열린 오키나와 해양 엑스포 당시 조성된 인공 비치이다. 해양박공원 북쪽에 있다. 이름에서 알 수 있듯이 에메랄드 물빛으로 유명하다. 산호로 만들어 모래가 눈이 부실 정도로 하얗다. 백사장 넓이는 1만 8천여 평에 이른다. 해변은 Y자 형태로 부드러운 곡선을 이루고 있다. 수심이 깊지 않고 물결이 잔잔해서 남녀노소 누구나 수영하기 좋다. 인공 비치이므로 스노클링은 할 수 없지만, 아름다운 바다를 바라보고만 있어도 저절로 마음이 깨끗해진다. 성수기에는 사람이 가득 찬다. 추라우미 수족관을 비롯하여 열대 드림센터, 비세 후쿠기 가로수길 등 인기가 좋은 관광 명소와 이웃해 있어, 여행객에게 언제나 인기가 좋다.

비세 후쿠기 가로수길 備瀬のフクギ並木通り 비세 후쿠기나미키

맵코드 553 105 625*34 구글 좌표 비세후쿠기길

도보 추라우미 수족관에서 15분, 에메랄드 비치에서 도보 5분 렌터카 ①추라우미 수족관에서 3분(1km) ②나하 공항에서 오키나와자동차도로와 58번 국도 경유하여 1시간 50분 버스 ①나하 공항에서 얀바루 급행버스やんばる急行バス 또는 DE 지역행 리무진 버스 승차하여 오리온 모토부 리조트&스파オリオンモトブリゾート＆スパ 정류장 하차. 도보 6분 이동(총 2시간 35분 소요) ②나하 공항 국제선 청사 앞 버스 승강장 2번에서 얀바루 급행버스やんばる急行バス, Yanbaru Express Bus(YKB) YKB 888번 승차하여 호텔 오리온 모토부 리조트&스파Hotel Orion Motobu Resort &Spa에서 하차. 도보 3분 이동(총 2시간 30분 소요) ③나고 버스터미널에서 66번 버스 승차하여 비세이리구치備瀬入口 정류장 하차, 도보 3분(총 50분 소요)

沖縄県国頭郡本部町備瀬 389 098 048 2371

ⓒ오키나와관광청

로맨틱하고 이국적인 가로수 길 산책

300년 전 태풍과 바람을 막으려고 심은 후쿠기福木 나무가 멋진 산책길을 만들었다. 후쿠기는 망고스틴 나무의 일종이다. 아주 느리지만 높게 자란다. 큰바람에도 꺾이지 않을 만큼 단단한 데다 잎사귀가 동백나무잎처럼 두꺼워 방풍림으로는 그만이다. 오키나와에서는 이 나무가 태풍의 피해를 막아주고 복을 가져다주는 나무라고 해서 예전부터 귀하게 여겼다.

에메랄드 비치 북쪽에 후쿠기 나무가 멋들어지게 자란 해변 마을이 있다. 비세 마을이다. 서쪽과 북쪽에 에메랄드빛 바다가 이국적이고 로맨틱하게 펼쳐진 아름다운 마을이다. 후쿠기 나무는 17세기 류큐 시대에 심은 것으로 오래된 나무는 300년 가까이 되었다. 처음에는 2만여 그루를 심었으나 오키나와 전쟁 때 많이 벌채되었다. 다행히 비세 마을 사람들의 노력으로 지금도 약 1,000여 그루가 옛 모습을 간직한 채 푸르게 자라고 있다. 오래전 심은 방풍림이 이제는 운치가 넘치는, 낭만이 흐르는 아름다운 비세 후쿠기 가로수 길이 되었다.

후쿠기 가로수 길을 산책하다 보면 대문이나 지붕 위에 놓은 돌 또는 도자기로 만든 사자獅子를 만나게 된다. 오키나와 방언으로 '시사'라 부른다. 우리나라의 원앙이나 기러기 목각 인형처럼 두 마리가 함께 있다. 입을 벌린 사자는 재운을 불어오고, 입을 다문 사자는 집에서 복이 새는 것을 막아준다고 한다. 후쿠기 마을의 모든 숲길을 돌아보려면 1시간이 넘게 걸린다. 시간 여유가 없다면 자전거를 빌려 가로수길을 돌아보는 것도 좋다. 가로수 길 입구에 렌탈 숍이 있다. 자전거를 타고 가로수 길을 달리다 보면 영화 속 주인공이 된 것 같은 기분이 든다.

One More

가로수길 옆 스노클링 포인트 비세자키 備瀬崎

비세 후쿠기 가로수 길이 끝나갈 즈음 거짓말처럼 갑자기 해변이 나타나는데, 이곳이 요즘 스노클링 포인트로 인기 좋은 천연 해변 비세자키이다. 첫인상은 조금 초라해 보이지만, 물속은 완전히 다른 세상이다. 해변 주위에 크고 작은 암석들이 있고 물속에 산호초가 많아 아열대 물고기들이 살아갈 수 있는 최적의 조건을 갖추고 있기 때문이다. 물빛이 투명하기로 유명하고 수심도 깊지 않다. 특히 밀물 때에는 수심이 1m밖에 되지 않아 아쿠아 슈즈만 있다면 걸어가며 물속을 구경할 수 있다. 스노클링 포인트 바로 앞에 주차장1일 500엔이 있다. 스노클링 장비는 미리 준비해오는 방법도 있고, 비세자키 부근 대여점에서 빌릴 수도 있다. 모래사장이 별로 없어 아이들이 있는 가족 단위 여행객은 불편할 수 있다.

맵코드 553 135 564*20 | 구글 좌표 비세자키

☏ 098 047 2700

추라우미 수족관과 비세 마을의 맛집과 카페

키시모토 식당 きしもと食堂

오키나와 최고 소바 전문점

1905년 문을 연 오키나와에서 가장 오래된 소바 전문점이다. 이 가게는 독특하게도 면을 반죽할 때 목탄 물을 사용하는 전통 제조법을 고수하고 있다. 나무를 태워 남은 재를 물에 희석하면 물이 알칼리성으로 변하는데, 이 물을 이용해 반죽하는 전통적인 방법이다. 그뿐 아니라 모든 재료를 과거의 방식 그대로 조리한다. 모토부 반도 어장에서 많이 잡히는 가다랑어를 사용해 국물을 우려낸다. 대부분 줄을 서서 기다려야 한다. 그래도 인내심을 가지고 기다렸다가 오키나와에서 가장 맛있고 오래된 소바를 즐겨보자.

맵코드 206 857 711*15 구글 좌표 키시모토 식당

①추라우미 수족관에서 렌터카로 남쪽으로 10분 ②세소코 섬에서 렌터카로 12분 沖縄県国頭郡本部町渡久地 5
098 047 2887 11:00~17:00 휴무 수요일 ¥ 소 700엔, 대 850엔

소바도코로 유메노야 そば処夢の舎

골프장 옆 소바 식당

골프장Honbu Green Park Golf Club 필드를 가로질러 가면 나오는 독특한 소바 음식점이다. 가게는 작은 정원이 있는 오키나와 민가인데 오래된 보헤미안 분위기가 나며 상당히 운치가 있다. 친절한 노부부가 운영한다. 키시모토 식당처럼 목탄 물로 면을 반죽한다. 육수는 돼지 뼈, 채소, 가다랑어를 오랜 시간 우려내 풍미가 깊고 시원하며 깔끔하다. 탱탱한 면발과 국물의 조화는 오키나와에서 최고라 해도 과언이 아니다. 일본에선 보기 드물게 밑반찬을 서비스로 준다. 이 가게의 또 다른 별미는 커피다. 향과 맛이 아주 깊다. 잊지 말고 시켜보자.

맵코드 098 048 4529 구글 좌표 Soba-Dokoro Yume no Ya

추라우미 수족관에서 렌터카로 남동쪽으로 16분 沖縄県国頭郡本部町古島794-2 098 048 4529
금~일 11:00~17:00 휴무 월~목

카진호우 피자 ラピザ喫茶花人逢

오키나와 북부의 최고 피자

북부에서 가장 유명한 피자 카페다. 일본에서 유명한 카페로 일본 TV 프로그램에도 많이 소개되었다. 오키나와 전통 가옥을 개조해 풍광이 정말 끝내준다. 넓은 잔디밭에 붉은 기와 민가가 서 있고 멀리 에메랄드빛 바다가 푸른 카펫처럼 펼쳐져 있다. 메인 메뉴는 피자와 샐러드 그리고 다양한 음료다. 피자용 치즈는 오키나와 산 유제품을 사용하고 피자는 화덕에서 구워 바삭하고 맛이 좋다. 예전에는 현지인들만 아는 숨겨진 맛집이었지만 지금은 여행객이 더 많이 찾는다. 웨이팅은 기본이다. 영어 메뉴판이 있어 주문하기 쉽다.

맵코드 206 888 640*22 구글 좌표 카진호우 피자

①추라우미 수족관에서 렌터카로 남동쪽으로 11분 ②세소코 섬에서 렌터카로 북동쪽으로 15분 沖縄県国頭郡本部町山里 1153-2 098 047 5537 11:30~19:00(마지막 주문 18:30) 휴무 화·수요일 ¥ 피자 M사이즈 2,600엔, S사이즈 1,300엔

추라우미 카페 美ら海 CAFE

김우빈이 다녀간 비세 마을의 카레 맛집

추라우미 수족관에서, 또는 비세 후쿠키 마을 길을 산책하다 배가 출출해져 오면 카페 추라우미로 가자. 일본식 카레와 소바 그리고 타코라이스 등을 판매하는 곳이다. 특히 카레가 맛이 좋다. 메뉴에 따라 닭구이, 닭튀김, 돈가스 등을 카레에 올려 내온다. 일본 특유의 가정식 카레와 튀김과 닭 다리의 맛이 그만이다. 닭은 얀바루 토종닭을 써서 아주 크다. 매운 양념을 친 후 닭을 구워서 한국인 입맛에 그만이다. 맛도 좋고 양도 많아 인기가 많다. 한국의 배우 김우빈이 다녀간 맛집이기도 하다.

맵코드 098 043 6920 구글 좌표 추라우미 카페

①비세마을 입구 ②추라우미 수족관에서 렌터카로 북쪽으로 3분 沖縄県国頭郡国頭郡本部町備瀬 403
098 043 6920 11:00~16:00 휴무 수요일 추천메뉴 얀바루 닭 다리 카레やんばる地鶏(もも肉)カレ ¥ 1,500엔(1인)
http://churacafe.jp

아라가키 젠자이야 新垣ぜんざい屋

70년이 넘은 젠자이 전문점

토쿠치항 근처 키시모토 식당 북쪽 대각선 방향에 있는 젠자이 카페이다. 오직 오키나와 팥빙수 젠자이 하나만 판매하는 젠자이 전문점으로 역사가 무려 70년이 넘었다. 오키나와 전통 젠자이는 곱게 간 얼음에 달콤하게 조린 단팥을 넣어 먹는다. 가게로 들어가면 넓은 실내에서 할머니가 웃으며 반겨준다. 젠자이를 주문하면 처음에 당황하게 된다. 곱게 갈린 어름만 나온다. 단팥은 얼음 속에 숨어 있다. 사르르 녹는 얼음과 달콤한 단팥의 조화가 무척 좋다. 키시모토 식당에서 음식을 먹고 후식은 아라카기에서 젠자이로 마무리하자.

맵코드 206 857 741*71 구글 좌표 아라가키 젠자이야

①추라우미 수족관에서 렌터카로 남쪽으로 10분 ②세소코 섬에서 렌터카로 12분 沖縄県国頭郡本部町渡久地 11-2
098 047 4731 12:00~18:00 휴무 월요일 ¥ 젠자이 350엔

카페 차하야부란 カフェチャハヤブラン

바다와 정원이 보이는 카페

차하야부란은 비세 후쿠기 가로수길 입구에 있는 카페다. 후쿠기 나무에 가려져 있어 잘 찾아야 한다. 계단을 내려가야 가게가 나타난다. 이 가게의 장점은 가로수길과 바다를 한 번에 볼 수 있다는 점이다. 한쪽에선 숲길이, 반대쪽에선 바다가 펼쳐진다. 넓은 정원이 아름다운 해변과 이웃하고 있다. 수평선 저 멀리 이에 섬도 보인다. 메인 메뉴는 하와이안 팬케이크다. 도톰한 팬케이크에 아이스크림과 캐러멜 소스를 올린, 이 집의 대표 메뉴다. 에메랄드빛 바다 풍경을 바라보며 여유롭게 차 한 잔과 달콤한 팬케이크를 즐겨보자

맵코드 098 043 6920 구글 좌표 카페 차하야부란

①비세마을 입구 ②추라우미 수족관에서 렌터카로 북쪽으로 5분 沖縄県国頭郡本部町備瀬 429-1
098 051 7272 매일 10:00~18:00 추천메뉴 캐러멜 팬케이크 ¥ 1,200엔(1인)

모토부 겐키무라 もとぶ元気村

맵코드 553016708*30 구글 좌표 Motobu Genki Village

①나하 공항에서 오키나와자동차도로 경유하여 북쪽으로 렌터카로 1시간 40분 ②나하 공항 국내선 터미널 1층에서 얀바루 급행버스 승차(1,950엔)하여 호텔 마하이나 웰니스 리조트 앞 정류장 하차, 도보 15분(총 2시간 30분 소요) ③나하 공항 국제선 청사 앞이나 나고 시청 앞名護市役所前에서 오키나와 에어포트 셔틀OAS/RSL-RP 승차하여 하나사키 마르쉐 마에ハナサキマルシェ前 정류장 하차, 도보 10분(나하 공항에서 2시간 6분 소요) ④추라우미 수족관에서 자동차로 남쪽으로 7분
沖縄県国頭郡本部町浜元 410 098 051 7878 매일 08:00~18:00 ¥ 1,000엔~16,000엔(보호자 동반 필수이며 유료임) owf.jp

우후~! 돌고래와 함께 수영을

아이들은 해양박공원의 돌고래 쇼를 보면서 열광한다. 하지만 공원 남쪽에 돌고래를 더 가까이서 보고 직접 만지며 함께 수영도 할 수 있는 곳이 있다. 모토부 겐키부라Motobu Genki Village이다. 돌고래는 물론 바다거북이, 오키나와의 말도 아주 가까이서 볼 수 있고, 수상 스키나 요트 같은 다양한 해양 레저 프로그램도 즐길 수 있다. 돌고래와 수영하는 프로그램은 남녀노소 모두 좋아한다.

모토부 겐키무라는 마린 피아자 오키나와 호텔에서 운영한다. 이 호텔은 돌고래와 다양한 해양 레저 프로그램으로 유명한데 호텔 숙박객이 아니라도 이용할 수 있다. 호텔 앞에 수영장보다 넓은 돌고래의 집이 있다. 이곳에서 태어난 돌고래부터 인근 바다에서 살던 돌고래까지 수십 마리가 살고 있는데, 재밌는 점은 돌고래들이 수시로 바다로 외출했다가 집으로 돌아온다는 것이다. 돌고래가 점프하는 모습을 지켜볼 수도 있고, 구명조끼를 입고 들어가 돌고래와 같이 바닷속을 누빌 수도 있다. 튼튼한 방파제가 설치되어 있어 태풍을 제외한 악천후에도 돌핀 프로그램과 수상 스포츠를 진행한다.

코우리섬 古宇利島 코우리지마

로손 맵코드 485 662 041*33 구글 좌표 코우리섬

①나하 공항에서 오키나와자동차도로沖縄自動車道와 58번 국도 경유하여 렌터카로 1시간 40분 ②추라우미 수족관에서 렌터카로 30분 沖縄県国頭郡今帰仁村古宇利

©오키나와관광청

©오키나와관광청

몰디브 부럽지 않은 에메랄드빛 바다

오키나와 버전의 '아담과 이브' 전설이 전해지는 섬이다. 모토부 반도 동북쪽 끝자락에 있으며, 유심히 보지 않으면 지나치기 쉬울 정도로 섬이 작다. 모토부 반도 동쪽 끝 야가지 섬屋我地島과 코우리 섬을 연결하는 코우리 대교에 진입하면 입을 다물지 못할 정도로 아름다운 에메랄드빛 바다가 펼쳐진다. 인도양의 섬 몰디브에서나 볼법한 바다가 물감을 풀어 만든 푸른 카펫처럼 펼쳐지고, 코우리 섬은 유유자적 바다 위에 떠 있다. 세상에서 만날 수 있는 가장 완벽한 풍경이다.

섬의 인구는 358명이고 차로 섬을 한 바퀴 도는 데 10분이 걸리지 않지만, 섬 곳곳에는 서운하지 않을 만큼 볼거리가 많다. 코우리 비치는 오키나와 사람들이 사랑하는 비치 중 한 곳이다. 호수처럼 잔잔하고 모래도 고와 고운 소녀 같은 분위기가 느껴진다. 섬 북쪽에 있는 하트록은 해변에 서 있는 두 개의 기암으로 돌이 하트 모양이라 더 유명하다. 돌마저도 로맨틱한 섬이다. 2013년에 만들어진 코우리 오션 타워도 코우리 섬을 대표하는 명소이다. 높지는 않지만 명품 바다를 한눈에 담을 수 있어 많은 이들이 찾는다. 섬의 모든 것들은 얼마나 아름다운지, 여행을 마치고 나서도 길게 여운이 남아 한바탕 꿈을 꾸고 난 기분이 든다.

©오키나와관광청

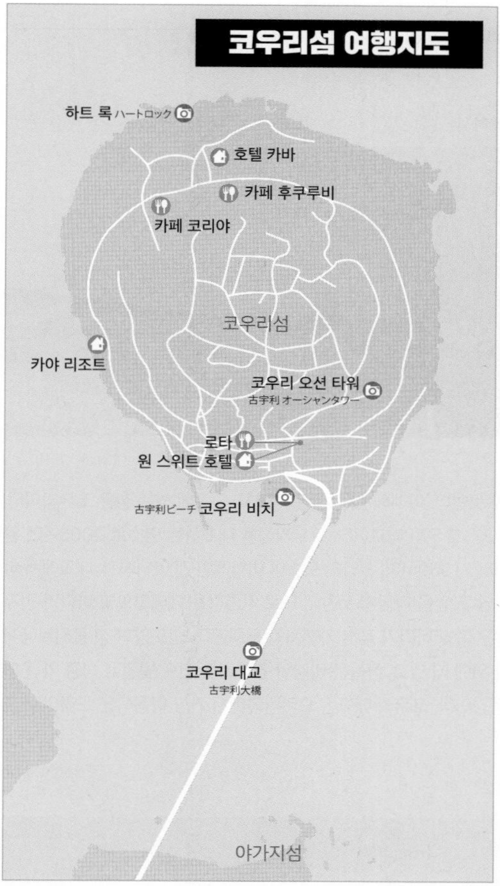

One More

오키나와 버전의 '아담과 이브' 이야기

옛날 코우리 섬에는 아무것도 입지 않은 남녀 한 쌍이 살고 있었다. 이들은 하늘에서 내려오는 음식을 받아먹으며 행복하게 살았는데, 어느 날부터 음식이 끊길지도 모른다는 두려움에 조금씩 모아 숨기기 시작했다. 불행하게도 음식을 숨긴 날부터 하늘에서 음식은 내려오지 않았다. 이들은 이때부터 나뭇잎으로 옷을 만들어 몸을 가리고 고된 노동을 하며 살아가기 시작했다. 이들의 후손이 류큐를 만들었다는 전설이 전해진다.

©오키나와관광청

One More 꼭 가야 할 코우리섬의 명소와 카페

① 코우리 대교 古宇利大橋 코우리오하시

오키나와에서 손꼽히는 드라이브 코스

모토부 반도 지도를 펼치면, 동북쪽에 섬 두 개가 보인다. 아래에 있는 섬은 야가지, 위쪽에 있는 섬은 코우리이다. 자세히 보면 긴 다리가 두 섬 사이를 이어주고 있다. 코우리 대교이다. 코우리섬을 대표하는 명소로 2005년에 완공되었다. 오키나와 본토에서 가장 긴 다리로 길이가 1,960m이다. 다리 모습이 미학적인 건 아니지만, 대교에서 바라보는 주변 풍경은 탄성이 절로 나올 만큼 아름답다. 입을 다물지 못할 정도로 아름다운 에메랄드빛 바다가 먼저 시선을 압도한다. 일부러 물감을 풀어놓은 것 같은 쪽빛 바다가 푸른 카펫처럼 펼쳐진다. 인도양의 섬 몰디브에서나 볼법한 물빛이다. 코우리 섬은 유유자적 바다 위에 떠 있고, 하늘은 바다와 경쟁하듯 민트 빛깔을 허공 가득 뿌려놓는다. 세상에서 만날 수 있는 가장 완벽한 풍경이다. 코우리 대교는 오키나와에서 가장 아름다운 드라이브 코스 탑5에 늘 이름을 올린다.

맵코드 485 662 041*33 구글 좌표 코우리 대교

©오키나와관광청

② 코우리 비치 古宇利ビーチ

©오키나와관광청

인생 샷을 남기고 싶다면

코우리 섬과 코우리 대교가 만나는 곳에 있는 자연 비치이다. 물빛이 투명하고 물결도 잔잔해 사람들에게 인기가 좋다. 여름에는 사람들이 물놀이하고, 해수욕을 즐기지 않는 겨울철에도 아름다운 바다를 배경으로 인생 샷을 찍기 위해 많은 사람이 코우리 비치를 찾는다. 파도 소리, 바람 소리를 친구삼아 조용히 산책을 즐기는 사람도 있다. 바닷물은 더없이 푸르고 깨끗하다. 아름답고 잔잔한 물결을 보는 것만으로도 힐링이 된다.

구글 좌표 코우리 비치

③ 코우리 오션 타워 古宇利 オーシャンタワー

잊을 수 없는 풍경을 선사하다

섬을 한눈에 조망 할 수 있는 타워로 2013년 말에 완공되었다. 높이는 82m이다. 건물이 그리 아름답지는 않지만, 잊을 수 없는 풍경으로 그 모든 것을 만회한다. 타워에서 바라보는 섬 풍경은 정말 아름답다. 코우리 대교에서 보았던 아름다운 풍경을 높은 위치에서 한눈에 바라볼 수 있다. 입장료는 조금 비싼 편이다. 조개박물관과 쇼핑센터, 레스토랑도 있다. 날씨가 좋지 않은 날은 추천하지 않는다.

맵코드 485 693 485*14 구글 좌표 코우리오션타워

沖縄県今帰仁村古宇利538番地 098 056 1616 10:00~18:00 휴무 없음(태풍 및 날씨에 따라 휴장)
¥ 입장료 16세 이상 1,000엔, 중등생 500엔, 초등생 이하 무료 http://www.kouri-oceantower.com

④ 하트 록 ハートロック 하트로크

커플 여행객이 몰리는 하트 모양의 돌

하트 록은 이름처럼 하트를 닮은 돌이다. 신기하게도 하트 모양을 그대로 닮았다. 일본인 커플 여행객 사이에서 특히 인기가 좋다. 하트 바위는 코우리섬 북쪽 작은 해변의 얕은 바다 위에 우뚝 서 있다. 전혀 인위적이지 않으며 자연석이 확실하다. 자연의 경이로움이 새삼 느껴진다. 로맨틱한 섬에서 만나는 하트 모양의 암석은 코우리섬을 아름다운 사랑의 섬으로 만들어 준다.

구글 좌표 하트바위

⑤ 카페 코리아 古宇利家 Kouriya

사랑의 바위 근처 퓨전 카페

하트 록 가기 전 길가에 자리 잡은 아늑한 카페이다. 코우리 섬을 닮아 매력적이고 사랑스럽다. 테이블, 의자. 메뉴판 등에서 따뜻함이 느껴진다. 아지트 같고 조금은 히피적이다. 빈티지한 난로와 기타 그리고 산호가 아기자기하게 멋을 더하고 있다. 나무로 만든 바와 테이블 두어 개, 좌식 테이블 두어 개로 편안함을 더한 분위기이다. 카페에 앉아 밖을 바라보고 있으면 시간이 어떻게 흘러가는지 모른다. 일본 영화 속 카페 같다. 샐러드와 간단 가정식, 커피와 음료를 판매한다.

구글 좌표 26.709717, 128.013668

①하트 록에서 북쪽으로 도보 4분, 자동차로 1분 ②코우리 비치와 코우리 대교 남단에서 자동차로 8분

沖縄県国頭郡今帰仁村古宇利2248 098 056 3123 11:00~21:00 휴무 수·목요일

세소코섬과 세소코 비치 瀬底島, 瀬底ビーチ 세소코지마와 세소코 비치

맵코드 206 822 294*66 구글 좌표 세소코 비치

①나하 공항에서 오키나와자동차도로沖縄自動車道와 58번 국도 경유하여 렌터카로 1시간 40분 ②추라우미 수족관에서 렌터카로 15분 ③나고 버스터미널에서 76번瀬底線, 세소코선 탑승하여 세소코고민간마에瀬底公民館前 정류장 하차. 도보 10분 沖縄県国頭郡本部町瀬底 5583-1 098 047 7000 4월 중순~10월 09:00~17:00 ¥ 주차 요금 수영 기간 1일에 1,000엔(1시간 이내 500엔) 편의시설 이용료 샤워실 500엔(1회), 라커 200엔 렌탈 요금 튜브 500엔, 파라솔 2,200엔(1일), 의자 1,200엔, 파라솔+비치 의자 3,600엔 http://www.sesokobeach.jp

©오키나와관광청

©오키나와관광청

©오키나와관광청

산호모래와 코발트블루에 취하자

세소코섬은 모토부 반도 서쪽에 있는 섬으로 아름다운 바다를 마음껏 즐길 수 있는 곳이다. 모토부 반도 서쪽에서 600m 떨어져 있는데, 다리를 건너면 바로 세소코섬이다. 인구는 170여 명, 섬 둘레는 7km에 불과하다. 이 섬의 하이라이트는 세소코 비치이다. 섬 서쪽 끝자락에 숨어 있다. 백사장의 길이는 800m인데, 순백의 산호모래가 수줍은 소녀처럼 곱게 펼쳐져 있다. 비치 앞엔 쪽빛 바다가 끝없이 펼쳐진다. 산호모래와 에메랄드빛 바다가 한 폭의 그림 같이 아름답다. 물빛이 너무 맑아 바다가 아니라 계곡의 물처럼 깨끗하다. 굳이 스노클링하지 않아도 물속에서 노니는 열대어를 볼 수 있다. 수심이 얕아 다른 비치와 달리 수영 경계선이 없다. 수정같이 맑은 물빛에 취해 무작정 멀리 나아가는 것만 유의하면 된다. 스노클링과 다이빙 스폿으로 인기가 좋으며, 깨끗한 바닷속에서 열대어와 산호초도 마음껏 구경할 수 있다. 아름다운 석양도 유명하다. 주차비가 1,000엔으로 조금 비싸다는 단점이 있다.

©오키나와관광청

세소코섬의 맛집과 카페

오렌지 선셋 パスタ＆カフェオレンジサンセット Orange Sunset

바다가 보이는 카페 겸 레스토랑

세소코섬은 모토부 반도 서쪽에서 600m 떨어져 있는 작은 섬이다. 남쪽 나고시와 북쪽 추라우미 수족관 사이, 모토부항에서 가깝다. 섬은 더없이 깨끗하고 아름답지만, 상주하는 사람이 적어 편의시설이 많지 않다. 음식점도 열 개 남짓이 전부이다. 오렌지 선셋은 사람들이 즐겨 찾는 음식점 가운데 한 곳이다. 섬 가운데에 있는 작고 아담한 카페 겸 이탈리안 레스토랑이다. 섬 중앙이지만, 바다와 석양이 보이는 언덕에 있어서 주변 풍경이 무척 아름답다. 주인아저씨가 혼자서 운영하는데 이분의 하와이에 대한 사랑이 남다르다. 가게에는 하와이를 상징하는 깃발이 걸려 있고, 실내 곳곳에 하와이 사진이 걸려 있다. 일본 사람도 그렇지만, 오키나와 사람들의 하와이 사랑도 남다르다. 오렌지 선셋의 음식 메뉴로는 파스타와 피자 그리고 프렌치토스트가 있다. 커피와 아이스크림, 여러 음료도 먹거나 마실 수 있다. 가게 밖으로 아름다운 세소코 바다가 펼쳐진다.

맵코드 206 793 534*47 구글 좌표 26.642154, 127.863386

①나고 버스터미널에서 76번 세소코선瀬底線 버스 탑승 후 세소코고민간마에瀬底公民館前 정류장 하차. 도보 10분 ②추라우미 수족관에서 렌터카로 15분 沖縄県国頭郡本部町瀬底瀬底 4673-1 070 3801 6320
11:30~20:00 휴무 월·금요일

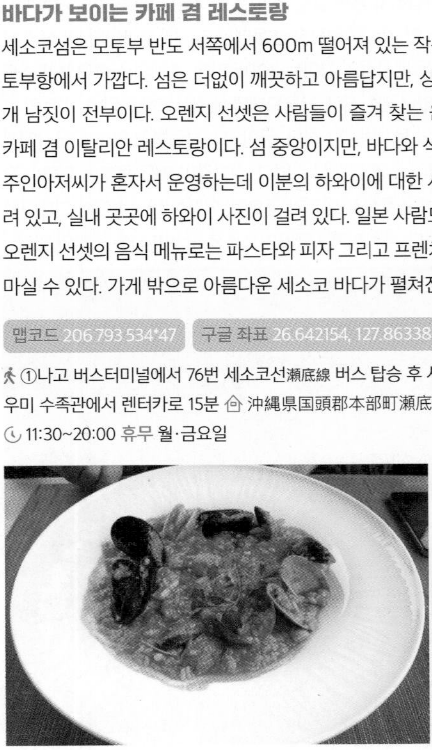

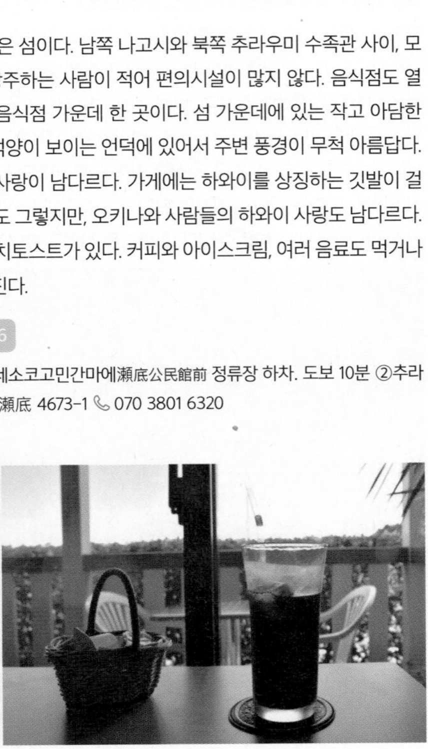

드라이브 인 레스토랑 하와이 ドライブインレ ストラン ハ ワイ

50년 전통 맛집

세소코섬 가기 직전, 모토부항 옆 도로변에 있는 하와이와 오키나와 퓨전 요리 전문점이다. 문을 연 지 50년 된 전통 맛집으로, 전통 오키나와 요리부터 해산물, 철판 스테이크, 바닷가재 요리, 디저트까지 다양한 음식을 판매한다. 이곳의 장점은 한 접시에 스테이크, 튀김, 밥, 샐러드 등이 푸짐하게 나오는 세트 메뉴가 많다는 것이다. 가장 인기가 좋은 세트 메뉴는 런치 A세트다. 바삭한 돈가스, 새우튀김, 치킨, 불고기, 계란말이, 스파게티가 밥과 함께 나온다. 가격도 1,380엔으로 저렴한 편이라 인기가 아주 좋다. 영어 메뉴판이 있어 주문하기도 쉽다.

맵코드 206 796 570*57 구글 좌표 드라이브 인 레스토랑 하와이

①세소코 섬에서 렌터카로 5분 ②추라우미 수족관에서 렌터카로 남쪽으로 12분 沖縄県国頭郡国頭郡本部町崎本部4578 098 047 2927 월~수·금 07:00~15:00 토·일요일 07:00~16:00 휴무 목요일

Fuu Cafe 푸 카페

정원이 아름다운 맛집

세소코섬에서 가장 아름다운 비치는 단연 세소코 비치다. 푸 카페는 세소코 비치로 가는 길에 있다. 나무가 우거져 있는 가든 카페로 직접 재배한 허브와 채소로 요리를 만든다. 인기 메뉴는 오키나와 돼지인 아귀로 만든 아귀덮밥이다. 덮밥 위에 오키나와 해초인 바다 포도海ぶどう가 올려 나오는데 식감이 독특하고 맛있다. 카페의 분위기 때문에 더 많이 찾는다는 소문도 있다. 건물은 나무로 만들어져 산장 같고, 넓은 정원에서는 아름다운 세소코 바다가 보인다. 정원에 앉아 바다를 바라보며 차 한잔하기 좋은 곳이다.

맵코드 206 793 849*45 구글 좌표 fuu cafe

①나고 버스터미널에서 76번 세소코선瀬底線 버스 탑승 후 세소코고민간마에瀬底公民館前 정류장 하차. 도보 10분 ②추라우미 수족관에서 렌터카로 15분 沖縄県国頭郡本部町瀬底 557 098 047 4885 월·화·토·일요일 11:00~15:30 금 11:00~14:00 휴무 수·목요일 ¥600~2,000엔

민나섬 水納島 민나지마

맵코드 206 857 511*71 구글 좌표 Minna Island Beach

토구치항 渡久地港, 토구치고 ①나하 공항에서 오키나와자동차도로와 449번 국도 경유하여 렌터카로 1시간 40분 ②추라우미 수족관에서 114번 현도와 449번 국도 경유하여 렌터카로 10분 ③나고 버스터미널에서 76번 승차 후 토구치항에서 하차
沖縄県国頭郡本部町谷茶 29 098 047 5179 11:30~20:00
www.ji-okinawa.ne.jp/people/croissan/kaiun.html
고속선 뉴윙민나 요금 성인 1,710엔, 어린이 860엔(왕복)
뉴윙민나 선박 운행 시간표 (www.minna-beach.com 확인 필수)
4~6월 08:30, 10:00, 13:00, 16:30(나오는 배 09:00, 10:30, 13:30, 17:00)
7월 1일~7월 19일 09:00, 10:00, 11:00, 13:00, 15:30, 16:30(나오는 배 09:30, 10:30, 11:30, 13:30, 16:00, 17:00)
7월 20일~8월 08:30, 09:30, 10:15, 11:00, 11:45, 13:30, 14:20, 15:05, 15:50, 16:35, 17:20(나오는 배 09:00, 09:50, 10:35, 11:20, 13:00, 14:00, 14:45, 15:30, 16:15, 17:00, 17:45)
9월 1일~20일 08:30, 09:30, 10:15, 11:00, 13:30, 15:30, 16:05, 16:50(나오는 배 09:00, 09:50, 10:35, 13:00, 15:00, 15:45, 16:30, 17:15)
9월 21일~11월 30일 08:30, 10:00, 13:00, 16:30(나오는 배 09:00, 10:30, 13:30, 17:00)
12월 08:30, 13:00, 16:30(나오는 배 09:00, 13:30, 17:00)

오키나와 최고의 에메랄드빛 바다

모토부 반도의 바다는 물빛이 푸르기로 유명하다. 그중에서 가장 투명한 에메랄드빛 바다를 꼽으라면 단연 민나섬이다. 초승달 모양의 빵 크루아상처럼 생겨 크루아상섬이라고도 불린다. 모토부 반도에서 배로 15분이면 도착할 수 있는 산호섬으로, 면적 17만 평에 주민은 50여 명에 불과하다.

배는 토구치항에서 출발한다. 배를 타고 불과 15분만 나가면 놀랍게도 물감보다 더 푸른 에메랄드빛 바다가 펼쳐진다. 워낙 유명한 섬이어서 성수기에는 사람들이 많이 몰린다. 7월 20일부터 시작되는 성수기엔 배편은 증편되지만, 대부분 만석이므로 토구치항에 일찍 도착하는 것이 좋다. 해수욕은 물론 스노클링, 각종 해양 스포츠를 즐기기에 그만이다. 시간 여유가 있다면 하룻밤을 보내는 것을 추천한다. 아름다운 해변에서 수없이 많은 밤하늘의 별을 바라보는 행복을 만끽할 수 있다.

Travel Tip

미리 음식을 준비하자

섬에는 편의점이 없으므로 먹을거리는 미리 준비해 가지고 들어가는 것이 좋다. 소각장이 없으므로 쓰레기는 가지고 나와야 한다. 샤워장이 하나밖에 없어 돌아가는 배 시간이 가까워지면 아주 혼잡하다. 여유 있게 시간 분배를 하자.

One More

해수욕에서 스노클링까지

민나 비치 水納ビーチ

민나섬의 항구 양쪽으로 펼쳐져 있다. 왼쪽은 해양 스포츠를 즐기는 해변이고 오른쪽은 해수욕장으로, 배에서 내리자마자 바다로 뛰어들 수 있을 만큼 비치가 가깝다. 해변의 길이는 1km 정도이고, 폭은 40m이다. 일본 여행객의 피서지로 유명하며, 해변의 사람들은 대부분 일본인이다. 제트스키, 스노클링 등 다양한 해양스포츠를 즐길 수 있으며, 스노클링을 위한 물고기 먹이는 해변 매점에서 판매한다.

맵코드 206 856 568 구글 좌표 Minna Island Beach

☎ 098 047 5572 ⏲ 해수욕 기간 4월~10월

¥ 편의시설 및 렌탈 이용료 샤워실 100엔(2분), 라커 300~500엔, 튜브 500엔, 파라솔 1,500엔(1일), 파라솔+의자 2개 3,500엔 해양 스포츠 바나나보트 2,000엔(10분), 스노클링(6~65세) 5,000엔

≡ www.minna-beach.com

오키나와 소바 로드 沖縄そば街道 오키나와 소바가이도

오키나와의 소울 푸드를 찾아서

오키나와 84번 국도는 나고시에서 북서쪽으로 모토부 반도를 가로지르며 달리다 토구치항에서 끝을 맺는다. 84번 국도를 따라 약 20km 이어지는 길에는 유난히 소바 가게가 많다. 그래서 이 도로는 오키나와 소바 로드라는 이름을 얻었다. 100년이 넘은 소바 집부터 퓨전 소바 가게까지 다양한 소바 맛집이 있다. 84번 국도가 소바로 유명해지면서 모토부초는 '오키나와 소바 마을'이라 불리게 되었다.

소바 로드를 대표하는 가게로는 모토부항구토구치항 바로 아래에 있는 키시모토 식당과 100년 넘은 산속 민가에 자리 잡은 '백년고가 우후야'가 있다. 1905년 문을 연 키시모토 식당은 모토부초 사람들에게 사랑받는 소바 집으로 점심시간에는 줄을 서야 할 정도로 인기가 좋다. 백년고가 우후야는 소바와 아구 샤부샤부 전문점으로 인기가 높다. 오키나와 특유의 고택을 리모델링하여 음식점으로 사용하고 있다. 음식 맛이 좋고 여기에 건물도 매력적이어서 여러 매체에 많이 소개되었다. 일본 드라마의 배경으로 나오기도 했다.

보통 일본 소바는 메밀로 만드는데, 오키나와 소바는 밀가루로 만든다. 류큐 시대부터 발달한 음식으로, 일찍부터 무역이 발달했기 때문에 밀을 사용할 수 있었다. 면발이 조금 독특한데 밀가루임에도 불구하고 면발이 툭툭 끊어진다. 반죽을 숙성하지 않고 바로 물에 삶아 기름을 발라 보관하기 때문인데, 더운 아열대 기후라서 반죽이 상해 숙성이 쉽지 않은 까닭이다. 숙성하지 않은 소바는 이제 오키나와를 대표하는 음식 가운데 하나로 자리 잡았다. 소바 국물은 돼지 뼈와 닭 뼈를 오랜 시간 고아 만들어 맛이 깊고 진하다.

백년고가 우후야 百年古家 大家 Ufuya

그야말로 유명한 소바 음식점

모토부 반도의 산속에 있는 굉장히 넓은, 소바와 아구 샤부샤부 전문점이다. 나고의 파인애플 파크에서 가깝다. 100년 전인 메이지 후기 시대에 지어진 고택을 고급스러우면서도 옛 분위기를 잘 살려 개조했다. 식당 건물이 류큐 시대를 연상케 해준다. 분위기가 좋아 여행자들에게 인기가 많다. 식사 시간에는 기다릴 때가 많다.

넓은 잔디마당을 사이에 두고 옛 건물 여러 채가 있다. 식당 건물이 멋지고 고급스러워 고택에 초대받아 근사한 한 끼를 대접받는 기분이 든다. 여러 매체에 많이 소개되고 드라마의 배경으로 나오기도 했다. 점심에는 오키나와 소바를, 저녁에는 아구 샤부샤부를 중심으로 판매한다. 단품 메뉴, 세트 메뉴 등도 음식 구성이 다양하다. 소바는 남성이 먹어도 배가 부를 만큼 양이 많다. 밥은 간장양념으로 조리해 반찬이 필요 없을 정도이다. 맛도 평균 이상이지만 분위기가 더 좋은 맛집이다. 오키나와 기념품도 판매한다. 한글 메뉴판이 있어 편리하다. 식당 밖에 멋진 사진을 남길 수 있는 포토 존이 여럿이다.

맵코드 206745056*82 구글 좌표 백년고가 우후야

①파인애플 파크에서 84번 국도를 따라 북서쪽으로 렌터카로 4분 ②21세기의 숲 비치에서 북쪽으로 렌터카로 11분 ③추라우미 수족관에서 렌터카로 남동쪽으로 26분 沖縄県名護市中山 90 098 053 0280 월~일 11:00~16:00(라스트 오더 15:30), 18:00~21:00(라스트 오더 20:00) ¥소바 869엔부터, 아구 샤부샤부 4,380엔부터

카페 하코니와 cafeハコニワ

샌드위치와 퓨전 가정식

오키나와 소바 로드인 84번 국도에서 가깝다. 나고시와 모토부항 중간 지점의 한적한 숲속에 아담하게 자리 잡고 있다. 도예가 부부가 운영하는 곳으로, 작은 민가를 개조해 만들었다. 오래된 가옥의 분위기를 잘 살렸다. 나무 바닥과 기둥이 그대로 남아 있어 옛 정취가 느껴진다. 하코니와는 친환경 음식점으로 오키나와와 얀바루 지역에서 생산되는 식재료로 음식을 만든다. 당일 들어오는 채소에 따라 메뉴가 조금씩 달라진다. 기본 베이스는 정식이다. 흑미밥, 수프, 샐러드가 나오고 디저트로 케이크가 나온다. 샌드위치 같은 단품 메뉴도 있다.

맵코드 206 804 746*80 구글 좌표 카페 하코니와

①파인애플 파크에서 84번 국도를 따라 북서쪽으로 렌터카로 6분 ②추라우미 수족관에서 렌터카로 남동쪽으로 22분

沖縄県国頭郡本部町伊豆味 2566 098 047 6717 월 11:30~16:30 화·금~일 11:30~17:30 휴무 수·목요일

소바 요시코 そば屋よしこ

혹시 족발 소바 아시나요?

84번 국도 소바 로드에 있는 맛집이다. 소바 고명으로 오키나와 족발인 데비치가 나오는 게 이 집의 특징이다. 데비치는 물과 오키나와 전통주 아와모리에 돼지 족발을 넣고 삶는 음식이다. 데비치를 소바에 올린다는 것이 조금 이상하게 여겨질 테지만 한입 베어 물면 부드럽게 면발과 콜라보를 이룬다. 툭툭 끊어지는 면이 식감이 부드러운 족발과 만나면서 서로를 보완해 준다. 다른 가게보다 채소가 많이 들어가는데 이 채소가 비린내를 잡아준다. 소박한 맛이 이 집의 특징이다. 소바 마니아라면 들러볼 만하다.

맵코드 098 047 6232 구글 좌표 26.639593, 127.958422

①파인애플 파크에서 84번 국도를 따라 북서쪽으로 렌터카로 4분 ②추라우미 수족관에서 렌터카로 남동쪽으로 23분

沖縄県国頭郡本部町伊豆味 2662 098 047 6232 월·수·목·토·일 10:00~15:30 휴무 화·금요일

카페 이차라 Cafe ichara

©cafe ichara

©cafe ichara

숲에서 즐기는 화덕피자와 수제 케이크

카페 이차라는 모토부 반도의 깊은 숲에 안겨 있다. 가게 밖에는 남미나 동남아시아의 정글 같은 숲이 펼쳐져 있다. 특히 테라스 앞은 완전히 녹색지대다. 하늘은 고개를 들어야 보이며, 손을 뻗으면 나무를 직접 만질 수 있다. 오키나와의 자연을 느낄 수 있는 매력적인 카페다. 숲에서 들려오는 새소리와 바람 소리를 듣고 있으면 저절로 힐링이 되는 것 같다.

이차라의 대표 메뉴는 가마에서 구워낸 화덕피자와 수제 케이크이다. 피자와 수제 케이크 둘 다 맛이 좋다. 이밖에 오리지널 난과 카레, 음료와 커피를 즐길 수 있다. 그동안 바다를 보면서 차를 마셨다면 이번에는 숲에 안겨 힐링의 시간을 갖자. 야외 테라스는 자연에 깃든 기분을 느낄 수 있어서 좋지만, 여름철에는 벌레가 끼일 수 있다. 여름철에는 실내 자리를 추천한다. 카페 이차라는 84번 국도 오키나와 소바 로드 중간 지점에 있다. 도로에서 약 200m 떨어져 있다. 가게 앞에 3대 정도, 반대편에 5대 정도 주차할 수 있다.

맵코드 098 047 6372 구글 좌표 카페 이차라

①파인애플 파크에서 84번 국도를 따라 북서쪽으로 렌터카로 7분 ②추라우미 수족관에서 렌터카로 남동쪽으로 20분

沖縄県国頭郡本部町伊豆味 本部町伊豆味 2416-1 098 047 6372 목~월 11:30~16:00 휴무 화·수요일

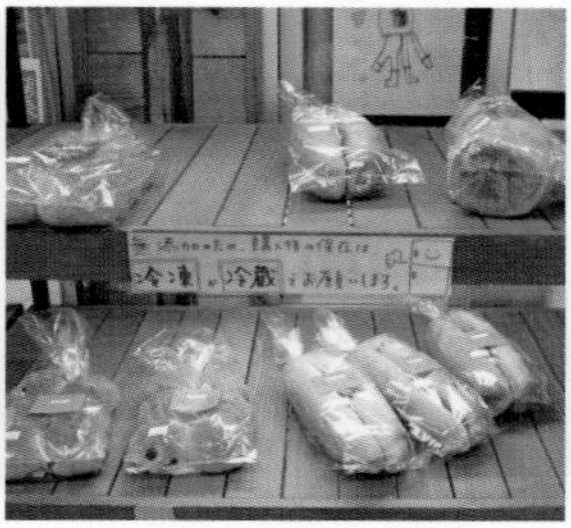

야에다케 베이커리 八重岳ベーカリー Yaedake Bakery

숲속의 아늑한 베이커리

얀바루의 야에산야에다케, 八重岳의 꼬불꼬불한 도로를 한참을 달려야 나온다. 깊은 산기슭에 있다. 산속에 있지만, 오키나와에서 꽤 유명한 베이커리로, 먼 길을 마다하지 않고 달려오는 이들이 많다. 1977년에 창업한, 역사와 전통이 있는 곳이다. 동네 빵집 같은 작은 목조 건물이 인상적이다. 진열대엔 보기 좋게 빵이 놓여있고 고소한 빵 냄새가 실내를 가득 채우고 있다. 매일 12시 전후로 구운 빵이 나오는데 오후가 되면 금세 동이 난다. 천연 효모와 야에다케의 물, 오키나와 흑설탕, 오키나와 소금을 이용해 만든다.

맵코드 206 801 560*63 구글 좌표 Yaedake Bakery

①파인애플 파크에서 렌터카로 북서쪽으로 17분 ②추라우미 수족관에서 렌터카로 남동쪽으로 21분

沖縄県国頭郡本部町伊豆味 1254 098 047 5642 09:00~17:00 휴무 토요일

얀바루 소바 山原そば

소바 로드의 소문난 맛집

오키나와 소바 로드에서 빠질 수 없는 음식점으로, 입소문이 자자한 곳이다. 회색 기와로 된 오래된 전통 민가에 들어서 있으며, 가게는 대체로 붐비는 편이다. 주차장에 차가 가득 차고 줄 서서 기다리는 사람들을 종종 볼 수 있다. 이곳은 소키 소바가 유명한데, 우리말로는 돼지등뼈 갈비 소바다. 육수는 돼지고기와 가다랑어를 오랫동안 우려서 만든다. 독특한 점은 갈비의 간을 주문을 받은 후에 한다는 점이다. 그래야 국물과 조화가 좋다고 한다. 84번 국도를 타고 오키나와 소바 로드를 지나고 있다면 놓치지 말자.

맵코드 206 834 514*44 구글 좌표 얀바루소바

①파인애플 파크에서 렌터카로 북서쪽으로 17분 ②추라우미 수족관에서 렌터카로 남동쪽으로 21분

沖縄県国頭郡本部町伊豆味 1254 098 047 5642 11:00~15:00 휴무 월·화요일

¥ 오키나와 소바 대 900엔/소 650엔, 삼겹살 소바 800엔

나키진 성터 今帰仁城跡 나키진조아토

맵코드 553081414*44 구글 좌표 나키진 성터

렌터카 ①나하 공항에서 오키나와자동차도로와 58번 국도 경유하여 1시간 45분 ②추라우미 수족관에서 10분(7km) 버스 ①나하 공항 국내선 2번 승차장에서 얀바루 급행버스やんばる急行バス 탑승하여 나키진조아토이리구치 今帰仁城跡入口 정류장 하차(2시간 30분 소요). 도보 13분 ②나고 버스터미널에서 66번 모토부반도선本部半島線 탑승하여 나키진조아토이리구치今帰仁城跡入口 정류장 하차. 도보 13분 縄県国頭郡今帰仁村今泊 5101 098 886 3979 매일 08:00~18:00
¥ 입장료 일반 600엔, 초·중생 450엔, 유아 무료

벚꽃이 만개하는 오키나와의 만리장성

나키진 성터는 북부 지역을 대표하는 성터이자 슈리성의 옛 건축물로, 오키나와의 성터 7곳과 함께 유네스코에 등재된 세계문화유산이다. 류큐 시대 이전에 지어진 600년 된 성으로, 삼산三山시대북산, 중산, 남산의 세 나라로 나누어진 시대에 북산 왕이 거주하던 곳이다. 규모가 슈리성 다음으로 크다. 1429년 중산의 쇼하시가 북산과 남산을 물리치고 류큐 왕국1429~1879을 탄생시켰다. 북산은 사라졌지만, 나키진 성터에는 고구려성 같은 위용과 기상이 느껴진다. 성벽 길이 약 1.5km로, 오키나와의 '만리장성'으로 불린다. 성으로 가는 길엔 753개 돌계단이 있는데, 계단을 오르며 바라보는 성터 풍경이 매우 아름답다. 성만큼이나 압권은 성에서 바라보는 바다이다. 궁녀들의 방이 있던 우치바루와 표고 100m의 성 꼭대기에 오르면 수심이 깊어질 때마다 빛을 달리하는 에메랄드빛 바다가 시원하게 펼쳐진다. 나키진 성터는 오키나와에서 벚꽃이 가장 먼저 피는 곳이다. 1월 말에 꽃봉오리를 터트리기 시작하여 2월이 되면 화사하게 피어나 성을 벚꽃 화원으로 바꾸어 놓는다.

One More

나키진 성터 근처 멋진 카페

카페 코쿠 カフェ こくう

카페 코쿠는 첫인상부터 아름답다. 높은 언덕에 홀로 우뚝 서 있는 붉은 기와와 목조 건물 그리고 그림처럼 펼쳐진 쪽빛 바다가 마치 한 폭 그림 같다. 탄성 소리가 저절로 나온다. 카페 코쿠는 일본 본토에서 오키나와로 이주한 젊은 부부가 운영하는 카페 겸 레스토랑이다. 모토부 반도 나키진에서 재배한 유기농 재료로 만든 샐러드 세트 코쿠 플레이트가 가장 인기가 좋다. 사실 아름다운 풍광 때문에, 음식에 신경이 가질 않는다. 코쿠 차도 유명한데 14가지 약초를 넣어 만들었다. 산길을 한참 올라가야 한다는 것이 단점이지만 도착하는 순간 모든 것을 잊게 된다. 나키진 성터와 가까운 편이다.

맵코드 553 023 757 구글 좌표 카페코쿠

①나키진 성터에서 동남쪽으로 렌터카로 16분 ②추라우미 수족관에서 렌터카로 동쪽으로 23분

縄県国頭郡今帰仁村字諸志 2031-138 098 056 1321 11:30~16:00(일몰 시각) 휴무 일·월

¥ 1,300엔(코쿠 플레이트)

나고시와 얀바루 Nago City & Yambaru

모토부 반도와 중부 지역이 오키나와 여행의 본문이라면
나고시와 얀바루 지역은 에필로그 같은 곳이다.
오키나와의 '황금 루트' 58번 국도, 히루기 공원의 맹그로브 숲, 오키나와 최북단 헤도곶.
당신은 나고와 얀바루에서 오키나와 여행의 마지막 매력을 경험하게 될 것이다.

나고시 여행지도

나고·얀바루 하루 추천코스

나고 파인애플파크 →자동차로 11분 → **21세기의 숲 비치** → 자동차로 9분 → **오리온 해피 파크** → 자동차로 34분 → **히루기 공원** → 자동차로 30분 → **오쿠마 비치** → 자동차로 30분 → **헤도곶**

얀바루 여행지도

21세기의 숲 비치 21世紀の森ビーチ 21세키노 모리비치

맵코드 206 626 466*70 구글 좌표 21세기의 숲 비치

렌터카 ①나하 공항에서 오키나와자동차도로沖縄自動車道와 58번 국도 경유하여 1시간 25분 ②추라우미 수족관에서 449번 국도 경유하여 45분 ③오리온 맥주 해피 파크에서 58번 국도 경유하여 15분 도보 나고 버스터미널에서 도보 13분

沖縄県名護市宮里2丁目2-1 098 052 3183

4월 하순~6월 10:00~18:00, 7·8월 09:30~18:30, 9월 10:00~18:30 http://www.city.nago.okinawa.jp

스포츠도 즐기고 해수욕도 하고

나고 버스터미널에서 남쪽으로 900m 거리에 있는 인공 비치이다. 21세기 숲 공원 안에 있다. 21세기 숲 공원에는 해수욕장은 물론 축구장, 야구장, 공연장 등 다양한 시설을 갖추고 있어서 나고 시민들의 사랑을 한 몸에 받고 있다. 해수욕 기간뿐 아니라 일 년 내내 오키나와 사람들의 발길이 끊이지 않는다. 비치는 두 곳으로 나뉘어 있으며, 조수 간만의 영향이 거의 없는 인공 비치이기 때문에 아이들과 물놀이를 즐기기 적합하다. 주말에는 각종 스포츠 경기가 열린다. 또한, 일본 프로야구 홋카이도 니혼햄 파이터스 훈련장과 가까워, 겨울 전지훈련을 온 선수들을 보기 위해 많은 사람이 몰린다. 연습 게임이 열릴 때면 일본 야구를 가까운 거리에서 무료로 볼 수 있다. 운이 좋으면 한국 프로팀과 벌이는 연습 게임도 볼 수 있다. 해수욕장은 해파리 방지망, 화장실, 탈의실, 샤워실, 사물함, 해변 전망대 등을 갖추고 있다. 다만, 수영은 해파리 방지망이 설치되는 5월~9월 말 사이에 할 수 있다.

오리온 해피 파크 オリオンビールハッピーパーク 오리온비루 해피파쿠

맵코드 206 598 837*51 구글 좌표 오리온 해피 파크

①나하 공항에서 오키나와자동차도로沖縄自動車道와 58번 국도 경유하여 1시간 15분 ②나하 버스터미널에서 120번名護西空港線 나고시공항선 승차하여 난구스쿠이리구치名護城入口 정류장 하차, 도보 5분
沖縄県名護市東江 2丁目 2-1 570 00 4103 09:30~16:30(견학 1일 10회) 휴무 수·목요일, 12월 31일~1월 3일 ¥ 18세 이상 500엔, 7~17세 200엔 http://www.orionbeer.co.jp

맥주 애호가의 필수 코스

일본은 맥주 생산량이 세계 7위이다. 회사마다, 지역마다 각기 독특한 맥주를 만들고 있다. 오키나와엔 '오리온 맥주'가 있다. 이 섬에서 생산하는 유일한 맥주로 시민과 여행자의 절대적인 사랑을 받고 있다. 편의점이나 식당에서 쉽게 만날 수 있지만, 오리온 맥주 공장의 견학 프로그램에서 맛보는 맥주가 가장 맛이 좋다. 가이드와 함께 1시간 견학 35분, 시음 20분 동안 하는 투어 코스로, 맥주가 만들어지는 과정을 지켜볼 수 있다. 견학이 끝나면 신선한 오리온 드래프트 맥주를 무료로 시음할 수 있다. 렌터카를 몰고 찾았다 해도, 무알코올 오리온 맥주를 마시면 되므로 걱정할 필요는 없다. 시음장에 있는 레스토랑에서 맥주와 함께 오키나와 음식도 즐길 수 있다. 견학 프로그램에 참여하고 싶다면 성수기에는 예약하는 것이 좋다. 전화와 인터넷 홈페이지에서 가능하다. 가이드는 일본어로만 진행되지만, 한국어 리플릿이 있으므로 큰 불편은 없다.

나고 파인애플 파크 ナゴ パイナップル パーク 나고 파인애프르 파쿠

맵코드 206 716 437*41 구글 좌표 나고파인애플파크

렌터카 ①나하 공항에서 오키나와자동차도로沖縄自動車道와 58번 국도 경유하여 1시간 30분 ②추라우미 수족관에서 84번 현도 경유하여 25분 ③오리온 맥주 해피파크에서 84번 현도 경유하여 15분 버스 나고 버스터미널에서 76번瀬底線 세소코선 탑승하여 메이오우다이가쿠 이리구치名桜大学入口 정류장에서 하차. 도보 5분(총 45분 소요)

沖縄県名護市為又 1195 098 053 3659 10:00~18:00 휴무 없음

¥ 입장료 고등학생 이상 1,200엔, 중학생 이하 600엔, 유아 무료 http://www.nagopain.com/

파인애플도 먹고 쇼핑도 하고

파인애플은 중앙아메리카와 남아메리카 북부가 원산지로, 연평균 기온 20℃ 이상의 열대 기후에 해발고도 800m에서 잘 자란다. 오키나와에선 산이 많은 북부에서 주로 재배된다. 오키나와 파인애플의 모든 것을 체험하고 싶다면 나고 파인애플 파크로 가면 된다. 나고 시청에서 북쪽으로 자동차로 10분 거리에 있다. 입구에는 대형 파인애플 조형물이 서 있다. 주차장과 파인애플 파크를 이어주는 전동열차와 파인애플 파크를 둘러보는 데 필요한 카트도 파인애플 모양이다. 자동으로 운전되는 이 카트는 아열대 식물로 가득한 숲을 지나 파인애플 농장 곳곳을 구경시켜 준다. 또 산책로도 아름답게 가꾸어 놓았는데, 천천히 걷다 보면 파인애플 파크 기념품 가게로 연결된다. 기념품 매장에서는 파인애플 와인, 파이, 케이크, 잼, 인형 등 다양한 상품을 만날 수 있다. 판매를 위한 상점이지만 시식 코너도 준비되어 있어 눈치 보지 않고 미리 맛볼 수 있다. 구경하는 재미도 쏠쏠하다. 특히 아이들에게 인기가 좋다. 기념품 상점 출입구가 따로 있어서 가게만 이용할 수도 있다. 한국어 리플릿도 있다.

©나고파인애플파크

오쿠마 비치 オクマビーチ

맵코드 485 829 792*40 구글 좌표 오쿠마 비치

①나하 공항에서 오키나와자동차도로와 58번 국도 경유하여 렌터카로 1시간 50분 ②추라우미 수족관에서 58번 국도 경유하여 북쪽으로 렌터카로 1시간 沖縄県国頭郡国頭村字奥間 913 098 041 2222(리조트)
3~10월 09:00~18:00, 11~2월 09:00~17:00 ¥ 입장료 어른 1,500엔, 어린이 1,000엔(비 투숙객) 편의시설 샤워실 무료, 파라솔 2,500엔(2시간) 해양 스포츠 스노클링 5,500~7,500엔(90분), 마린 워커 9,800엔(60~90분), 바나나보트 4,500~5,500엔(45분)

©오키나와관광청

자연 그대로의 아름다움을 원한다면

오쿠마 비치는 북부 지역을 대표하는 해수욕장 가운데 하나이다. 오쿠마 프라이빗 리조트에 있는 해변으로, 오키나와의 어느 해변에 견주어도 뒤지지 않는다. 투명한 에메랄드빛 바다로 유명해 예전엔 미군의 휴양 시설로 사용했다. 2006년 일본 환경청 수질 조사에서 최고 등급인 AA를 받았을 만큼 물이 깨끗하다. 어느 해변보다 아름답고 매력적이지만 공항과 나하에서 멀리 떨어져 있다는 게 단점이라면 단점이다. 거리가 멀고 투숙하지 않는 고객에는 입장료를 받는 까닭에 많이 붐비지는 않는다. 덕분에 자연 그대로의 아름다움을 유지하고 있다. 아름다운 해변에서 한적하게 시간 보내기를 원하는 이에게 추천한다. 다양한 해양스포츠를 즐기기에 좋다.

©오키나와관광청

©오키나와관광청

히루기 공원 東村ふれあいヒルギ公園 히가시무라 후레아이 히루기 코엔

맵코드 485 377 018*62 구글 좌표 히루기 공원

렌터카 나하 공항에서 오키나와자동차도로와 58번 국도 경유하여 자동차로 1시간 40분 버스 나고 버스터미널에서 78번名護東部線 나고토부선 승차하여 게사시慶佐次 정류장 하차. 도보 5분. 78번 버스는 평일에 하루 1회 운행(총 1시간 소요)

沖縄県国頭郡東村慶佐次 54-1 098 051 2655(일어로만 가능)

체험 프로그램 ¥ 샤워크 라이밍 투어(카약+트레킹+폭포 체험+수영) 3시간 소요, 1~2인 27,000엔, 3명 38,000엔, 4명 49,000엔, 5명 60,000엔, 6명 71,000엔 숲 트레킹 코스(카약+ 정글 트레킹) 4시간 소요, 1~2명 37,000엔, 3명 52,000엔, 4명 67,000엔, 5명 82,000엔, 6명 97,000엔 https://higashi-kanko.jp

©오키나와관광청

©오키나와관광청

카약 타고 맹그로브 숲 체험

맹그로브 숲은 민물과 바닷물이 만나는 곳에서 자란다. 염분이 있는 물이나 진흙에서 잘 자라는 독특한 나무이다. 고맙게도 맹그로브 나무는 태풍과 해일 같은 자연재해를 최일선에서 방어해 준다. 맹그로브의 수많은 뿌리는 토양을 고정하여 해변 침식을 막아주고, 강을 타고 내려온 오염 물질을 정화한다. 강물이 바다로 나아가는 길목에서 수질을 개선하는 천연 필터 역할을 하는 셈이다. 게다가 새우와 물고기의 보금자리 구실도 해준다. 이런 까닭에 맹그로브 숲은 없어서는 안 될 지구의 보물로 대접받는다.

오키나와 북동부의 하가시 해안의 히루기 공원에 가면 맹그로브 숲을 구경할 수 있다. 게사지 강과 바다가 만나는 지점에 있는 맹그로브 숲이다. 대만 가까이에 있는 야에야마 제도에도 맹그로브 숲이 있고, 본섬 다른 곳에서도 숲이 있다. 하지만 본섬 가운데 히루기 공원의 맹그로브 숲이 제일 크다. 전체 면적이 약 10만 평에 이른다. 일본 정부는 이 소중한 숲을 천연기념물로 지정해 보호하고 있다.

맹그로브 숲을 체험하는 방법은 두 가지다. 하나는 걸어서 숲을 구경하는 것이다. 맹그로브 숲에 산책로를 잘 만들어 놓아 여유롭게 돌아보기 좋다. 더 가까이에서 숲을 보기 원하면 카약을 타고 돌아볼 수 있다. 강 상류에서 시작해 맹그로브 숲을 지나 바다로 나아가는 투어이다. 투어 시간은 2시간 정도 걸린다. 카약 투어는 바닷물이 만조일 때만 할 수 있다. 투어 가능 시간을 홈페이지에서 확인하고 하루 전 예약해야 한다. 아쉽게도 카약 투어는 일본어로만 진행된다.

©오키나와관광청

©오키나와관광청

헤도곶 辺戸岬 헤도미사키루기 코엔

맵코드 728 736 174　구글 좌표 헤도곶

①나하 공항에서 렌터카로 오키나와자동차도로沖縄自動車道와 58번 국도 경유하여 2시간 20분 ②추라우미 수족관에서 렌터카로 58번 국도 경유하여 1시간 20분 ③나고 버스터미널에서 미야자토산초메宮里三丁目 행 67번 버스 승차하여 헨토나辺土名 정류장 하차하여, 오쿠선oku(쿠니가미 무라에 버스国頭村営バス) 버스로 환승, 케도 미스키辺戸岬 정류장에서 하차 후 도보 1분

沖縄県国頭郡国頭村辺戸 098 056 4400

오키나와 최북단, 본섬 끝까지 환상 드라이브

오키나와 최북단 헤도곶에 가는 이유는 길이 환상 풍경을 끝없이 보여주기 때문이다. 모토부 반도를 뒤로하고 북쪽으로 달려가면 왼쪽으로는 쪽빛 바다가 끝없이 펼쳐지고, 오른쪽에는 낮으나 굴곡진 얀바루의 산들이 용처럼 길게 이어진다. 이 도로가 오키나와에서 가장 유명한 도로, 58번 국도이다. '황금 루트'라고 불리는 도로다. 오키나와 북쪽을 향해 달리고 또 달리면 잠시 숨을 고르라는 듯 1km 길이의 기나마宜名真 터널이 나타난다. 터널을 빠져나와 조금 더 달리면, 이윽고 나지막한 평지와 넓은 하늘이 펼쳐진다. 오키나와의 북쪽 끝 '헤도곶' 이다. 헤도곶엔 가파르게 꺾인 융기 산호 절벽이 웅장하게 늘어서 있다. 절벽에 서면 산호초와 에메랄드빛 바다가 끝없이 펼쳐진다. 절벽이 높아서 아래를 바라보는 것만으로도 아찔하다. 바람이 강한 날에는 또 하나의 멋진 풍경을 보여준다. 거친 파도가 절벽에 부딪히며 솟구치는 물보라가, 그야말로 장관이다.

Travel Tip

혹등고래를 만나고 싶다면

1월부터 3월 사이 헤도곶 주변 바다에는 혹등고래가 많이 지나간다. 고래 마니아들은 이때를 기다려 망원경을 들고 찾아온다. 겨울에 간다면 혹등고래가 당신을 반겨줄지도 모른다.

나고와 얀바루의 맛집

마츠노 고민가 松の古民家

미디어에서 인정한 맛집 겸 바

나고에 있는 음식점이자 칵테일과 아와모리를 판매하는 바다. 60년이 넘은 민가를 개조해 만들어서 분위기가 좋다. 오키나와 인터컨티넨탈 호텔에서 바텐더로 일했던 주인이 2014년 문을 열었다. 입소문이 나서 일본 여러 매체에 소개되었다. 메인 요리는 오키나와 흑돼지를 내오는 샤부샤부다. 얀바루 지역에서 생산된 돼지만 사용해 신선하고 맛이 좋다.

맵코드 206 627 735*80 구글 좌표 마츠노코민카

①21세기의 숲 비치에서 북동쪽으로 도보 10분 ②파인애플 파크에서 남동쪽으로 렌터카로 11분
沖縄県名護市大南２丁目 14-5 050 5485 8909 17:30~22:00 휴무 일요일 ¥ 4,000~5,000엔
https://matsu-no-kominka.gorp.jp/

캡틴 캥거루 キャプテンカンガルー

나고의 최고 햄버거

나고 버스터미널과 21세기의 숲 비치에서 걸어서 12분 거리에 있다. 모토부 반도를 대표하는 수제 햄버거집이다. 서해안 도로를 따라 달리다 보면 한적한 거리 상가 1층에 초록 문 가게가 보인다. 유독 차가 많고 사람들이 기다리는 것을 볼 수 있다. 주문하면 시간이 조금 걸린다. 그때부터 패티를 굽기 때문이다. 패티는 두껍고 씹을 때마다 육즙이 느껴진다.

맵코드 206 625 876 구글 좌표 캡틴 캥거루

①21세기의 숲 비치에서 렌터카로 17분 ②나고 파인애플 파크에서 서쪽으로 렌터카로 15분 ③오리온 해피 파크에서 서북쪽으로 렌터카로 20분 沖縄県国頭郡本部町崎本部 930-1 098 043 7919 11:00~17:00 ¥ 1,000엔부터(1인)

미치노에키 교다 道の駅 許田 쿄다 휴게소

©미치노에키교다

오뎅 맛이 아주 특별한

오키나와자동차도로가 끝나고 나고시로 들어가는 길에 있는 휴게소다. 이곳이 유명한 이유는 추라우미 수족관 할인권330엔 할인을 구매할 수 있고, 맛있는 먹을거리가 많기 때문이다. 어묵집 호카마 카마보코外間かまぼこ가 대표 맛집이다. 국물과 함께 나오는 게 아니라 우리의 핫바와 비슷하게 나온다. 새우튀김, 어묵과 우엉튀김에 밥을 넣고 만든 라이스 볼, 새우튀김도 있다. 어묵 맛이 정말 고소하고 쫄깃하다.

맵코드 206 476 708*74 구글 좌표 쿄다휴게소

①오리온 맥주 해피 파크에서 남쪽으로 렌터카로 12분 ②21세기의 숲 비치에서 렌터카로 17분 ③나하 공항에서 렌터카로 1시간 5분 沖縄県名護市許田17-1 098 054 0880 08:30~19:00 휴무 없음

PART 5

오키나와 중부

Central Okinawa, 沖縄 中部

완벽한 휴식이 있는 곳

오키나와 중부는 나하 북쪽부터 모토부 반도 남쪽 사이 지역을 말한다. 중부는 다시 서해안과 동해안으로 나뉘는데, 그곳이 어디든 중부는 오키나와 여행의 중심지이다. 에메랄드빛 바다와 산호 비치, 해변을 따라 들어선 리조트, 쇼핑 천국 아메리칸 빌리지, 매혹적인 숍이 몰려 있는 미나토가와 스테이트 타운, 액티비티의 천국 마에다곶, 코끼리를 닮은 기묘한 바위 만좌모, 민속촌 류큐무라, 환상 드라이브 코스 해중도로……. 당신이 원하는 여행은 모두 중부에 있다.

©Kenji Togo-OIST

오키나와 중부 한눈에 보기

오키나와 중부는 크게 서해안과 동해안으로 나눌 수 있다. 서해안은 산호 비치, 리조트, 쇼핑 명소, 맛집과 카페, 자연 절경, 민속촌과 도자기 마을 등 보고, 먹고, 사고, 즐길 거리를 가득 품고 있다. 동해안은 아름다운 드라이브 코스, 세계문화유산이 된 성터, 오래 휴식을 취하고 싶은 조용한 해변을 안고 있다.

1 중부 서해안 The West Coast

#바다전망리조트 #산호비치 #아메리칸빌리지 #만좌모

중부 서해안은 멋진 여행지의 조건을 골고루 갖추고 있다. 새하얀 산호 비치, 남빛 바다를 배경으로 들어선 리조트들, 쇼핑과 놀이의 천국 아메리칸 빌리지, 오키나와 전통 도자를 만드는 요미탄 도자기 마을, 매혹적인 숍과 맛집이 몰려 있는 미나토가와 외국인 주택단지, 코끼리를 닮은 기묘한 바위 만좌모, 옛 류큐 시대를 재현한 류큐무라 민속촌, 액티비티 천국 푸른 동굴이 차례로 줄을 서서 당신을 기다린다.

2 중부 동해안 The East Coast

#환상 드라이브 #세계문화유산 #남빛 바다 #하얀 산호 해변

낙원이 있다면 바로 이런 곳일까? 바다를 가르듯 달리는 해중도로는 중부 최고의 드라이브 코스이다. 카츠렌 성터는 360도 파노라마 풍경을 보여주는 멋진 전망대이다. 투명한 물빛을 자랑하는 이케이 비치와 오도마리 비치는 동해안이 품은 보물이다. 그리고 200년 된 국보급 저택 나카무라와 오키나와 옛 영광을 증거하는 나카구스쿠 성터가 당신의 멋진 여행 친구가 되어줄 것이다.

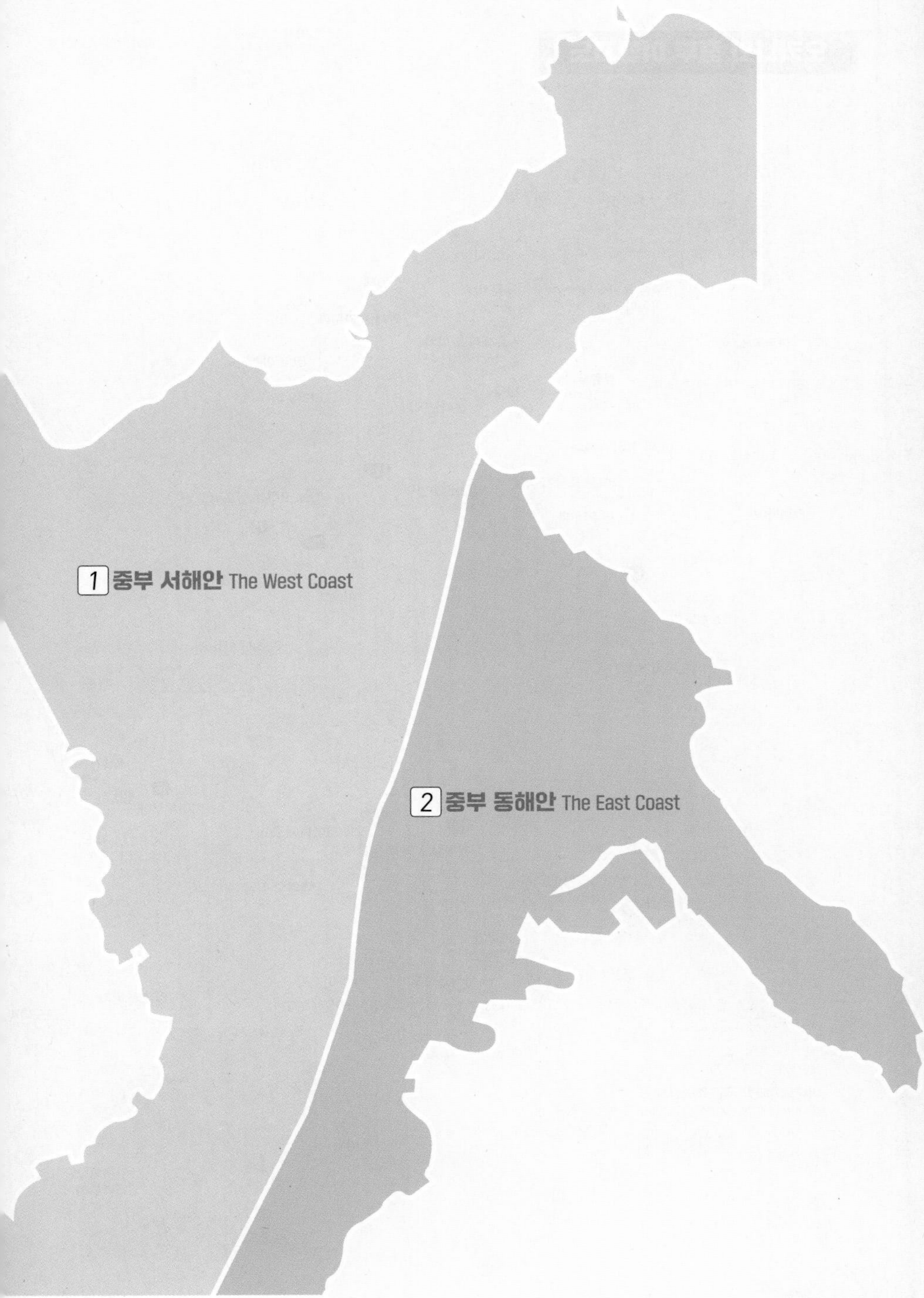
1 중부 서해안 The West Coast
2 중부 동해안 The East Coast

오키나와 중부 여행지도

만자 비치 万座ビーチ
(ANA인터컨티넨탈 리조트)
만좌모
万座毛
하와이안 팬케이크
58
온나손
푸른 동굴 青の洞窟
(마에다곶 真栄田岬)
문 비치
ムーンビーチ
지누만 베테덴
카페 도카도카
잔파곶 残波岬
르네상스 비치
ルネッサンスビーチ
코코 이치반야
잔파 비치
残波ビーチ
류큐무라
琉球村
단무
온나노에키
타라노메
니라이 비치
ニライビーチ
치비치리 가마
チビチリガマ
자키미 성터 座喜味城跡
요미탄 도자기 마을
やちむんの里
비오스의 언덕
ビオスの丘
329
쇼코쿠 슈한도코로 겐
추루카메도
젠자이
스이엔
반주테이
75
255
하치렌
요미탄
58
아마쇼쿠도
우루마시
도구치 비치
渡具知ビーチ
오키나와 자동차도로
우루마
젤라토
오키나와시
37
해중도
海中道
고디즈
16
10
스키야우루마
330
329
코메하치 소바
에메랄드 펍 라운지
카츠렌 성터
勝連城跡
파야오 식당
아메리칸 빌리지
アメリカンビレッジ
선셋 비치
サンセットビーチ
이온몰
카르마
오가닉스
안안 차탄점
플라우만스 런치 베이커리
이케이 비치
오도마리
나카무라 가문의 저택
中村家住宅
트로피칼 비치
トロピカルビーチ
산스시
나카구스쿠 성터
中城城跡
기노완시
누치마스
소금공장
미나토가와 외국인 주택단지
港川ステイツサイドタウン
카츠렌 성터
고민가식당
티라부이
우라소에시
오키나와 자동차도로
해중도로
나하

오키나와 중부 버킷 리스트 5

오키나와 중부는 보고 먹고 느끼고 체험할 거리가 다채롭다. 휴양이면 휴양, 액티비티면 액티비티, 여기에 쇼핑과 미식, 에메랄드빛 해변과 류큐 문화 체험까지, 중부에 가면 당신이 원하는 여행이 기다리고 있다. 중부에서 꼭 해야 할 버킷리스트 다섯 가지를 소개한다.

1 리조트에서 완벽한 휴식을

오키나와 중부 해안엔 호텔과 리조트가 몰려 있다. 특히 서해안의 요미탄손読谷村과 온나손恩納村 해안에 집중돼 있다. 하얏트 리젠시, 리츠칼튼, 인터컨티넨탈 등 글로벌 브랜드의 리조트도 바다를 배경으로 들어서 있다. 하얀 산호 비치와 바다 전망 숙소, 멋진 수영장, 해양 액티비티 프로그램을 갖춘 리조트에서 완벽한 휴식을 취해보자.

2 환상적인 아열대 바다 체험

중부 서해안은 오키나와 최고의 스노클링 스폿이다. 특히 온나손의 마에다곶은 손꼽히는 산호초 지대인 데다가 에메랄드빛 바다가 끝없이 펼쳐진다. 수심이 얕고 파도가 약해 최고의 스노클링 스폿이다. 마에다곶의 백미는 '푸른 동굴'이다. 깊이는 38m인 천연 동굴인데 스킨스쿠버 다이빙의 명소이다. 환상적인 바다 체험에 도전해 보자.

3 조금 특별한 미식과 쇼핑 여행

우라소에시의 미나토가와는 중부의 핫 플레이스이다. 일본 본토에서 이주한 사람들이 미군용 서양식 주택을 개조해 개성 넘치는 옷 가게, 소품 상점, 베이커리, 맛집으로 꾸몄다. 미나토가와 북쪽의 아메리칸 빌리지는 미국 서부의 쇼핑 거리를 연상시킨다. 조금 특별한 미식과 쇼핑 여행을 꿈꾼다면 아메리칸 빌리지와 미나토가와를 기억하자.

4 시간 여행, 류큐 시대 문화 체험

온나손의 류큐무라는 용인의 한국민속촌과 비슷한 곳이다. 류큐 시대의 마을을 재현한 공간에서 전통 의상, 민속 공연, 전통 음식까지 체험할 수 있다. 요미탄 도자기 마을에는 오키나와 전통 도자기 '야치문'을 만드는 가마가 몰려 있다. 나무로 불을 때는 전통 가마와 도자 공방과 야치문 도자기를 파는 가게를 구경할 수 있다.

5 한적한 해변에서 나만의 시간을

중부 동해안은 서해안보다 한적하고 조용해서 좋다. 동쪽 끝자락 이케이섬의 이케이 비치와 오도마리 비치는 조용히 나만의 시간을 보내기 좋은 곳이다. 가는 길도 아름다워 오키나와에서 손꼽히는 드라이브 코스인 해중도로를 지난다. 조용히, 그리고 비밀스럽게 바다를 즐기고 싶다면, 열대어가 노니는 이케이 비치와 오도마리 비치로 가자.

중부 서해안 The West Coast

새하얀 산호 비치, 푸른 바다를 배경으로 들어선 해변 리조트,
개성 넘치는 가게와 카페, 맛집이 몰려 있는 미나토가와 외국인 주택단지,
쇼핑과 놀이의 천국 아메리칸 빌리지, 오키나와 전통 자기를 만드는 요미탄 도자기 마을,
류큐 시대의 민속촌 류큐무라, 스노클링 핫 스폿 마에다곶과
코끼리가 바다로 걸어가는 것 같은 기묘한 바위 만좌모……. 중부 서해안의 매력은 끝이 없다.

중부 서해안 여행지도

중부 서해안 하루 추천코스

미나토가와 외국인 주택단지 → 자동차로 15분 → **트로피칼 비치** → 자동차로 15분 → **아메리칸 빌리지** → 자동차로 32분 → **잔파곶** → 자동차로 14분 → **마에다곶과 푸른 동굴** → 자동차로 20분 → **만좌모**

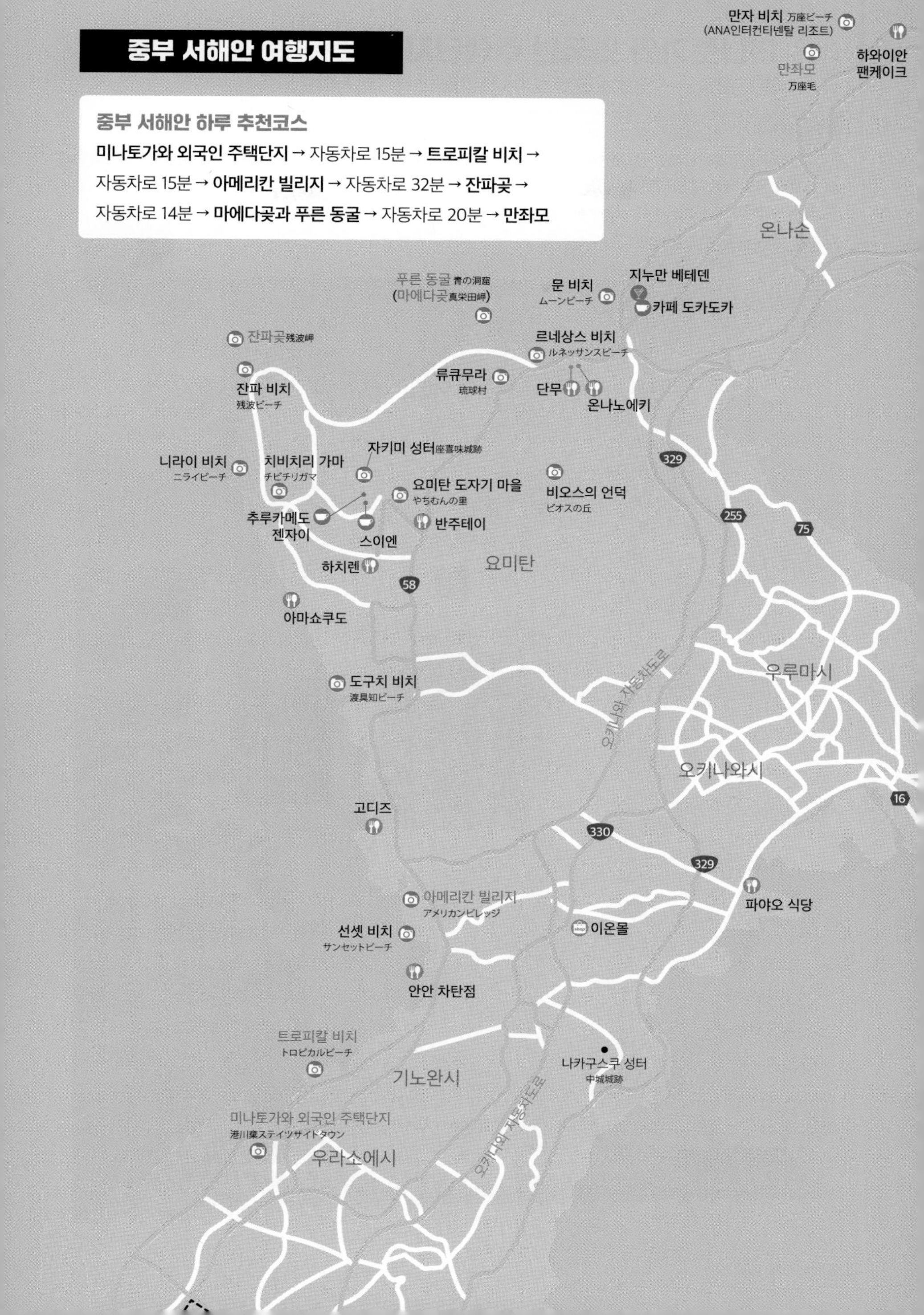

미나토가와 외국인 주택단지

港川棄ステイツサイドタウ 미나토가와 스테이트 사이드 타운

구글 좌표 Minatogawa States Side Coin Parking Lot

렌터카 나하 공항에서 58번 국도 경유하여 30분 버스 나하 버스터미널에서 20번, 120번名護西空港線, 나고시공항선, 28번読谷線, 요미탄선 승차하여 미나토가와港川 정류장에서 하차. 도보 5분

沖縄県浦添市港川 2 丁目 17–3(Minatogawa States Side Coin Parking Lot)

http://okisho.com/foreigner-house

©ohacorte

오키나와의 멋스러운 개성이 와르르!

미나토가와는 편집숍, 카페, 베이커리, 레스토랑이 모여 있는 곳으로, 오키나와의 핫 플레이스이다. 독특한 것은 이곳이 나하 북쪽 우라소에시浦添市에 있는 평범한 주택가라는 점이다. 이곳의 모든 건물은 1층으로, 번화가를 상상하며 찾는 이들을 잠시 당황하게 만든다. 미나토가와에는 건물 62채가 있는데, 1950년대 미군 병사들을 위해 만든 서양식 주택이다. 미군이 새로운 기지를 건설하여 떠나자, 미나토와가는 인적이 드문 곳이 되었다.

미군의 서양식 주택의 가치를 알아챈 사람은 일본 본토에서 이주한 이들이었다. 이주민들은 방치된 주택을 리모델링하여 생기를 불어넣었다. 미군 주택이 점차 개성이 넘치는 가게로 다시 태어났다. 원래 주택이었기에 모든 가게의 구조가 비슷비슷하다. 가게 안으로 들어가면 하나 같이 예쁘고 독특해 상업적인 공간에 들어온 것이 아니라 주인의 초대를 받아 개인 공방에 온 것 같은 기분이 든다. 특별한 목적 없어도 구경하고 산책하기 위해 이곳을 찾아오는 사람도 많다. 미나토가와 상점의 진짜 매력은 건물 안으로 들어가야 제대로 확인할 수 있다는 점을 잊지 말자. 카페와 레스토랑은 대부분 한국어 메뉴판을 준비해 놓아 주문하기 편리하다.

Travel Tip

방문 전에 알아 두면 좋은 정보 셋

가게마다 주차 공간을 확보하고 있긴 하지만 주말엔 주차장이 부족하다. 마을 가운데에 유료 주차장이 있으니 활용해 보자. 주택단지는 주거 공간으로 사용되고 있는 곳도 있으니, 구경할 때는 조심스럽게 행동하자. 마을 안에 미나토가와 타운 지도가 커다랗게 세워져 있다. 지도에는 각 상점 호수를 번호로 표기해 놓았다. 미리 호수를 확인해서 찾으면 더 편리하다.

미나토가와의 맛집·카페·숍

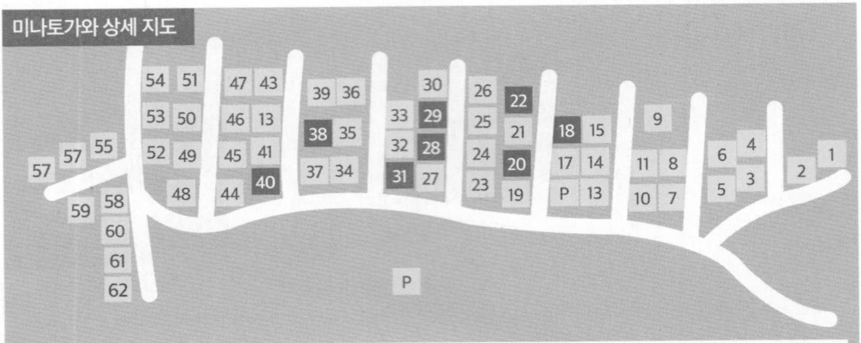

No.18 오하코르테 Ohacorte
No.20 푸르츠Proots
No.22 아메리칸 웨이브 American wave
No.28 Okinawa Cerrado Coffee Beans Store
沖縄セラードコーヒー
No.29 후이지이 의료점 藤井衣料店
No.31 라 비타 La vita
No.38 포트리버 마켓 ポートリバーマーケット
No.40 도리소바야 이시구호 鶏そば屋いしぐふ

오하코르테 Ohacorte No.18

©ohacorte

©ohacorte

©ohacorte

©ohacorte

너무 예쁘고 달콤한 타르트

아기자기하고 예쁜 타르트 전문점으로 오키나와에서 가장 유명하다. 초기에 오픈한 곳 중 한 곳으로, 미나토가와를 세상에 알린 일등 공신이다. 타르트는 얇게 구운 밀가루 반죽에 달콤하게 찐 과일이나 제철 과일 등을 얹어 만든 파이를 말한다. 오하코르테는 정성을 다해 타르트를 만드는 것으로 유명하다. 타르트에서 장인 정신이 느껴진다. 꼭 제철 과일만을 사용하기 때문에 메뉴는 계절마다 바뀐다. 치즈, 견과류, 초콜릿 등 과일 타르트 외에도 종류가 다양해 선택의 폭이 넓다. 갖가지 과일로 다양한 모양, 색, 맛을 낸다. 오하코르테는 타르트 크기를 7cm로만 만드는데, 먹기 좋은 이상적인 크기가 7cm이기 때문이다. 하지만 손님이 원하면 더 큰 사이즈로 변경해서 만들어 준다. 과자와 레몬 케이크도 판매한다. 모든 상품은 테이크아웃도 할 수 있다. 나하시와 나하 공항 국제선 여객터미널 2층에도 가게가 있다.

구글 좌표 오하코르테 미나토가와점

沖縄県浦添市港川 2丁目-17-1 098 875 2129 11:30~19:00 휴무 화요일

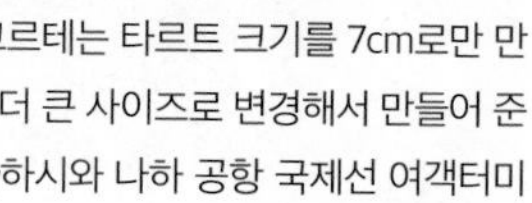

라비타 La vita No.31

분위기 좋은 곳에서 파스타를 즐기자

붉은 간판을 제외하고 모든 것이 하얗게 빛나는 캐주얼하지만 품격이 있는 이탈리안 레스토랑이다. 집 구조를 잘 살렸으며, 각 방은 테이블이 놓여 있는 독립된 공간으로 가족끼리 연인끼리 오붓한 분위기를 즐기기 좋다. 대표 메뉴는 피자와 파스타이다. 파스타도 맛있지만 피자도 맛이 좋다. 얇고 고소한 피자 반죽 위에 토마토와 하얀 치즈, 허브가 어우러져 있다. 한 입 베어 물 때마다 감탄이 절로 나온다. 런치 메뉴인 '오늘의 요리'는 주방장이 추천하는 음식으로 메뉴가 매일 바뀐다. 대체로 샐러드 종류의 전채 음식, 수프, 빵 혹은 밥, 커피가 세트로 나온다. 맛은 비교적 담백하고 간의 밸런스도 훌륭하다. '오늘의 파스타'와 '오늘의 피자' 메뉴도 추천한다. 서비스가 좋고, 직원이 꽤 친절하다. 가게 앞에 몇 대 주차할 수 있지만, 사정이 여의찮을 때는 길 건너 주차장을 이용하면 된다.

구글 좌표 26.263074, 127.715707

沖縄県浦添市港川 2 丁目 15-3 098 878 9808 매일 11:30~22:00(화요일 ~16:00까지)
¥1,500~3,000엔

도리소바야 이시구후 鶏そば屋いしぐふー No.40

소바 왕으로 뽑힌 최고의 소바 맛집

미나토가와를 대표하는 소바 맛집으로 오키나와에서도 유명하다. 외국인 주택가에 있는 일본 전통 음식점이라 이국적인 느낌이 들며, 특히 빨간 간판에 한문으로 새겨진 글씨가 독특하게 다가온다. 오키나와 소바는 대개 돼지고기 육수를 사용하는데, 이 집은 닭 육수를 사용한다. 독특한 닭 육수로 '오키나와 소바 왕 대회'에서 초대 소바 왕으로 뽑히기도 했다. 오키나와 북부 얀바루 지역 토종닭만을 사용해 믿음이 간다. 닭으로 만든 일본식 만두도 아주 맛이 좋다. 바삭하게 튀긴 교자 속 닭고기가 부드럽게 씹히는 맛이 일품이다.

구글 좌표 도리소바야 이시구후 미나토가와점

⌂ 沖縄県浦添市港川2丁目 13-6 ☏ 098 879 7517 ◷ 수~금 10:00~15:00 토·일 10:00~16:00 휴무 월·화요일

Beans Store

커피 향이 그리워지면

미나토가와에는 커피 전문점이 많지 않아 이곳 커피 향은 더욱 매력적으로 다가온다. 문을 연 지 오래되지 않았지만, 본토에서도 알아주는 오키나와의 로스팅 전문 업체 세라도 커피에서 운영하는 곳이다. 미나토가와가 유명해지기 전부터 이곳에서 커피를 볶아 판매했다. 이 집 원두의 특징은 커피 특유의 쓴맛에 단맛도 느껴지는 것이며, 식어도 그 향과 맛이 그대로 살아있어 차갑게 먹어도 맛이 아주 좋다. 아메리카노와 에스프레소 등도 판매한다. 가장 인기가 좋은 메뉴는 산미가 좋은 '세라도 블랜드'이다.

구글 좌표 Beans Store

⌂ 沖縄県浦添市港川 2 丁目 15-6 ☏ 080 6486 4107 ◷ 11:00~18:00 휴무 공휴일만 ≡ https://beansstore.jp

아메리칸 웨이브 American wave No.22

아메리칸 향기가 솔솔 피어나는 빈티지 소품

스누피 장난감, 미키마우스 패치, 토이 스토리 주인공 인형 등 오래된 미국 소품이 가득한 숍이다. 거실을 지나면 여자 의류와 남자 의류가 있는 방들도 나온다. 여자 옷 방은 복고풍 스카프, 드레스, 구두, 액세서리 등이 진열되어 있어, 패션에 관심이 많은 미국 소녀의 방에 들어간 기분이 든다. 남자 옷 방도 미국 감성이 물씬 풍긴다. 리바이스 청바지와 카우보이 허리띠, 중절모 등을 찾아볼 수 있다. 이 가게의 주인은 미국인이자 복고풍 애호가로, 미국에서 직접 빈티지 느낌의 액세서리, 의류를 수집해 오키나와에 이 가게를 만들었다.

구글 좌표 아메리칸 웨이브

沖縄県浦添市港川 2丁目 16-9 098 988 3649 11:00~19:00 휴무 12월 25일, 12월 31~1월 2일
https://americanwave.jp

후지이의료점 藤井衣料店 No.29

세련된 소박함이 묻어나는 패션 편집숍

화려함보다는 소박함과 느껴지는 패션 중심 편집숍이다. 오키나와 디자이너들이 만든 남녀 의류, 천연염색 스카프, 티셔츠, 원피스, 가방 등 다양한 제품을 판매한다. 콘셉트는 오키나와의 소박한 삶이다. 그래서 가게 내부도 소박하면서도 세련된 분위기로 꾸몄다. 상품 하나하나가 주인장이 엄선한 것들이라 개성이 넘쳐 구경하는 재미가 만점이다. 화장실을 드레스 룸으로 꾸민 것이 눈길을 끈다. 오키나와 도자기와 슬리퍼, 액세서리도 판매한다. 패션에 관심 있는 여행객이라면 꼭 들러보길 권한다. 물론 지갑 관리는 각자의 몫이다.

구글 좌표 후지이의료점

沖縄県浦添市港川 2 丁目 15-7 098 877 5740 매일 11:30~18:30

포트리버 마켓 ポートリバーマーケット No.38

여심을 흔드는 라이프스타일 편집숍

라이프스타일 편집숍이다. 오키나와에서 생산되는 좋은 제품들만 엄선하여 판매하는 멋스럽고 세련된 가게이다. 안으로 들어가면 벽에 야자수가 그려져 있고, 아기자기한 라이프스타일 상품이 진열대를 가득 채우고 있다. 상품들은 오키나와 디자이너들이 천연 소재로 만든 스카프, 유기농 식품, 도자기 등이다. 구경만 해도 시간이 후딱 지나간다. 아로마 무농약 과실로 만든 발효 주스는 오키나와 여성들에게 인기 만점인 상품이다. 가게 내부는 외국인 주택의 구조를 잘 살려 방마다 테마가 다른 제품으로 꾸몄다.

구글 좌표 포트리버 마켓

沖縄県浦添市港川 2丁目 15-8 098 911 8931 월·화·목~토 12:00~18:00 휴무 수·일요일

©푸르츠

©푸르츠

푸르츠 Proots, プルーツ No.20

공예품부터 미국 빈티지 소품까지

라이프스타일 편집숍이다. 빨간 문과 빨간 로고가 눈에 띈다. 가게 안에 상품들을 아주 깔끔하게 디스플레이 해놓아 들어가자마자 기분이 좋아진다. 오키나와 식재료로 만든 수제 잼, 차, 오키나와 전통 염색으로 만든 스카프와 공예품, 미국에서 수입한 빈티지 소품과 식료품 등을 판매하는 독특한 셀렉트 숍이다. 거실과 방마다 다른 콘셉트로 디스플레이 해놓았으며, 한 방은 카페로 사용하고 있다. 카페에 잠시 앉아 사색하기 좋다.

구글 좌표 Proots

沖縄県浦添市港川 (字) 2丁目16-71 098 955 9887
11:00~18:00 휴무 수·토요일

아메리칸 빌리지 アメリカン ビレッジ 아메리칸 비렛지

맵코드 33526452*52 구글 좌표 아메리칸 빌리지

렌터카 나하 공항에서 58번 국도 경유하여 40분 버스 나하 버스터미널에서 28번, 120번 버스 승차하여 미하마아메리칸빌리지 이리구치美浜アメリカンビレッジ入口 정류장(1시간 소요) 하차, 도보 3분

沖縄県中頭郡北谷町美浜 098 926 4455 10:00~22:00(매장마다 다름)

http://www.okinawa-americanvillage.com/

©오키나와관광청

미국 아닌 미국 같은 너

1945년부터 1972년까지 오키나와는 미군 군정하에 있었다. 1972년 일본에 반환됐으나 지금도 오키나와 전체 면적의 20% 정도는 여전히 미군 기지로 사용되고 있다. 오키나와 중부 서쪽에 있는 작은 도시 차탄초北谷町는 무려 도시의 60%가 미군 기지이다. 이런 사연 때문에 분위기가 일본이 아니라 미국의 오래된 도시 같다. 미군을 상대로 영업하는 레스토랑, 술집, 타투 가게 등이 즐비하다. 우리의 용산 기지나 이태원과 비슷하지만, 미국인을 위해 편의시설, 쇼핑센터, 위락 시설을 세우고 계획 도시화하였다는 점이 조금 다르다. 그중 가장 대표적인 곳이 '아메리칸 빌리지'이다.

아메리칸 빌리지는 1981년까지 미군 비행장으로 쓰던 곳을 매립하여 만든 거대한 쇼핑 타운이다. 미국 샌디에이고의 시포트 빌리지를 모델로 만들어졌다. 35만 평 대지 위에 가게 100여 개와 60여 개 식당이 들어서 있다. 아메리칸 데포, 데포 아일랜드 쇼핑센터, 이온 쇼핑몰, 미하마 7플렉스 영화관, 베셀 호텔 캄파나 오키나와, 힐튼 오키나와, 차탄 리조트 등이 빌리지 안에 자리 잡고 있다.

빌리지 안으로 들어서면 다른 세상이 펼쳐진다. 여기저기 성조기가 걸려 있고, 미국 브랜드숍이 가득한 게 일본이 아니라 미국의 어느 쇼핑 거리를 걷는 기분이 든다. 리바이스, 폴로, NBA나 MLB 유니폼, 중고 운동화나 가방이 넘쳐난다. 식당도 햄버거, 피자, 멕시칸 타코 등 이국의 음식을 파는 곳이 많다.

쇼핑센터를 지나 해안가 쪽으로 걸어가면 선셋비치가 나온다. 석양이 아름다운 곳으로 유명하며, 해수욕과 일광욕을 즐기는 사람들에게 인기가 좋다. 주말이 되면 비치 주변에서 크고 작은 행사들이 열린다. 프리마켓인 '함비 나이트 마켓'을 비롯하여 음악 밴드나 비보이, 아티스트의 공연이 비정기적으로 열린다.

아메리칸 빌리지의 핵심 명소

아메리칸 빌리지는 그 자체로 중부 서해안을 대표하는 여행지이지만,
빌리지 안에는 미술관과 아름다운 해변 등 개별 명소가 있어서 더 매력적이다.
보쿠넨 미술관, 오키나와 차탄 선셋 비치, 미야기 해변 등
아메리칸 빌리지에서 꼭 가야 할 명소를 한데 모아 소개한다.

©오키나와관광청

©오키나와관광청

① 보쿠넨 미술관 ボクネン美術館

쇼핑센터 옆 미술관

데포 아일랜드 바로 옆에는 유선형 건물 '아카라'가 있다. 이 건물의 하이라이트는 보쿠넨 미술관이다. 보쿠넨은 판화가이자 조각가로, 오키나와를 대표하는 예술가 중 한 명이다. 그는 오키나와의 자연에서 영감을 얻어 작업하기로 유명하다. 미술관에서는 그의 매력 있는 작품들을 관람할 수 있다. 입장료가 조금 비싸기는 하지만 미술에 관심이 있는 여행객이라면 가 볼 만하다. 독특한 아카라 건물 또한 보쿠넨이 디자인했다고 전해진다. 건물 안에는 미술관 외에 레스토랑과 다양한 숍도 있다.

구글 좌표 보쿠넨 미술관

沖縄県中頭郡北谷町美浜 9-20 098 926 2764 11:30~20:00(19:30 최종 입장) 휴무 화요일 ¥ 일반 800엔, 대학생 이하 무료

② 트로피칼 비치 トロピカルビーチ

산호모래가 은전처럼 빛나는

1993년 해외에서 산호모래를 사들여 만든 아름다운 인공 비치이다. 아메리칸 빌리지와 이웃해 있어 여행객과 현지 젊은이들이 많이 찾는다. 펜스를 쳐서 수영 존을 설정해 놓아 안전하게 바다를 즐길 수 있다. 다만 수심이 깊지 않아 스노클링이나 해양 스포츠는 즐길 수 없다. 비치 주변에는 오키나와 컨벤션 센터와 호텔들이 들어서 있고, 기노완 해양 공원도 조성되어 있다. 공원 안에는 바비큐 시설, 산책로 등이 잘 꾸며져 있어 쾌적한 여행을 즐기기 좋다. 4월이 되면 오키나와 여름을 알리는 축제인 류큐바다불꽃축제류큐카이엔사이가 열린다. 화려하고 거대한 불꽃이 밤하늘을 장식하는 불꽃 축제로 유명하다.

맵코드 33 403 240*01 구글 좌표 트로피칼 비치

렌터카 나하 공항에서 58번 국도 경유하여 35분 버스 나하 버스터미널에서 26번기노완 나하 A.P선, Ginowan Naha A.P Line, 32번컨벤션센터행 コンベンションセンター 승차하여 컨벤션센터コンベンションセンター 정류장 하차

沖縄宜野湾市真志喜 4丁目 2-1 098 897 2751 09:00~21:30(4월 하순~10월 31일 09:00~19:00에 수영 가능

http://www.ginowankaihinkouen.jp

아메리칸 빌리지 상세지도
하마가와항
58
아쿠아 팰리스 차탄
힐튼 오키나와
차탄 리조트
시사이드스퀘어
하야테마루 라멘
구르메 스시
데포
아일랜드
보쿠넨
미술관
아메리칸 데포
포케 팜
지바고 커피
이온몰
베셀 호텔
더 비치 타워
오키나와
선셋 비치
サンセットビーチ
블루실 아이스크림
58
차탄 종합운동장
차탄 야구장
차탄 테니스코트
아하라 비치
플렉스 바

③ 오키나와 차탄 선셋 비치 北谷公園サンセットビーチ

남태평양 비치처럼 이국적인

아메리칸 빌리지 끝자락에 있는 인공 비치다. 선셋 비치는 아메리칸 빌리지를 더욱 이국적인 곳으로 만들어 준다. 일 년 내내 여행객과 현지인의 발길이 끊이지 않는다. 아메리칸 빌리지에 있는 호텔 투숙객뿐만 아니라 미군, 여행객, 오키나와 시민도 이용한다. 주위 풍경과 국적이 다양한 사람들 덕에 남태평양의 어느 비치에 있는 기분이 든다. 아름다운 석양은 야자나무 실루엣과 어우러져 한 폭의 그림 같은 분위기를 연출한다. 주변 환경이 아름다워 연인들의 데이트 코스로도 인기가 좋다. 최대 수심은 3m이고 방파제가 파도를 막고 있어 수영하기 매우 좋다. 스노클링은 불가하다.

맵코드 33 525 175*48 구글 좌표 오키나와 차탄 선셋 비치

렌터카 나하 공항에서 58번 국도 경유하여 40분 버스 20번, 120번名護西空港線, 나고시공항선, 28번読谷線, 요미탄선 승차하여 미하마아메리칸빌리지이리구치美浜アメリカンビレッジ入口 정류장 하차, 도보 7분 沖縄県中頭郡北谷町美浜 2 098 936 8273 4월 14일~6월 30일 9:00~17:30, 7월~8월 9:00~18:00, 9월 9:00~17:30, 10월 9:00~17:00 편의시설 샤워실 300엔, 코인 보관함 200엔, 주차 무료 http://www.uminikansya.com

④ 미야기 해안 宮城海岸 미야기카이간

해양 스포츠를 즐겨라!

아메리칸 빌리지 북쪽 해변으로, 산책로를 잘 갖추고 있다. 해양 스포츠를 즐길 수 있는 곳으로 유명하다. 다른 해변보다 파도가 높은 편이어서 서프보드를 즐기는 사람들을 쉽게 찾아볼 수 있다. 또 산호 군락지가 넓게 펼쳐져 있어 스노클링을 즐기기도 좋다. 다만 파도가 세고 바위가 많아 바다 지형을 잘 알고 있는 현지인이 많이 즐긴다. 경험이 많은 중급 해양 레포츠 애호가들에게 추천한다.

맵코드 33 584 015 구글 좌표 미야기 해안

렌터카 나하 공항에서 58번 국도 경유하여 45분 버스 20번, 120번名護西空港線, 나고시공항선, 28번読谷線, 요미탄선 승차하여 코쿠다이이리구치 정류장 하차 후 도보 12분 098 926 5678 수영 가능 시기 4월 중순~10월

아메리칸 빌리지의 쇼핑 스폿

아메리칸 데포 アメリカンデポ

아메리칸 스타일 쇼핑 타운

모두 세 개의 동으로 이루어져 있는 쇼핑 타운이다. A, B, C동으로 이루어져 있는데, A동은 오키나와에서 미국 패션과 소품을 가장 많이 취급하고 있는 곳이다. 오키나와 여성들에게 인기 좋은 패션 숍 니코도Nikodo 미하마 점이 있다. B동에는 오키나와 티셔츠 원조 브랜드 하부 박스Habu Box 미하마 점과 아동복 스킵Skip 그리고 식당 등이 있다. C동에는 미국 스타일의 패션과 소품 등을 파는 소호 숍이 있다.

沖縄県中頭郡北谷町美浜 9-2 098 926 0888 매일 10:00~21:00

데포 아일랜드 デポアイランドビル

바다와 맞닿아 있어 더 좋아

형형색색 건축물과 푸른 바다의 조화가 시선을 끄는 쇼핑몰이다. 아메리칸 빌리지 안에서 가장 큰 규모를 자랑한다. 빌딩 9개에 수많은 점포가 미로처럼 연결되어 있다. 아직도 새로운 점포가 계속 문을 열고 있다. 건물이 바다와 맞닿아 있어 더욱 인기가 좋다. 캐주얼 패션 숍, 액세서리 숍, 식당 등이 있다. 해변에서 가까운 덕에 데포 아일랜드 주변에 호텔과 리조트가 많이 들어섰다. 오키나와 차탄 선셋비치가 걸어서 5분 거리에 있다.

沖縄県中頭郡北谷町美浜 9-1 098 926 3322 매일 10:00~21:00

함비나이트마켓 ハムビ夜市

선셋 해변의 낭만 벼룩시장

선셋비치에서 주말마다 열리는 플리 마켓이다. 참여하는 연령대가 다양하여 판매하는 상품 또한 패션, 액세서리, 미군 제품 등 제법 여러 가지다. 한쪽에는 먹을거리와 술을 판매하는 노점상들이 자리 잡고 있어 입까지 즐거워진다. 오키나와 주민과 여행객들이 두루 참여하는데, 색다른 분위기에서 시간을 즐겁게 보낼 수 있다. 아메리칸 빌리지에서 차로 5분 정도 거리에 있다. 선셋비치는 더 비치 타워 오키나와 호텔 뒤쪽이다.

098-936-8997 13:00~22:00

시사이드 스퀘어 シーサイドスクエア

게임 마니아의 천국

남자들이 좋아하는 곳으로, 쉽게 설명하자면 거대한 오락실이다. 일본의 게임 회사 '세가'sega에서 직영하고 있다. 볼링장과 게임센터 등이 있는데, 게임센터에서는 옛날 게임부터 3D 게임까지 다양하게 즐길 수 있다. 요즘 한국에서 유행하는 인형 뽑기 기계, 스티커 기계 등도 즐비하다. 이외에 맥도날드, 라멘 가게, 패션 숍 등이 있다.

沖縄県中頭郡北谷町美浜 9-8 매일 10:00~21:00

아메리칸 빌리지의 맛집과 카페

하야테마루 라멘 追風丸

맛이 깊은 육수와 쫄깃한 면의 콜라보

홋카이도에 본점을 두고 있는 라멘 체인점으로 오키나와에 지점이 5곳이나 있다. 그중 아메리칸 빌리지 시사이드 스퀘어シーサイドスクエア의 차탄점北谷店 인기가 가장 좋다. 이 집의 라멘은 홋카이도산 밀을 사용하여 만드는 데, 오랜 시간 숙성 과정을 거쳐 면발이 탱탱하다. 그래서 툭툭 끊어지는 오키나와 소바를 먹다가 이곳 라멘을 먹으면 깜짝 놀라게 된다. 맛이 깊은 육수와 쫄깃한 면의 조화가 끝내준다. 다양한 라멘 중에서 해물이 듬뿍 들어간 해물스케멘을 추천한다.

맵코드 33 343 859*85 구글 좌표 하야테마루 라멘

아메리칸 빌리지의 시사이드 스퀘어シーサイドスクエア 내에 위치 沖縄県中頭郡北谷町美浜(字) 9-8
098 926 0027 매일 11:00~21:00 휴무 없음 ¥ 1,000엔 안팎

포케 팜 Pocke Farm

햄버거와 타코라이스 즐기기

쇼핑몰 아메리칸 데포 B동American Depot B 앞에 있는 노천 레스토랑으로 간단한 식사를 즐기기 좋은 곳이다. 가게 앞에 다양한 메뉴 사진이 걸려 있고, 여기저기 크고 작은 화분들이 놓여 있어 아열대 분위기를 자아낸다. 가장 유명한 메뉴는 햄버거와 타코라이스이다. 두툼한 쇠고기 패티와 신선한 채소가 입 안에서 녹는다. 멕시코 음식 타코의 오키나와 버전인 타코라이스도 인기가 좋다. 볶음밥, 살사 소스, 채소의 조화가 이색적이다. 이곳에 앉아 식사하고 있으면 미국에 와있는 것 같은 기분이 든다.

구글 좌표 Pocke farm

아메리칸 데포 B동 앞 노천 沖縄県中頭郡北谷町美浜 9-12
080 8581 1405 매일 10:30~20:30 추천메뉴 햄버거, 타코라이스タコライス ¥ 1,000~2,000엔

구르메 스시 グルメ回転寿司市場 구르메 스시

가성비 최고 초밥

아메리칸 빌리지 입구에 우뚝 서 있는 회전 초밥집이다. 아메리칸 빌리지를 찾은 한국 여행객이 꼭 들르는 초밥집이기도 하다. 가게 안에 들어가면 여기저기서 들려오는 한국말이 정겹다. 모든 테이블에 주문용 모니터가 있으며, 한국어도 있어 주문하기 쉽다. 접시당 가격도 저렴한 편이다. 스시 마니아라면 조금 아쉬울 수는 있지만, 한국의 초밥보다는 훨씬 맛있다. 가성비 최고의 초밥집이다.

맵코드 33 526 459*37 구글 좌표 구루메스시

아메리칸 데포 B동에서 동쪽으로 도보 4분
沖縄県中頭郡北谷町美浜2丁目4-5 オアシス美浜ビル 098 926 3222
11:30~22:00(브레이크 타임 14:00~16:30) 휴무 수요일

블루실 아이스크림 차탄점 ブルーシール, 北谷店

달콤한 자색 고구마 아이스크림

블루실Blue Seal은 오키나와 아이스크림 브랜드이다. 자색 고구마로 만든 '베니이모'가 가장 대표적인 아이스크림이다. 아메리카 빌리지 근처에 3개 지점이 있다. 차탄점이 주차하기에 용이하다. 데포 아일랜드 D동Depot Island D 2층과 해변 쇼핑몰 데포 아일랜드 시사이드Depot Island Seaside 2층에도 직영점이 있다.

맵코드 33 526 105*43 구글 좌표 Blue Seal chatan

구르메스시에서 남동쪽으로 도보 3분
沖縄県中頭郡北谷町美浜1丁目 5-8 098 936 9659
11:00~22:00(브레이크 타임 화~토 12:30~18:00, 일 14:30~18:30)
휴무 월요일

고디즈 ゴーディーズ

미군도 인정한 햄버거

아메리칸 빌리지 인근에서 햄버거가 가장 맛있는 곳이다. 외국인 주택을 개조해 분위기가 이국적이다. 건물 앞 빨간 문을 보는 순간 새콤한 케첩과 햄버거가 연상된다. 직접 숯불에 구워내는 오키나와 소고기 수제 패티가 아주 맛이 좋다. 입속에서 터지는 육즙과 풍미가 일품이며 야채도 신선하다. 주인이 영어에 능숙하다.

맵코드 33 584 567*25 구글 좌표 고디즈

①아메리칸 빌리지에서 북쪽으로 렌터카로 10분 ②나하 공항에서 58번 국도 경유하여 렌터카로 45분 沖縄県中頭郡北谷町砂辺 100 098 926 0234
매일 11:00~20:00 휴무 수요일 ¥ 830엔(햄버거)

마루가메제면 차탄점 丸亀製麺 北谷店 마루가마세멘 차탄텐

일본의 대표적인 우동 전문점

아메리칸 빌리지 북쪽 차탄 어항 근처에 있다. 세계 최대 사누키 우동 전문 브랜드로 한국에도 13개 지점이 있다. 사누키 우동은 굵은 밀가루 국수로 일본 카가와 현이 고향이다. 카가와 현은 벼농사를 짓기에는 강우량이 부족해 밀 농사를 많이 짓는데, 예전부터 밀가루 국수가 맛있기로 유명한 곳이다. 우동의 면이 쫄깃하고 식감이 살아있다. 주문부터 계산까지 셀프로 진행된다. 우동의 종류, 면발의 굵기, 육수의 종류를 손님이 선택하면 면을 뽑아 조리한다. 주먹밥, 튀김 같은 메뉴도 있다.

맵코드 33 555 416*2 구글 좌표 마루가메제면 차탄점

①아메리칸 빌리지에서 북쪽으로 도보 10분 ②아메리칸 빌리지에서 북쪽으로 렌터카로 4분 ③나하 버스터미널에서 120번 버스 승차하여 미하마아메리칸빌리지이리구치美浜アメリカンビレッジ入口 정류장 하차, 도보 14분 沖縄県中頭郡北谷町美浜 3丁目 6-3 098 936 1310 매일 11:00~22:00 ¥ 닭튀김우동 890엔 https://stores.marugame.com

안안 차탄점 安安 北谷店

마블링이 끝내주는 일본 와규

아메리칸 빌리지 남쪽 아라하 비치Araha Beach 근처에 있는 와규 전문점이다. 와규는 마블링 함량이 높은 편이라 부드럽고 육즙이 많다. 안안 차탄점은 우리나라 고깃집과 분위기가 상당히 비슷하다. 우리처럼 연기를 흡입하는 기계 장치가 있는 불판 위에서 고기를 굽는다. 고기는 부위별로 판매한다. 생고기구이보다 주로 양념해서 먹는데, 양념의 종류가 많다. 고기는 접시당 판매한다. 한 접시에 몇 점 나오지 않아 한국 여행객은 당황할 수 있지만, 부위별로 다양하게 주문할 수 있다는 장점도 있다. 돼지고기도 판매하며, 주차장이 넓어서 좋다.

맵코드 33 466 731*42 구글 좌표 AnAn Chatan Branch

①아하라 비치에서 도보 1분 ②아메리칸 빌리지에서 남쪽으로 렌터카로 8분 ③나하 공항에서 58번 국도 경유하여 렌터카로 50분 沖縄県中頭郡北谷町北谷 2丁目 13-6 098 936 0119 월~토 17:00~05:00 일 11:30~05:00
¥ 샐러드 429엔, 소고기 319엔(한 접시)부터

플렉스 바 차탄 Flex Bar Chatan

흥겨운 레게음악과 자메이카 요리

아메리칸 빌리지 남쪽 아라하 비치Araha Beach 주변에 있는 자메이카 레스토랑 겸 바이다. 자메이카에서 직접 공수한 향신료와 소스를 신선한 닭고기와 돼지고기에 재워 가게 앞에서 구워낸다. 닭고기, 돼지고기로 만든 데모든 그릴이 정말 맛있다. 자메이카의 향신료와 어우러져 짭짤하면서 고소하다. 그릴에 구운 고기가 카레와 함께 나오는 그릴 카레도 추천한다. 쫀득한 빵인 자메이카 도넛을 카레에 찍어 먹으면 맛이 그만이다. 도넛은 그릴 메뉴에는 포함되어 나오지만, 그릴 카레에는 포함되지 않으므로 따로 주문해야 한다.

맵코드 33 496 253*82 구글 좌표 Flex Bar Chatan

①아메리칸 빌리지에서 렌터카로 남쪽으로 6분 ②나하 공항에서 58번 국도 경유하여 렌터카로 45분
沖縄県中頭郡北谷町北谷 2丁目 20-5 098 926 0470 화·목 16:30~23:00 금~월 12:00~14:30 16:30~23:00(라스트 오더 22:00까지) 휴무 수요일 https://www.bar-flex.com

지바고 커피 웍스 오키나와 ZHYVAGO COFFEE WORKS OKINAWA

킨포크의 도시 포틀랜드에 온 듯한

아메리칸 빌리지에서 서쪽으로 걸어가면 거짓말처럼 갑자기 망망대해가 펼쳐진다. 바다를 바라보고 있노라면 자연스레 커피 한잔이 떠오르는데, 지바고 커피 웍스 오키나와는 그럴 때 가기 좋은 곳이다. 콘셉트는 미국의 포틀랜드다. 일본인인 주인장은 포틀랜드 여행 중 풍부한 자연과 여유로운 라이프스타일에 크게 감명받고 돌아와, 2014년 포틀랜드풍 카페 를 오픈했다. 안으로 들어가면 스타일리시한 주인장이 반갑게 인사를 건넨다. 멋스럽게 꾸며진 카페에서 푸른 바다를 바라보며 마시는 커피 한잔은 감동적이기까지 하다.

맵코드 098 989 5023 구글 좌표 지바고 커피 웍스 오키나와

①아메리칸 빌리지에서 서쪽으로 도보 7분 ②선셋비치에서 도보 3분 ③나하 공항에서 58번 국도 경유하여 렌터카로 55분
沖縄県中頭郡北谷町美浜 9-46 distortion seaside 1층 098 989 5023 매일 08:00~20:00
http://zhyvago-okinawa.com

요미탄 도자기 마을 やちむんの里 요미탄 야치문노 사토

맵코드 33855380*52 구글 좌표 요미탄 도자기 마을

렌터카 나하 공항에서 58번 국도 경유하여 1시간 버스 나하 버스터미널에서 120번名護西空港線, 나고시공항선 탑승하여 오야시이리구치親志入口 정류장 하차 후 도보 14분 沖縄県中頭郡読谷村座喜味 2653-1 098 958 4468
매장마다 다름(홈페이지 참조) http://www.tabi-yachimun.jp

애니메이션에서 나오는 판타지 마을 같은

오키나와 도자기 '야치문'을 만들어 내는 상징적인 곳이다. 야치문의 고향은 원래 나하의 츠보야 야치문 거리였다. 나하시가 점점 도시화 되자, 1974년 오키나와 최초의 인간문화재 지로 씨가 숲과 나무가 많아 도자기 만들기에 좋은 조건을 갖춘 요미탄손読谷村으로 가마를 옮겼다. 시간이 흐른 뒤 도예가들이 하나, 둘 모이기 시작하며 요미탄 도자기 마을이 형성되었다. 큰 가마가 여럿 있는데, 요미탄 잔야키北窯売店·요미탄 쓰보야야키·유탄자야키·기타 가마 등이 대표적이다. 요미탄 도자기 마을은 유명세와 달리 한적한 편이다. 길 양옆으로 공방과 숍이 드문드문 자리 잡고 있다. 요미탄 잔야기 공방에 가면 가마가 있어 함께 둘러보기 좋다. 작업하는 모습을 지켜볼 수 있으며, 운이 좋으면 가마 온도를 높이고 있는 장인을 만날 수도 있다. 그 모습은 신비롭게 느껴지며, 마치 미야자키 하야오의 애니메이션 <하울의 움직이는 성>에서 불을 피워 거대한 성을 움직이던 사람들처럼 보이기도 한다. 사진 촬영은 미리 물어보고 하는 게 좋다.

ⓒ오키나와관광청

One More 꼭 가야 할 도자기 마을의 맛집과 숍

① 우민츄 식당 海人食堂

막 잡은 싱싱한 해산물 맛보기

요미탄 촌 도야都屋 항에 있다. 항구의 부설 직판장 겸 식당이다. 건물 1층에서는 생선, 튀김, 포장 생선회 등을 판매하고 2층은 식당가이다. 음식은 가격이 합리적인 데다 당일 잡아 온 해산물이라 신선도가 뛰어나다. 참치와 문어, 오징어 등을 밥 위에 얹어 내오는 해물덮밥 우민추동이 인기 메뉴이다. 저렴한 가격으로 해산물 요리를 마음껏 즐기기 좋다. 1층에서 구매한 해산물을 2층에 가지고 올라와 먹을 수도 있다.

맵코드 33 792 301*45 구글 좌표 우민츄 식당

①요미탄 도자기 마을에서 서남쪽으로 렌터카로 15분 ②아메리칸 빌리지에서 58번 국도 경유하여 북쪽으로 렌터카로 30분 沖縄県中頭郡読谷村都屋 33
098 957 0225 매일 11:00~15:00 http://www.yomitangyokyou.com

② 요미탄 자카키 공동 직판장 読谷山焼窯共同売店

도자기 마을에서 가장 유명한

야마다 신만, 요미네 짓세이, 다마모토 데루마사, 긴조 메이코 등 네 장인의 작품을 판매하는 곳이다. 요미탄 도자기 마을에서 가장 유명한 숍이자 상징으로 여겨지는 곳이다. 빨간 지붕에 돌벽으로 이루어진 건물이 주변 풍경과 어우러져 고즈넉한 분위기를 자아낸다.

매일 10:00~17:00

③ 요미탄 잔야기 기타 가마 매장 北窯売店

세련되고 예술성 깊은

요미탄 잔야키 기타 가마의 직판점으로 야기 마사타카, 요나하라 마사모리, 마쓰다 요네시, 마쓰다 교지 등 4명의 작품을 판매한다. 전통색이 짙은 도자와 화려하지 않지만 세련된 도자가 많다. 대중성보다는 예술성에 가깝다는 평을 듣고 있다.

9:30~13:00, 14:00~17:30 휴무 부정기

④ 갤러리 우쓰와야 常秀工房 쓰네히데 공방

아기자기해서 여심을 자극한다

여성들에게 가장 인기가 많은 공방이자 숍이다. 전통 기법을 사용하면서도 현대적인 느낌이 나는 츠보야로 유명하다. 물방울 패턴이 들어간 접시, 손바닥 크기의 주전자 등 아기자기한 도자들이 많다.

09:00~18:00 휴무 부정기

자키미 성터 座喜味城跡 자키미조시아토

맵코드 33854428*55 구글 좌표 자키미 성터

렌터카 나하 공항에서 오키나와자동차도로沖縄自動車道와 58번 국도 경유하여 1시간 버스 나하 버스터미널에서 28번 버스 탑승 후 우자코민칸메에宇座公民館前 정류장 하차(1시간 10분 소요), 도보 22분. 혹은 나하 버스터미널에서 29번 승차하여 우에치 정류장 하차(1시간 10분 소요), 도보 15분 沖縄県中頭郡読谷村座喜味 7086 098 958 3141

¥ 입장료 무료 https://bunka.nii.ac.jp/heritages

세계문화유산, 작은 수원 화성 같은

요미탄 도자기 마을 서쪽에 있다. 12번 현도県道를 경유하여 차로 6~7분이면 닿을 수 있다. 중부를 대표하는 성곽 중 한 곳으로, 유네스코 세계문화유산이다. 15세기 전반에 해발 125m의 언덕에 성을 쌓았다. 이 성을 만든 이는 오키나와가 통일되기 전인 삼산 시대 최고의 건축가이자 장군이었던 고사마루護佐丸이다. 그는 북부의 나키진 성을 보고 충격받아, 나키진을 뛰어넘는 걸작을 만들기 위해 자키미를 축성했다.

자키미는 나키진보다 훨씬 작은 성이다. 하지만 성곽은 매우 단단하고 두껍다. 틈이 전혀 없어 촘촘한 직물처럼 정교하다. 작은 수원 화성처럼 보이기도 한다. 성에 오르면 날씨가 좋은 날에는 슈리성과 나하, 저 멀리 서해의 게라마 제도까지 눈에 들어온다. 또 고즈넉한 요미탄손読谷村의 마을 풍경도 마음 넉넉히 담을 수 있다. 아름다운 석양을 볼 수 있는 곳으로도 유명하며, 고즈넉한 분위기 덕에 오키나와 연인들의 데이트 장소로도 손꼽힌다.

잔파곶 残波岬 잔파미사키

맵코드 1005 685 416*21 구글 좌표 잔파곶

렌터카 나하 공항에서 1시간 10분 버스 나하 버스터미널에서 28번 버스 탑승하여 요미탄 버스터미널読谷バスターミナ 하차 후 택시로 8분 이동 沖縄県中頭郡読谷村宇座 1861 098 958 3041 등대 3~9월 토·일 09:30~17:30, 평일 09:30~1:30 10~2월 09:30~16:30 ¥ 입장료 무료(등대 300엔)

석양, 등대 그리고 슬픈 로맨스

오키나와 본섬 중부 서쪽 맨 끝에 있는 곳으로, 서해안의 대표적인 경승지로 꼽힌다. 30m 높이의 산호초 절벽이 2km 정도 이어진다. 일본의 슬픈 로맨스 영화 <눈물이 주룩주룩>에서 남녀 주인공이 하얀 등대가 있는 푸른 초원에서 비를 맞으며 길을 잃고 헤매는 장면이 나오는데, 그곳이 잔파곶이다. 파도가 힘차게 몰려오다 기하학적으로 깎아지른 산호초 절벽에 부딪히며 산산이 부서진다. 절벽 위의 하얀 등대는 잔파곶의 뷰 포인트다. 멀리서 보면 에메랄드빛 바다와 절벽 그리고 하얀 등대가 한 폭의 그림 같다. 절벽 중앙부에는 근엄하게 오른팔을 쭉 뻗어 하늘을 가리키고 있는 동상이 있는데, 이 동상의 주인공은 14세기 류큐 시절 중국과 정식 교역을 이끌어낸 '다이키'라는 호족이다. 여행객들은 이 동상 옆에 서서 다이키와 비슷한 포즈로 사진을 찍으며 여행의 추억을 남긴다. 그밖에 잔파곶 주변에는 마린 스포츠를 즐기기 좋은 잔파 비치, 레스토랑과 휴게소를 갖추고 있는 잔파 미사키 공원이 있다. 잔파곶은 오키나와에서 석양이 가장 아름다운 곳으로도 꼽힌다.

Travel Tip

버스 카페에서 자색 고구마 아이스크림을 맛보자

잔파곶 입구에는 버스 카페 긴조파라金城パーラー가 있다. 오키나와의 명물 자색 고구마 아이스크림과 햄버거 등을 판매한다. 산책 후에 휴식 취하기 좋다. 잔파곶은 바람이 많이 불고 길이 험한 곳이므로 바람막이 외투와 편한 신발을 꼭 준비하자. 또 햇빛이 무척 강한 편이다. 선크림과 모자를 준비하는 것도 잊지 말자.

©오키나와관광청

One More — 잔파곶 주변의 해변 베스트 3

요미탄손読谷村은 서해안에서도 바다가 아름답기로 손에 꼽힌다. 요미탄이 품은 해수욕장만 해도 10여 개나 된다. 해변이 모두 독특하고 매력적이지만, 그중에서도 특별히 아름답고 인기가 많은 해변 3곳을 엄선해 소개한다.

©오키나와관광청

① 잔파 비치 残波ビーチ

호수처럼 잔잔한 액티비티 천국

잔파곶 바로 남쪽에 있다. 고운 모래와 에메랄드빛 바다가 아름답다. 거친 파도를 잔파곶 절벽이 막아줘 바다지만 호수처럼 잔잔하다. 어린아이들이 놀기 좋아 가족 여행객에게 특히 인기가 좋다. 비치 주변에는 호텔 외에는 특별한 시설이 없어서 분위기가 조용하고 평화롭다. 바다 최대 수심은 2.5m 정도이다. 여름에는 수상스키, 웨이크 보드, 스노클링 등 다양한 해양 레저 스포츠를 즐길 수 있다. 샤워실, 탈의실 등이 잘 갖춰져 있다.

맵코드 1005 656 693*20 구글 좌표 잔파 비치

렌터카 나하 공항에서 오키나와자동차도로沖縄自動車道와 58번 국도 경유하여 1시간 10분 버스 나하 버스터미널에서 28번 탑승하여 요미탄 버스터미널読谷バスターミナ 하차. 택시 8분 読谷村字宇座 193 098 958 3833
4월~10월 09:00~18:00, 11월~3월 09:00~17:00

② 니라이 비치 ニライビーチ

©오키나와관광청

스노클링, 형형색색 산호와 물고기

2014년 일본 환경부가 실시한 수질 조사에서 AA를 받았을 정도로 깨끗하고 맑다. 호텔 닛코아리비라Nikko Alivila, ホテル日航アリビラ에서 운영하는 비치지만, 투숙객이 아니더라도 무료로 사용할 수 있다. 곱고 하얀 모래 해변은 보는 것만으로 마음이 설렌다. 자연 해변 끝에 커다란 암석이 있어 더욱 아름답다. 물이 빠지는 간조기에 스노클링을 즐기기 좋다. 형형색색 산호와 아열대 물고기를 구경할 수 있다. 물이 차는 만조에는 카약, 스키 보트 등 해양 레저를 즐기기 좋다. 호텔이 관리해서 해변이 깔끔하며, 해파리 방지 그물도 있어 안심하고 물놀이를 즐길 수 있다. 이곳은 바다거북의 산란 장소이다. 산란기에는 출입 금지 구역이 만들어지기도 한다. 닛코아리비라 호텔 옆에는 예쁘고 멋진 교회Alivila Glory Church가 있다. 멋진 인증 샷을 남기고 싶으면 이곳으로 가면 된다.

맵코드 33 881 090 구글 좌표 니라이 비치

렌터카 나하 공항에서 오키나와자동차도로 경유하여 1시간 10분 버스 나하 공항에서 리무진 버스 B노선을 타고 호텔닛코아리비라ホテル日航アリビラ-ヨミタンリゾー 에서 하차 沖縄県中頭郡読谷村儀間 600 098 982 9622
4월 1일~7월 15일·9월 9:00~18:00, 7월 16일~8월 8:30~18:30, 10월 1일~10월 15일 9:00~17:30, 10월 16일~10월 31일 9:00~17:00, 11월~3월 9:00~16:30 ¥ 편의시설 이용료 샤워실 300엔(3분), 보관함 200엔 해양 스포츠 비용 스노클링 투어 4,500엔(1시간), 웨이크보드 6.500엔(30분), 드래곤보트 2,300엔(10분, 4세 이상) http://www.alivila.co.jp/aboutus/nirai-beach.html

③ 도구치 비치 渡具知ビーチ

석양을 바라보며 바비큐 파티를

도구치 비치는 요미탄의 도마리구시쿠 공원 안에 있는 천연 비치다. 1945년 이곳에서 미군이 오키나와 상륙 작전을 펼쳤다. 해변에 '미군 상륙의 비'가 세워져 있다. 중부 서해안에서 현지인들이 가장 애용하는 자연 비치 중 한 곳으로, 물결의 투명도가 좋고 파도가 적다. 리조트와 레저시설은 없고 바비큐 시설과 잔디 광장 등 편의시설은 잘 갖추고 있다. 바비큐 시설은 예약해야 사용할 수 있다. 해변은 크지 않아 분위기가 소박하다. 수심이 깊지 않아 스노클링을 즐길 수 없다. 바비큐 시설을 이용할 수 있는데, 예약하면 고기뿐만 아니라 각종 소스와 바비큐 도구를 사용할 수 있다. 5인(중학생 이상)부터 예약할 수 있고, 1인당 가격은 2,950엔이다. 예약은 홈페이지에서 하면 된다. 동중국해 쪽으로 지는 석양을 바라보며 비치 파티를 즐기기에 최적의 장소다.

맵코드 33 703 235*50 구글 좌표 Toguchi Beach

나하 공항에서 오키나와자동차도로沖縄自動車道 혹은 58번 국도 경유하여 렌터카로 1시간 沖縄県中頭郡読谷村渡具知 228 098 982 8877 ¥ 편의시설 이용료 샤워실 500엔(3분), 보관함200엔 https://www.okinawa-pork-village.com(예약)

반주테이

자색 고구마로 만든 수제 소바

반주테이는 오키나와의 명물 자색 고구마로 면을 만드는 소바 가게이다. 이곳의 자색 고구마 소바 '베니자루'는 뜨거운 육수가 아니라 일본의 메밀 소바처럼 차갑게 먹는다. 일본에서는 자색 고구마 소바를 '자루 소바'라고도 하는데, 면 굵기는 메밀 소바와 비슷하지만, 소바 면보다 훨씬 쫄깃하고 탱탱해 아주 맛있다. 진한 국수장국을 살짝 묻혀 먹는데 간이 적당하고 시원하여 오키나와의 더운 날씨와도 잘 어울린다. 그 외 다양한 오키나와 소바를 판매한다. 자키미 성터와 요미탄 도자마을과 가까우며, 주차장이 넓어 이용하기 좋다.

맵코드 33 826 453*41 구글 좌표 번소정

①요미탄 도자기 마을에서 남쪽으로 도보 17분, 렌터카로 5분 ②자키미 성터에서 동남쪽으로 12번 현도 따라 렌터카로 10분 ③류큐무라에서 렌터카로 남서쪽으로 6~8분 沖縄県中頭郡読谷村喜名 473 098 958 3989 11:00~21:00(화요일 11:00~~16:00) 브레이크 타임 15:30~17:30 휴무 수요일

멘야 하치렌 麺屋はちれん

흥이 넘치는 경쾌한 라멘집

오키나와에서 가장 유쾌한 라멘집이다. 가게 앞 티켓 자판기에서 원하는 메뉴를 선택하고 동전을 넣으면 티켓이 나온다. 티켓을 들고 들어가면 주인과 직원이 디스코 리듬을 타며 라멘을 만든다. 주방이 바 바로 앞에 있어 그 모습을 즐겁게 지켜볼 수 있다. 분위기 덕에 라멘 맛이 더욱 좋다. 면발은 탱탱하고 쫄깃하다. 국물은 돼지를 오랜 시간 고아 깊은 맛이 느껴지며, 부드러운 짠맛과 은은한 단맛이 어우러져 감칠맛이 난다. 면과 국물을 따로 먹는 국수 츠케멘つけめん도 아주 맛있다. 일본 단골손님뿐 아니라 미군 단골손님도 많다.

맵코드 33856068 구글 좌표 멘야 하치렌

①요미탄 도자기 마을에서 남쪽으로 렌터카로 7분 ②자키미 성터에서 남쪽으로 렌터카로 6분 ③류큐무라에서 렌터카로 남서쪽으로 10분 沖縄県中頭郡読谷村喜名 2346-11 098 958 6471 매일 11:00~15:00(라스트 오더 14:30)
추천메뉴 라멘らーめん, 쓰케멘つけめん ¥900엔부터

스이엔 屋水円

자키미 성터 앞 숲속 베이커리

동화 속 빵집 같은 베이커리이다. 자키미 성터 남쪽 작은 오르막길 오른쪽 숲길로 접어들면 우거진 숲을 지나 작은 정원이 있는 아담한 오두막 같은 민가가 나타난다. 스이엔은 오키나와에서도 유명한 베이커리다. 일단 빵이 독특하다. 밀가루와 효모, 물, 소금만을 이용해 만드는데, 심플하고 맛있다. 온도를 조절하면서 천천히 발효시켜 만든 빵의 종류는 15개이다. 유기농 코코넛 빵과 오키나와 시나몬롤이 대표적인 메뉴이다. 많이 만들지 않아 금방 팔리므로 오픈 시간에 맞춰가는 것이 좋다. 주인이 기르는 당나귀가 있는 빵집으로도 유명하다.

맵코드 33 854 097*73 구글 좌표 스이엔 베이커리

①아메리칸 빌리지에서 북쪽으로 렌터카로 26분 ②자키미 성터에서 남쪽으로 도보 5분 沖縄県中頭郡読谷村座喜味 367 098 958 3239 10:30~17:30 휴무 월~수요일 http://www.suienmoon.com

추루카메도 젠자이 鶴亀堂ぜんざい

장난감 구경도 하고, 젠자이도 먹고

자키미 성터 입구에 있는 작고 귀여운 젠자이 전문점이다. 얼핏 보면 장난감 가게 같다. 가게 안에 일본 만화 주인공 울트라맨, 도라에몽, 슈퍼마리오 등 장난감이 가득하다. 장난감들의 크기는 손가락만 한 것부터 어린아이만 한 것까지 아주 다양하다. 테이블 두세 개와 바가 전부인 작은 젠자이 전문점이지만 오키나와에서는 꽤 유명한 곳이다. 시간을 들여 조린 단팥죽과 부드럽게 간 얼음이 조화를 이루며 입에서 살살 녹는다. 딸기, 레몬, 멜론 시럽을 사용한 젠자이 등 종류도 다양하다. 메뉴판에 사진이 있어 주문하기 쉽다.

맵코드 33854428*55(자키미 성터) 구글 좌표 Tsurukamedo Zenzai

①아메리칸 빌리지에서 58번 국도 경유하여 북쪽으로 렌터카로 26분 ②요미탄 도자기 마을에서 서쪽으로 렌터카로 9분 ③잔파곶에서 동남쪽으로 렌터카로 12분 沖縄県中頭郡読谷村座喜味 248-1 098 958 1353 11:00~17:00 휴무 수요일

류큐무라 琉球村

맵코드 206 033 067*77 구글 좌표 류큐무라

렌터카 나하 공항에서 오키나와자동차도로沖縄自動車道 경유하여 1시간 20분 버스 나하 버스터미널에서 120번名護西空港線 나고시공항선 승차하여 류큐무라琉球村 정류장 하차(1시간 15분 소요) 沖縄県国頭郡恩納村山田 1130
098 965 1234 10월~6월 08:30~17:30(마지막 입장 17:00), 7월~9월 09:00~18:00(마지막 입장 17:30)
공연 북춤 10:00, 12:00, 14:00, 16:00 휴무 연중무휴 ¥ 입장료 성인 1,500엔, 고등학생 1,200엔, 초·중학생 600엔, 5세 이하 무료 https://www.ryukyumura.co.jp/ko/

류큐로 가는 타임머신을 타자

류큐무라는 중부를 대표하는 민속촌으로, 류큐 마을을 재현한 공간에서 공방과 민속 공연, 전통 음식까지 체험할 수 있는 곳이다. 류큐 전통 의상 우치나가이스를 입고 기념 촬영도 할 수 있다. 또 100년 이상 된 민가 7채를 옮겨와 재현해 놓았으며, 민가에서 당시의 생활상을 엿볼 수 있다. 특히 니시이시가키西石垣 고택은 류큐 전통 음악과 무용 공연으로 여행객들의 발길을 잡는다. 류큐무라의 백미는 류큐 시대를 재현한 퍼레이드와 공연이다. 시간에 따라 다양한 퍼포먼스가 열린다. 가장 흥미로운 것은 역동적이고 경쾌한 류큐 전통 무용이다. 분위기가 무르익으면 북을 어깨에 메고 춤을 추는 남자들이 등장한다. '에이사'エイサー라 불리는 북춤으로, 음력 7월 15일 오키나와 최대 명절인 '오봉'백중맞이 때 추는 춤이다. 원래 청춘남녀가 마을을 돌며 각 가정의 무병장수를 기원하는 춤이었다. 공연이 끝나면 배우들이 관람객과 함께 춤을 추고, 사진 촬영도 한다.

One More

체험 여행을 더 깊이 즐기고 싶다면

무라사키무라 体験王国むら咲むら

중부에 있는 또 다른 민속촌이다. 요미탄손에 위치한 이 민속촌은 류큐 시대를 재현한 류큐무라와 비슷한 테마파크이지만 유리공예, 도자 만들기, 전통 무용 같은 프로그램에 직접 참여할 수 있는 체험 중심 테마파크다. 오키나와 방언 교실도 마련되어 있다. 오키나와의 전통과 문화를 더 깊이 체험하고 싶은 여행자라면 무라사키무라를 추천한다. 여행이 더 풍부하고 입체적으로 기억될 것이다.

맵코드 33851317*30 구글 좌표 체험왕국 무라사키무라

렌터카 나하 공항에서 58번 국도 혹은 오키나와자동차도로沖縄自動車道 경유하여 1시간~1시간 5분 버스 나하 버스터미널에서 28번読谷線 요미탄선 승차하여 우후도大当 정류장(1시간 20분 소요) 하차, 북서쪽으로 도보 14분

沖縄県中頭郡読谷村高志保 1020-1 098 958 1111 09:00~18:00(연중무휴) ¥ 입장료 성인 600엔, 중·고등학생 500엔, 초등생 400엔 https://www.murasakimura.com

비오스의 언덕 ビオスの丘 비오스노 오카

맵코드 206 005 115*02 구글 좌표 비오스 힐

나하 공항에서 오키나와자동차도로 경유하여 렌터카로 1시간 沖縄県うるま市石川嘉手苅 961-30
098 965 3400 09:00~17:30(16:15까지 입장) 휴무 화요일 ¥ 입장료 중학생 이상 1,800엔, 4세~초등학생 900엔, 4세 미만 무료(유람선 포함 요금임, 홈페이지에서 예매하면 10% 할인) 체험 요금 **물소 체험** 중학생 이상 1,200엔, 어린이(4세~초등학생) 650엔 **카누 체험** 중학생 이상 1,500엔, 어린이(4세~초등학생) 800엔 http://www.bios-hill.co.jp

ⓒ우루마시관광협회

보트 타고 아열대 숲속으로

오키나와 내륙에는 정글 같은 숲이 많다. 1년 내내 푸른 숲은 정령이 살아있는 듯 신비롭기 그지없다. 한 번쯤 숲 여행을 하고 싶다면 중부에 있는 비오스 언덕을 추천한다. 오키나와 본섬의 아열대 자연환경을 재현한 테마파크로, '비오스'란 그리스어로 생명 혹은 목숨을 뜻한다. 테마파크지만 식상하지 않은 아름다운 수목원이다. 10만 평이 넘는 대지는 '자연과 만남'을 주제로 구성되어 있다. 가장 인기가 좋은 프로그램은 호수 유람선을 타고 '우후타치구무'라는 습지를 관람하는 것이다. 한국어 서비스가 없어 아쉽지만, 가이드가 동승한다. 독특한 숲에서 유람선을 타고 있으면 마치 정글 탐험대가 된 것 같은 기분이 든다. 물소와 물고기 떼가 가득한 1km 구간을 25분 동안 관람한다. 습지 탐험을 하는 동안 류큐 전통 의상을 입은 무용수의 오키나와 전통춤 공연도 볼 수 있다. 약 30분 동안 카누를 타고 직접 노를 저으며 호수의 아름다움을 만끽할 수도 있다. 그 밖에 염소에게 먹이 주기, 물소가 끄는 마차 타기, 미니 기차 타기 같은 프로그램이 있어 가족 여행객에게 인기가 좋다.

마에다곶과 푸른 동굴 真栄田岬&青の洞窟 마에다미사키&아오노도우쿠츠

맵코드 206 065 685*71 구글 좌표 오키나와 푸른동굴

렌터카 나하 공항에서 330번 국도와 오키나와자동차도로를 경유하여 1시간~1시간 10분, 아메리칸 빌리지에서 30분 버스 나하 버스터미널에서 120번名護西空港線 나고시공항선 승차하여 구라하久良波 정류장 하차, 도보 13분 沖縄県国頭郡恩納村字真栄田 469-1(주차장) 098 982 5339 주차장 07:00~19:00(연중무휴) 휴무 화요일 ¥ 편의시설 이용 요금 샤워장 200엔, 코인 로커 100엔 주차비 시간당 100엔 http://www.maedamisaki.jp

©오키나와관광청

©오키나와관광청

©오키나와관광청

환상, 환상! 오키나와 최고의 스노클링 스폿

마에다곶은 오키나와 중부 온나恩納에 있는 산호초 지대다. 산호가 융기해 생긴 절벽이 절경을 연출한다. 또 바다는 오키나와 최고의 투명함을 자랑한다. 절벽 위에서는 아름다운 풍광을 감상하고 절벽 아래서는 최고의 바다를 온몸으로 체험할 수 있다. 절벽에서 바다로 내려갈 수 있는 계단이 있다. 아래로 내려가면 에메랄드빛 바다가 끝없이 펼쳐진다. 20m 전방까지 산호초로 이루어져 있어서 수심이 얕고 파도가 심하지 않다. 조금 더 바다로 나아가면 산호 지대가 끝나고, 수심 7m가 넘는 바다가 나타난다. 이런 조건 때문에 스노클링과 다이빙 애호가들에게 성지로 추앙받고 있다. 디즈니의 애니메이션 <니모를 찾아서>의 주인공 '쿠마노미'를 비롯하여 다양한 아열대 물고기도 만날 수 있다. 마에다곶의 백미는 오키나와어로 '쿠마가 가마'クマガ－ガマ 라고 불리는 '푸른 동굴'이다. 길이는 38m이고 가로 폭은 3~6m 정도이다. 푸른 동굴에서는 말과 글로는 다 형용할 수 없는 아름다운 바다를 볼 수 있다. 해양 액티비티를 즐기기에 이보다 더 좋은 곳은 없다.

Travel Tip — 스노클링 제대로 즐기는 방법

마에다곶에서 해양 스포츠를 즐기려면 그곳 지형을 잘 아는 다이빙 숍을 이용하는 것이 중요하다. 스노클링과 다이빙 초보자라도 쉽고 편하게 즐길 수 있도록 설명해 준다. 예약하는 게 좋지만, 성수기 때에는 힘들 수도 있다. 날씨가 좋지 않은 때는 바다 출입이 금지되므로 업체에 확인하고 예약하는 것은 필수이다. 푸른 동굴 인근의 바다는 바람과 파도가 센 편이라 종종 관리사무소에서 출입을 금하기도 한다. 예약하면 집결지는 대부분 마에다곶 주차장이다. 가격은 다이빙 시간에 따라 3,500~5,000엔, 스노클링+다이빙은 10,000엔 안팎이다. 현금을 준비하자.

©오키나와관광청

① 핑크 머메이드 Pink Mermaid

스쿠버 다이빙, 스노클링 전문 숍이다. 마에다곶 주차장에 숍 트럭이 상시 대기 중이다. 일본뿐 아니라 해외 여행객도 많이 찾는다. 한 강사가 한 팀을 전담하며, 수중 촬영 서비스도 해준다.

집합 장소 沖縄県国頭郡恩納村真栄田 469-1 ☎ 090 4513 0892 ⏰ 08:00~19:00 ¥ 5,000엔부터
≡ https://blue-okinawa.com/

② 아오노도쿠쓰야 青の洞窟屋

이 업체만의 비밀 포인트가 있어 인기가 좋다. 다양한 산호초와 아열대 물고기를 조용한 환경에서 즐길 수 있다. 스노클링은 그룹당 1명이, 스쿠버 다이빙은 2~3명당 전담 가이드 1명이 진행한다.

집합 장소 沖縄県国頭郡恩納村真栄田 469-1 ☎ 098 956 4515 ⏰ 08:00~19:00 ¥ 3,500엔~8,500엔
≡ http://www.blue-cave.info

③ 네추럴 블루 Natural Blue

다이버 강사들 대부분이 국제 자격증 소지자이고 해양 스포츠 전공자이다. 영어 가이드가 가능해 외국 여행객들에게 인기가 많다. 수중 사진 무료 촬영 서비스도 하고 있다. 사진은 메일로 보내준다.

집합 장소 沖縄県国頭郡恩納村真栄田 469-1 ☎ 090 9497 7374 ⏰ 09:00~17:00 ¥ 5,000엔~10,000엔(부가세 별도)
이메일 info@natural-blue.net ≡ http://www.natural-blue.net

만좌모 万座毛

맵코드 206 312 038*55 구글 좌표 만좌모

렌터카 나하 공항에서 오키나와자동차도로沖縄自動車道 경유하여 1시간 10분 버스 나하 버스터미널에서 120번 버스나고시 공항선, 名護市 空港線 탑승하여 온나손야쿠바마에온나손 면사무소 앞, 恩納村役場前 정류장 하차. 북동쪽으로 도보 10분 沖縄県国頭郡恩納村字恩納 2871 098 966 8080

©OIST-Wikimedia Commons

ⓒ오키나와관광청

석회암 절벽과 기묘한 코끼리 바위

만좌모는 중부 서해안에 있는 석회암 절벽과 그 위에 펼쳐진 초원을 말한다. 오키나와 홍보용 사진이나, 오키나와를 배경으로 촬영된 드라마에서 꼭 등장하는 명승지이다. 석회암이 침식되어 만들어진 기묘한 절벽은 마치 바다에 코를 늘어트린 코끼리처럼 생겼다. 마치 코끼리가 바닷물을 마시고 있는 것 같다. 절벽 위로는 푸른 벌판이 눈부시게 펼쳐져 있다. 예로부터 류큐 8경으로 유명하며, 18세기 초 류큐의 왕 쇼케이가 이곳 풍경을 보고 '만 명이 앉을 만한 넓은 들판'이라고 칭찬해 만좌모라는 이름을 갖게 되었다. 산책로로 진입해 조금 걸어가면 만좌모가 모습을 드러낸다. 절벽으로 밀려오는 파도와 에메랄드빛 바다가 환상 풍경을 만들어 낸다. 산책로를 따라 계속 걸어가면 아름답기로 유명한 아나 인터컨티넨탈 만자 비치 리조트가 눈에 들어온다.

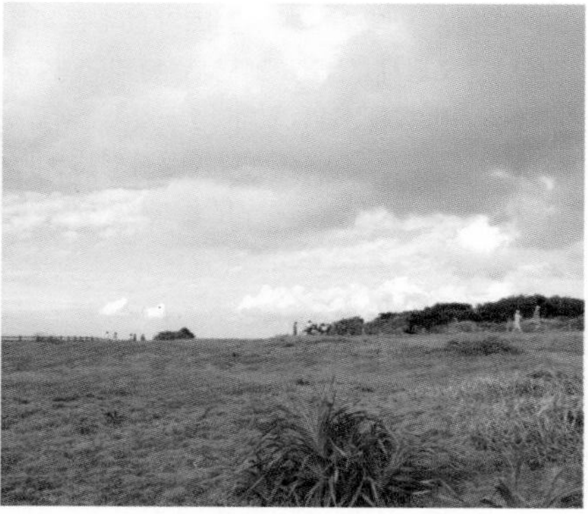

One More — 마에다곶과 만좌모의 해변 베스트 3

중부 서해안의 유명 호텔과 리조트는 전용 비치도 갖추고 있다. 전용 해변이지만 누구나 무료로 이용할 수 있거나 입장료를 내면 투숙하지 않아도 사용할 수 있다. 액티비티 프로그램도 다양하다. 마에다곶과 만좌모 주변에서 가장 인기가 좋은 해수욕장 세 곳을 소개한다.

① 르네상스 비치 ルネッサンスビーチ

보트 타고 해적 체험을 하자

중부 서해안의 유명 리조트인 르네상스 호텔 전용 비치이다. 호텔에 투숙할 경우 옥외 수영장, 사우나, 다양한 유·무료 워터 프로그램을 즐길 수 있다. 아이가 있는 가족이 머물기 좋은 호텔이다. 투숙하지 않는 경우 비치 입장료를 내야 하며, 비치를 오갈 때 호텔 로비를 지나야 한다. 르네상스 비치는 모래가 곱고 투명한 물빛으로 유명하지만, 해변은 작은 편이다. 하지만 독특한 해양 스포츠 프로그램이 많아 인기가 좋다. 특히 보물 사냥이라는 해적선 보트를 타면 해적 분장을 한 직원들이 보트 위에서 연극이나 쇼를 선보이기도 한다. 씨워크, 패러세일링, 윈드서핑 등 다양한 해양 스포츠를 즐길 수 있다.

맵코드 206 034 686*08 | 구글 좌표 르네상스 리조트 오키나와

렌터카 나하 공항에서 오키나와자동차도로 경유하여 50분 버스 ①나하 공항에서 리무진 버스 B노선 탑승 후 르네상스 호텔 하차 ②나하 버스터미널에서 20번, 120번名護西空港線, 나고시공항선 승차 후 르네상스호테루마에ルネッサンスホテル前 정류장 하차 恩納村山田 3425-2 098 965 0707 7월~9월 8:00~18:00, 10월~6월 09:00~17:00 ¥ 입장료 3,500엔(숙박자는 무료) 해양 스포츠 비용 스쿠버 다이빙 11,000엔(1시간 30분), 보트 스노클링 7,150엔(1시간 20분), 플라잉 제트보트 8,800엔(30분), 보물 사냥 11,000엔(미취학 아동 유료로 보호자 동반 필수) http://www.renaissance-okinawa.com/

② 문 비치 ムーンビーチ

조용히 해변의 아름다움을 즐기고 싶다면

문 비치 호텔의 전용 비치다. 입장료만 지불하면 투숙객이 아니어도 부담 없이 이용할 수 있다. 겨울에는 입장료가 없다. 문 비치 호텔은 1975년 오키나와 엑스포 당시 건설되었으나 몇 년 전 리모델링 하여 깔끔하다. 문 비치 호텔의 샤워실, 화장실 등 편의시설도 언제나 최고 수준이다. 비치 또한 고운 모래와 깨끗한 물로 유명하다. 이용객 대부분이 호텔 투숙객이라 사람이 많지 않은 편이다. 조용히 시간을 보내면서 오키나와 해변의 아름다움을 즐기기 좋다.

맵코드 206 096 617 | 구글 좌표 호텔 문비치

렌터카 나하 공항에서 오키나와자동차도로 경유하여 55분 버스 ①나하 공항에서 리무진 버스 B·C노선 탑승 후 호텔 문 비치ホテルムーンビーチ 정류장에서 하차 ② 나하 버스터미널에서 120번名護西空港線, 나고시공항선 승차 후 호텔 문 비치ホテルムーンビーチ 정류장 하차 恩納村前兼久 1203 098 965 1020 해수욕 가능 시기 4월~10월 ¥ 입장료 비 투숙객 성인 1,000엔, 어린이 500엔 주차 요금 1,000엔 http://www.palace-okinawa.com/moon/

③ 만자 비치 万座ビーチ

어린이와 가족을 위한 오션 파크

중부 서해안은 리조트와 고급 호텔이 많은 제주도의 중문관광단지와 분위기가 비슷하다. 만자 비치는 이 지역에서 가장 유명한 해변으로, 만좌모의 멋진 풍경을 눈에 담으며 해양 스포츠를 즐길 수 있다. ANA 인터컨티넨탈호텔에서 관리하는 비치지만 누구나 사용할 수 있으며, 편의시설이 잘 갖춰져 있다. 특히 어린이를 위한 오션 파크가 있어 가족 단위 여행객에게 인기가 좋다. 드래곤 보트, 스노클링 같은 해양 스포츠를 즐길 수 있다. 윈드서핑과 요트 스쿨, 낚시 프로그램도 운영한다. 특히 다양한 해양 스포츠 메뉴로 구성된 프로그램 마린 어드벤처 패키지가 있어 인기가 좋다.

맵코드 206 313 455*17 구글 좌표 아나 인터컨티넨탈 만자비치 리조트

①나하 공항에서 오키나와자동차도로沖縄自動車道 경유하여 렌터카로 1시간 10분 ②나하 공항에서 리무진 버스 D노선 탑승 후 아나 인터컨티넨탈만자비치리조트 정류장에서 하차 沖縄県国頭郡恩納村瀬良垣 2260 098 966 1211
1월~3월·10월~12월 09:00~17:00, 4월·5월·9월 09:00~18:00, 6월~8월 09:00~19:00 ¥ 주차 요금 3,000엔(입장료와 샤워실 이용료 포함) 해양 스포츠 비용 드래곤 보트 2,000엔~4,500엔(10분) 제트스키 2,700엔~4,500엔(1시간) 해양 윈드서핑 스쿨 4,500엔~7,500엔(1시간) 요트 스쿨 4,000엔~8,000엔(45분) 오션파크 성인 3,500엔~4,500엔, 어린이 2,500엔~3,500엔(1일) *해양 스포츠 비용은 시즌에 따라 변동 있음 http://www. anaintercontinental-manza.jp/

Travel Tip

만자 비치의 신나는 어드벤처 패키지

마린 어드벤처 패키지 팩과 해양 어드벤처 팩

A, B, C 메뉴 중에 몇 가지를 선택하여 즐길 수 있다. 각 메뉴에 어떤 프로그램이 있는지 확인한 후 원하는 패키지 팩을 선택하면 된다. 성수기(4/29~5/6, 7/21~9/30)와 비성수기에 따라 가격이 다르다.

A 메뉴 서브 마린 Jr.II / 드래곤 보트 / 어린이 보트 / 록 스타 / 대리석 / 아쿠아 오토바이 / 비치 카누 렌털 / 스탠드 업 패들보드 렌털 (경험자 전용) / 테니스 코트
B 메뉴 만자 오션 파크® (11/30까지) / 제트 스키 체험 / 선셋 크루즈 / 렌털 사이클
C 메뉴 바다 카약 투어링 / 스탠드 업 패들보드 스쿨

❶ 마린 어드벤처 패키지 팩1
A 메뉴 2개 선택, 성수기 성인 5,500엔/어린이 5,000엔, 비성수기 성인 4,000엔/어린이 3,500엔

❷ 마린 어드벤처 패키지 팩2
A·B 1개씩 선택, 성수기 성인 6,000엔/어린이 5,500엔, 비성수기 성인 4,500엔/어린이 4,000엔

❸ 해양 어드벤처 팩
A·B·C 메뉴 중 하나씩 3개 선택, 성수기 성인 13,000엔/어린이 13,000엔, 비성수기 성인 11,000엔/어린이 10,000엔

마에다곶과 만좌모의 맛집·카페·술집

온나노에키 나카유쿠이 이치바 おんなの駅 なかゆくい市場

특산품과 온갖 맛집이 다 모여 있는 휴게소

온나손의 마에다곶과 만좌모 사이에 있는 미치노에키휴게소이다. 나하와 모토부 반도를 잇는 58번 국도변에 있어서 현지인, 여행자가 두루 많이 찾는다. 문 비치와 르네상스 비치에서 4~5분 거리이다. 오키나와의 휴게소는 어느 곳이든 절대적 사랑을 받는다. 오키나와에 8개 미치노에키가 있는데, 휴게소이지만 시장 성격도 강해서 그 지역의 특산품, 과일, 채소 등도 판매한다. 그뿐만 아니라 휴게소에는 줄을 서서 기다려야 하는 다양한 맛집이 영업하고 있다. 온나노에키의 인기가 좋은 가게는 류핑琉冰이라는 과일빙수 전문점이다. 트로피컬 프루츠 빙수가 가장 인기가 많은데 빙수 위에 파인애플, 망고, 아이스크림 등을 얹어 내온다. 빙수 가게 말고도 튀김, 주먹밥, 소바 등 다양한 가게가 있다. 렌터카 여행자에게 온나노에키를 추천한다. 휴게소의 낭만과 지역 사회 스토리, 여기에 맛집과 특산품까지 있으니 1석 4조의 즐거움을 누릴 수 있을 것이다.

맵코드 206 035 769*82 | 구글 좌표 온나노에키 나카유쿠이 이치바

①마에다곶과 류큐무라에서 북동쪽으로 렌터카로 7~10분 ②만좌모에서 58번 국도 경유하여 남서쪽으로 렌터카로 26분 ③추라우미 수족관에서 449번 국도와 오키나와자동차도로沖縄自動車道 경유하여 렌터카로 1시간 10분 沖縄県国頭郡恩納村仲泊 1656-9 098 964 1188 10:00-19:00(마지막 주문 16:30) 휴무 1월 1일~2일 https://onnanoeki.com

다이모 田芋

가정식 요리와 오키나와 닭백숙

온나노에키온나 휴게소 서쪽에 있는 류큐 요리 전문점이다. 가게 뒤 텃밭에서 일부 채소를 직접 재배하고, 생선은 당일 재료로 요리하는 믿음직한 음식점이다. 오키나와식 백숙도 판매하는데, 오키나와 서쪽에 있는 구메섬의 닭만 사용한다. 구메섬은 오키나와에서 수백 킬로미터 떨어져 있는 아주 먼 섬이다. 먼 곳에서 온 닭이지만 백숙은 정말 맛있다. 다이모의 백숙은 토란을 비롯한 여러 가지 채소와 약재를 닭과 함께 넣고 푹 삶는다. 맛은 우리 백숙과 비슷하다. 생선 요리와 오키나와 가정식 메뉴도 있다.

맵코드 098 964 6444 구글 좌표 26.436005, 127.792479

①마에다곶과 류큐무라에서 북동쪽으로 렌터카로 7~10분 ②만좌모에서 58번 국도 경유하여 남서쪽으로 렌터카로 26분 ③추라우미 수족관에서 449번 국도와 오키나와자동차도로沖縄自動車道 경유하여 1시간 10분 沖縄県国頭郡恩納村仲泊 2081-1 098 964 6444 수요일~일요일 12:00~14:00, 17:00~ 23:00 월요일 12:00~23:00(라스트 오더 22:00) 휴무 화요일 ¥ 점심 600~1,500엔

©아유미-onna village

하와이안 팬케이크 하우스 파니라니 ハワイアンパ ンケーキハウスパニラニ

팬케이크와 생크림의 달콤한 조화

분위기가 이국적인 하와이풍 팬케이크 하우스다. 만좌모 위쪽 다이아몬드 비치 근처에 있다. 가게 쇼윈도에는 서프보드가 놓여 있어, 하와이 느낌이 물씬 풍긴다. 안으로 들어가면 직원들이 '알로하'를 외치며 인사한다. 일본 여행자들에게 인기가 좋다. 콘셉트는 '미국의 아침 식사'다. 팬케이크와 생크림을 베이스로 메뉴에 따라 베이컨, 감자튀김 등을 얹어 내온다. 한입 베어 물면 팬케이크와 생크림의 조합이 입에서 살살 녹는다. 오키나와에서 맛보기 힘든 부드러움과 달콤함이다.

맵코드 206 314 567*50 구글 좌표 하와이안 팬케이크 하우스 파니라니

만좌모에서 58번 국도 경유하여 북동쪽으로 렌터카로 6분 沖縄県国頭郡恩納村瀬良垣 698 098 966 1154
07:00~17:00(마지막 주문 16:30) 휴무 부정기 ¥ 1,000엔부터

카페 도카도카 カフェ土花土花

온나손의 아름다운 바다가 한눈에

온나손의 58번 국도 휴게소 온나노에키에서 북쪽으로 자동차로 5분 거리 언덕에 있는 갤러리 카페이다. 온나노에키와 마찬가지로 58번 국도변에 있어서 만좌모나 추라우미 수족관, 또는 북부 얀바루 지역으로 갈 때 들르기 편하다. 바로 아래는 작고 아담한 마에가네쿠항前兼久漁港, Maeganeku과 문 비치, 그리고 에메랄드빛 바다가 차례로 시야에 잡힌다. 카페 1층은 도예 공방이고 2층이 카페 도카도카이다. 공방을 운영하는 작가가 카페 주인이다. 카페에는 그의 작품이 전시되어 있다. 오키나와에서 꽤 유명한 작가로, 전통 방식 가마에서 도자기를 굽는다. 2000년 오키나와에서 개최된 주요 8개국 정상회담 만찬 때에는 이 카페에서 만든 식기가 사용되기도 했다. 이 카페의 가장 큰 매력은 전망이다. 바닷가 언덕에 있어서 2층 테라스에 앉으면 온나손의 아름다운 바다가 한눈에 들어온다. 화덕에서 구워낸 피자와 토스트가 인기 메뉴이다.

맵코드 206 097 032*72 구글 좌표 카페 도카도카

①마에다곶과 류큐무라에서 북쪽으로 렌터카로 7~10분 ②만좌모에서 남쪽으로 렌터카로 22분 沖縄県国頭郡恩納村前兼久 243-1 098 965 1666 08:00~17:00 휴무 일요일 https://cafe-dokadoka.business.site

지누만 베테렌 Chinuman 天狗魚, ちぬまん 恩納村ムーンビーチ前 別邸

류큐 음악이 흐르는 이자카야

카페 도카도카와 마찬가지로 마에다곶과 만좌모 사이, 리조트가 몰려 있는 온나손의 해안 마을 마에가네쿠에 있는 이자카야이다. 다만 도카도카와 달리 지누만 베테텐는 마을 안에 자리를 잡았다. 지누만은 오키나와의 토종 이자카야 프랜차이즈이다. 대부분 호텔 출신 셰프가 요리해 수준이 높은 편이며, 여러 매장 중에서 온나손에 있는 지누만이 가장 유명하다. 현지 농가와 계약을 통해 북부 지역의 돼지고기와 중부 지역의 신선한 해산물을 공급받고 있다. 주요 메뉴는 생선회, 초밥, 찬푸르チャンプルー 채소와 두부를 볶아 만든 요리, 라후테ラフテー 돼지 삼겹살을 양념에 졸인 음식 등 오키나와 요리이다. 류큐 전통 음악을 라이브로 즐기며 아와모리, 칵테일 등 다양한 술도 즐길 수 있다. 58번 국도가 지나가는 마을에 있어서 찾기 쉽다. 해안 마을의 낭만을 즐기고 싶은 여행자에게 추천한다.

맵코드 206 096 535*45 구글 좌표 26.450613, 127.805335

①마에다 곶과 류큐무라에서 58번 국도 경유하여 북동쪽으로 렌터카로 8~10분 ②만좌모에서 58번 국도 경유하여 남서쪽으로 렌터카로 17분 沖縄県国頭郡国頭郡恩納村前兼久 523-2 098 989 0987 17:00~00:00 휴무 없음

중부 동해안 The East Coast

중부 동해안의 중심 지역은 우루마시うるま市이다. 중부 서해안보다 덜 알려졌지만,
그래서 오히려 순수한 아름다움을 잘 간직하고 있다. 낙원이 있다면 바로 이런 곳이 아닐지 싶다.
에메랄드빛 바다, 하얀 산호 해변, 속이 훤히 비치는 투명한 바닷물…….
종일 바다만 바라보고 싶어지는 곳. 환상 바다와 해중도로, 전망대 같은 옛 성터가 당신을 반겨준다.

중부 동해안 여행지도

중부 동해안 하루 추천코스

나카구스쿠 성터 → 도보 9분 혹은 자동차로 2분 → **나카무라 가문 저택** → 자동차로 33분 → **카츠렌 성터** → 자동차로 14분 → **해중도로** → 자동차로 23분 → **이케이 비치** → 도보 15분 혹은 자동차로 3분 → **오도마리 비치**

나카구스쿠 성터 中城城跡 나카구스쿠시루아토

맵코드 33 411 581*81 구글 좌표 Nakagusuku Castle Ruins

나하 공항에서 오키나와자동차도로沖縄自動車道 경유하여 렌터카로 40분 沖縄県中頭郡中城村字泊 1258番地
098 935 5719 08:30~17:00(5~9월엔 18:00까지, 연중무휴, 기상악화 시 입장 제한될 수 있음)
¥ 입장료 성인 400엔, 중고교생 300엔, 초등생 200엔

중부 동해안 풍경을 완성해 준다

슈리성은 새롭게 복원된 성이지만 중부 동해안엔 원형이 잘 보존된 성도 있다. 대표적인 곳이 나카구스쿠 성터이다. 류큐 왕국이 통일되기 이전인 14세기에 석회암으로 쌓은 석성으로 유네스코 세계문화유산에 등재되었다. 나카구스쿠 성터는 나하시에서 북동쪽으로 약 22km 떨어져 있다. 중부 동쪽 해안에서 태평양을 바라보고 있다. 해발 160m에 축성했는데, 얼핏 보아도 적의 동태를 살피기에 아주 좋은 위치이다. 다행히 오키나와 전쟁 때 큰 피해를 보지 않아 옛 모습을 많이 간직하고 있다. 성벽은 물결치는 곡선미를 품고 있다. 암석과 자연 지형을 이용해 아름다운 곡선을 만들어 낸 건축술이 돋보인다. 이 성의 백미는 성터 위에서 바라보는 풍경이다. 가장 높은 곳에 서면 서쪽에 있는 동중국해와 동쪽의 태평양을 한 번에 조망할 수 있다. 오키나와 중부의 평화로운 풍경도 눈에 담을 수 있다. 성터가 있는 나카가미군의 기타나카구스쿠 지역은 동네가 한산하다. 그래서 더 깊게 성터와 동해안 풍경을 감상할 수 있다.

나카무라 가문 저택 中村家住宅 나마쿠라에 쥬타쿠

맵코드 33 441 249*02 구글 좌표 나카무라가 주택

나하 공항에서 오키나와자동차도로沖縄自動車道 경유하여 렌터카로 45분 沖縄県中頭郡北中城村字大城 106
098 935 3500 09:00~17:00 휴무 수·목 ¥ 입장료 성인 500엔, 중고생 300엔, 초등학생 200엔, 유아 무료

무사의 삶 속으로, 200년 된 국보급 저택

나카무라 저택은 나카구스쿠 성터에서 북쪽으로 1.4km 떨어져 있다. 1782년경에 지은 지방 호족의 집으로, 숱한 전쟁을 용케도 피하며 230년이 넘는 세월을 버텨왔다. 나카무라 저택은 일본 건축 양식과 오키나와 주거 문화를 아울러 담고 있다. 가마쿠라 막부1185~1333와 무로마치 막부 시대1338~1573 일본 건축 양식에 오키나와 양식이 가미된 독특한 가옥이다. 특히 무사의 저택에 농가 형식이 더해진 게 눈에 띈다. 슈리에 있던 한 무사의 집에서 기둥과 기와를 가져와 무사 저택의 특징을 잘 살렸으며, 헛간과 축사 등은 농가의 특징도 보여주고 있다. 건물 뒤편에 가면 제주의 돗통화장실과 비슷한, 화장실 겸 돼지우리 '푸르'도 볼 수 있다. 오키나와에 무사 저택의 모습과 호족의 생활상이 고스란히 남아 있는 예는 극히 드물다. 에도 막부 말기의 유명 우익 정치인 '요시다 쇼인'이 한 달 가까이 이 저택에 체류했다는 기록도 남아 있다. 1972년에는 국가 중요 문화재로 지정되었다. 신발을 벗고 들어가 실내를 구경할 수 있다. 당시에 사용했던 가구와 옷, 그릇 등이 전시되어 있다.

Travel Tip

일본의 걷고 싶은 길 100선

나카무라가 저택이 있는 기타나카구스쿠 마을에서 나카구스쿠 성터까지 이어지는 146번 도로는 '일본의 걷고 싶은 길 100선'에 선정된 아름다운 길이다. 마을 산책을 즐기기 좋다.

산스시 琉京甘味 SANS SOUCI

교토식 우동과 톤부리 맛집

산스시는 '오키나와와 교토의 만남'을 콘셉트로 하는 음식점이다. 오키나와 식재료를 이용하며, 메인 메뉴는 우동과 톤부리일본식 덮밥이다. 교토 스타일 음식을 추구하는 곳이므로 일본 분위기가 물씬 풍길 것 같지만, 외국인 주택을 개조한 까닭에 오히려 카페처럼 아기자기하다. 톤부리는 오키나와 북부 얀바루의 영계와 중부 요미탄의 달걀을 사용해 만든다. 교토풍 우동 메뉴는 맛이 깊고 담백하다. 디저트로는 파르페를 추천한다. 인기가 좋은 곳이라 웨이팅은 기본이다.

맵코드 33 440 524*03 구글 좌표 산스시 오키나와

나카구스쿠 성터에서 렌터카로 6분 沖縄県中頭郡北中城村字萩道 150-3 パ ークサイド #1822 098 935 1012
월~목 11:00~15:00, 금~일 11:00~15:00, 18:00~20:00 ¥ 교토 기쓰네 우동 700엔, 톤부리 850엔

에메랄드 펍 라운지 Emerald Pub Lounge, エメラルドパブラウンジ

아메리칸 스타일의 점보 스테이크

기타나카구스쿠의 아다니아安谷屋 외국인 주택 지구에서 북쪽으로 자동차로 10분 거리에 있다. 아다니아에는 지금도 미군이 살고 있어서 군인과 가족들이 즐겨 찾는다. 일단 스테이크 크기에 놀라게 된다. 가장 유명한 메뉴가 점보 스테이크로 고기가 350g이나 된다. 고기가 너무 커서 칼질을 잘해야 한다. 큼지막한 고기와 맛깔스러운 소스의 조화가 감동적이다. 그 밖에 파스타 등 다양한 메뉴도 있다. 대형 쇼핑몰 이온몰 라이카무와도 가까워 쇼핑 후에 들르기 좋다.

맵코드 33 440 524*03 구글 좌표 에메랄드 펍 라운지

①나카구스쿠 성터에서 북쪽으로 렌터카로 12분 ②해중도로에서 서남쪽으로 렌터카로 25분 ③이온몰 오키나와 라이카무에서 동북쪽으로 도보 15분 沖縄県中頭郡北中城村島袋 311 098 932 4263 매일 11:30~21:00 휴무 부정기
¥ 2,500~3,000엔

플라우만스 런치 베이커리 PLOUGHMAN'S LUNCH BAKERY

오키나와 베이커리의 성지

오키나와 중동부 기타나카구스쿠北中城의 아다니아安谷屋 지역은 미나토가와처럼 외국인 주택 타운이 있던 곳이다. 이곳도 주택을 카페나 베이커리, 레스토랑으로 리모델링하여 사용하고 있다. 플라우만스 런치 베이커리는 '건강한 영국 농부의 식사'라는 콘셉트로 효모 빵, 샌드위치, 샐러드 등을 만든다. 천연 효모로 만드는데 이 집 빵을 먹으면 건강해질 것 같은 기분이 든다. 특히 신선한 채소와 살라미가 들어간 샌드위치는 별미 중의 별미다. 커피 또는 음료에 빵이나 샌드위치로 가볍게 식사하기에 그만이다. 인기가 좋은 곳이므로 점심시간은 피해 가는 게 좋다.

맵코드 33 440 756*25 구글 좌표 플라우만스 런치 베이커리

①나카구스쿠 성터와 나카무라 저택에서 북서쪽으로 6분 ③이온몰 오키나와 라이카무에서 동북쪽으로 도보 15분 沖縄県中頭郡北中城村安谷屋 927-2 098 979 9097 09:00~16:00 휴무 일요일

디앤디파트먼트 오키나와 D&Department Okinawa

구경하는 즐거움이 큰 라이프스타일숍

'롱 라이프 디자인' 콘셉트의 가게로 일본이 고향이다. 도쿄, 오사카, 삿포로, 오키나와에 매장이 있는데, 인기가 좋아 우리나라 서울의 한남동과 제주시 탑동에도 매장이 들어섰다. 인기 비결은 어디를 가도 찾아보기 힘든 제품들이 많다는 것이다. 숨은 디자이너의 제품과 오래된 '희귀템'을 수집하여 닦고 수리하여 판매한다. 구경하는 즐거움도 크다. 디앤디파트먼트 오키나와에서는 오키나와 대표 브랜드 오리온 맥주, 아와모리, 류큐 유리공예와 협업한 제품을 찾아볼 수 있다. 유니크한 제품을 찾는다면 이곳을 놓치지 말자. 2층에는 카페가 있다.

구글 좌표 디앤디파트먼트 오키나와

나하 공항에서 58번 국도 경유하여 북쪽으로 렌터카로 50분 沖縄県窪田市3丁目 1–12 098 894 2112 11:00~19:00 휴무 화요일

해중도로 海中道路 카이추도로

맵코드 499 576 286*13 구글 좌표 해중도로

나하 공항에서 오키나와자동차도로沖縄自動車道 경유하여 렌터카로 1시간 沖縄県うるま市与那城屋平

환상 드라이브, 마치 바다 위를 달리는 듯

오키나와 여행의 백미는 드라이브다. 푸른 바다를 옆에 두고 달릴 수 있는 해안도로가 몇 곳 있는데, 여행자들이 가장 사랑하는 도로는 단연 해중도로이다. 오키나와 본섬과 헨자섬, 미야기섬, 이케이섬까지 총 16.7km를 이어주는 도로 중에서 초입부터 헨자섬까지 이어주는 4.7km의 해중도로가 단연 하이라이트다. 굽어지는 도로 하나 없이 직선으로 쭉 뻗은 도로 양옆으로 에메랄드빛 바다가 끝없이 펼쳐진다. 마치 바다 위를 달리고 있는 것 같은 짜릿한 기분이 든다. 도로 동쪽에 있는 하마히가섬이 방파제 같은 역할을 해주기 때문에 바다는 호수처럼 잔잔하다. 바다가 아니라 호수 위를 달리는 것 같다. 도로 중간에 배를 닮은 휴게소海の駅 あやはし館, Umi no Eki Ayahashikan가 있어서 잠깐 쉬었다 가기 좋다. 특산품을 파는 가게도 있고, 음식과 아이스크림을 파는 상점도 있다. 야외 테이블에서 바다를 감상하며 음식과 음료를 즐길 수 있다. 2층엔 작은 어촌박물관이 있다. 도로 반대편 주차장으로 이어주는 육교가 있는데, 이곳에서 바라보는 경치가 무척 아름답다. 휴게소 옆에 작은 해변이 있다. 날이 좋으면 신발을 벗고 바닷물에 발을 담그며 산책을 즐겨도 좋겠다. 마음에 여유가 생겨 저절로 콧노래를 부르게 될 것이다.

Travel Tip

드라이브를 제대로 즐기고 싶다면

해중도로를 달려 헨자섬을 지나면 보트를 타거나 스노클링을 즐기는 사람이 많이 보인다. 리조트와 유명 관광지가 몰린 서해안보다 조용해서 여유로운 여행을 하기에 좋다. 이곳엔 여행객에게 알려지지 않은 아름다운 곳들이 숨어 있다. 대표적인 곳이 이케이섬이다. 이케이섬에 가면 바다색이 더욱 투명한 에메랄드빛으로 바뀐다. 이 섬에 현지인들에게 인기 만점인 이케이 비치와 오도마리 비치가 있다. 해중도로에서 멈추지 말고 이케이섬까지 멋진 드라이브를 즐겨보자.

카츠렌 성터 勝連城跡 카츠렌조아토

맵코드 499 570 170*77 구글 좌표 가쓰렌 성터

①나하 공항에서 오키나와자동차도로沖縄自動車道 경유하여 렌터카로 1시간 ②나하 버스터미널에서 27번 승차 후 니시하라西原 정류장 하차. 도보 10분 沖縄県うるま市勝連南風瀬原 3807-2 098 978 2033 09:00~18:00(마지막 입장 17:30) ¥ 입장료 480엔~700엔 http://www.katsuren-jo.jp

360도 파노라마 풍경을 당신에게

중부 동쪽에 있는 우루마시는 나하시와 오키나와시에 이어 오키나와에서 세 번째로 큰 도시이다. 인구는 약 12만 6천 명이다. 이 도시 동남쪽엔 바다로 툭 튀어온 '카츠렌 반도'가 자리하고 있다. 카츠렌 반도 지역은 섬이 방파제 역할을 해준 덕에 오래전부터 항구가 발달했다. 지형과 지리적 조건이 좋아 이 지역은 류큐 왕조 시대부터 무역으로 번성을 누렸다. 이런 까닭에 부를 쌓은 지방 호족이 많이 살았다. 카츠렌 성터는 12~13세기에 쌓은 성으로, 카츠렌의 역대 성주들이 살던 곳이다. 카츠렌의 지배자 중에서 가장 유명한 사람은 10대 성주 아마와리阿麻和利이다. 그는 류큐 왕국을 멸망시키고 카츠렌으로 통일된 오키나와를 꿈꾸었지만 끝내는 성공하지 못했다.

성터는 해발 98m 높이에 있으며, 자연 절벽을 이용해 성을 쌓았다. 유난이 성벽이 단단하고 육중한 게 특징이다. 오키나와의 다른 성들은 자연석으로 성을 쌓았으나 이 성벽은 돌을 사각으로 깎고 다듬어 쌓았기 때문이다. 카츠렌 성터의 성벽은 2000년 세계문화유산에 등재된 '류큐 왕국 구스쿠 및 관련 유산군' 중 한 곳이다. 정상에 오르면 에메랄드빛 바다와 파란 하늘 그리고 평화로운 오키나와 풍경이 360도 파노라마로 펼쳐진다. 특히 해 질 녘 풍경이 아름답다. 석양에 물드는 성곽에서 폐허의 아름다움을 느낄 수 있다. 권력은 온데간데없고 흔적만 남은 성곽이 세상에 영원한 것은 없다고 조용히 말해주는 듯하다.

One More

우물 앞에서 사랑을 위한 소원 빌기

성으로 오르는 길에 우물 두 개가 있다. 하나는 우물의 수량을 보고 그해 농작물의 작황을 점쳤던 우물 '우타미시가'이고, 다른 하나는 연분을 맺어주는 우물 '미투가'이다. 미투가에서 소원을 빌면 사랑이 이루어진다고 전해진다. 하지만 헤어지면 둘 중 한 사람이 목숨을 잃는다는 전설이 전해지는 아찔하고 섬뜩한 우물이기도 하다.

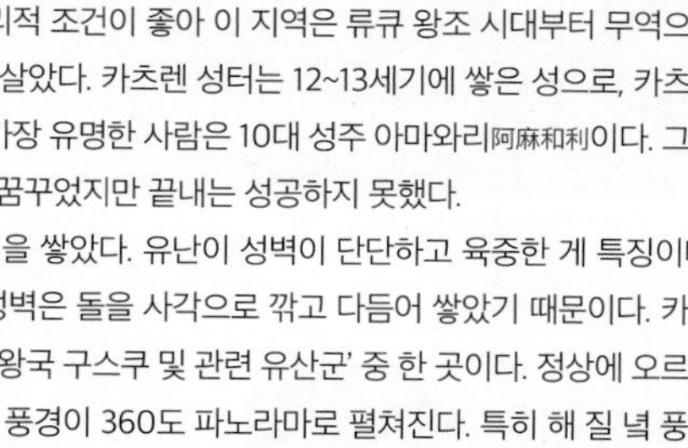

누치마스 소금공장 ぬちまーす観光製塩ファクトリー

맵코드 499 674 694*63 구글 좌표 누치마스 소금공장

나하 공항에서 오키나와자동차도로沖縄自動車道와 해중도로 경유하여 렌터카로 1시간 30분

沖縄県うるま市与那城宮城 2768 098 983 1111 09:00~17:30 https://nuchima-su.co.jp/

©누치마스

©누치마스

기네스북에 오른 청정 소금을 맛보자

오키나와 소금은 일본에서도 유명하다. 오키나와에는 소금공장이 여럿 있는데, 가장 유명한 브랜드는 '누치마스'다. 우루마시를 지나 해중도로를 건너면 미야기섬이다. 이 섬 동쪽 해안 언덕에 누치마스를 만들어 내는 소금공장 누치마스가 있다. 누치마스는 특별한 소금이다. 눈처럼 부드럽고 작은 결정체를 이루고 있으며, 오염물이 적고 세계에서 가장 많은 21종의 미네랄이 풍부하게 들어 있어, 2000년 기네스북에 등재되는 영광을 누렸다. 염분이 몸에 쌓이지 않아 건강과 다이어트에도 좋다고 전해진다. 공장 안으로 들어가면 커다란 창으로 소금이 만들어지는 과정을 볼 수 있다. 공장 견학은 무료이다. 가이드 투어가 있긴 하지만, 일본어로만 진행되고 견학 코스도 짧아 굳이 가이드 없어도 부담 없이 견학할 수 있다. 게다가 누치우나 공장 주변은 아름다운 풍경으로도 유명하다. 전망대에서 미야기섬과 태평양의 아름다운 풍경을 한눈에 담을 수 있다. 공장 안의 숍과 레스토랑에서 소바, 카레, 파스타, 스위츠 등을 즐길 수 있다.

이케이 비치 伊計ビーチ

맵코드 499 794 031 *06 구글 좌표 이케이 해변

나하 공항에서 오키나와자동차도로沖縄自動車道와 해중도로 경유하여 렌터카로 1시간 25분. 329번 국도와 해중도로 경유하면 1시간 40분 沖縄うるま市与那城伊計 405 098 977 8464 10:00~16:00 휴무 수·목요일 ¥ 편의시설 이용료 샤워실 200엔(5분), 보관함 200엔, 파라솔 1일 1,000엔 입장료 중학생 이상 400엔, 5세~초등생 300엔, 4세 이하 무료 해양 스포츠 비용 바나나 보트 1,000엔(10분), 웨이크 보드 5,500엔(20분), 스노클링 4,000엔(1시간), 마린 제트 3,000엔(10분) http://www.ikei-beach.com/

오늘은 비밀스럽게 바다를 즐기자

중부 동해안은 명소, 호텔, 리조트가 모여 있는 서해안보다 유명 관광지가 적은 편이다. 호텔과 리조트도 많지 않은 편이다. 하지만 동해안은 그래서 서해안과 다른 매력이 있다. 동해안은 여행자가 잘 모르는 비밀 장소가 꽤 많다. 동쪽 끝자락 이케이섬에 있는 이케이 비치도 그중 하나이다. 아름다운 에메랄드 물빛을 자랑하는 이케이 해수욕장은 성수기에도 붐비지 않아 여유롭게 바다를 즐기기에 좋다. 이케이 비치는 가는 길마저 아름답다. 오키나와에서 가장 아름다운 드라이브 코스인 해중도로를 지나 이케이 비치에 다다르면 물감을 풀어놓은 듯 에메랄드빛 바다가 나타난다. 이케이의 물 투명도는 오키나와 비치 중 최고이다. 기묘한 바위들이 풍경을 더 아름답게 완성해 준다. 바위 주변은 물고기가 많아 스노클링하기에 좋다. 바나나 보트, 마린 제트 등 해양 스포츠 프로그램도 다양하게 즐길 수 있다. 이케이 비치는 이케이섬에서 운영하기 때문에 300~400엔의 입장료를 받는다.

©오키나와관광청

©우루마시관광협회

©오키나와관광청

©우루마시관광협회

오도마리 비치 大泊ビーチ

맵코드 499 794 696*67 구글 좌표 oodomari beach

나하 공항에서 오키나와자동차도로沖縄自動車道와 해중도로 경유하여 렌터카로 1시간 30분 沖縄うるま市与那城伊計 1012 098 977 8027 09:00~17:30(연중무휴) ¥ **입장료** 어른 500엔, 어린이 300엔(주차비, 샤워비 포함) **편의시설 이용료** 파라솔 1일 1,500엔, 비치 체어 1,000엔 **해양 스포츠 비용 다이빙** 어른 1,000엔, 어린이 600엔 **카약** 3,000엔(2인용, 20분) http://www.oodomari.com/

이케이섬의 비밀스러운 해변

이케이섬 서쪽에 있는 아름다운 해변이다. 미야기섬과 이케이섬을 이어주는 아치 다리와 사탕수수밭을 지나면 아담하고 한적한 오도마리 비치가 나타난다. 이케이 비치가 이케이섬의 얼굴이라면 오도마리 비치는 이케이의 숨겨진 보석이다. 백사장 길이가 약 600m로 그리 크지 않지만, 수심이 깊지 않아 물놀이하기 좋다. 모래사장에서는 소라게가 산책하고 바다거북도 산란하러 온다. 오도마리 해수욕장은 오키나와 현지인들이 즐겨 찾는다. 여행객을 피해 오도마리 비치에서 조용히 여름 피서를 즐긴다. 이케이 비치와 마찬가지로 섬에서 운영하기 때문에 입장료와 시설 이용료를 받는다. 주차료와 탈의실과 샤워실 이용, 귀중품 보관비를 포함하여 어른은 500엔, 어린이는 300엔이다.

오도마리 비치는 이케이 비치 버금가는 투명한 남빛 바다를 자랑하며, 평소에는 바람과 파도가 거의 없는 편이다. 다양한 아열대 물고기가 노닐어 스노클링을 즐기기에 이만한 곳이 없다. 조용히, 그리고 비밀스럽게 바다를 즐기고 싶다면, 주저 말고 오도마리 비치로 가라!

고민가 식당 티라부이 古民家食堂 てぃーらぶい

요리 콘테스트에서 입상한 맛집

헨자섬 남쪽 하마히가섬에 있는 유명한 퓨전 음식점이다. 오키나와에서 가장 아름다운 드라이브 코스인 해중도로를 건너면 헨자섬이 나오고, 여기에서 방향을 남쪽으로 틀어 바다를 가르는 다리를 건너면 고민가 식당 티라부이가 나온다. 음식 맛으로 이름이 났지만, 식당 건물 또한 그에 못지않게 유명하다. 90년 된 오키나와 전통 기와집을 리모델링하여 음식점으로 사용하고 있는데, 다다미 바닥을 사용하고 있어 정취가 느껴진다. 고향을 떠올리는 식당으로 기억되고 싶다는 점주의 바람이 건물 안팎에 잘 스며들어 있다. 오키나와 요리 콘테스트에서도 입상한 실력 있는 맛집으로, 오키나와 퓨전요리 티라부이 정식이 유명하다. 제철 채소와 오키나와 돼지고기 절임인 스치카スーチカー를 된장과 함께 돼지기름에 볶은 요리로 담백하고 조금 짭짤하다. 소바와 볶음밥 메뉴도 있다.

맵코드 499 515 282*6 구글 좌표 고민가 식당 티라부이

①해중도로와 헨자섬에서 렌터카로 8분 ②카츠렌 성터에서 동쪽으로 렌터카로 20분 沖沖縄県うるま市勝連浜 56
098 977 7688 11:00~16:00 휴무 매주 화요일, 첫째 주 수요일, 셋째 주 일요일

우루마 젤라토 うるま ジェラ ート

달콤한 소금 아이스크림

젤라토는 이탈리아어로 아이스크림이라는 뜻이다. 재미있게도 일본인들은 소금으로 만든 젤라토도 즐겨 먹는다. 우루마 젤라토는 소금 젤라토를 판매하는 대표적인 가게이다. 해중도로와 카츠렌 성터 중간 해안도로 변에 있다. 누치마스 소금공장에서는 차로 20분 거리이다. 오키나와 소금은 열을 가하여 만드는데 일본 전역에서도 인기가 높다. 소금 젤라토는 아주 담백하고 의외로 맛이 달콤하다. 우유, 설탕, 물 모두 100% 오키나와 산이어서 더욱 인기가 좋다. 녹차, 채소, 망고, 블루베리 등 오키나와 산 유기농 재료로 만든 젤라토도 있다. 오키나와에 15개 남짓한 매장이 있다.

구글 좌표 우루마 젤라토

①해중도로에서 서쪽으로 렌터카로 6분 ②카츠렌 성터에서 동북쪽으로 렌터카로 9분 沖縄県うるま市与那城照間 1860-1 098 978 8017 11:00~18:00 휴무 없음

스키야 우루마 마에하라점 すき家うるま前原店

우리 입맛에 잘 맞는 규동과 카레

프랜차이즈 음식점은 대중적인 입맛에 맞게 만들었기 때문에 실패할 확률을 적은 편이다. 스키야는 규동과 카레 전문점으로 일본에만 1,965개 지점이 있는 대표적인 프랜차이즈 음식점이다. 오키나와에도 5개 지점이 있다. 이 집의 규동은 소고기덮밥으로 우리의 불고기덮밥과 비슷하다. 한국인의 입맛에도 잘 맞는다. 24시간 운영되기 때문에 언제라도 맛있는 음식을 먹을 수 있다. 우루마시의 아와세항泡瀬漁港에서 북쪽으로 2km 남짓 떨어져 있다. 주변에 대형마트와 맥도날드 그리고 노래방 등 편의시설이 있어 더욱 좋다.

구글 좌표 Sukiya Urumamaeharaten

①카츠렌 성터에서 렌터카로 8분 ②해중도로에서 서쪽으로 렌터카로 22분 沖縄県うるま市字前原169番 4-3
012 049 8007 휴무 없음 24시간 ¥ 규동 880엔(메가 사이즈)

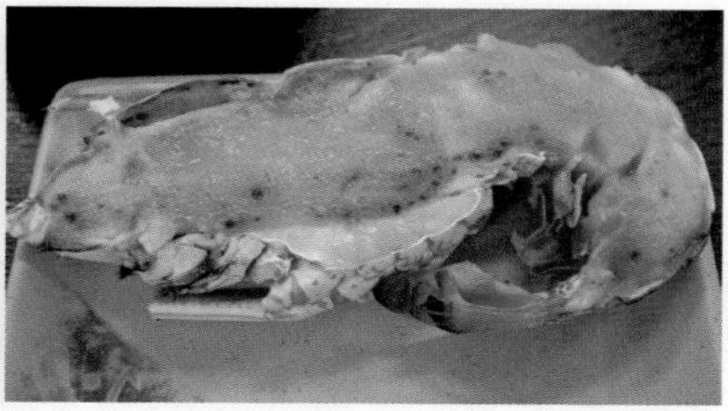

파야오 식당 パヤオ食堂

신선한 해산물 요리를 저렴하게

카츠렌 성터가 있는 카츠렌 반도는 예로부터 무역뿐 아니라 어업이 발달한 지역이다. 카츠렌 반도로 들어가기 전에 있는 아와세항泡瀬漁港에 가면 자그마한 수산물 시장 파야오 직매점이 나온다. 직매점 안에 있는 파야오 식당은 해산물 요리를 값싸게 즐길 수 있어 많은 사람이 찾는 곳이다. 인근 바다에서 잡은 참치, 도미, 오징어, 새우 등 신선한 해산물을 만날 수 있다. 생선튀김, 우니, 오징어 요리 등 다양한 해산물 요리를 맛보기 좋다. 해중도로와 카츠렌 성터 여행길에 들러보자.

구글 좌표 26.323802, 127.834544

①카츠렌 성터에서 서쪽으로 렌터카로 12분 ②해중도로에서 서쪽으로 렌터카로 25분 沖縄県沖縄市泡瀬 1丁目 11-34
098 939 4980 4월~9월 10:30~18:00, 10월~3월 10:30~17:30 ¥ 성게덮밥 정식 2,000엔(1인)
http://www.payao-okinawa.com/

코메하치 소바 米八そば

소바와 빙수를 얹은 젠자이

오키나와 전통 단팥죽인 젠자이ぜんざい와 소바 전문점으로, 2대째 운영되고 있는 오래된 맛집이다. 젠자이는 강낭콩으로 만든 단팥죽 위에 빙수를 얹어 만든다. 이 집 젠자이는 다른 집과 달리 간 얼음으로 만든 황새나 말 모양 조각 장식을 단팥죽 위에 얹어 내온다. 얼음 장식을 한 젠자이를 앞에 놓고 있으면, 먹어야 할지 말아야 할지 고민이 된다. 물론 한 입 먹으면 더없이 시원하고 달콤하다. 알록달록한 시럽을 뿌려 먹기도 한다. 소바도 담백하고 감칠맛이 난다. 우루마 시의 아와세 항泡瀬漁港에서 서쪽으로 1km 남짓 떨어져 있다.

구글 좌표 Komehachi Soba

카츠렌 성터에서 서남쪽으로 렌터카로 14분 沖縄県沖縄市泡瀬 5丁目 29-6 098 938 3266 점심 11:00~15:00(재료 소진 시 영업 종료) 휴무 금요일

코코 이치반야 CoCo壱番屋 沖縄石川店

일본식 카레 전문점

동해안의 우루마시 북부 이시카와 히가시온나에 있는 카레 체인점이다. 오키나와에만 10개가 넘는 체인점이 있다. 일본 카레는 인도 카레보다 향신료가 덜 들어가 맛이 상대적으로 담백하다. 이 집은 이시카와점沖縄石川店으로 일본식 카레를 원하는 여행객에게 추천한다. 다양한 카레를 밥뿐 아니라 면과 함께 즐길 수 있다. 매운맛의 정도도 취향에 따라 선택할 수 있으며, 하프 사이즈도 판매한다. 22시까지 영업한다.

구글 좌표 26.435000, 127.835864

①해중도로에서 북쪽으로 렌터카로 40분 ②중부 서해안의 온나노에키휴게소에서 동쪽으로 렌터카로 10분 ③나하 공항에서 렌터카로 50분 沖縄県うるま市石川東山本町二丁目4番1-8 098 982 5510 11:00~22:30 휴무 없음
¥카레 850엔부터

타라노메 Taranome たらの芽

현지인에게 사랑받는 이자카야

우루마시의 이시카와 히가시온나에 있다. 이 지역은 오키나와에서 동서 거리가 가장 짧다. 서쪽 온나손온나촌에서 우루마시를 오가는데 자동차로 10분이면 충분하다. 온나손은 관광지이고, 우루마시는 현지인 주거지이다. 타라노메는 현지인에게 사랑받는 이자카야이다. 신선한 생선으로 초밥과 생선회를 만들고, 제철 식재료를 사용해 일본식 혹은 오키나와식 퓨전 요리를 만든다. 오키나와 재료로 만든 피자도 있다. 우루마시 직장인들의 회식 장소로도 유명하다.

구글 좌표 Taranome

①해중도로에서 북쪽으로 렌터카로 31분 ②중부 서해안의 온나노에키휴게소에서 동쪽으로 렌터카로 10분 ③나하 공항에서 렌터카로 55분 沖縄県うるま市石川白浜 2丁目 3-2 098 989 3849 17:30~24:00(마지막 주문 23:00) 휴무 일요일 ¥1,500엔~2,000엔

쇼코쿠 슈한도코로 겐 諸国酒飯処 玄

각국의 요리를 맛볼 수 있는 선술집

우루마의 북부 이시카와 히가시온나에 있는 이자카야居酒屋이다. 규슈 출신 부부가 직접 요리하는데, 오키나와·규슈·중국·한국 요리까지 섭렵한 요리의 달인이다. 직접 개발한 족발 튀김과 중화 누룽지탕은 물론 생선회, 초밥, 문어 초회, 생선 마늘 버터구이, 염소탕 같은 오키나와 요리도 맛볼 수 있다. 가게 콘셉트는 '각국의 요리를 맛보면서 빈둥거릴 수 있는 선술집'이다. 작은 정원이 보이는 프라이빗 룸도 있으며, 어린이들과 함께 가도 환영해 준다. 아와모리류큐의 증류주도 있으니, 애주가라면 기억하자.

맵코드 098 964 6427 구글 좌표 26.406111, 127.830240

①해중도로에서 북쪽으로 렌터카로 25분 ②카츠렌 성벽에서 북쪽으로 렌터카로 23분 ③나하 공항에서 렌터카로 55분
沖縄県うるま市石川東恩納 1397-2 ミハラヒルズ미하라히루주 1F 098 964 6427 17:00~24:00(마지막 주문 23:30 휴무 일요일 ¥ 2,000엔부터

이온몰 오키나와 라이카무 イオンモール沖縄ライカム 이오모루 오키나와 라이카무

오키나와 최대 쇼핑몰

유명한 대형 쇼핑몰이다. 식당, 가전, 의류, 마트 등이 함께 있다. 일본의 이온몰 중 가장 크고, 일본의 쇼핑센터를 통틀어서는 두 번째로 크다. 5층 건물에 230여 개 점포가 있다. 종일 쇼핑 해도 다 돌아보지 못할 만큼 규모가 어마어마하다. 유니클로, H&M, 애플 스토어 등 이름만 들어도 알만한 브랜드 숍들이 즐비하다. 쇼핑을 원하는 여행객이라면 절대 놓치지 말아야 할 곳이다. 건물 내에서 작은 음악회도 열려 더욱 즐겁다. 5,000엔 이상 구매하면 면세 혜택을 받을 수 있으니 잊지 말자.

맵코드 335 304 06*45 구글 좌표 이온몰 오키나와 라이카무

렌터카 나하 공항에서 오키나와 자동차도로沖縄自動車道 경유하여 45분, 나카구스쿠 성터에서 12분, 해중도로에서 30분 버스 나하 공항에서 152번, 나하 버스터미널에서 152번·25번 버스 탑승 후 이온몰 오키나와 라이카무イオンモール沖縄ライカム 정류장 하차. 1시간 소요 沖縄県中頭郡北中城村字ライカム1番地 098 930 0425 10:00~22:00 휴무 없음일 http://okinawarycom-aeonmall.com/

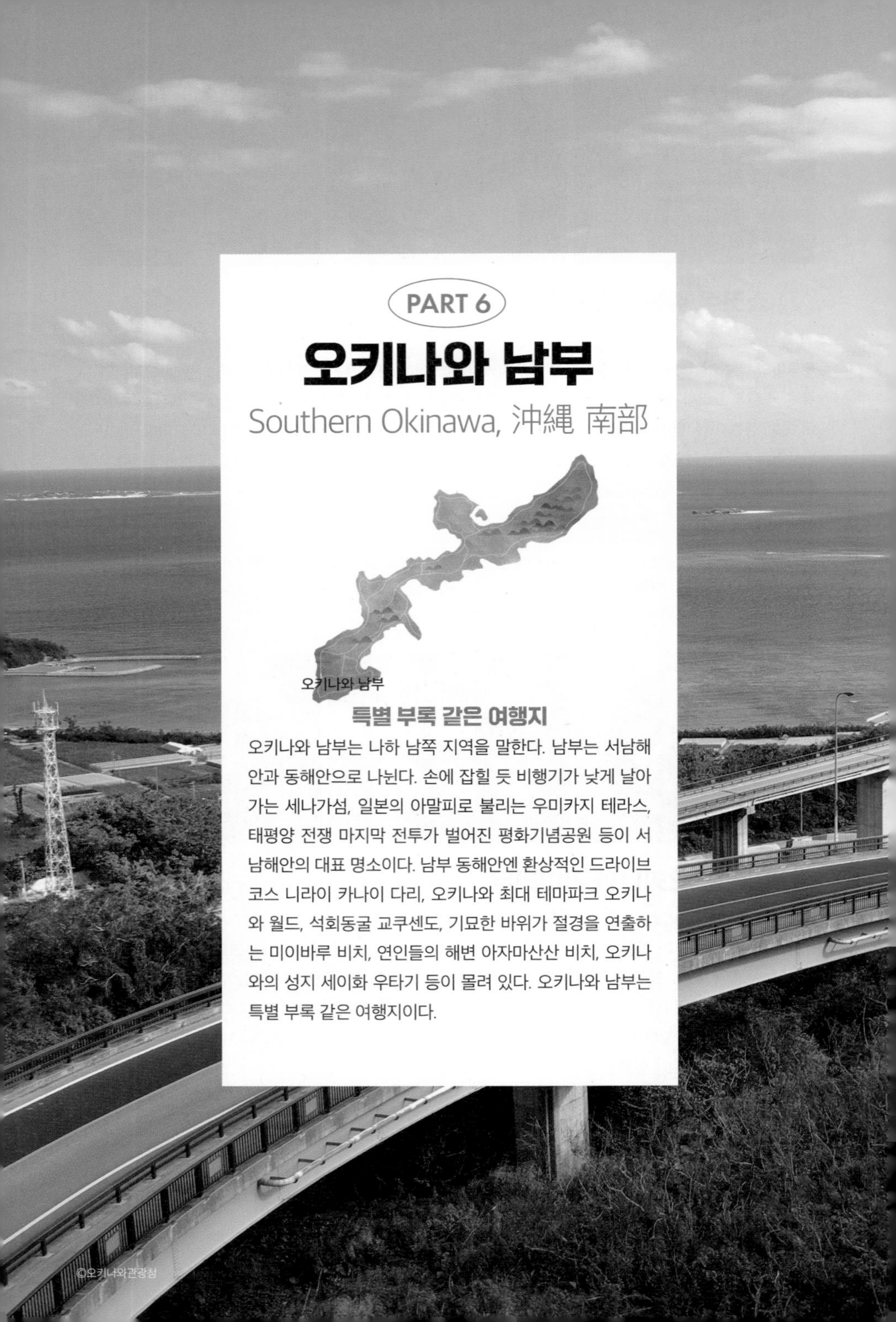

PART 6

오키나와 남부

Southern Okinawa, 沖縄 南部

특별 부록 같은 여행지

오키나와 남부는 나하 남쪽 지역을 말한다. 남부는 서남해안과 동해안으로 나뉜다. 손에 잡힐 듯 비행기가 낮게 날아가는 세나가섬, 일본의 아말피로 불리는 우미카지 테라스, 태평양 전쟁 마지막 전투가 벌어진 평화기념공원 등이 서남해안의 대표 명소이다. 남부 동해안엔 환상적인 드라이브 코스 니라이 카나이 다리, 오키나와 최대 테마파크 오키나와 월드, 석회동굴 교쿠센도, 기묘한 바위가 절경을 연출하는 미이바루 비치, 연인들의 해변 아자마산산 비치, 오키나와의 성지 세이화 우타키 등이 몰려 있다. 오키나와 남부는 특별 부록 같은 여행지이다.

오키나와 남부 한눈에 보기

오키나와 남부는 크게 도미구스쿠시와 이토만시를 품은 서남해안과 난조시의 동해안으로 구분할 수 있다. 남부의 장점은 나하 공항, 나하시와 가까워 접근성이 좋다는 것이다. 쇼핑, 미식 여행, 드라이브, 해변 물놀이, 문화와 평화 체험 등 관광 자원도 풍부하다. 오키나와 남부는 잘 만든 잡지의 특별 부록 같은 곳이다.

1 남부 서남해안 The Southwest Coast

#세나가섬 #우미카지테라스 #아웃렛몰아시비나 #평화기념공원 #류큐유리촌

남부 서남해안에서는 관광부터 쇼핑과 미식 여행, 그리고 문화와 평화 체험까지, 다채로운 여행이 가능하다. 세나가섬은 나하 공항과 가까워 손에 잡힐 듯 낮게 날아가는 비행기를 구경할 수 있다. 쇼핑, 미식, 숙박을 융합한 리조트 우미카지 테라스는 이 섬의 하이라이트이다. 우미카지 테라스는 오키나와의 유명한 포토 스폿이다. 나만의 유리 공예품을 만들 수 있는 류큐 유리촌, 오키나와 전쟁의 최후 전투지에 세운 평화기념공원, 남부 최고의 쇼핑몰 아시비나……. 서남해안의 매력을 느껴보자.

2 남부 동해안 The East Coast

#환상 드라이브 #100만개종유석 #미이바루비치 #동굴카페

남부 동해안의 여행지는 퍽 입체적이다. 오키나와 최대 테마파크 오키나와 월드가 이곳에 있다. 이곳의 하이라이트는 종유석 100만 개를 구경할 수 있는 교쿠센도 석회암 동굴이다. 간가라 계곡에선 신비로운 동굴 카페에서 커피를 마실 수 있다. 동쪽 끝에 있는 아자마산산 비치는 소녀 감성이 흐르는 포토 스폿이다. 그리고 니라이 카나이 다리! 태평양 앞에 있는 이 다리는 단언컨대, 오키나와 최고의 드라이브 코스이다. 신성한 기운이 흐르는 오키나와의 참성단 세이화 우타키도 기억하자.

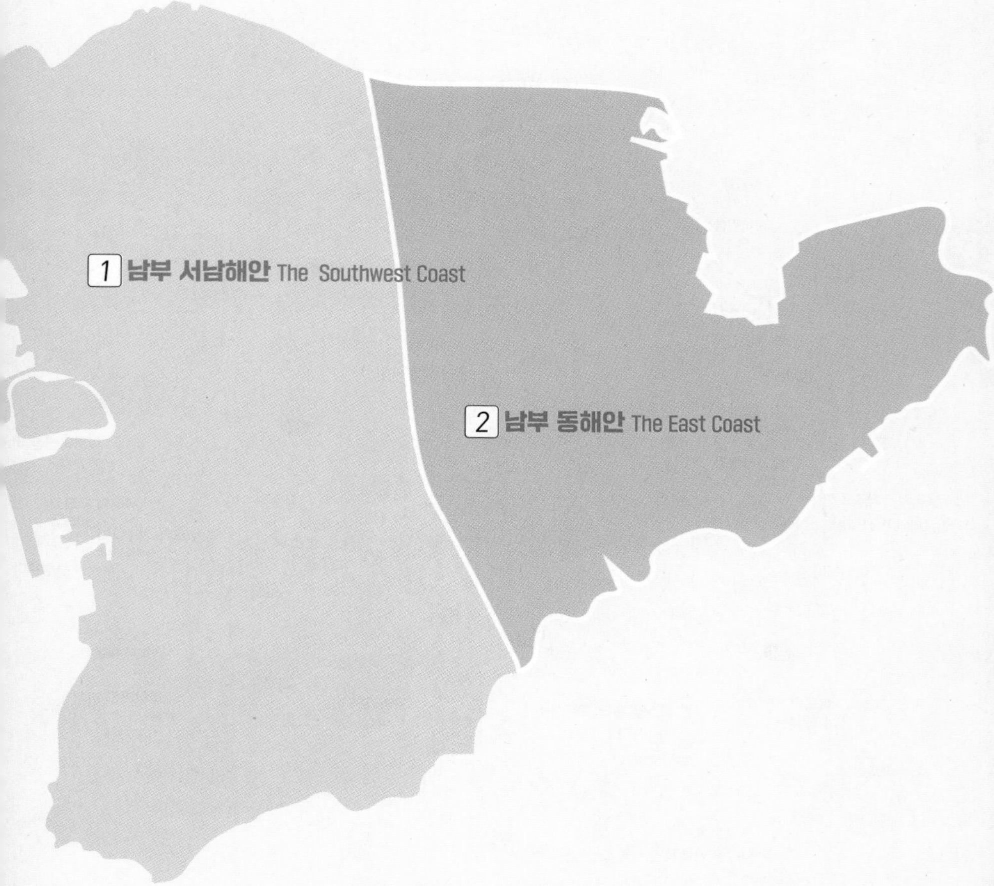

1 남부 서남해안 The Southwest Coast
2 남부 동해안 The East Coast

오키나와 남부 여행지도

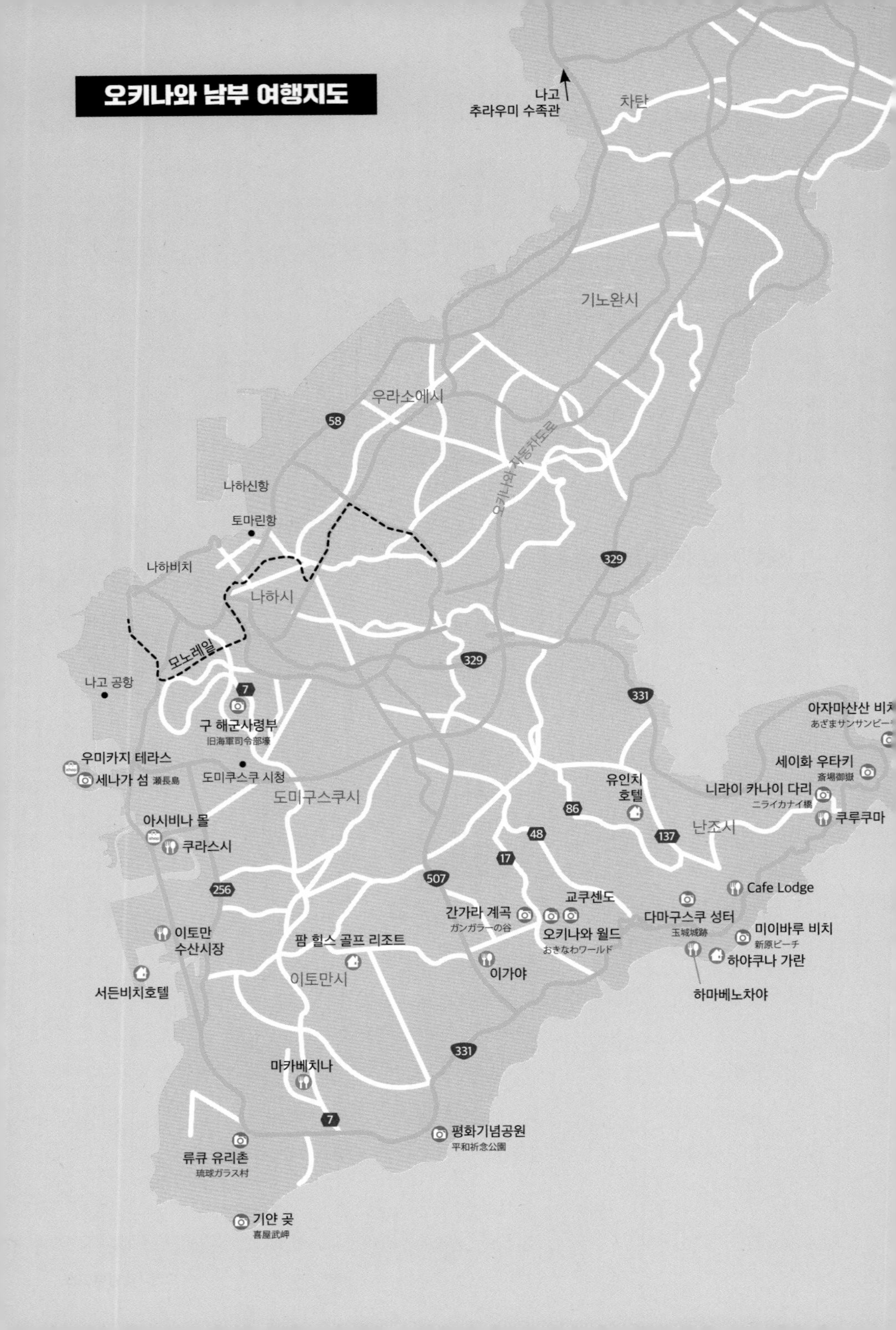
나고
추라우미 수족관
차탄
기노완시
우라소에시
58
오키나와 자동차도로
나하신항
토마린항
나하비치
나하시
329
모노레일
나고 공항
7
구 해군사령부
旧海軍司令部壕
331
우미카지 테라스
세나가 섬 瀬長島
도미쿠스쿠 시청
도미구스쿠시
유인치
호텔
86
세이화 우타키
斎場御嶽
니라이 카나이 다리
ニライカナイ橋
쿠루쿠마
난조시
137
48
17
아시비나 몰
쿠라스시
256
507
Cafe Lodge
교쿠센도
간가라 계곡
ガンガラーの谷
오키나와 월드
おきなわワールド
다마구스쿠 성터
玉城城跡
미이바루 비치
新原ビーチ
하야쿠나 가란
하마베노차야
이토만
수산시장
서든비치호텔
팜 힐스 골프 리조트
이토만시
이가야
331
마카베치나
7
평화기념공원
平和祈念公園
류큐 유리촌
琉球ガラス村
기얀 곶
喜屋武岬

오키나와 남부 버킷리스트 5

낮게 나는 비행기를 구경하기 좋은 세나가섬, 곳곳이 사진 명소인 남부의 핫 스폿 우미카지 테라스, 신비로운 석회암 동굴을 품은 오키나와 월드, 최고 드라이브 코스로 꼽히는 니라이 카나이 다리, 사랑의 해변으로 유명한 아자마산산 비치까지, 남부에서 꼭 가야 할 명소 다섯 곳을 소개한다.

©오키나와관광청

1 머리 위로 나는 비행기를 찍자

세나가는 나하 공항 남쪽 바로 아래에 있는 작은 섬이다. 오키나와 본섬과 다리로 연결되어 있다. 나하 공항과 가까운 덕에 비행기가 출발하고 도착하는 진풍경을 코앞에서 구경할 수 있다. 낮게 나는 비행기를 배경으로 인증 사진을 찍는 여행자들이 많이 찾는다. 비행기 마니아들이 대포처럼 커다란 망원 렌즈로 비행기를 찍는 모습도 심심치 않게 볼 수 있다.

©오키나와관광청

2 일본의 아말피, 우미카지 테라스

세나가섬 바닷가에 있는 우미카지 테라스는 흔히 일본의 아말피, 또는 일본의 산토리니로 불린다. 미식과 디저트, 쇼핑 명소로, 세나가섬 경사지에 흰 벽의 건물 50여 개가 바다를 향해 서 있다. 새하얀 건물과 크리스털 블루로 빛나는 바다의 조화가 무척 인상적이다. 오키나와에서 세 번째로 방문객이 많은 핫 스폿이다. 포토 존이 많아 인스타에서 자주 올라온다.

©오키나와관광청

3 신비로운 100만 개 종유석 보러 가자

오키나와 월드는 오키나와 최대 테마파크이다. 독특하게도 30만 년이 넘은 유명한 석회암 동굴 교쿠센도가 테마파크 안에 있다. 동굴의 전체 길이는 5km가 넘지만, 개방된 곳은 890m 구간이다. 동굴 천장에는 100만 개가 넘는 엄청난 종유석이 매달려 있다. 동굴 곳곳에 있는 푸른빛 샘물도 눈여겨보자. 푸른 샘물이 파란 물감을 풀어놓은 듯 신비롭다.

©오키나와관광청

4 아찔하고 환상적인 드라이브

남부 동해안 난조시에 있는 니라이 카나이 다리는 오키나와의 최고 드라이브 코스이다. 숲이 무성한 86번 국도로 달리다 보면 어느 순간, 갑자기 숲이 사라져 버린다. 그리고 차는 고가 다리를 달리고 있다. 다리 길이는 1.2km, 높이는 무려 162m이다. 니라이 카나이는 '바다 건너에 있는 이상향'이라는 뜻이다. 실제로 눈앞으로 이상향 같은 푸른 바다가 펼쳐진다.

5 사랑이 꽃피는 아자마산산 비치

난조시 동쪽 끝에 있는 아자마산산 비치는 사랑의 감성이 흐르는 아름다운 해변이다. 고운 모래는 하얗게 빛나고, 물결은 호수처럼 잔잔하다. 해수욕장 중앙에 낸 길을 따라가면 분홍색 하트 조형물이 나온다. 하트 조형물은 이 비치의 손꼽히는 포토 존이다. 조형물 덕에 아자마산산 비치는 연인과 부부들에게 특히 인기가 좋다.

남부 서남해안 The Southwest Coast

남부 서남해안은 행정구역으로는 도미구스쿠시와 이토만시에 해당한다.
머리 위로 나는 비행기 인증샷을 찍을 수 있는 세나가섬,
일본의 산토리니로 불리는 쇼핑과 미식 명소 우미카지 테라스, 오키나와 최남단 기얀곶,
유리 공예를 체험할 수 있는 류큐 유리촌, 오키나와 전쟁의 아픔을 기억해 주는 평화기념공원…….
오키나와 또 다른 매력을 찾아 서남해안으로 가자.

©오키나와관광청

남부 서남해안 여행지도

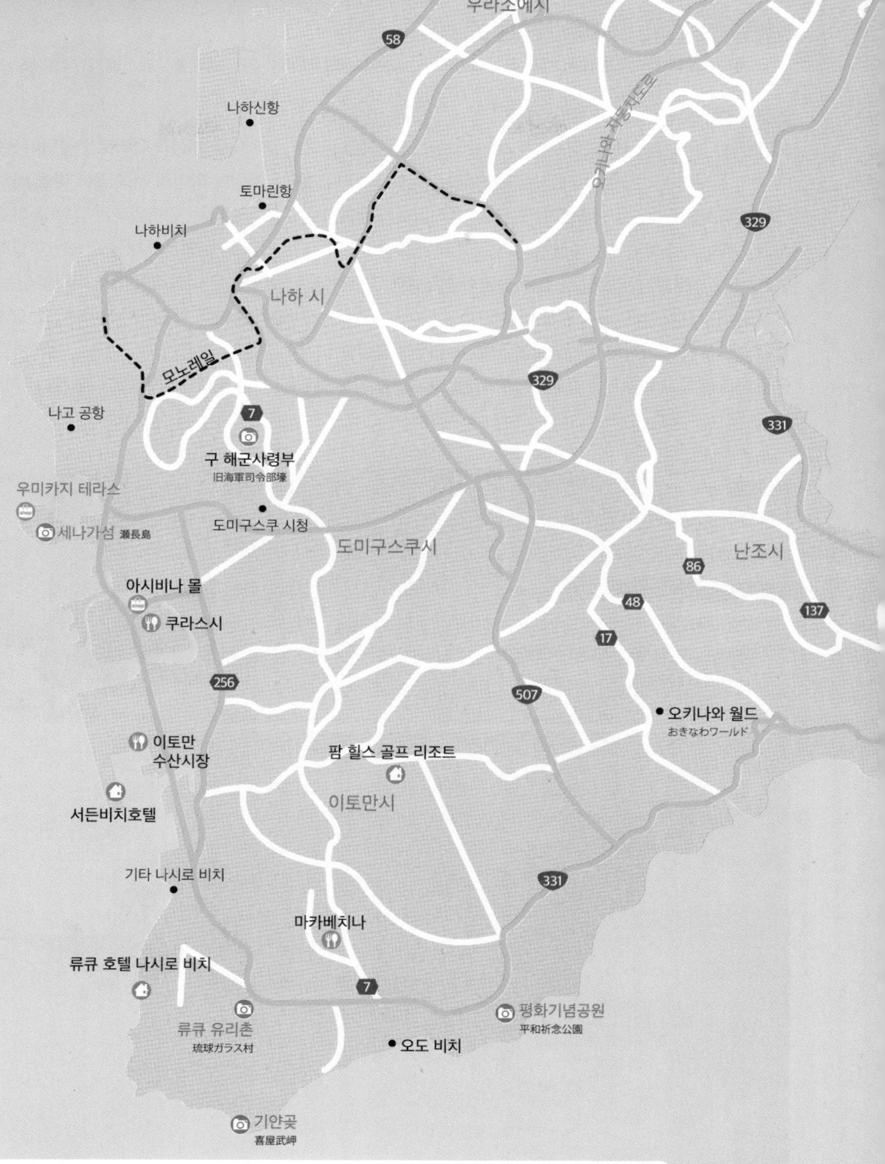

남부 서남해안 하루 추천코스

세나가섬과 우미카지 테라스→ 자동차로 20분 → **류큐 유리촌** → 자동차로 10분 → **기얀곶** → 자동차로 20분 → **평화기념공원**

세나가섬 瀬長島 세나가지마

맵코드 33 002 505*80 | 구글 좌표 세나가섬

①나하 공항에서 렌터카로 11분 ②모노레일 아카미네역赤嶺에서 택시로 10분 沖縄県豊見城市瀬長174番地6

손에 잡힐 듯 비행기가 날아가는

세나가는 나하 공항 남쪽 도미구스쿠시豊見城市에 있는 작은 섬으로, 오키나와 본섬과 다리로 연결되어 있다. 이 섬에 가면 중남미 카리브해의 '세인트 마틴'이라는 작은 섬이 떠오른다. 세인트 마틴의 서쪽 끝에 마호 비치라는 해변이 있다. 재미있는 것은 해변이 프린세스 줄리아나 국제공항 활주로가 끝나는 곳에 있다는 점이다. 마호 비치에 서면 이륙하거나 착륙하는 비행기가 바로 머리 위로 날아간다. 손에 잡힐 듯 비행기가 나는 모습은 아찔하고 흥미진진하다. 꼭 비행기가 덮칠 것 같은 진풍경을 코앞에서 구경할 수 있어, 많은 여행객이 마호 비치를 찾는다. 세나가섬도 이와 비슷하다. 나하 공항 바로 남쪽에 있어서 날아가는 비행기를 아주 가까이서 볼 수 있다. SNS에 곧잘 올라오는 오키나와 비행기 인증샷은 모두 이곳에서 촬영한 것이다. 특히나 비행기 마니아들은 대포처럼 커다란 망원 렌즈를 들고 비행기를 찍는다. 그 모습을 지켜보는 일도 흥미롭다. 섬 북쪽엔 작은 해변 세나가 비치도 있다.

우미카지 테라스 Umikajiterrace

맵코드 33 002*605 구글 좌표 세나가섬 우미카지테라스

①나하 공항에서 렌터카로 13분 ②나하 공항에서 직행 '세나가지마 에어포트 리무진' 타고 15분 ③모노레일 아카미네역赤嶺에서 택시로 10분, 노선버스 우미카지 라이너로 17분 沖縄県豊見城市瀬長174番地 098 851 7446 음식점 11:00~21:00 (라스트 오더 20:30) 상점 10:00~20:00 휴무 연중무휴 umikajiterrace.com

©오키나와관광청

©오키나와관광청

©우미카지테라스

©우미카지테라스

일본의 산토리니, 미식과 쇼핑을 한 번에

우미카지 테라스는 세나가섬에 있는 리조트 형 쇼핑센터이다. 음식점, 디저트 카페, 액세서리 가게, 영하의 세계를 체험할 수 있는 아이스 바 등 47개 상점이 몰려 있다. 요즘 오키나와에서 가장 인기가 많은 핫 스폿 중 하나로, 매년 330만 명이 찾는다. 위치는 류큐 온천 세나가지마 호텔琉球温泉 瀬長島ホテル 아래쪽 바닷가이다. 경사지에 흰 벽의 건물 50여 개가 바다를 향해 서 있다. 새하얀 건물과 크리스털 블루로 빛나는 바다의 조화가 무척 인상적이다. 쇼핑센터는 상점이 아니라 언덕에 들어선 모던하고 새하얀 독립형 별장을 연상시켜 흔히 일본의 아말피, 또는 일본의 산토리니로 불린다.

우미카지 테라스는 포토 존이 많아 인스타의 성지로 유명하다. 에메랄드빛 바다를 배경으로 뒷모습을 촬영할 수 있는 그네, 하트 조개 장식이 눈길을 끄는 사랑의 테라스, 금방 벽에서 튀어나올 것 같은 돌고래 트릭 아트 등 곳곳이 포토 존이다. 공항과 가까워 오키나와를 떠나기 전에 찾는 사람이 많다. 택시와 렌터카로 나하 공항까지 약 13분, 직행으로 왕복 운행하는 '세나가지마 에어포트 리무진'을 타면 15분이 걸린다.

구 해군사령부 旧海軍司令部壕 규카이군시레이부고

맵코드 33 036 823*65 구글 좌표 해군사령부호

①나하 공항에서 렌터카로 15분 ②모노레일 오노야마코엔역奥武山公園駅에서 택시로 10분 沖縄県豊見城市字豊見城 236 098 850 4055 매일 9:00~17:00 휴무 없음 ¥ 입장료 성인 600엔 어린이 300엔 https://kaigungou.ocvb.or.jp/park/

©오키나와관광청

©오키나와관광청

©오키나와관광청

2차대전 때 방공호, 전쟁은 인제 그만!

오키나와 전쟁 당시 일본군 사령부가 있던 땅속에 판 방공호로 도미구스쿠시豊見城市에 있다. 얼핏 보면 작은 언덕처럼 보이는데 땅속은 잘 짜인 미로로 구성되어 있다. 다행인지 불행인지 땅속에 있는 탓에 일본군 사령부는 고스란히 잘 남아 있다. 방공호 길이는 450m이며, 이 가운데 275m만 공개하고 있다. 전쟁 당시 4천 명이 넘는 사람들이 이곳에 있었다고 전해진다. 그 모든 사람이 사령관 오오타미노루와 함께 1945년 6월 13일 이곳에서 자결하였다. 학살과 다름없는 자결을 선택한 사람 중에는 오키나와 주민들도 많이 포함되어 있었다고 한다. 이곳에 방공호가 만들어진 이유는 공항과 가깝고, 언덕이 높아 통신하기 편리한 데다가 한눈에 적과 아군의 동태를 파악할 수 있었기 때문이다. 당시의 사령관실, 의료실, 암호실, 통신실 등이 그대로 남아 있다.

류큐 유리촌 琉球ガラス村 류큐 가라스무라

맵코드 232 336 227 구글 좌표 Ryukyu Glass Village

①나하 공항에서 렌터카로 30분 ②나하 버스터미널에서 89번糸満線, 이토만선 버스 탑승-이토만 버스터미널 하차-82번玉泉洞糸満線, 옥천동 이토선 버스로 환승-류큐 유리 마을 정류장 하차 沖縄県糸満市福地 169 098 997 4784
09:30~17:30 ¥ 입장료 없음 체험 교실 2,200엔~6,600엔 http://www.ryukyu-glass.co.jp/

나만의 유리 공예품을 만들자

오키나와에서는 전통 유리 공예 상점이나 공방을 쉽게 만날 수 있다. 생활용품부터 예술 작품까지 종류도 다양하다. 유리 공예가 발달하기 시작한 것은 오키나와 전쟁이 끝난 후부터이다. 미군이 버린 코카콜라 병과 맥주병을 재활용하여 생활용품을 만들면서 발전하기 시작하여, 이제는 진화한 원료와 기법으로 오키나와만의 색을 구축하게 되었다. 1988년에는 오키나와현의 전통 공예품으로 인정받기도 했다. 1985년에 만들어진 류큐 유리촌은 이토만시에 있는 유리 체험 공방 중 가장 큰 곳이다. 다채로운 유리 제품을 취급하는 숍, 장인들의 대표작을 전시한 갤러리, 레스토랑 등이 모여 있는 유리 테마파크다. 이곳에서 가장 유명한 곳은 직접 만들어 볼 수 있는 체험 공방으로, 일본인들에게 인기가 좋다. 장인들의 직접적인 도움을 받으며 체험할 수 있고, 액세서리·캔들·포토 프레임 등 다양한 공예품을 만들 수 있다. 체험 교실은 선착순으로 당일 현지 접수한다. 자세한 내용은 홈페이지에서 미리 확인하고 가자. 류큐 유리촌 입장료는 무료이며, 구경만 해도 상관없다.

기얀곶 喜屋武岬 기얀 미사키

맵코드 232 274 157*40 구글 좌표 Cape Kyan

나하 공항에서 렌터카로 30분 098 840 8135(이토만시 상공관광과糸満市 商工観光課)

오키나와 최남단, 투명하고 푸른 바다

오키나와 남부는 깎아내리는 듯한 절벽이 많다. 이런 지형적인 영향 덕에 높은 곳에서 동중국해와 태평양을 끝없이 바라볼 수 있어서 좋다. 한눈에 다 담기 힘든 수평선은 남부의 자랑거리이다. 특히 최남단 기얀곶에서 바라보는 바다의 수평선은 어느 곳보다도 아름답지만, 오키나와에서 가장 슬픈 절벽이기도 하다. 오키나와 전쟁 당시 일본이 오키나와 주민들에게 미군에게 잡히면 처참하게 죽임을 당할 거라고 겁박했다. 일종의 변형된 자살 권유였다. 죽음의 공포에 몰린 주민들은 최남단 기얀곶까지 도망쳐 와 아름다운 고향과 가족을 뒤로한 채 집단 투신했다. 전쟁은 이렇듯 일본을 야만으로 만들었다. 과거의 고통스러운 기억을 아는지 모르는지, 지금 기얀곶에는 투명하고 푸른 바다가 광활하게 펼쳐져 있다. 그래도 다행히 절벽 위에 후손들이 작은 기념탑을 세웠다. 바다를 향해 외롭게 서서 주민들의 죽음을 기억하고 증언하고 있다.

평화기념공원 平和祈念公園 헤이와키넨 코우엔

맵코드 232 311 776*70 구글 좌표 오키나와 평화기념공원

①나하 공항에서 국도 331호선 경유하여 렌터카로 30분 ②나하 버스터미널에서 89번 버스糸満線 이토만선 탑승-이토만 버스터미널에서 하차-82번 버스玉泉洞 糸満線, 옥천동 이토선로 환승-헤이와키넨토 이리구치平和祈念公園 入口, 평화기념공원 입구 정류장에서 하차 沖縄県糸満市摩文仁 614-1 098 997 3844 평화기념자료관 운영시간 09:00~17:00(16:30까지 입장 가능, 한국어 리플렛, 한국어 음성 가이드 무료 대여 가능) ¥ 입장료 공원 무료 평화기념자료관 성인 300엔, 어린이 150엔(6월 23일 무료) 평화기념당 성인 450엔, 중고생 350엔, 나머지는 무료 평화기념공원 http://heiwa-irei-okinawa.jp 평화기념자료관 http://www.peace-museum.pref.okinawa.jp

©오키나와관광청

©오키나와관광청

©오키나와관광청

이곳에서는 평화를 기원하자!

오키나와 남부 이토만 시의 마부니 언덕은 오키나와 전쟁의 마지막 전투가 벌어진 곳이다. 일본 수비군 총사령부 32군은 이곳에서 마지막까지 저항하다 종말을 맞이했다. 아이러니하게도 전쟁터였던 이 언덕에 영원한 평화를 염원하고 전사자를 추모하기 위해 평화기념공원이 들어섰다. 일본에 있는 국립공원 중 유일하게 전적지였던 곳으로, 1972년 개원했다. 60만 평의 대지에 사진과 유품 등을 전시한 평화기념자료관, 오키나와 전쟁에서 쓰러진 사람의 이름을 새겨 놓은 평화의 초석, 진혼과 평화를 기원하는 평화기념당, 조선인을 기리는 한국인 위령탑 등이 있다.

오키나와 전쟁의 참혹함을 보여주는 평화기념자료관平和祈念資料館, 헤이와 키넨 시료칸은 모두 6개의 전시관으로 구성되어 있다. 류큐에서 시작하여 오키나와 전쟁까지 역사 흐름에 맞춰 다양한 자료를 전시해 놓고 있다. 부디 이 전시관들이 진정한 평화를 실천해 나가는데 밑거름이 되기를 바랄 뿐이다. 평화의 초석平和の礎, 헤이와노이시지은 오키나와 전쟁 희생자들의 이름이 적혀있는 기념비이다. 한국인, 미국인, 영국인, 대만인 등 외국인 희생자들의 이름도 새겨져 있다.

평화기념당平和祈念堂은 1978년 10월 1월에 세운 거대한 칠각형의 하얀 탑이다. 내부로 들어가면 오키나와 출신 예술가 야마다 마야마가 8년 동안 공을 들여 만든 높이 12m, 폭 8m에 달하는 목조 불상을 볼 수 있다. 불상에서 작가의 평화 염원에 대한 진정성이 강하게 느껴진다. 이외에도 다수의 미술품도 관람할 수 있다. 한국인 위령탑韓国人慰霊塔은 강제로 전쟁에 동원되었다가 사망한 조선인 1만여 명을 기린다. 이 중에는 어린 학생들뿐 아니라 위안부 여성들도 있었다. 이 탑은 1976년 8월 15일에 설치되었다. 둥근 돌무덤 앞 정면에는 검은 화살표가 있는데, 이 화살표가 가리키는 방향이 한반도이다. 평화기념자료관 입구 반대쪽 구석진 곳에 있어 지나치기 쉽다. 잊지 말고 찾아보자.

Travel Tip

공원을 모두 돌아보기에는 너무 크므로 원내 버스를 이용할 것을 추천한다. 원내 버스 승차장은 공원 입구 가장 큰 입구 안내 센터 근처에 있다. 요금은 100엔이다.

©오키나와관광청

©오키나와관광청

©오키나와관광청

One More

오키나와 전쟁, 비극이 시작되다

©오키나와관광청

1943년 일본은 태평양 전쟁에서 패색이 짙어지자, 본토를 지키기 위해 규슈와 오키나와, 대만 남부를 잇는 방어선을 구축하기 시작했다. 오키나와는 일본 본토를 지키기 위한 마지막 보루였다. 일본은 짧은 시간에 오키나와섬 전체를 요새화하기 위해 오키나와, 조선, 중국 등지에서 많은 사람을 강제 동원했다. 1945년 4월 1일 미군이 오키나와에 상륙했다. 평화로운 섬에 비극이 시작된 순간이었다. 이날을 기점으로 83일 동안 54만 8천 명의 일본군과 11만 명의 미군이 전투를 벌였다. 일본군 가운데 2만 5천 명은 오키나와 주민들이나 학도병이었다고 밝히고 있으나, 실제로는 40만 명이 넘는 오키나와 주민과 조선인, 대만인 등이 동원되었다고 전해진다. 오키나와 전쟁은 짧은 기간이지만 태평양 전쟁에서 가장 많은 사람이 죽은 전투 중 하나이다. '철의 폭풍'이라 불리는 폭격이 3개월 동안 쏟아졌는데, 이 전쟁으로 주민 15만 명, 일본군 8만 명, 미군 1만 4천 명이 사망했다. 이 참혹한 전쟁은 6월 23일 일본군 사령관 우시지마 미쓰라가 자결하면서 막을 내렸다.

남부 서남해안의 맛집과 숍

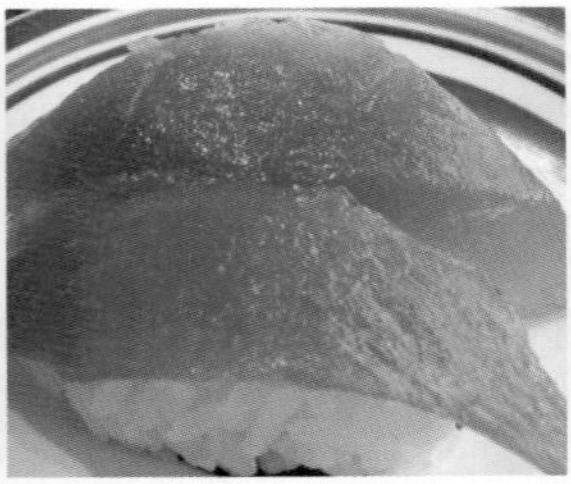

쿠라스시 오키나와 토요사키점 Kura Sushi, くら寿司 沖縄豊崎店

저렴하고 맛있는 초밥 체인점

아웃렛 몰 아시비나와 이웃해 있다. 가격은 한 접시에 120엔부터 시작한다. 라멘 같은 단품 메뉴도 주문할 수 있다. 스시 종류는 참치 뱃살, 광어, 문어 등 다양하다. 좌석 테이블에 주문용 모니터가 있어, 간단한 터치로 원하는 초밥을 선택할 수 있다. 한국어도 있어 주문하기 어렵지 않다. 주문하면 자동으로 테이블까지 초밥이 전해져 편리하다.

구글 좌표 Kura Sushi Okinawa Toyosaki

①아웃렛 몰 아시비나마에アウトレットモール あしびなー前 정류장에서 249번 현도県道 따라 동북쪽으로 도보 3분 ②나하 공항에서 331번 국도 경유하여 남쪽으로 렌터카로 16분 沖縄県豊見城市豊崎 豊崎 1-411 098 996 3469 11:00~23:00 휴무 없음 https://shop.kurasushi.co.jp

이토만수산시장 糸満漁業協同組合 お魚センター 이토만 교교쿄도 쿠미아이 오사가나센타

스시부터 해산물 반찬까지

이토만 항 근처에 있다. 생선은 물론 해산물 요리를 만들어 판매한다. 커다란 참치를 부위별로 잘라 판매하는 모습이 인상적인데, 가격도 저렴한 편이다. 연어, 갑오징어, 광어 횟감도 포장해 판매한다. 가격은 500엔~1,000엔이다. 생선구이, 해산물 튀김 및 반찬도 판매한다. 먹고 싶은 것을 구매해 점포 안에 있는 테이블에서 먹으면 된다. 횟감은 판매가 일찍 마감되므로 점심시간까지는 찾아가는 것이 좋다. 주변에 대형마트와 작은 화훼시장이 있어 구경하기도 좋다.

맵코드 098 992 2803 구글 좌표 Itoman fishing cooperative Fish Center

①나하 공항에서 331번 국도 경유하여 렌터카로 남쪽으로 20분 ②류큐 유리촌에서 북쪽으로 렌터카로 10분 沖縄県糸満市西崎町 4丁目 19-19 098 992 2803 10:00~19:00 휴무 12월 31일, 1월 1일(월요일 휴무인 점포 있음)

야기야 屋宜家

국가 문화재 건물에서 소바 즐기기

건물이 국가유형문화재에 등록된 곳이라 유명하다. 대표 메뉴는 아사 소바이다. 아사アーサ 는 오키나와에서 자라는 해초로 오키나와의 파래이다. 초록빛 아사가 들어 있는 국물에 돼지고기 고명을 얹어 내온다. 돼지고기 육수와 해초의 콜라보는 제주도의 몸국과 비슷하여 낯설지 않다. 삼겹살 소바, 오키나와 팥빙수인 흑당 젠자이 같은 메뉴도 있다.

맵코드 232 433 739*10 구글 좌표 야기야

평화기념공원에서 331번 국도 경유하여 렌터카로 10분
沖縄県島尻郡八重瀬町大頓 1172番地 098 998 2774
11:00~15:15 휴무 화요일 ¥ 아사소바 1,160엔, 흑당 젠자이 430엔

마카베치나 真壁ちなー

맛있는 볶음 소바

이토만시 마카베真壁에 있는 맛집이다. 1891년 메이지 유신 때 지어진 전통 민가를 리모델링하여 사용하고 있다. 가장 인기가 좋은 메뉴는 '사라 소바'다. 신선한 오키나와 산 채소와 해산물을 갈분칡뿌리에서 채집한 전분에 볶은 면 요리이다. 강한 불로 재료를 볶아 불맛이 느껴져 더욱 맛있다. 커피, 홍차도 판매한다.

맵코드 232 368 185*75 구글 좌표 Cafe Makabechina

①류큐 유리촌에서 331번 국도 경유하여 렌터카로 9분 ②평화기념공원에서 렌터카로 서북쪽으로 11분 ③기얀곶에서 3번 현도 경유하여 렌터카로 북쪽으로 16분 沖縄県糸満市真壁 223 098 997 3207 11:00~16:00 휴무 일·월요일 https://makabechinaa.business.site

오키나와 아웃렛 몰 아시비나 沖縄アウトレットモール あしびなー

명품부터 중저가 브랜드까지

명품과 대중적인 브랜드 숍 100개 매장이 모여 있다. 할인율은 30~80%이다. 외국인은 면세 혜택을 받을 수도 있으니 쇼핑할 때 확인하자. 아웃렛 몰 앞에는 맛집도 많아 편리하다. 나하 공항으로 가기 전 들러 한 번에 쇼핑하기 좋다. 대중교통으로 공항에 갈 때는 아웃렛 몰 아시비나 마에アウトレットモール あしびなー前 정류장에서 95번 버스를 타면 된다.

맵코드 232 544 541*17 구글 좌표 오키나와 아웃렛 몰 아시비나

①나하 공항에서 331번 국도 경유하여 남쪽으로 렌터카로 16분 ②버스 나하 버스터미널에서 56번 탑승 후 아웃렛 몰 아시비나 마에アウトレットモール あしびなー前 정류장에서 하차 沖縄県豊見城市豊崎 1-188 098 891 6000
10:00~20:00 휴무 없음 http://www.ashibinaa.com/

남부 동해안 The East Coast

남부 동해안은 행정구역으로는 난조시에 해당한다. 남부의 매력을 다양하게 즐기려면 난조시로 가야 한다.
환상적인 석회암 동굴을 품은 오키나와 월드, 신비로운 동굴 카페와
손에 꼽히는 드라이브 코스 니라이 카나이 다리, 국왕이 풍년제를 지낸 문화유산 세이화 우타키,
그리고 사랑에 빠질 것 같은 매혹적인 해변 아자마산산 비치까지 모두 이 도시에 있다.

남부 동해안 여행지도

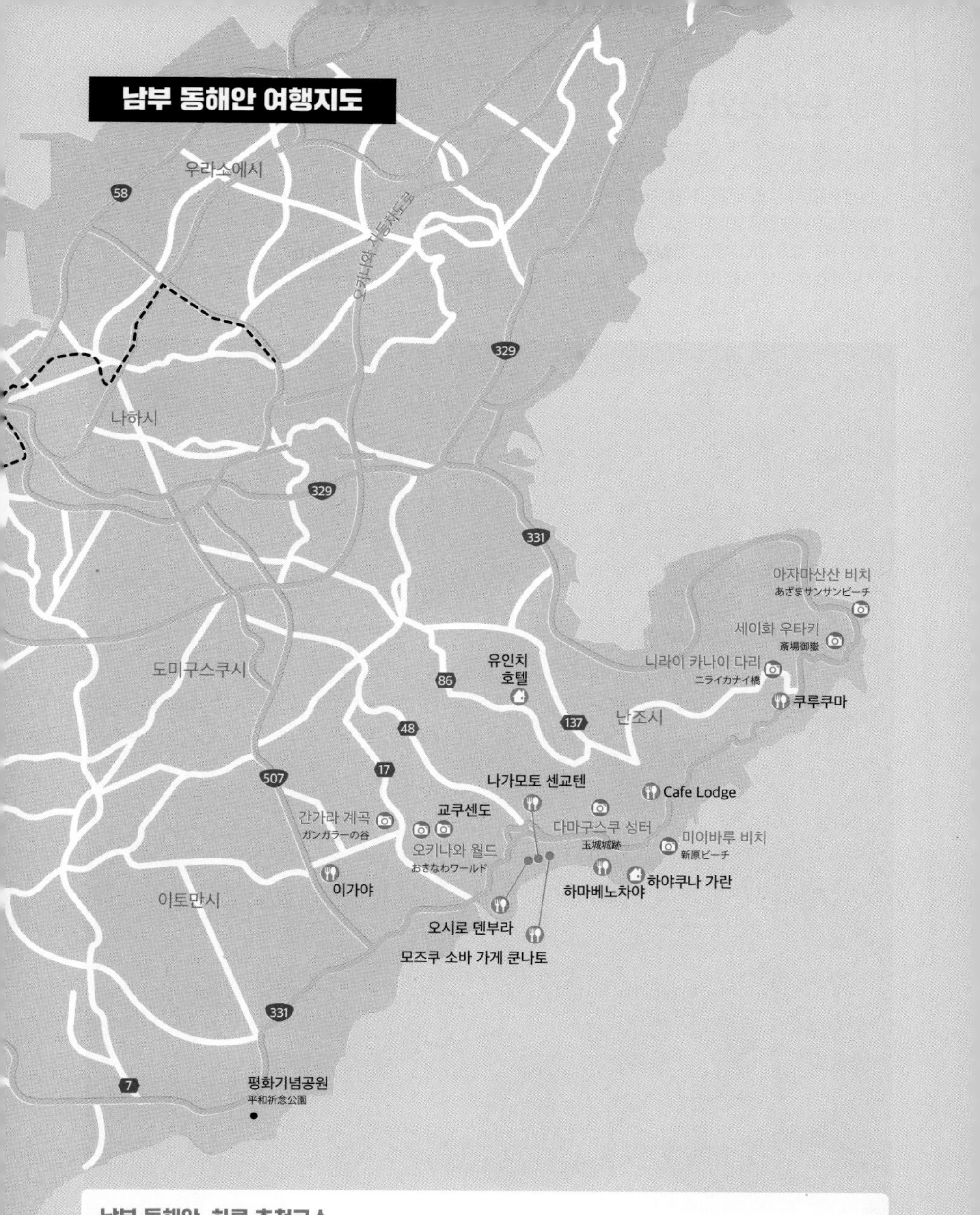

남부 동해안 하루 추천코스

오키나와 월드 → 도보 1분 → **간가라 계곡** → 자동차로 13분 → **미이바루 비치** → 자동차로 7분 → **다마구스쿠 성터** → 자동차로 10분 → **니라이 카나이 다리** → 자동차로 6분 → **세이화 우타키** → 자동차로 5분 → **아자마산산 비치**

오키나와 월드 おきなわワールド 오키나와와루도

맵코드 232 495 333*53 구글 좌표 오키나와월드

①나하 공항에서 렌터카로 30분 ②나하 버스터미널에서 54번前川線 마에가와선, 83번玉泉洞線 교쿠센도선 탑승하여 교쿠센도마에玉泉洞前 정류장 하차. 도보 1분 沖縄県南城市玉城前川 1336 098 949 7421 09:00~17:30(16:00 마지막 입장) 휴무 없음 ¥ 입장료 성인 2,000엔, 어린이 1,000엔 공연 에이사 공연 매일 10:30, 12:30, 14:30(공연 시간 약 25분) 하브 박물관 뱀 공연 매일 11:30, 13:30, 15:30(공연 시간 약 20분) https://www.gyokusendo.co.jp/okinawaworld/

©오키나와관광청

석회암 동굴과 100년 전 오키나와 속으로

오키나와 월드는 이 섬에서 가장 큰 테마파크이다. 오키나와의 역사와 자연, 문화를 주제로 구성되어 있다. 가장 볼 만한 곳으로는 류큐 시대를 그대로 복원해 놓은 마을 '오코쿠무라'王国村, 30만 년이 넘은 유명한 석회암 동굴 '교쿠센도'玉泉洞, 반시뱀이나 카멜레온 등 파충류를 구경할 수 있는 '하브 박물관'이 있다.

오코쿠무라는 100년 전에 지은 붉은 기와집과 민가 다섯 채를 그대로 옮겨 놓은 마을이다. 모든 건물이 유형 문화재로 등록되어 있을 만큼 가치가 높은 유산이다. 오키나와 월드에서는 다양한 체험 프로그램도 운영한다. 염색 체험, 300년 역사를 자랑하는 류큐 화지 만들기, 류큐 왕조의 전통 의상을 입고 사진 촬영할 수 있는 류큐 사진관 등이 있다.

교쿠센도는 30만 년 전에 형성된 거대한 석회암 동굴이다. 이 동굴 때문에 오키나와 월드가 더 유명해졌다. 동굴의 전체 길이는 5km가 넘으나, 지금은 이 가운데 890m만 개방하고 있다. 동굴 천장에는 신비롭고 화려한 종유석 100만여 개가 매달려 있다. 30만 년 시간이 이 엄청난 종유석을 만들었다. 종유석은 지금도 자란다. 1년에 약 3mm 정도 자란다고 한다. 또 동굴 곳곳에서 푸른 샘물을 볼 수 있다. 샘물은 파란 물감을 풀어놓은 듯 오묘하고 신비롭다.

오키나와 월드에서는 류큐 전통 무용 '에이사'를 관람할 수 있어서 더욱 뜻깊다. 에이사는 남자들이 북을 치고 노래를 부르며 장단 맞추는 민속춤이다. 원래 에이사는 일본의 추석인 오봉(양력 8월 15일) 때 추는, 조상의 영혼을 저승으로 보내기 위해 추는 춤이었다. 이 전통은 여전히 이어져 매년 8월 첫째 일요일에 나하시의 국제거리에서 섬 각지의 청년 수천 명이 북을 치며 행진하는 '에이사 마쓰리'가 열린다. 역동적인 안무와 웅장한 북소리가 관객의 마음을 사로잡는다.

간가라 계곡 ガンガラーの谷 간가라노타니

맵코드 232 494 506*81 구글 좌표 강가라 계곡

①나하 공항에서 렌터카로 30~40분 ②나하 버스터미널에서 83번玉泉洞線 교쿠센도선 탑승 후 교쿠센도마에玉泉洞前 정류장 하차 沖縄県南城市玉城前川 202 098 948 4192 09:00~16:00 투어 안내 소요 시간 80분 ¥ 입장료 성인 2,500엔, 중학생 이상의 학생 1,500엔(학생증 지참), 보호자 동반 초등생 이하 무료 주차장 무료 https://gangala.com

©오키나와관광청

동굴 카페에서의 커피 한잔, 그리고 신비의 숲 체험

간가라 계곡은 석회암 동굴이 무너지면서 생긴 골짜기로, 오키나와 월드 맞은편에 있다. 오키나와 월드의 석회암 동굴이 세월의 무게를 이기지 못하고 내려앉으면 아마도 이렇게 되리라. 간가라 계곡은 지하수와 햇살 덕분에 울울창창 정글 같은 숲을 이루고 있다. 오키나와가 아니라 동남아시아나 남미의 아마존 숲에 온 것 같은 기분이 든다. 계곡의 원시림은 태고의 자연이 이러하지 않았을까, 짐작하게 해준다.

간가라 계곡의 하이라이트는 '우후가주마루'라는 나무이다. 숲의 주인이라는 뜻인데, 이름처럼 거대한 위용을 자랑한다. 수많은 가지가 커튼처럼 나무 아래로 흘러 내려온 모습이 신비롭고 영험하다. '앙코르와트'의 건물에 뿌리를 내린 거대한 나무를 연상시킨다. 나무의 나이는 150년, 길이는 무려 200m에 육박한다. 간가라 계곡 여행은 가이드 투어로만 진행되며 약 1시간 20분 정도 소요된다. 가이드 중에는 방송 캐스터와 엔카 가수도 있어 일본인 여행객에게 인기가 좋다.

간가라 계곡의 또 다른 볼거리는 '케이브 카페'이다, 계곡 투어가 시작되는 광장에서 언덕을 내려가면 갑자기 동굴이 나타난다. 종유석이 그대로 드러난 카페는 신비롭고 매력적이다. 동굴 카페는 그대로 자연 테라스이자 천연 라운지이다. 종유석이 매달린 동굴 카페에서 마시는 커피 맛이 오묘하다. 간단한 식사도 가능하다. 종종 카페에서 연주회 등 이벤트 행사가 열린다. 동굴 카페는 간가라 계곡 가이드 투어에 예약한 사람만 이용할 수 있다.

Travel Tip

간가라 계곡 투어 예약 안내

투어 예약은 전화 혹은 홈페이지(한국어 지정 가능)에서 방문 전날 17:00까지 하면 된다. 투어에 참여할 경우 외국인 음성 안내 서비스가 지원된다. 투어 집합 장소는 케이브 카페이다. 우천 시에도 투어는 진행되나, 악천후 때는 취소될 수 있으므로 미리 확인하는 게 좋다. 숲길을 1km 이상 걸어야 하므로 편한 신발은 필수이다. 투어 중에는 화장실 사용이 불가능하다. 화장실은 주차장 근처에 있다.

미이바루 비치 新原ビーチ

맵코드 232 470 611*08 구글 좌표 미이바루 비치

①렌터카로 나하 공항에서 40분 ②나하 버스터미널에서 39번 탑승 후 종점인 미이바루 비치新原ビーチ 정류장 하차. 도보 10분 沖縄県南城市玉城百名 098 948 1103 4월 말~9월 ¥ 입장료 무료 부대 시설 주차 500엔, 샤워실 300엔(어린이 200엔), 파라솔+의자 2,500엔 글라스 보트 12세 이상 1,800엔, 4~11세 1,000엔, 3세 이하 무료(20분 소요) https://www.mi-baru.com/boat/index.html

산호초 고운, 소년처럼 풋풋한 해변

남부 동해안의 난조시에는 빼어난 해변이 많다. 그중에서 대표적인 곳 두 곳을 꼽으라면 미이바루 비치와 동쪽 끝에 있는 아자마산산 비치를 앞에 놓아야 한다. 아자마산산 비치가 소녀처럼 고운 해변이라면 난조시 남쪽에 있는 미이바루 비치는 소년처럼 풋풋하고 진솔한 해변이다. 수심이 얕고 물이 맑아 가족 단위 여행객에게 인기가 좋다. 남부 제일의 비치로 꼽히며, 해변 길이가 2km가 넘는다. 자연 해변이라 인공 해수욕장인 아자마산산 비치만큼 모래가 곱지 않지만, 해변 곳곳에 산호초가 고운 자태로 누워 있어 자연의 경이로움이 느껴진다. 또 허리가 잘록한 커다란 바위들이 미이바루 비치의 매력을 더해준다. 이 바위들은 오랜 시간 바람과 파도가 만든 자연의 예술품이다. 해변엔 샤워 시설 등 편의시설도 잘 갖춰져 있고, 글라스 보트도 운영한다. 글라스 보트에 오르면 바닥이 유리로 되어 있어 바닷속 풍경이 그대로 눈에 들어온다. 이밖에 바나나보트, 제트스키 등 다양한 해양 레포츠를 즐길 수 있다.

다마구스쿠 성터 玉城城跡 다마구스쿠죠세키

맵코드 232 499 780 구글 좌표 Tamagusukujo Castle Ruins

나하 공항에서 렌터카로 50분 沖縄県南城市玉城玉城 444 098 917 5374 ¥ 입장료 무료 https://www.city.nanjo.okinawa.jp

한없이 푸른 태평양을 굽어보며

오키나와에는 류큐 왕국이 본섬의 여러 부족을 통일하기 이전에 쌓은 성터가 많다. 세계문화유산에 등재된 북부 지역의 나키진 성터今帰仁城跡와 자키미 성터座喜味城跡, 중부 지역의 카츠렌 성터勝連城跡와 나카구스쿠 성터中城城跡가 대표적이다. 이외에도 오키나와에는 오래된 성터가 꽤 남아 있다. 난조시에 있는 다마구스쿠 성터는 오키나와에서 가장 오래된 성터이다. 전설에 의하면 류큐의 창조신인 아마미키요가 쌓았다고 한다. 하지만 이것은 말 그대로 전설이고, 실제로는 1400년대에 쌓은 성이다. 전설 때문인지 이 성은 신을 모시는 '우타키' 못지않게 숭배를 받고 있다. 지금도 참배를 위해 성터를 찾는 사람을 심심치 않게 발견할 수 있다. 하지만 유명세에 비교하면 성은 작은 편이다. 1940년대까지는 잘 보존되어 있었으나 안타깝게도 미군정 시절에 많이 훼손되었다. 미군이 군부대를 만들고 건물을 짓는 데 이 성의 돌을 가져다 사용했기 때문이다. 원래 모습을 잃었지만, 성터에서 바라보는 풍경은 그야말로 절경이다. 성벽 너머로 아름다운 태평양이 시야 가득 들어오는데, 푸른 바다를 보고 있으면 가슴이 저절로 시원해진다. 인적이 드물고 고즈넉해 조용히 사색하거나 여유롭게 풍경을 즐기기 좋다.

세이화 우타키 斎場御嶽

맵코드 33 024 282*64 구글 좌표 세화 우타키

①나하 공항에서 렌터카로 50분 ②나하 버스터미널에서 338번 버스斎場御嶽線, 세이화우타키선 승차하여 세이화우타키이리구치斎場御嶽入口 정류장 하차, 도보 8분 沖縄県南城市知念字久手堅 270-1 098 949 1899 3월~10월 09:00~18:00, 11~2월 09:00~17:30 휴무 음력 5월1일~3일, 음력 10월 1일~3일 ¥ 입장료 고교생 이상 300엔 초·중생 150엔

신성한 숲과 바위, 오키나와의 참성단

우타키御嶽란 성역을 말한다. 세이화 우타키는 오키나와의 시조 신 '아마미키요'가 직접 만든 성지 7곳 중 하나이다. 국왕이 직접 참배를 올렸고, 최고의 신녀 '기코에 오키미'의 즉위식도 열렸다. 매표소를 지나 언덕을 오르면 우타키가 모습을 드러낸다. 우후구이, 유인치, 기요다유루 아마다유루, 산구이 등을 아울러 세이화 우타키라 하는데, 가장 먼저 눈에 들어오는 것은 우후구이이다. 우후구이는 국왕이 제를 올리거나 신녀의 즉위식이 열린 곳이다. 유인치에서는 풍년을 기원하는 제사를 지냈다. 오키나와의 정신적인 부엌인 셈이다. 기요다유루 아마다유루는 종유석에서 떨어지는 물을 받아두는 항아리가 있는 곳이다. 이 항아리에 물이 가득 차면 제를 올렸다고 전해진다. 산구이는 세이화 우타키를 대표하는 상징적인 곳이자, 오키나와를 대표하는 명소로 꼽힌다. 흔히 삼각 암석이라고도 불리는데, 거대한 석회암 두 개가 이마를 맞대며 이룬 삼각형 통로가 경이로운 풍경을 만들어 낸다. 삼각 통로를 지나면 신들의 섬 '구다카섬'이 보인다. 이곳에 류큐의 제단을 만들고, 왕들이 구다카섬을 향해 제를 올렸다.

Travel Tip

세이화 우타기 티켓 판매소 앞에 주차장이 있다. 주차장에서 세이화 우타키 입구까지는 500m 거리로 도보 7~10분 정도 걸린다.

니라이 카나이 다리 ニライカナイ橋 니라이카나이바시

맵코드 232 593 710*63 구글 좌표 니라이카나이다리

나하 공항에서 렌터카로 40~50분 沖縄県南城市知念吉富

오키나와 최고의 드라이브 코스

세이화 우타키를 등지고 숲이 무성한 86번 국도로 달리다 보면 갑자기 숲이 사라져 버린다. 그리고 고가도로와 뻥 뚫린 하늘이 시원하게 펼쳐진다. 저 멀리 눈이 시리도록 푸른 수평선이 그림처럼 펼쳐진다. 푸른 하늘과 태평양을 거느린 이 고가도로가 오키나와 최고 드라이브 코스로 꼽히는 니라이 카나이 다리다. 다리는 절벽과 지상을 연결하고 있다. 길이는 1.2km, 고도는 162m이다. 하나의 다리로 보이지만 실제로는 니라이 다리와 카나이 다리가 합쳐진 것이다. 그래서 니라이 카나이 다리라 부른다. 롤러코스터 같은 다리를 달려 끝에 다다르면 터널이 나오는 데, 어두운 터널 저편으로 보이는 푸른 바다가 매우 아름답다. 터널 위에는 전망대도 있다. 터널에 다다르기 전 도로변 주차 공간에 차를 세우고 오른쪽 작은 길로 접어들면 전망대가 나온다. 전망대에서는 용처럼 휘어진 다리의 모습과 아름다운 오키나와 남부의 풍광을 감격스럽게 담을 수 있다. 니라이 카나이는 '바다 건너에 있는 이상향'을 일컫는 오키나와 방언으로, 우리의 이어도와 같은 의미이다.

아자마산산 비치 あざまサンサンビーチ

맵코드 33 024 743*46 구글 좌표 아자마산산 비치

①나하 공항에서 렌터카로 50분 ②나하 버스터미널에서 338번 탑승하여 아자마산산 비치 이리구치あざまサンサンビーチ入口 정류장 하차. 도보 5분. 총 1시간 20 소요 沖縄県南城市知念安座真 1141-3 098 948 3521

해변 운영시간 10:00~17:30(7월 21일~8월 31일 10:00~18:30, 악천후엔 임시 휴무) 해변 수영 시간 4~10월 10:00~17:00(7월 21일~8월 31일 10:00~18:00) ¥ 입장료 무료 편의시설 주차장 500엔, 파라솔 1,000엔, 샤워실 200엔, 보관함 200엔 https://www.azama-beach.com/

너무나 매혹적인, 이곳에서는 모두 연인이 된다

아자마산산 비치는 소녀 감성이 흐르는 아름다운 해변이다. 해수욕장 옆에 있는 요로바루 마을에서 2000년도에 조성한 인공 비치다. 고운 모래는 하얗게 빛나고, 물은 수정처럼 맑다. 물결은 호수처럼 잔잔하다. 인공 방파제가 파도를 막아주는 까닭이다. 해변이 너무 매혹적이어서 걷고 있으면 곧 사랑에 빠질 것 같다. 해수욕장은 두 구역으로 나뉘어 있다. 비치 중앙으로 낸 길을 중심으로 왼쪽은 물놀이할 수 있는 해수욕장이고, 오른쪽은 제트 스키·바나나 보트·스노클링 등 해양 레포츠 전용 공간이다. 해양 레포츠 전용 구역에서는 해수욕을 즐길 수 없다. 해수욕 시즌은 4월 중순부터 10월 말까지이다. 해파리 방지 네트가 설치돼 있고, 수상 구조대원도 상시 배치돼 있어서 안심하고 물놀이를 즐길 수 있다. 스노클링은 예약제이다. 최근에는 캠핑장을 새로 개장했다. 또 예약하면 해변에서 800m 떨어진 무인도 우카비섬ukabi, ウカビ島 투어도 할 수 있다.

주차장, 샤워실, 바비큐 테이블 같은 부대 시설도 잘 갖추어져 있다. 해수욕과 해양 스포츠를 즐긴 후에는 바비큐 파티를 하며 바다를 마음껏 눈에 담을 수 있다. 바비큐 장비를 다 갖추고 있고, 직원들이 준비하고 설치해 주므로, 여행자들은 주문 후 즐기기만 하면 된다. 다만, 바비큐 장비와 식재료는 갖추고 있지만, 소금·기름·후추·나무젓가락·종이 접시·쓰레기봉투는 여행자가 미리 준비해야 한다.

아자마산산 비치는 연인들에게 특히 인기가 좋다. 중앙의 길을 따라가다 보면 사랑스러운 분홍색 하트 조형물이 나온다. 이 비치의 손꼽히는 포토 존이다. 연인과 조용한 분위기에서 여유롭게 바다를 즐기고픈 여행객에게 추천한다.

구다카섬 久高島 구다카지마

설화 따라 돌아보는 신들의 섬

구다카는 오키나와 동남단의 치넨 미사키치넨곶에서 5.3km 떨어진 외딴섬이다, 주민 200여 명이 살고 있다. 남서쪽에서 북동쪽으로 길쭉하게 뻗어 있다. 섬의 폭은 200~500m, 길이는 3.3km이다. 섬 둘레는 약 7.8km이다. 해발고도가 17m밖에 되지 않아 섬 전체가 평지나 다름없으며, 구다카섬은 류큐의 시조始祖인 '아마미키요'가 오곡을 처음 전해 주었다는 전설이 전해지는 '신의 섬'이다. 섬에는 신성하게 여겨지는 숲이 많다. 이런 숲은 외부인 출입을 금지하기도 한다.

볼거리로는 신에게 제사를 올리는 제단 후카미둔, 쇼토쿠 왕류큐 왕국 쇼 씨 왕조의 마지막 왕과 신녀가 사랑을 나누며 함께 지내던 곳이라 전해지는 집 우푸라투, 오키나와 최고의 성지 구보우타키, 섬의 최북단 가베루곶, 구다카섬에서 가장 유명한 비치 피자하마 등이 있다. 오키나와의 창세 설화가 전해지는 섬이지만 전체적인 분위기는 신성하다기보다는 작은 어촌처럼 소박하다. 섬에 들어서면 갑자기 시간이 멈춘 듯 평온해진다. 조용한 섬과 해변에서 여유롭게 시간을 보내고 싶은 사람에게 추천한다.

Travel Tip — 구다카섬 여행, 알아 두면 좋아요!

❶ 섬이 작아 구석구석 돌아보는데 반나절이면 충분하다. 자전거 혹은 튼튼한 두 발만 있으면 된다. 자전거 대여점은 섬의 출입구인 구다카 어업 항 부근에 있다. 대여비는 시간당 요금으로 결정된다.

❷ 구다카섬으로 가는 고속선과 페리는 아자마산산 비치 옆에 있는 아자마항에서 출발한다. 아자마산산 비치에서 약 200m 떨어져 있다.

아자마항 정보

구글 좌표 아자마항 페리 터미널

🚶 ①나하 공항에서 렌터카로 50분 ②나하 버스터미널에서 338번 탑승 후 아자마산산 비치 이리구치あざまサンサンビーチ入口 정류장 하차, 도보 10분 🏠 沖縄県南城市知念安座真 1062 📞 098 948 7785 ≡ https://kudakakaiun.jimdofree.com/

페리 운항 시간표(소요 시간 25분)

배 종류	아자마 출발	구다카 출발	왕복 요금	편도 요금
페리	08:00	10:00	어른 1,300엔 어린이 650엔	어른 680엔 어린이 340엔
	11:00	14:00		
	15:00	17:00		

고속선 운항 시간표(소요 시간 15분)

배 종류	아자마 출발	구다카 출발	왕복 요금	편도 요금
고속선	09:30	08:30	어른 1,480엔 어린이 750엔	어른 770엔 어린이 390엔
	13:00	12:00		
	17:00	16:00		

남부 동해안의 맛집과 카페

쿠루쿠마 カフェくるくま

코발트블루 감상하며 아시안 요리를

난조시의 니라이 카나이 다리 전망대 남쪽에 있는 동남아시아 음식 전문점이다. 오키나와 남부 음식점 중에 손에 꼽히는 곳이다. 태국 요리사들이 만들어 내는 타일랜드 요리와 아시안 요리가 훌륭한 데다 음식점이 언덕 위에 있어서 바다 전망이 압도적으로 아름답다. 레스토랑 밖으로 나오면 바닷가 쪽으로 넓고 큼직한 테라스가 있다. 바 스타일의 테라스 테이블에 자리를 잡으면 오키나와의 코발트블루가 시야 가득 펼쳐진다. 그야말로 그림처럼 풍경이 아름답다. 바에 앉아 바다를 바라보며 맛있는 음식을 먹으면 천국이 따로 없다. 풍경이 너무 아름다워서 주말에는 앉을 자리가 없을 정도로 사람이 붐빈다. 주요 메뉴는 카레, 쌀국수, 매콤한 똠얌꿍과 같은 태국 전통 요리이다. 이 밖에도 샐러드와 음료, 디저트를 즐길 수 있다.

맵코드 232 592 020*20　구글 좌표 카페 쿠루쿠마

①오키나와 월드에서 렌터카로 동쪽으로 18분 ②니라이카나이 다리에서 86번 현도県道 경유하여 렌터카로 남쪽으로 3분 沖縄県南城市知念字知念1190 098 949 1189 월~금 10:00~17:00 토·일 10:00~18:00 http://curcuma.cafe/menu.html

모즈쿠 소바 가게 쿤나토 もずくそばの店くんな 모즈쿠소바 노미세 쿤나토

입이 즐거운 해초 소바

오키나와 남동부 해안, 오우지마 섬으로 들어가는 다리 바로 옆에 있는 바닷가 소바 음식점이다. 해초의 일종인 모즈쿠 소바로 유명하다. 모즈쿠는 오키나와에서 생산되는 해초로 우리의 파래와 비슷한 것이다. 표면이 끈적한 것이 특징이다. 몸에 좋아 오키나와 사람들이 즐겨 먹는다. 오우지마 인근은 모즈쿠 양식으로 유명하다. 툭툭 끊어지는 소바의 면이 탱탱한 모즈쿠와 만나면 입이 즐거워진다. 푹 우려낸 돼지고기 육수는 깊은 맛을 자아낸다. 모즈쿠 소바에 모즈쿠 무침과 몇 가지 반찬이 곁들여 나오는 쿤나토 정식도 인기가 좋다.

맵코드 098 949 1066 구글 좌표 Kunnato Mozuku Soba Shop

①오키나와 월드에서 331번 국도 경유하여 렌터카로 남동쪽으로 10분 ②미이바루 비치에서 331번 국도 경유하여 렌터카로 서쪽으로 10분 沖縄県南城市玉城 玉城志堅原 460-2 098 949 1066 매일 11:00~17:00 ¥ 모즈쿠 소바もずくそば 1,298엔, 쿤나토 정식くんなと定食 1,177엔 https://www.mozuku-soba.com/

나카모토 센교텐 中本鮮魚てんぷら店

남부의 유명한 튀김집

오키나와 동남부의 작은 섬 오우지마는 튀김집 나카모토 센교텐 덕에 유명해졌다. 본토와 이어주는 작은 다리를 5분 정도 걸으면 섬에 닿는다. 다리가 끝나는 곳에 나카모토 센교텐이 있다. 야외에 테이블이 두 개 있기는 하지만 대부분 테이크아웃한다. 튀김은 그날 잡은 생선과 오징어를 이용해 만든다. 그 밖에 채소, 파래 등 튀김 종류가 14종이나 있다. 가게 앞 테이블 위에 놓인 주문서에 튀김 종류와 개수를 표시하고 줄 서서 기다리면 된다. 오키나와는 습도가 높은 곳이므로 바삭한 튀김옷이 눅눅해지기 전에 빨리 먹는 것이 좋다.

맵코드 232 467 296*20 구글 좌표 나카모토 센교텐 덴부라

①오키나와 월드에서 17번 현도県道 경유하여 렌터카로 남동쪽으로 10분 ②미이바루 비치에서 331번 국도 경유하여 렌터카로 서쪽으로 10분 沖縄県南城市玉城奥武 9 098 948 3583 10:30~18:00 휴무 목요일 http://nakamotosengyoten.com/

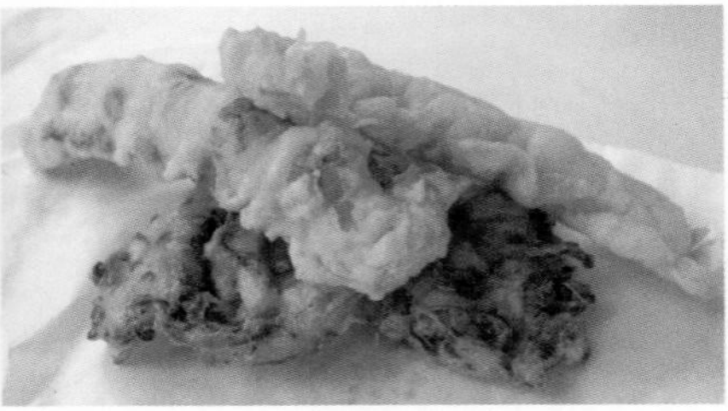

오시로 덴부라 大城てんぷら店

오우지마 섬의 전통 튀김집

오우지마는 튀김의 섬이다. 섬 안쪽으로 들어가면 오시로 덴부라라는 튀김 전문점이 나오는데, 나카모토 센교텐이 여행자들의 튀김집이라면 이곳은 현지인들의 튀김집이다. 문을 연 지 40년이 넘은 전통 있는 곳으로, 그날 잡은 신선한 해산물로 튀김을 만든다. 이곳 또한 주문서에 종류와 개수를 적어 직원에게 주면 번호표를 준다. 생선, 오징어, 고야 등 11종의 튀김이 있다. 건물 안과 밖에 테이블이 여러 개 있어 여유롭게 먹을 수 있는 것도 장점이다. 가게 북쪽 110m 지점에 전용 주차장이 있다.

맵코드 232 467 327 구글 좌표 오시로덴부라

①오키나와 월드에서 17번 현도県道 경유하여 렌터카로 남동쪽으로 11분 ②미이바루 비치에서 331번 국도 경유하여 렌터카로 서쪽으로 11분 沖縄県南城市玉城奥武 193 098 963 9618 11:00~17:45 휴무 일~화요일

©오키나와관광청

케이 けい

구다카섬의 소바 음식점

오키나와 동남단의 치넨미사키치넨곶에서 5.3km 떨어진 구다카섬에 있다. 섬이 워낙 작아 주민도 많지 않고 항구 주변을 제외하면 편의시설이 거의 없다. 항구 주변에 있는 케이는 아주머니가 홀로 운영하는 식당으로 저렴한 가격에 정성스레 만든 음식을 맛볼 수 있는 곳이다. 분위기는 옛 일본 식당 같다. 메뉴는 소바와 찬푸르 등이 있다. 섬에서 나는 재료로 만들어 음식이 신선하고 맛있다. 오래 우려낸 돼지와 생선 육수는 담백하면서 시원하고 비린내가 나지 않아 좋다. 특히 아와모리에 고추를 절인 소스가 있는데 소바와 같이 먹으면 맛이 아주 좋다. 찬푸르는 쓴맛이 강하니 취향에 맞으면 선택하자. 자전거를 타고 섬을 돌고 난 뒤 케이에서 맥주와 함께 먹는 소바 맛이 그만이다.

구글 좌표 26.155342, 127.886986

구다카항에서 도보 5분 沖縄県南城市 知念久高 223 098 948 1051 10:00~15:00 휴무 부정기

Cafe Lodge

푸른 바다가 그림처럼 펼쳐진다

난조 시 남쪽에 있다. 꼬불꼬불한 작은 언덕을 올라가면 카페 로지가 나타난다. 목조 카페는 산장을 연상시킨다. 종종 카페 앞에서 사람들이 줄을 서서 기다릴 만큼 인기가 좋다. 외진 곳에 많은 사람이 찾아오는 것이 신기하지만 카페 안으로 들어가면 이해가 된다. 창문 밖 우거진 나무 사이로 푸른 바다가 그림처럼 펼쳐져 있다. 오키나와 연인들은 이곳에서 로맨틱한 데이트를 즐긴다. 건물은 복층이다. 주변 나무들이 우거져 정글 속에서 바다를 감상하는 기분이 든다. 인기 메뉴는 함박스테이크 세트와 수제 케이크이다.

맵코드 305 462 797*66 구글 좌표 Cafe Lodge

①오키나와 월드에서 48번 현도 경유하여 렌터카로 13분 ②미이바루 비치에서 137번 현도 경유하여 렌터카로 북쪽으로 8분 ③니라이카나이 다리에서 331번 국도 경유하여 서남쪽으로 렌터카로 8분 沖縄県南城市玉城垣花 玉城字垣花 8-1 098 948 1800 11:30~16:00 휴무 월·화·금요일

하마베노차야 浜辺の茶屋

카페 아래로 파도가 밀려오고

오키나와 남부를 대표하는 카페이다. 미이바루 비치 서쪽 바닷가에 있다. 창문을 열면 건물 바로 아래까지 파도가 밀려오고, 저 멀리 수평선이 아름답게 펼쳐져 있다. 거짓말 같은 풍경이지만, 바다와 맞닿아 있는 하마베노차야 카페에서는 잡지에서나 볼 수 있는 이 비현실적인 풍경이 요즘 말로 '실화'이다. 만조에는 바다가 카페 바로 아래까지 밀려 들어오고, 간조에는 해변이 펼쳐져 내려가 산책도 할 수 있다. 카페는 모두 나무로 만들어졌다. 창가 자리는 언제나 만원이다. 다양한 음료와 차, 채소 피자와 스콘 등을 먹을 수 있다.

맵코드 232 469 490*71 구글 좌표 하마베노차야

①오키나와 월드에서 17번 현도와 331번 국도 경유하여 렌터카로 동남쪽으로 12분 ②미이바루 비치에서 서쪽으로 렌터카로 2분, 혹은 도보 8분 ③니라이 카나이 다리에서 331번 국도 경유하여 서남쪽으로 렌터카로 13분 沖縄県南城市玉城玉城 2-1 098 948 2073 월~목 10:00~17:00, 금~일 08:00~17:00 휴무 없음

PART 7

오키나와 부속 섬

게라마 제도·미야코섬·야에야마 제도

몰디브 부럽지 않다

오키나와는 주변에 여러 섬을 거느리고 있다. 가까운 곳은 배로, 먼 곳은 비행기로 갈 수 있다. 나하 서쪽에 있는 게라마 제도와 본섬 남서쪽의 미야코섬, 오키나와 본섬보다 대만이 더 가까운 야에야마 제도까지, 오키나와에 딸린 섬은 언제나 블루의 향연이다. 에메랄드그린부터 코발트블루까지 지상의 아름다운 쪽빛이란 쪽빛은 다 모아서 품고 있다. 게다가 신비의 석회동굴부터 미슐랭 그린 가이드가 만점을 준 산호 비치까지. 부속 섬들은 오키나와가 당신을 위해 숨겨둔 지상 낙원처럼 아름답다.

오키나와 부속 섬 한눈에 보기

오키나와의 부속 섬은 주로 본섬 서남쪽에 있다. 대표적인 부속 섬으로 게라마 제도, 미야코섬, 야에야마 제도를 꼽을 수 있다. 가깝게는 나하에서 30km~40km, 멀게는 400km 넘게 떨어져 있다. 부속 섬의 바다와 해변은 본섬보다 더 아름답고, 부속 섬의 문화는 더 순수하다. 산호초, 산호모래, 투명한 물빛, 에메랄드빛 바다가 넘실대는 부속 섬으로 가자.

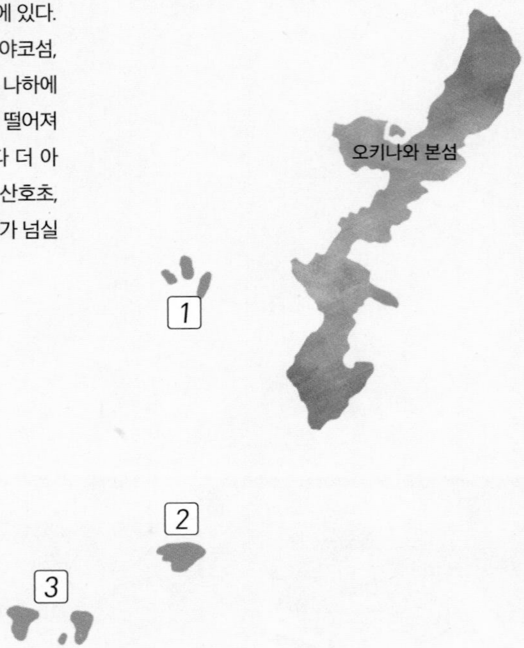

1 게라마 제도 Kerama Islands

#게라마국립공원 #게라마 블루
#후루자마미 비치 #혹등고래 관찰

게라마 제도는 나하에서 서쪽으로 30km~40km 떨어져 있으며, 크고 작은 섬 20여 개로 이루어져 있다. 대표적인 섬은 도카시키, 자마미, 아카이다. 에메랄드, 크리스털 블루, 코발트블루를 모두 합쳐 놓은 바다 빛깔이 너무 매혹적이다. 자마미섬의 후루자마미 비치는 일본의 10대 해변에 늘 꼽히는 명품 해변으로 미슐랭 그린 가이드에서 별 3개를 받았다. 매년 12월~4월에는 이 섬에서 혹등고래를 구경할 수 있다. 섬 전체가 국립공원이다.

2 미야코섬 Miyako Islands

#일본의 몰디브 #미야코 블루 #일본 10대 해변 #산호 소금

미야코섬은 오키나와에서 남서쪽으로 290km 떨어져 있다. 나하 공항에서 비행기로 40분쯤 걸린다. 안면도 두 배 정도 되는 면적에 약 5만 명이 산다. 크고 작은 섬 11개가 모여 있는데 큰 섬은 대부분 미야코섬과 다리로 연결되어 있다. 섬들이 너무 아름다워 일본의 '몰디브'로 불린다. 그뿐이 아니다. 이 섬의 푸른 물빛은 너무 아름다워 '미야코 블루'라는 고유명사로 부른다. 산호 소금이 대표 특산품이다.

3 야에야마 제도 Yaeyama Islands

#일본인의 버킷리스트 #이시가키 와규 #물소가 끄는 우마차

일본의 최남단이자 최서단이다. 일본 땅이지만 대만에서 더 가깝다. 오키나와에서 410km, 타이완에서 100km 거리에 있다. 이시가키, 다케토미, 요나구니 등 크고 작은 29개 섬에 5만 2천여 명이 산다. 산호초, 눈부시게 아름다운 바다, 남국의 독특한 풍경과 분위기, 여기에 입에서 살살 녹는 이시가키규까지 있어서 일본인들이 평생 한 번은 꼭 가고 싶어 하는 버킷리스트 같은 섬이다. 이 섬에선 물소가 끄는 마차를 탈 수 있다.

오키나와 부속 섬 버킷리스트 5

오키나와의 부속 섬은 자연의 경이로움으로 가득 차 있다. 일본인들이 지상 낙원으로 생각해 평생 한 번은 꼭 가고 싶어 하는 곳이다. 게라마 제도의 혹등고래 투어, 미슐랭 그린 가이드가 추천하는 해변 산책, 한없이 투명에 가까운 바다에서 즐기는 액티비티, 물소가 끄는 우마차 투어, 고베규의 원조인 이시가키규 미식 여행 등 부속 섬에서 꼭 즐겨야 할 버킷리스트 다섯 가지를 소개한다.

1 혹등고래 관찰 투어

매년 12월 초부터 4월 초 사이에 혹등고래가 번식을 위해 게라마 제도 해안으로 찾아온다. 게라마 제도의 바다가 따뜻하고 조용한 까닭이다. 혹등고래는 길이 13~15m, 몸무게 30톤에 이르는 거대한 포유동물이다. 게라마 제도의 자마미섬이 고래 관찰의 핫 스폿이다. 나하와 자마미섬에 혹등고래 투어 페리를 운영하는 곳이 여럿이다. 자마미섬의 이나자키 전망대稲崎天文台, Inazaki Observatory에서도 구경할 수 있다.

2 미슐랭 그린 가이드가 추천한 해변 즐기기

일본에서는 매년 '가장 아름다운 해변으로 베스트 10'을 선정한다. 늘 오키나와 부속 섬 해변이 대부분 최상위권을 차지한다. 미야코섬의 요나하 마에하마 비치는 1위에 제일 많이 꼽힌다. 미야코섬의 스나야마 비치는 일본에서 가장 물빛이 투명한 해변이라는 수식어가 항상 따라다닌다. 게라마 제도의 후루자마미 비치는 미슐랭 그린 가이드에서 별 2개를, 야에야마 제도 이시가키섬의 카비라 만은 별 세 개를 받았다.

3 에메랄드빛 바다에서 액티비티 즐기기

에메랄드그린부터 크리스털 블루, 여기에 코발트블루까지, 부속 섬의 바다 빛깔은 신비하고 경이롭다. 지상의 아름다운 쪽빛을 다 모아놓은 듯 환상적이다. 게다가 산호초와 열대어, 바다거북이 반겨주는 물속은 더 환상적이다. 수영, 스노클링, 바다 카약, 패들보드, 스쿠버다이빙, 그리고 유리 바닥 보트 투어로 황홀한 바다 체험에 흠뻑 빠져들 수 있다. 당신은 아마도 지상에서 가장 아름다운 바닷속을 보게 될 것이다.

4 물소가 끄는 우마차 투어

야에야마 제도의 타케토미는 이시가키에서 서쪽으로 7km 거리에 있는 작은 섬이다. 이리오모테이시가키국립공원西表石垣国立公園의 일부로, 이 섬에서 가장 유명한 곳은 전통 류큐 마을이다. 붉은 기와지붕과 석회암 돌담이 인상적인 아름다운 민속 마을을 물소가 끄는 우마차를 타고 구경할 수 있다. 물소가 끄는 우마차도 이국적이어서 좋지만, 잘 가꾼 전통 마을을 산책하듯 여유롭게 구경하는 즐거움도 아주 크다.

5 사탕수수 먹고 자란 이시가키 와규 즐기기

이시가키는 야에야마 제도의 보석이다. 일본인들은 부속 섬 중에서도 이시가키를 평생 꼭 한 번은 꼭 가고 싶어 한다. 이시가키에서 자연과 해변만큼 유명한 게 이시가키 와규, 곧 이시가키규이다. 일본 와규의 대표로 대접받는 고베규의 원조가 바로 이시가키 와규이다. 왜냐하면, 이시가키의 흑 송아지가 건너가 고베 와규로 발전했기 때문이다. 사탕수수와 파인애플 사료를 먹고 자란 일본 와규의 원조를 즐겨보자.

게라마 제도

Kerama Islands, 慶良間諸島, 게라마쇼토

게라마 제도는 나하에서 서쪽으로 30km~40km 떨어져 있다. 크고 작은 섬 20여 개가 모두 국립공원이다. 대표적인 섬은 도카시키, 자마미, 아카이다. 나하의 토마린항에서 페리로 2시간, 고속선으로 40~50분이면 닿을 수 있다. 에메랄드, 쪽빛, 코발트블루를 모두 합쳐 놓은 바다 빛깔이 너무 아름다워 '게라마 블루'라는 고유명사까지 얻었다.
매년 12월~4월에는 게라마 제도 해안을 지나가는 혹등고래를 구경할 수 있다.
자마미 섬의 후루자마미 비치는 미슐랭 그린 가이드에서 별 2개를 받은 명품 해변이다.

게라마 제도 여행지도

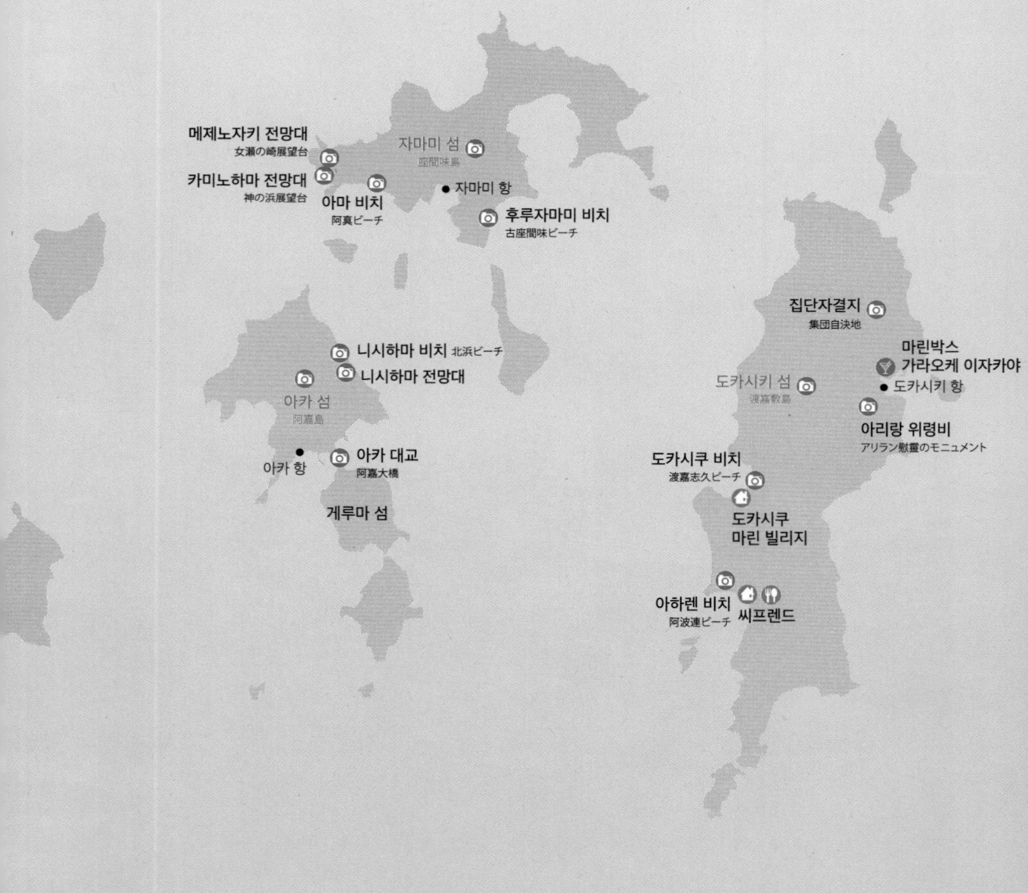
메제노자키 전망대
女瀬の崎展望台
카미노하마 전망대
神の浜展望台
자마미 섬
座間味島
아마 비치
阿真ビーチ
자마미 항
후루자마미 비치
古座間味ビーチ
니시하마 비치 北浜ビーチ
니시하마 전망대
아카 섬
阿嘉島
아카 항
아카 대교
阿嘉大橋
게루마 섬
집단자결지
集団自決地
마린박스
가라오케 이자카야
도카시키 섬
渡嘉敷島
도카시키 항
아리랑 위령비
アリラン慰霊のモニュメント
도카시쿠 비치
渡嘉志久ビーチ
도카시쿠
마린 빌리지
아하렌 비치
阿波連ビーチ
씨프렌드

게라마 제도 가는 방법

나하시 토마린항とまりん港에서 도카시키, 자마미, 아카섬을 모두 갈 수 있다. 도카시키까지는 고속선으로 35분, 페리로는 1시간 10분 소요된다. 자마미는 고속선으로 50분, 페리로는 2시간 걸린다. 자마미섬행 배를 타면 아카섬을 거쳐서 간다. 고속선은 출발 30분 전에, 페리는 1시간 전에 토마린항에 도착해, 예약한 표를 받거나 현장에서 구매해야 한다. 각 섬의 매표소가 따로 있으며, 매표 창구 위에 섬 이름이 적혀 있다. 승선 신청서에 인적 사항을 적어 매표소에 가지고 가면 된다. 현장 구매는 현금으로만 가능하다. 매표소 건물 서쪽에 페리 터미널이 있고, 고속선을 타는 호쿠칸 터미널은 페리 터미널에서 북쪽으로 5분쯤 걸어가야 한다. 공용주차장은 매표소 건물 서쪽에 있다.

나하 토마린항 안내

맵코드 33 187 308*28 구글 좌표 tomariport

모노레일 미에바시역美栄橋驛 북쪽 출구에서 도보 10분 버스 ①나하 공항 국내선에서 25번, 26번, 99번, 120번 승차하여 토마리타카하시とまりん前(泊高橋) 정류장 하차하여 도보 1분 ②나하 버스터미널 8번 승강장에서 27번, 47번, 52번, 77번 버스 승차하여 토마리타카하시 정류장 하차하여 도보 1분 沖縄県那覇市前島 3-25-1 098 861 3341 https://www.tomarin.com

도카시키섬 渡嘉敷島 도카시키지마

구글 좌표 도카시키섬

오묘한 바다, 게라마 블루가 시작된다

도카시키섬은 게라마 제도의 관문이자, 게라마 제도에서 가장 큰 섬이다. 면적은 서울의 중구보다는 크고 종로구보다는 작다. 이 섬을 중심으로 크고 작은 무인도 10개가 자리 잡고 있다. 본섬과 불과 30km 정도 떨어져 있지만, 바다의 느낌은 확연하게 다르다. 도카시키섬에 다다르면 에메랄드 블루와 코발트블루가 오묘하게 섞인 '게라마 블루'가 시작된다. 이 섬에만 250종이나 되는 산호가 살고 있으며, 이는 섬나라 일본에서 자라는 산호의 60%에 다다른다. 바닷물의 투명도가 좋아 다이버와 스노클링 마니아들이 즐겨 찾고 있다. 섬의 서쪽 도카시쿠 해변은 바다거북의 안식처이다. 해변으로 이어지는 언덕의 숲길은 게라마 블루를 감상하기 최적 장소이다. 도카시쿠 해변 남쪽의 아하렌 해변도 아름답기는 마찬가지다. 도카시키의 바다는 그야말로 황홀경을 보여준다. 그리고 땅엔 아열대 꽃들로 가득하다. 이렇게 아름다운 섬이지만, 오키나와 전쟁 때 700여 명의 주민이 집단 자결한 슬픈 곳이기도 하다. 지금은 슬픔은 모두 잊은 듯 평화롭고 아름다운 풍경이 섬을 채우고 있다. 나하에서 가까워 당일 여행도 할 수 있지만, 가능하면 1박 여행을 추천한다. 식당과 숙소는 도카시키항과 아하렌 해변에 많은 편이다.

©오키나와관광청

©오키나와관광청

©오키나와관광청

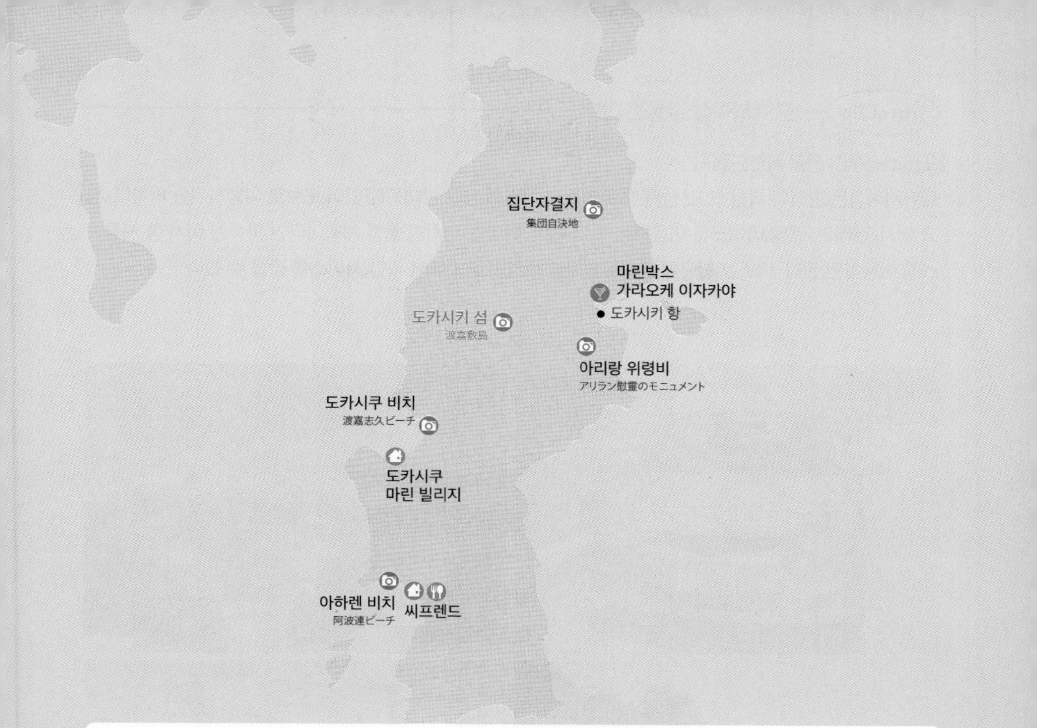

도카시키섬 찾아가기

나하 토마린항에서 도카시키항으로 가는 고속선 마린 라이너 도카시키マリンライナーとかしき와 페리 도카시키フェリーとかしき가 있다. 고속선은 35분, 페리는 1시간 10분 소요된다. 배편이 많지는 않다. 성수기에는 배편 시간 확인과 예약이 필수이다.

홈페이지 http://www.vill.tokashiki.okinawa.jp/

인터넷 예약 https://tokashiki-ferry.jp/Senpaku/portal 전화 예약 098 987 2537(영어 가능)

배 운항 시간 페리 도카시키 3~9월 나하 토마린항 → 도카시키항 09:00/도카시키항 → 토마린항 16:00, 10~2월 토마린항 → 도카시키항 10:00/도카시키항→토마린항 15:30

마린라이너 도카시키 3~9월 나하 토마린항→도카시키항 09:00 16:30/도카시키항→토마린 항 10:00 13:00, 10~2월 토마린항→도카시키항 09:00 16:00/도카시키항→토마린항 10:00 17:00, 성수기(7~8월·9월·금·토·일) 토마린항→도카시키항 09:00 13:00 16:30/도카시키항→토마린항 10:00 14:00 17:30

운항 요금 페리 도카시키 편도 1,690엔, 왕복 3210엔(초등생 편도 850엔, 왕복 1,610엔), 차량 6,670엔~2만4,440엔(차량 크기에 따라 다름, 운전자 승선 요금 포함)

고속선 마린 라이너 도카시키 편도 2,530엔, 왕복 4,810엔(초등생 편도 1,270엔, 왕복 2,410엔), 차량 승선 불가

©토카시키무라

Travel Tip — 도카시키섬 교통편 안내

셔틀버스부터 전동 킥보드까지

도카시키섬은 면적이 제법 크고, 섬의 대표 명소인 해변이 항구 반대쪽에 있어 도보로 여행하기는 벅차다. 봉고 택시, 렌터카, 렌털 바이크를 이용하는 것이 좋다. 아하렌 비치만 들를 계획이라면 아하렌 비치 행 셔틀버스를 이용하면 된다. 버스는 항구에서 출발한다. 1박 하면 숙소에서 픽업 서비스를 받을 수 있다.

❶ 아하렌 비치 행 셔틀버스

요금은 400엔어린이 200엔이다. 도카시키항에서 아하렌 비치까지는 성수기(7·8·9월과 금·토·일)에는 09:50, 11:30, 13:50, 17:20에 운행하고, 3~9월에는 09:50, 11:30, 17:20에 운행한다. 10~2월에는 09:50, 11:30, 16:50에 운행한다.

아하렌 비치에서 도카시키항까지 운행하는 셔틀은 성수기(7·8·9월과 금·토·일)에는 09:00, 13:30, 15:00, 16:30에 운행하고, 3월~9월 09:00, 15:00, 16:30에 운행한다. 10~2월 09:00, 14:30, 16:00에 운행한다.

셔틀은 보통 2~3시간 간격으로 운행한다. 성수기, 비성수기에 따라 운행 시간이 바뀌므로 꼭 도카시키항에서 시간표를 확인하자.

❷ 택시

택시는 섬 여행할 때 유용한 교통편이다. 하지만 택시가 많은 편이 아니다. 예약하면 더 편하게 이용할 수 있다. 예약 전화 090 987 3311

❸ 렌터카·렌털 바이크

렌터카는 가장 편리하고 자유로운 교통수단이다. 도카시키항 근처에 렌터카 숍이 있다. 렌터카 숍에서 바이크도 대여할 수 있다. 성수기 때는 예약이 필수이다. 렌털 바이크도 국제 면허증은 꼭 소지해야 한다. 내비게이션은 없다. 추천할 만한 렌털 숍은 알로하 렌터카/바이크와 카리유시 렌터카/바이크이다. 카리유시 렌터카/바이크는 전동 킥보드도 대여하고 있다. 두 업체는 숙박업과 해양 액티비티 등 관광업도 겸하고 있다. 업체 정보는 다음과 같다.

알로하 렌터카/바이크 アロハレンタ
주소 沖縄県島尻郡 渡嘉敷村渡嘉敷 332
전화 090 6866 8666
렌터카 요금 3시간 4,000엔, 6시간 5,500엔, 1일 8,500엔
렌털 바이크 요금 1시간 1,500엔, 3시간 2,000엔, 1일 4,700엔
홈페이지 https://alohatokashiki.jp/

카리유시 렌터카/바이크 かりゆしレンタ
주소 沖縄県島尻郡渡嘉敷村渡嘉敷 1779-10
전화 098 9987 3311
렌터카 요금 1시간 3,000엔 3시간 5,000엔 1일 9,000엔
렌털 바이크 요금 1시간 2,000엔 3시간 3,000엔 1일 6,500엔
홈페이지 http://www.kariyushi-kerama.com

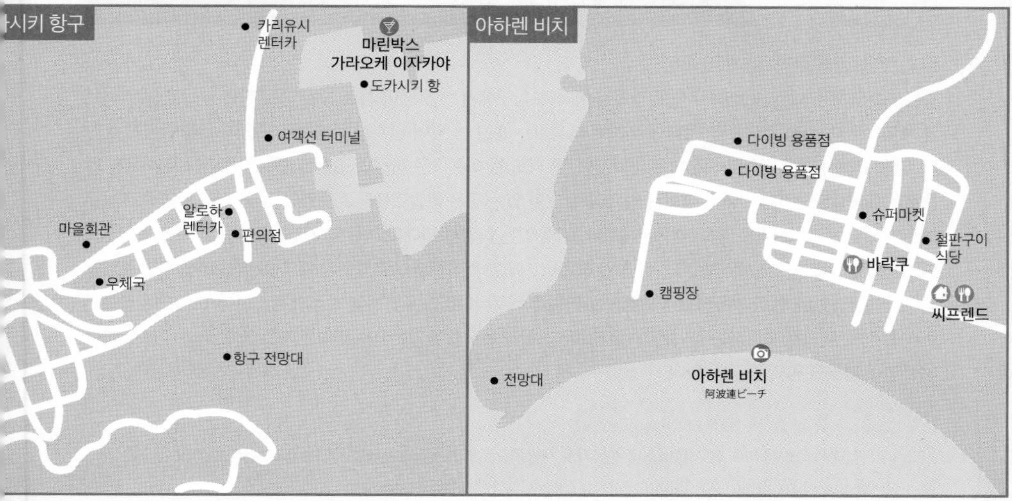

① 아하렌 비치 阿波連ビーチ

©도카시키무라

비치의 조건을 완벽하게 갖추었다

일본을 대표하는 비치 중 하나라 해도 과언이 아니다. 항구에서 산을 넘어 차로 12분 정도 가면 눈썹을 닮은 아치형 해변이 시야 가득 들어온다. 아하렌 비치에 도착하는 순간 눈 앞에 펼쳐진 아름다운 모습에 입을 다물지 못한다. 넓은 모래사장, 투명하고 아름다운 바다, 잔잔한 파도 등 아름다운 비치의 조건을 모두 갖추었다. 해수욕장 앞으로는 에메랄드그린의 바다가 펼쳐져 있으며, 산호가 있는 곳은 코발트블루로 보인다. 물이 워낙 투명하고 물결이 잔잔해 스노클링하기도 좋다. 수족관에서나 볼 수 있는 다양한 열대어가 유유자적 돌아다닌다. 마을과 이웃하고 있어 식당, 바, 숙소에서 금방이다. 해변 앞 800m 거리엔 하나레섬이 그림처럼 떠 있다. 하나레섬 주변은 해양 액티비티 명소이다. 물이 따듯하고 투명해 스노클링과 스쿠버다이빙을 하기에 최적의 장소이다. 아네모네 물고기와 하얀 산호 해저를 구경하는 즐거움이 남다르다. 스릴과 속도를 즐기는 사람이라면 제트 스키 바나나 보트를 타며 게라마 블루를 맘껏 즐길 수 있다.

맵코드 1087 281 862*75 구글 좌표 아하렌비치

도카시키항에서 아하렌 비치 행 셔틀버스나 렌터카로 서남쪽으로 12분 沖縄県島尻郡渡嘉敷村阿波連 해수욕 기간 및 시간 4월 16일~10월 31일(9:00~18:00) http://www.vill.tokashiki.okinawa.jp/

② 도카시쿠 비치 渡嘉志久ビーチ

바다거북이 사는 보석 같은 휴양지

누군가 몰래 숨겨놓은 것 같은 보물 같은 비치다. 완벽한 아치형을 이루고 있으며, 자연 그대로의 모습을 잘 간직하고 있어 더욱 아름답다. 아하렌 비치가 스노클링이나 액티비티를 즐기기에 좋은 해변이라면, 도카시쿠 비치는 조용하고 여유로운 시간을 보내기에 좋다. 바다거북이 사는 곳으로도 유명하다. 도카시쿠 해변의 암초는 바다거북을 볼 수 있는 최고의 장소이다. 거북이들은 먹이를 찾기 위해 암초 주변에 자주 나타난다. 또 수영하다가 물속에서 바다거북을 만날 수도 있고, 재수가 좋으면 모래사장에서도 볼 수 있다. 바다거북을 만나면 절대 만지지는 말아야 한다. 도카시쿠 해변이 바다 생물을 보호하는 게라마제도국립공원 구역인 데다가 바다거북 자체도 철저하게 보호하기 때문이다. 도카시쿠 해변은 그 자체로 아름답지만, 해변에서 감상하는 게라마 블루도 명품 풍경이다. 해변으로 이어지는 숲길 언덕은 지대가 높아 게라마 블루를 감상하기 좋은 안성맞춤 전망대이다.

맵코드 905 056 688*28 구글 좌표 Tokashiku Beach

도카시키항에서 서남쪽으로 렌터카로 8분 沖縄県島尻郡渡嘉敷村渡嘉敷 1919-1 해수욕 기간 및 시간 4월 16일~10월 31일(9:00~18:00) http://www.vill.tokashiki.okinawa.jp/

©오키나와관광청

©오키나와관광청

③ 집단 자결지 集団自決地 슈단지케츠지

슬픈 역사는 잊히지 않는다

도카사키섬은 아름답지만 슬픔이 배어 있는 곳이다. 철의 폭풍. 1945년 3월 26일부터 9월까지 이어진 오키나와 전쟁을 일컫는 말이다. 미군과 일본군 사이에 벌어진 오키나와 전쟁은 태평양 전쟁 중에서 최대 규모 전투였다. 전쟁의 비극은 안타깝게도 게라마 제도에 가장 먼저 찾아왔다. 3월 26일, 미군이 바로 자마미섬을 점령하고 그다음 날 도카시키섬에 들어왔다. 전세가 불리해지자 일본군은 미군에게 잡히면 잔인하게 살해당할 것이라면서 주민들에게 수류탄을 나눠주고 집단 자살을 강요했다. 주민들이 미군 포로가 되면 일본군의 전략 및 동향을 알려줄까 두려워 자살을 강요한 것이다. 학교에서, 주민 교육에서 철저하게 황국 신민 교육을 받은 사람들은 일본군의 의도를 알아차릴 수 없었다. 그들은 천황과 일본을 위해 죽는 건 최고의 명예라고 생각했다. 1945년 3월 28일, 일본군에 속아 섬 주민 329명이 스스로 목숨을 끊었다. 섬 북쪽 산 위에 집단 자결의 비극을 기념하는 유적지가 있다. 유적지에 집단자결 기념비가 있는데, 비문의 일부는 전쟁과 집단 자결을 미화하고 있다. “조국의 승리를 기념해 기뻐하며, 죽는 것에 대한 비장한 결의가 있었다.” 전쟁은 이렇듯 폭력적이고 괴물 같다.

구글 좌표 26.208554, 127.366308

도카시키항에서 렌터카로 북쪽으로 5~6분. 항구 북쪽 오키나와 청소년 교류의 집国立沖縄青少年交流の家 방향으로 진입하면 된다. 沖縄県島尻郡渡嘉敷村渡嘉敷 2760

④ 아리랑 위령비 アリラン慰靈のモニュメント 아리랑이레이노모뉴멘토

위안부 할머니를 기억하자

2차대전 당시 도카시키로 끌려와 꽃다운 청춘을 비극적으로 보내야 했던 위안부 피해자 할머니들을 기리는 비다. 이 섬에는 모두 7명의 조선인 위안부 피해자가 있었고, 게라마 제도 전체에는 21명이 있었다고 전해진다. 이곳에서 위안부로 살아야 했던 배봉기 할머니가 자신의 아픈 과거를 털어놓으며, 위안부의 실체가 세상에 드러나기 시작했다. 그녀의 비극적인 삶은 <빨간 기와집>이라는 책으로 발간되어 종군 위안부들의 실태와 일본의 만행을 고발하는 데 큰 힘이 되었다. 할머니는 아이 보기, 채소 장사 등을 하며 근근이 살다가 결국 귀향하지 못하고 1991년 세상을 떠났다. 도카시키 주민들은 그녀의 넋을 위로하고 기리기 위해 1997년 위령비를 세웠다. 위령비는 산 중턱에서 게라마 블루의 바다를 바라보고 있다.

위안부뿐만 아니라 그때 조선인 200여 명이 '군무원'으로 도카시키섬에 끌려왔다가 희생되었다. 하지만 섬 주민들의 증언만 있을 뿐 이들에 관한 일본 정부의 기록은 어디에도 없다. 안타깝게도 아리랑 위령비 같은 기념비도 존재하지 않는다. 우리라도 이들을 기억해야 하지 않을까?

구글 좌표 26.192785, 127.367019

도카시키항에서 남쪽으로 렌터카로 5분 沖縄県島尻郡渡嘉敷村

도카시키섬의 맛집과 술집

씨프렌드 シーフレンド

씨푸드, 튀김, 소바

아하렌 비치 바로 뒤편에 있는 맛집이자 작은 대중 호텔이다. 가게 이름에서 느껴지듯 해산물 요리가 많은 편이다. 직접 잡아 온 신선한 해산물로 음식을 만든다. 이 밖에 초밥, 소바, 소바 볶음, 회덮밥, 생선구이와 조림, 그리고 꼬치구이와 돈가스 메뉴도 있다. 씨프렌드의 음식 중에서는 세트 메뉴가 괜찮다. 밥과 국 그리고 생선회가 나오는 튀김 세트, 생선회를 메인으로 한 모둠 세트 등이 있다. 당일 잡은 생산으로 만드는 모둠회 세트와 생선회 덮밥의 맛이 좋다. 렌터카 숍과 스노클링, 스쿠버다이빙 같은 액티비티 프로그램도 운영하고 있다.

구글 좌표 해산물식당 씨프렌드

아하렌 비치에서 도보 2~3분 沖縄県島尻郡渡嘉敷村阿波連155 098 987 2836 2층 레스토랑 11:30~14:00, 17:30~21:00 1층 카운터 매장 17:30~21:00(선술집 타임) 휴무 일요일 ¥ 돈가스 정식 1,210엔, 소바 정식 1,100엔, 초밥 1,300엔, 생선회 모둠 1,200엔 https://www.seafriend.jp/

마린 박스 가라오케 이자카야 島人ダイニング まりんぼっくす

도카시키섬의 사랑방

마린 박스는 저녁 식사와 술을 즐길 수 있는 도카시키섬의 보물 중 보물이다. 여행객뿐만 아니라 현지인들에게도 사랑받은 사랑방 술집이다. 생선회, 돈가스, 오키나와 소바, 도시락, 교자, 오징어튀김, 스테이크 등 정말 많은 메뉴를 판매한다. 그중에서 으뜸은 도시카키섬 주변에서 잡은 싱싱한 생선의 횟감이다. 1,600엔이면 생맥주, 매실주, 아와모리 등을 한 시간 동안 무제한을 마실 수 있다. 마린 박스는 도카시키섬의 긴 밤을 책임져줄 이자카야이다.

구글 좌표 Karaoke Izakaya Marine Box

도카시키 항구에서 도보 4분 沖縄県島尻郡渡嘉敷 1779-2 098 987 2570 11:30~13:30, 18:00~22:30 휴무 목·일요일 ¥ 1,000엔~3,000엔

자마미섬 座間味島 자마미지마

구글 좌표 자마미섬

게라마 제도의 꽃

도카시키 섬 북동쪽에 있다. 나하에서 고속 페리로 약 50분 걸린다. 자마미섬은 게라마 제도의 꽃이다. 게라마 제도에서 가장 아름다운 해변과 깨끗한 자연환경을 갖고 있다. 편의시설도 꽤 잘 갖추어져 있다. 면적 6.66km²에 둘레는 23km, 인구는 500여 명에 불과하지만, 아름다운 섬으로 널리 알려져 한해 방문객이 30만 명이 넘는다. 해변을 사랑한다면 후루자마미 비치를 먼저 찾게 될 것이다. 세계적인 여행 가이드북 미슐랭 그린 가이드에서 별 2개를 받은 아름다운 해수욕장이다. 조금 더 바다를 즐기고 싶다면 스노클링이나 스쿠버다이빙이 제격이다. 넓은 산호초와 형형색색 물고기가 당신을 반겨준다. 재수가 좋다면 우아한 바다거북을 만날지도 모른다. 자연 관찰에 관심이 많다면 12~4월에 방문하기를 권한다. 이때 번식을 위해 섬 인근 해변으로 혹등고래가 찾아온다. 섬 풍경을 한눈에 보고 싶다면 섬 서쪽의 카미노하마 전망대나 동쪽의 다카쓰키야마 전망대로 오르면 된다. 게라마 군도와 게라마 블루가 당신 앞에 감동적으로 펼쳐진다. 하루면 자마미의 모든 것을 보기에 충분하지만, 마음에 담기에는 모자란 시간이다. 시간의 여유가 있다면 민박에 머물며 게라마 제도의 진수를 느껴보자.

©오키나와관광청

©오키나와관광청

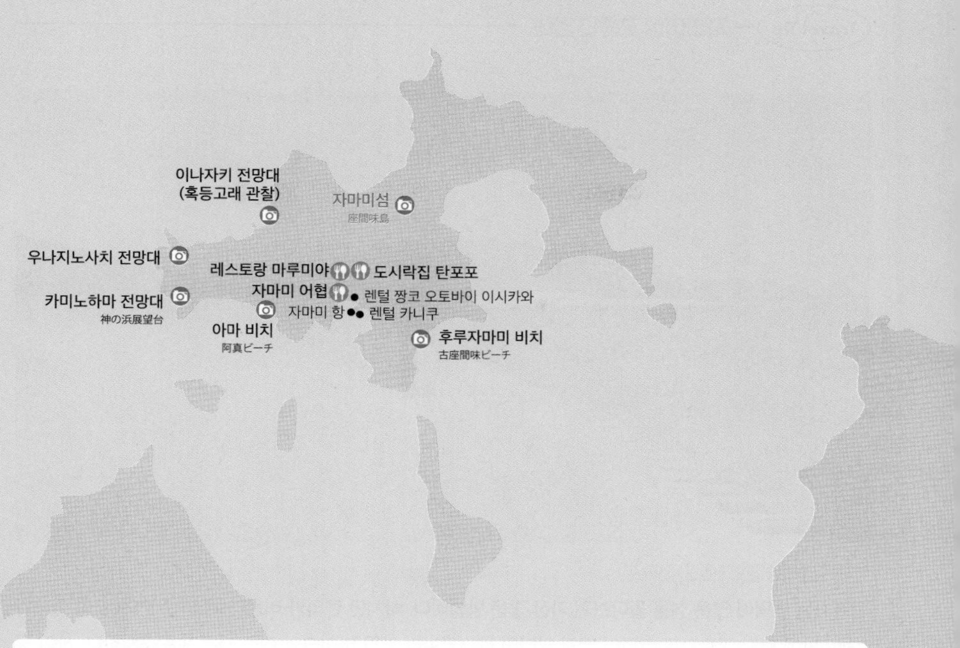

자마미섬 찾아가기

나하의 토마린항에서 페리 자마미フェリーざまみ와 고속선 퀸 자마미高速船クイーンざまみ가 하루 1~2회 운항한다. 페리는 2시간, 고속선은 50분이 걸린다. 페리와 고속선 일부 배편의 경우 아카항을 거쳐 운항한다. 아카항 경유 페리는 나하의 토마린 항을 출발하여 1시간 30분 뒤 아카항에 도착하고, 15분 대기 후 다시 자마미항으로 출발한다. 그리고 15분 뒤 자마미항에 도착한다. 아카항 경유 고속선은 나하의 토마린항을 출발하여 50분 뒤 아카항에 도착하고, 10분 대기 후 자마미항으로 출발한다. 그리고 10분 뒤 자마미항에 도착한다.

배편 예약 https://www.vill.zamami.okinawa.jp/(홈페이지 중간쯤의 online ferry를 클릭하면 된다. 일본 이외의 국가에서 발행된 신용카드를 사용하여 신청할 경우 승선일 23일 전부터 예약할 수 있다.)
전화 098 868 4567(자마미손 나하 연락사무소)
운항 시간 배 시간표가 자주 달라지고, 태풍 등 해상 날씨에 따라 운항이 취소될 수 있으므로 홈페이지에서 반드시 확인해야 한다.
운항 요금 페리 편도 2,150엔, 왕복 4,090엔(어린이 편도 1,080엔, 왕복 2,060엔) 고속선 편도 3,200엔, 왕복 6,080엔(어린이 편도 1,600엔, 왕복 3,040엔)

Travel Tip — 자마미섬 교통편 안내

렌터카보다 바이크와 자전거로

자동차는 언덕이 많은 섬을 돌아보기 가장 좋은 방법이다. 하지만 렌터카 비용이 꽤 비싼 편이다. 섬 둘레가 23km밖에 되지 않으므로 인원이 많지 않다면 렌터카보다 렌털 바이크와 렌털 자전거를 추천한다. 산이 많으므로 자전거보다는 바이크가 더 좋다. 비치만 이용한다면 자전거도 나쁘지 않다. 렌털 숍은 항구에서 걸어서 5분 거리에 있다. 비치 행 셔틀버스도 이용할 수 있다. 마을에서 운행하는 버스로, 자마미 항구 근처 푸른 유쿠루관 앞青のゆくる館前에서 후루자마미 비치와 아마 비치를 오간다. 시간은 유동적이지만 하루에 8번 정도 운행한다. 요금은 성인 300엔 어린이 150엔이다. 티켓은 푸른 유쿠루관 티켓 판매기에서 구매하면 된다. 교통편 렌털 업체 정보는 다음과 같다.

렌털 짱코 오토바이 이시카와 レンタルちゃりんこバイク石川

주소 沖縄県島尻郡座間味村座間味 83

전화 098 987 2202

운영시간 09:00~21:00

자전거 렌털 요금 1시간 500엔, 3시간 1,000엔, 6시간 1500엔

바이크(50cc) 렌털 요금 1시간 1,700엔, 3시간 2,700엔, 6시간 3,700엔

홈페이지 http://www.vill.zamami.okinawa.jp/guidemap/detail/222/

©자마미관광협회

렌털 카니쿠 レンタルかにく川

주소 沖縄県島尻郡座間味村座間味 3402

전화 098 987 2334

운영시간 09:00~21:00

바이크(50CC) 렌털 요금 1시간 1,500엔, 3시간 2,000엔, 6시간 2,500엔 종일 4,500엔

렌터카 요금 1시간 3,000엔, 3시간 4,500엔, 6시간 6,000엔, 1일 8,000엔

홈페이지 https://kaniku.info/

자마미섬의 해양 스포츠 업체

자마미섬에서는 업체를 통해 섬 주변뿐 아니라 인근의 무인도까지 나가 해양 액티비티를 즐길 수 있다.

❶ 티다 마린 てぃーだマリン

스노클링과 다이빙 전문 업체로 자마미의 앞바다에서 마린 스포츠를 즐기는 모습을 촬영까지 해주는 것으로 유명하다.

전화 098 987 3367 홈페이지 http://teeda.in.coocan.jp/ 예산 7,480엔~20,790엔

❷ Diving Team Ushio33 ダイビングチーム潮

날씨에 따라 다이빙 포인트가 달라지는 현지 최고의 다이빙 전문 업체이다. 바다거북을 만날 확률도 높다.

전화 098 987 3007 홈페이지 https://divingteam-ushio.jp/ 예산 8,800엔~19,800엔

One More 1 — 혹등고래 관찰 투어

©자마미관광협회

©자마미관광협회

©오키나와관광청

놀랍고 신비롭고 감동적이다

혹등고래는 아주 거대한 포유동물이다. 길이는 15m 안팎이고, 무게는 무려 30톤에 이른다. 가슴지느러미는 5m까지 자라고, 꼬리지느러미는 부채꼴 모양이다. 혹등고래는 러시아와 알래스카 바다에서 여름을 보내며 왕성하게 먹이 활동을 한다. 가을이 되면 남쪽으로 여행하기 시작한다. 그들은 놀랍게도 9,000km를 여행해 초겨울에 오키나와 서쪽 바다까지 내려온다. 혹등고래가 겨울에 남쪽으로 내려오는 이유는 따뜻한 남쪽에서 번식하기 위해서다. 그들은 매년 12월부터 4월 사이에 오키나와 해역에서 새끼를 낳는다. 새끼 고래의 길이는 4~5m이다.

혹등고래가 자주 나타나는 곳은 오키나와 본섬의 서쪽 바다이다. 본섬 북부의 헤도곶과 이에섬에서도 고래를 볼 수 있지만, 가장 자주 나타나는 곳은 게라마 제도의 도카시키섬과 자마미섬 주변 바다이다. 특히 자마미섬 서쪽 바다는 고래 관찰의 메카이다. 제수가 좋으면 어미 고래와 갓 태어난 새끼 고래가 같이 수영하는 마음 따뜻해지는 광경을 목격할 수도 있다. 나하와 자마미 섬에서 여러 업체가 페리를 타고 바다로 나가는 혹등고래 투어 프로그램을 운영한다. 육지에서도 고래를 관찰할 수 있는데, 자마미섬의 이나자키 전망대稲崎天文台, Inazaki Observatory가 혹등고래 관찰 핫 스폿이다. 고래가 나타나는 시기는 12월 말부터 4월 초이지만, 1월과 3월 사이에 더 확률이 더 높다.

Travel Tip 1 혹등고래 여행자를 위한 유용한 팁

① 선크림을 꼭 챙기자 오키나와는 겨울에도 태양 빛이 강한 편이다. 선크림, 모자, 그리고 선글라스를 꼭 챙겨 떠나자.

② 미리 멀미약을 먹자 평소 뱃멀미를 하거나 멀미할까봐 걱정된다면 배를 타기 전에 멀미약을 먹는 걸 잊지 말자. 갑판으로 나가 시선을 멀리 두면 멀미 증상이 덜할 수 있다.

③ 따뜻하고 방수가 되는 옷 챙기기 따뜻한 남쪽이지만, 오키나와도 겨울에는 바닷바람이 꽤 춥다. 따뜻하고 방수가 잘 되는 옷을 챙겨가자. 수건도 같이 챙겨두는 게 좋다.

④ 활동하기 좋은 복장은 필수 파도가 잔잔해도 배는 의외로 많이 흔들린다. 치마와 하이힐은 절대 금물이다. 배 위에서 활동하기 편리한 바지를 입고 꼭 운동화를 착용하자.

Travel Tip 2 혹등고래 투어 운영 업체 안내

혹등고래 투어는 나하와 자마미섬에서 시작할 수 있다. 업체마다 자마미항에서는 하루 두 차례, 나하의 토마린항에서는 일반으로 하루 한 차례 투어용 페리가 출발한다. 혹등고래 투어 페리를 운영하는 자마미 섬과 나하의 업체 네 곳을 소개한다. 요금은 업체마다 차이가 있으나 대체로 어른 기준 6,000~7,000엔이다.

자마미섬고래관찰협회 座間味村ホエールウォッチング協会
주소 沖縄県島尻郡座間味村座間味地先 1 전화 098 851 4346 홈페이지 http://zwwa.okinawa 이메일 zwwa1991@gmail.com

CERULEAN BLUE OKINAWA
주소 沖縄県那覇市曙2丁目24-13 曙沖商ビル6−A 전화 098 941 6828 홈페이지 https://www.cerulean-blue.co.jp/
이메일 info@cerulean-blue.co.jp

Joy Create Okinawa Tida
주소 沖縄県那覇市泊2丁目13-4 전화 098 860 6868 홈페이지 https://www.teada-okinawa.com/
이메일 info@teada-okinawa.com

MARINE CLUB Berry
주소 沖繩縣那覇市港町2丁目3-13 전화 120 105 578 홈페이지 https://www.berry7.com/lang/en 이메일 booking@seasir.com

©오키나와관광청

One More 2 자마미섬의 명소 베스트 4

① 후루자마미 비치 古座間味ビーチ

미슐랭 그린 가이드에서 별 2개를 받은

게라마 제도에서 가장 아름다운 비치다. 이 해변에 가기 위해 게라마 제도를 찾는다고 해도 과언이 아니다. 섬 남쪽에 있으며, 항구에서 걸어서 20분 걸린다. 비치에 도착하면 감탄이 절로 나온다. 하얀 산호 비치에 에메랄드빛과 코발트블루가 오묘하게 섞인 바다가 파란 하늘 아래 그림처럼 펼쳐져 있다. 영화 속 한 장면 같아 가슴이 벅차오른다. 아름다움을 인정받아 미슐랭 그린 가이드에서 별 2개를 받았다. 투명한 물속에는 다양한 산호초와 아열대 물고기가 가득하다. 특히 애니메이션의 주인공 니모흰동가리를 쉽게 만날 수 있다. 조금만 나아가면 수심이 깊어지므로 초보자들은 튜브와 보호 장비를 갖추는 것이 좋다.

맵코드 905 202 428 | 구글 좌표 후루자마미 해변

자마미항에서 도보 20분, 자마미항에서 비치행 버스로 8분 沖縄県島尻郡座間味村座間味 1743

해수욕 기간 4월~10월 https://www.vill.zamami.okinawa.jp/tourismIndex.html

② 아마 비치 阿真ビーチ

스노클링하면서 유유자적

섬 서쪽에 있다. 자마미항에서 서쪽 해안도로를 따라 1.5km 가면 나오는데, 걸어서 가기는 조금 멀지만, 오토바이로는 5분이면 도착할 수 있다. 후루자마미 비치는 외국인 여행객이 많은 데 반해, 아마 비치에는 일본인 여행객이 많으며, 한적한 분위기를 즐기기 좋다. 고운 모래 해변과 투명한 바닷물이 자랑거리이다. 멀리 나가도 수심 깊지 않아, 초보자들도 쉽게 스노클링을 즐길 수 있다. 바닷속에는 수많은 산호와 다양한 아열대 물고기들이 있다. 유유자적 아름다운 해변에서 스노클링을 즐겨보자.

맵코드 905 200 700 | 구글 좌표 Ama Beach

자마미항에서 도보 20분~25분, 자마미항에서 비치행 버스로 8분 沖縄県島尻郡座間味村阿真

해수욕 기간 4월~10월 https://www.vill.zamami.okinawa.jp/tourismIndex.html

③ 카미노하마 전망대 神の浜展望台 카미노하마 텐보다이

자마미의 아름다운 파노라마

섬 서쪽에 있다. 자마미섬에는 산이 많지만 높지 않은 편이다. 카미노하마 전망대의 해발 높이도 27m밖에 되지 않는다. 아마 비치에서도 전망대가 보인다. 이곳은 남빛 바다와 자마미의 아름다운 파노라마를 만끽하기 좋다. 자마미섬 마을 풍경과 아카섬 등이 한눈에 들어온다. 수심이 얕은 에메랄드빛 바다가 아름답게 펼쳐져 있고, 바다 위로는 크고 작은 바위섬이 그림처럼 떠 있다. 우리나라의 남해가 떠오르는 풍경이지만 바닷빛은 비교가 되지 않을 만큼 아름답다. 석양도 압권이다. 저물어 가는 붉은 태양과 섬이 어우러져 만드는 실루엣이 장관이다.

구글 좌표 가미노하마 전망대

자마미항에서 도보 40분, 차로 15분 沖縄県島尻郡座間味村阿真

④ 우나지노사치 전망대 女瀬の崎展望台

자마미에서 가장 아름다운 풍경

우나지노사치 전망대는 자마미섬 안팎의 가장 아름다운 풍경을 볼 수 있는 곳으로, 카미노하마 전망대에서 북쪽으로 400m 떨어진 곳에 있다. 전망대 양옆으로 깎아내린 절벽이 웅장하게 서 있고, 절벽 아래로는 투명한 쪽빛 바다가 펼쳐져 있다. 멀리서도 물속 산호가 훤히 들여다보일 정도이다. 절벽에서 바다로 시선을 돌리면 망망대해가 눈에 들어오고, 항구 쪽으로 고개를 돌리면 아카섬이 한눈에 들어온다. 자마미항으로 통통배들이 들어오는 풍경이 고즈넉하면서도 아름답다.

구글 좌표 우나지노사치 전망대

자마미항에서 도보 47분, 차로 23분 沖縄県島尻郡座間味村阿真

자마미섬의 맛집

자마미 어협 座間味村漁協

생선회, 튀김, 도시락

자마미 항구를 나와서 우측으로 조금만 걸어가면 2층 건물이 나오는데 1층이 자마미 어협이다. 여행객에게는 포장 음식과 싱싱한 생선을 파는 가게로 더 많이 알려져 있다. 청정 해역 자마미에서 잡은 생선은 물론 생선회, 도시락, 튀김 등을 포장해 판매한다. 다만 생선이든 음식이든 한정되어 있어 금세 동이 난다. 영업시간은 18:30까지로 정해져 있지만, 점심시간이 지나면 끝이 난다고 보면 된다. 어협 앞에 테이블을 놓은 작은 공간이 있다. 어협에서 음식을 구매해 이곳에서 먹으면 된다. 해변이나 전망대로 가져가도 좋다.

구글 좌표 Zamami Village Fish Co-op

자마미항에서 도보 2분 沖縄県島尻郡座間味村座間味 94 098 987 2015 08:30~17:00 휴무 토~일요일

도시락집 탄포포 ヘルシー食彩 たんぽぽ, Tanpopo

가성비 최고 도시락

자마미 항구 마을에 있는 도시락 전문점이다. 탄포포는 우리말로 민들레라는 뜻이다. 자마미섬의 대표 여행지는 해변이다. 비치를 찾는 여행객에게 도시락은 정말 소중하다. 비치에도 식당이 있지만, 가성비는 도시락을 따라가지 못한다. 탄포포는 테이크아웃만 가능한 식당이다. 비치 손님들이 많이 애용한다. 섬에서 나는 식재료로 만들기에 탄포포 도시락은 더욱 맛있다. 생선튀김, 해초, 어묵, 샐러드 등이 담겨 나온다. 인기가 워낙 좋아 소진되면 곧바로 문을 닫는다. 11:30에 문을 열기 때문에 그즈음에 가는 것이 좋다.

구글 좌표 도시락집 탄포포

자마미손 사무소 동쪽 건너편. 자마미항에서 187번 도로 따라 도보 4분 沖縄県島尻郡座間味村座間味 764 090 6890 5727 매일 11:30~16:00(재료 소진 시 마감) ¥ 도시락 550엔, 수제 크로켓 150엔, 주먹밥 120엔

레스토랑 마루미야 レストラン まるみ屋

자마미 섬 최고 맛집

자마미 섬 최고 맛집이다. 항구 마을 안쪽 깊숙한 곳에 자리 잡고 있다. 항구에서 위쪽으로 비스듬한 길을 5~6분 걸어 올라가야 한다. 조금 먼 게 단점이라면 단점이지만, 여행객뿐만 아니라 현지인에게도 인기가 많은 음식점이다. 공간이 넓은 것도 장점이고, 독립된 방도 있어서 좋다. 자마미섬의 많은 식당이 평일 점심 영업을 하지 않는데, 이곳은 대부분 영업한다. 다만 오후 2시 30분까지만 영업하고 저녁 장사를 시작하는 18시까지는 문을 닫는다. 메뉴가 무척 다양해서 선택의 폭이 넓은 편이다. 생선회, 돈가스, 톤부리, 소바, 카레, 생선튀김 등이 있다. 이 중에서 사시미 정식이 자마미섬과 잘 어울리는 음식이다. 생선 다섯 종류와 국, 밥, 그리고 초절임이 나온다. 잡히는 생선에 따라 사시미 종류가 조금 다를 수 있다. 해산물을 좋아하지 않는다면 다른 메뉴도 맛이 다 괜찮으므로 특별히 고민할 필요는 없다. 커피와 차, 콜라, 파인애플주스, 오렌지주스 등도 즐길 수 있다.

구글 좌표 레스토랑 마루미야

자마미항에서 도보 6분 沖縄県島尻郡座間味村座間味 432-2 098 987 3166 11:00~14:30, 18:00~22:30
휴무 수요일(8월은 무휴)

아카섬 阿嘉島 아카지마

구글 좌표 아카섬

순수하고 맑은 천혜의 자연

게라마 제도는 크게 도카시키, 자마미, 아카섬으로 나뉘는데, 이 가운데 아카섬이 가장 작다. 자마미섬에서 남서쪽으로 3km 떨어진 곳에 있으며, 주민은 340명에 불과하다. 규모가 자마미섬의 절반 정도이다. 아카섬 남쪽 200m 거리에 게루마섬이 있는데, 두 섬을 이어주는 '아카 대교'가 볼거리이다. 여러 해변 중에선 니시하마 비치가 제일 아름답고 유명하다. 몇 개의 식당과 숙박 시설이 들어서 있다. 여행객들이 많이 모이는 곳이 아니라 자연환경이 맑고 깨끗하다.

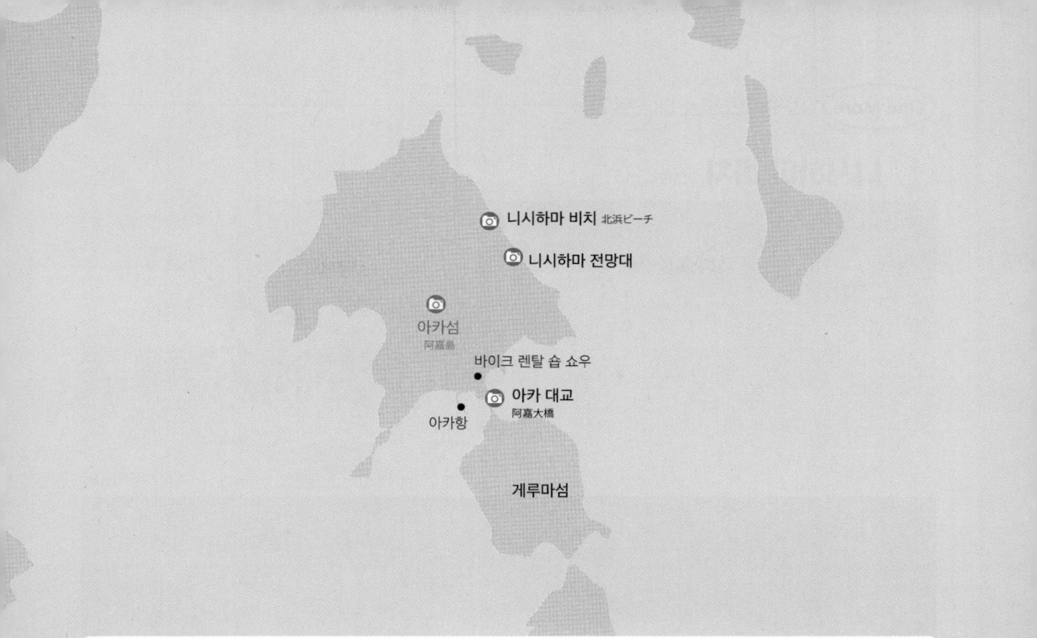

아카섬 찾아가기

아카섬으로 가는 방법은 세 가지이다. 나하의 토마린항과 자마미항, 도카시키항에서 선박을 이용해 갈 수 있다. 토마린항에서 출발하는 자마미행 페리나 고속선의 일부 배편이 아카 항을 거친다. 자마미섬과 토카시키섬의 아하렌 비치를 오가는 페리미쓰시마 페리 중에서 아카항을 거쳐 가는 배편도 있다. 예약이 필수다. 매년, 매달, 매주 운행 시간표가 달라지기 때문에 꼭 홈페이지를 확인해야 한다.

미쓰시마 페리 정보

홈페이지 http://www.vill.zamami.okinawa.jp

전화 예약 098 987 2614

소요 시간 및 운항 요금 자마미항에서 아카항까지 15분 소요(편도 300엔, 어린이 편도 150엔), 도카시키(아하렌 비치)에서 아카항까지 20분 소요(요금 편도 800엔)

아카섬 교통편 안내

아카섬에는 렌터카와 버스가 없다. 렌털 바이크, 자전거 혹은 도보로 이동하면 된다. 렌털 바이크 숍은 아카 마을에 있다. 바이크를 운전하려면 국제면허증이 필요하므로 꼭 가져가야 한다.

바이크 렌털 숍 쇼우 自転車レンタルショップ ショウ

주소 沖縄県島尻郡座間味村阿嘉 3

전화 090 1179 2839

바이크 렌털 요금(1인승) 1시간 1,500엔, 3시간 2,500엔, 5시간 3,500엔, 5시간 이상 5,000엔

홈페이지 https://www.instagram.com/rentalshop_sho

One More 아카섬의 명소 베스트 2

① 니시하마 비치 北浜ビーチ

©오키나와관광청

자연 그대로 순수함을 간직한

니시하마 비치는 아카섬을 대표하는 해수욕장이다. 여행객이 많이 찾지 않기 때문에 자연 그대로 순수함을 잘 간직하고 있다. 부드러운 하얀 모래와 푸른 바다의 조화가 무척 아름답다. 특히 물빛이 아름답기로 유명하다. 해변 가까운 곳부터 차례로 에메랄드그린, 크리스털 블루, 코발트블루로 물빛이 조금씩 짙어지는데, 농도를 달리하여 푸른 물감을 풀어 놓은 듯 오묘하고 환상적이다. 여기에 더해 해변을 즐기는 몇몇 사람들 모습이 한 폭의 그림처럼 아름답고 낭만적으로 다가온다. 니시하마 비치의 가장 큰 자랑은 산호초다. 비치에서 조금만 바다로 나가면 산호 밭이 눈을 사로잡는다. 게다가 바닷물이 계곡처럼 맑아 속이 훤히 보인다. 오키나와의 어느 해변과 비교해도 뒤지지 않을 만큼 물이 깨끗하고 투명하다. 게라마 제도에서 가장 깨끗하다고 해도 지나치지 않다. 워낙 물이 맑아 형형색색 물고기와, 재수가 좋으면 유유히 헤엄치는 바다거북을 어느 해변보다 선명하게 볼 수 있다. 다만 해변에서 조금만 나가도 수심이 깊어지므로 조심해야 한다. 여름을 제외하고는 안전 요원이 없다는 점도 염두에 두자.

맵코드 905 109 564*68 구글 좌표 Nishibama Beach

아카항에서 1.7km(도보 20분, 바이크 10분) 沖縄県島尻郡座間味村阿真 해수욕 기간 4월~10월

② 아카 대교 神の阿嘉大橋 아카오오히시

마음과 마음을 이어주다

아카항 바로 앞에 있는 아치형 다리이다. 아카 섬과 바로 앞의 게루마섬을 연결해 준다. 다리가 늘씬하고 아름답다. 아카섬에서 손에 꼽히는 명소이자 볼거리이다. 배가 이 다리 아래를 통과해 아카항에 도착한다. 이때 가까운 거리에서 다리를 구경할 수 있다. 멀리서 보면 더 아름답다. 특히 투명한 에메랄드빛 바다와 어우러진 다리 모습이 매력적이다.

이 다리를 건너면 이윽고 게루마섬이다. 시간 여유가 있다면 산책 삼아 다리를 건너 게루마섬으로 가보자. 다리를 건너 10분 남짓 산을 오르면 카탄 전망대カータン展望台에 이른다. 이곳에서 바라보는 아카섬 풍경이 무척 아름답다. 특히 항구와 에메랄드빛 바다와 아카 대교까지 시야에 담으면 아주 잘 찍은 여행 사진을 보는 것 같다. 전망대에서 남쪽으로 내려가면 작은 해안 마을과 게루마항이 나온다. 게루마섬은 인구 20명에 불과한 작은 섬이다. 아카 대교는 섬뿐만 아니라 섬에 사는 사람과 사람을 이어준다. 그래서 다리가 더 아름답게 느껴진다.

구글 좌표 아카대교

아카항에서 남쪽으로 도보 300m 沖縄県島尻郡座間味村阿嘉

©오키나와관광청

©오키나와관광청

미야코섬

Miyako Islands, 宮古島, 미야코지마

미야코섬은 오키나와에서 남서쪽으로 290km 떨어져 있다.
바다가 아름답고 에메랄드빛 물빛이 고와 흔히 일본의 '몰디브'로 불린다. 인구 약 5만 명,
넓이는 204km^2로 안면도의 약 2배이다. 미야코섬 주변으로 이케마, 이라부, 구리마, 시모지 등
크고 작은 섬 11개가 모여 있는데 큰 섬은 미야코섬과 다리로 연결되어 있다.
일본은 매년 아름다운 해변 10곳을 선정하는데, 미야코의 해변들이 늘 상위권을 차지한다.
특히 물빛이 아름다워 에메랄드그린, 쪽빛, 코발트블루, 페르시안 블루 등
아주 다양한 표현으로 묘사되며, 이를 통틀어 미야코 블루라고 부른다.

미야코섬 여행지도

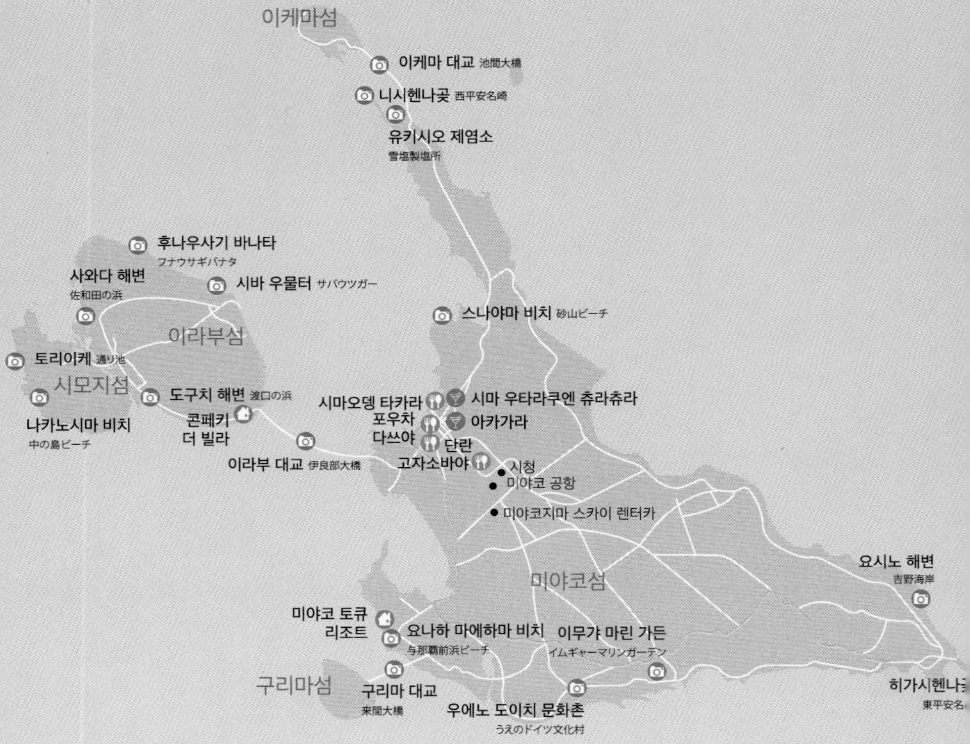

미야코섬 가는 방법

나하 공항에서 비행기로 40분 거리에 있다. ANA, JTA, RAC에서 하루 15편 안팎 운항하고 있다. 도쿄의 하네다, 오사카의 간사이, 나고야의 주부공항에서도 하루 한두 편 운항한다.

나하 공항
홈페이지 https://www.naha-airport.co.jp 전화 098 840 1151

Travel Tip — 미야코에 가기 전에 알아 두세요!

① 미야코 공항 정보

미야코섬과 나하, 오사카, 도쿄를 오가는 비행기가 하루 30회 이상 뜨고 내린다. 오키나와 최남단 야에야마 제도로 가는 항공편도 하루에 3회 운항한다.

맵코드 310 395 084 구글 좌표 미야코공항

주소 沖縄県宮古島市平良下里
전화 098 072 1212
홈페이지 http://miyakoap.co.jp/

② 여행 전 날씨 확인 필수

미야코섬은 태풍의 길목에 있다. 여름과 가을엔 여행 전에 날씨를 확인하는 게 필수이다. 미야코섬을 제외하고는 편의시설이 거의 없으므로 여행 준비를 좀 더 세심하게 하는 것이 좋다. 섬 안에서는 렌터카를 이용하는 것이 편리하다.

③ 미야코섬의 교통수단 안내

미야코섬의 교통수단은 버스, 렌터카, 바이크, 자전거 등이 있다. 하지만 버스는 미야코 시내를 제외하고는 운행 횟수가 적어 불편하다. 섬 대부분이 평지이므로 바이크와 자전거로 이동할 수 있다. 다만 섬이 꽤 크기 때문에 먼 곳까지 갈 때는 렌터카를 이용하는 게 편리하다. 예약하면 렌터카 직원이 비행기 도착 시각에 맞춰 공항에서 대기한다

렌터카 업체 정보

OTS 렌터카

전화 098 072 1104 홈페이지 https://www.otsinternational.jp

와이드 렌터카

홈페이지 https://www.widerentacar.com/kr

미야코지마 스카이 렌터카

맵코드 310 427 002*87 주소 沖縄県宮古島市平良下里2422-1 전화 098 073 2233

스나야마 비치 砂山ビーチ

맵코드 310 603 236*18 구글 좌표 스나야마비치

미야코 공항에서 78번 현도県道 경유하여 렌터카로 북쪽으로 21분 沖縄県宮古島市平良 해수욕 기간 4월~10월

한없이 투명한 미야코 블루

스나야마 비치는 '모래 산 해변'이라는 뜻이다. 실제로 모래언덕 아래 해변이 펼쳐져 있다. 푸른 바다와 새하얀 모래사장, 여기에 산호초 터널이 어우러져 절경을 이룬다. 스나야마 비치를 따라다니는 수식어는 한두 개가 아니다. 미야코섬을 대표하는 해변, 미야코에서 가장 아름다운 에메랄드빛 비치, 일본에서 가장 물빛이 투명한 해수욕장 같은 수식어가 항상 따라다닌다. 해변 풍경은 너무 아름다워서 어느 영화 속에서 본 것 같은 기분이 든다. 하얀 모래, 투명한 에메랄드빛 바다, 만좌모를 연상시키는 거대한 산호초 언덕의 자연 동굴이 그림처럼 펼쳐져 있다. 한 걸음, 한 걸음 걸을 때마다 고운 모래가 발을 부드럽게 감싸준다. 물빛은 정말 투명하여 물고기의 움직임까지 훤히 보인다. 수심도 깊지 않아 수영을 즐기기 좋다. 꼭 물놀이하지 않더라도 낙원 같은 바다에서 조용히 여유를 만끽할 수 있다. 편의시설이 잘 갖춰져 있지는 않으나, 주차장, 샤워장, 화장실은 마련되어 있다. 해변에서 500m 거리에 해변 마을이 있다. 이 마을에 숙소, 식당, 카페가 있다.

ⓒ오키나와관광청

니시헨나곶 西平安名崎 니시헨나자키

맵코드 310 841 572*85 구글 좌표 Cape Nishihennazaki

미야코 공항에서 230번 현도県道 경유하여 렌터카로 북쪽으로 30분 沖縄県宮古島市平良 平良狩俣 098 072 3751

쪽빛 바다와 이케마 대교를 한눈에 담자

니시헨나곶은 미야코섬 북쪽 끝에 있다. 끊어질 듯 이어지는 긴 꼬리처럼 생긴 땅을 따라 올라가면 어느 순간, 풍력발전기가 보이고 여기에서 조금 더 가면 땅이 바다로 스며든다. 북쪽 끝이라는 상징성 때문에 적지 않은 여행객들이 먼 길을 달려 찾아온다. 왼쪽으로 이라부 섬, 오른쪽으로 이케마섬과 이케마 다리가 시야에 잡힌다. 기암괴석으로 끝없이 밀려오는 파도와 시원하게 펼쳐진 쪽빛 바다 풍경이 매우 아름답다. 그러나 이곳이 유명한 진짜 이유는 미야코섬과 이케마섬을 연결하는 긴 다리 이케마 대교와 이케마섬을 한눈에 담을 수 있기 때문이다. 절벽 위에 전망대 3개가 있는데, 쪽빛 바다 위에 쭉 뻗어 있는 다리 모습을 바라보기 좋다. 여기에 풍력발전기가 이국적인 분위기를 더해준다. 특히 에메랄드빛 바다가 주황빛으로 변하는 해 질 녘 다리와 함께 어우러진 아득한 풍경이 가슴을 적신다. 일반 여행객들은 물론 낚시하러 온 현지인들도 많다. 낚싯줄을 허공에 날리는 강태공의 모습 또한 이곳만의 독특한 풍경이다.

©오키나와관광청

이케마 대교 池間大橋 이케마오하시

맵코드 310 871 823*74 구글 좌표 이케마 오하시 다리

미야코 공항에서 230번 현도 경유하여 렌터카로 북쪽으로 30분 https://www.travel.co.jp/guide/article/11296/

너무 아름다워 오래도록 잊을 수 없다

미야코에서는 다리조차 관광 명소다. 바다가 너무 아름다운 까닭이다. 이케마 섬은 미야코 제도의 가장 북쪽에 있는 섬이다. 이케마 대교는 미야코섬과 이케마섬을 연결하는 다리다. 길이는 1,425m에 이른다. 1992년에 완공됐을 때 오키나와에서 가장 긴 다리로 유명했다. 하지만 1995년에 구리마 대교来間大橋가, 2015년엔 이라부 대교3,540m가 완공되면서 아쉽게 왕좌에서 내려왔다. 다리를 건널 때면 모두 차에서 내려 카메라 셔터를 누르느라 바쁘다. 다리 양쪽으로 누워있는 에메랄드그린 바다는 그림처럼 아름답고 고요하다. 특히 날씨가 좋은 날에는 새파란 하늘과 하얀 구름 그리고 아름다운 바다가 어우러져 절경을 이룬다. 다리 위를 달리고 있으면 하늘을 나는 듯한 기분이 든다. 미야코섬 드라이브 코스 중 베스트로 꼽힌다. 배가 다리 밑을 지나다닐 수 있도록 아치형으로 설계해 다리 구조도 아름답다. 저녁 무렵 노을이 만들어 내는 풍경은 광염 소나타 그 자체이다. 너무 강렬하게 아름다워 오래도록 잊을 수 없다.

Travel Tip

이케마는 인구 80명에 불과한 작은 섬이다. 때가 덜 묻은 섬 속의 섬으로 아름다운 해변과 숲 그리고 습지가 있다. 여행객을 위한 편의 시설은 많지 않은 편이다.

©오키나와관광청

유키시오 제염소 雪塩製塩所 유키시오세이엥쇼

맵코드 310 812 586*07 구글 좌표 유키시오 제염소

미야코 공항에서 230번 현도県道 경유하여 렌터카로 북쪽으로 30분 沖縄県宮古島市平良狩俣 191 098 072 5667
4월~8월 9:00~18:00, 9월~3월 9:00~17:00 박물관 가이드 투어 10:00, 11:00, 14:00, 15:00, 16:00(무료, 10~15분 소요) https://www.yukisio.com/

산호가 만든 일본 최고 소금

미야코섬에서는 일본 최고의 소금 유키시오가 생산된다. 유키雪는 눈Snow을, 시오塩는 소금을 의미한다. 눈처럼 결정체가 작고 하얀 이 독특한 소금이 만들어지는 이유는 아름다운 자연환경 때문이다. 깨끗한 바닷물이 산호와 만나면서 소금에 다량의 칼슘이 스며든다. 2000년 유키시오는 세계에서 가장 많은 미네랄을 함유한 소금으로 기네스북에 이름을 올리기까지 했다. 또 세계의 식품 올림픽이라는 불리는 몬드 셀렉션에서 2006년과 2007년 2년 연속 금상을 받기도 했다. 유키시오 제염소는 미야코섬 북쪽 끝자락에 있으며, 병설박물관도 운영한다. 막상 세계 최고의 소금이 만들어지는 공장 앞에 서면 소박한 모습에 깜짝 놀라게 된다. 소금이 만들어지는 과정은 물론 신기하다. 이 작은 제염소에 많은 사람이 찾아오는 가장 큰 이유는 유키시오 소프트아이스크림 때문이다. 눈처럼 하얀 이 아이스크림은 부드럽고 담백한 맛으로 인기가 좋다. 제염소 가까운 곳에 이케마 대교와 니시헨나곶이 있어서 함께 둘러보기 좋다.

요시노 해변 吉野海岸 요시노카이간

맵코드 310 293 248 구글 좌표 Yoshino Kaigan Beach

미야코 공항에서 83번 현도 경유하여 렌터카로 남동쪽으로 35분 沖縄県宮古島市城辺 城辺新城 15-38 080 2724 5449 해수욕 기간 4월~10월 ¥ 주차비 1시간 1,000엔

절벽 아래 꼭꼭 숨은 스노클링 명소

미야코섬 동쪽 해안 절벽 아래 있는 해변이다. 절벽 아래에 숨어 있어서 도로에서는 비치가 보이지 않으며, 안타깝게 차로 진입할 수 없다. 무료 또는 유료 주차장에 차를 세우고 셔틀에 승차하여 1분 정도 이동하거나, 구불구불한 해안 길을 따라 내려가면 드디어 요시노 해변이 반겨준다. 내려가는 길의 경사가 제법 급하다. 산호모래 비치 뒤편으로 절벽이 병풍처럼 서 있다. 해변의 풍경은 조촐하지만, 바다만큼은 남태평양 부럽지 않은 자태를 뽐낸다. 수심이 깊지 않고 물이 투명하여 산호초와 아열대 물고기를 쉽게 찾아볼 수 있다. 겨울에는 바다거북이 이 일대에서 알을 낳기도 한다. 산호 군락이 파도를 막아주어 물결이 잔잔하다. 요시노 해변은 스노클링하기 좋은 곳으로 유명하다. 비치 앞에 스노클링 장비를 빌려주는 가게가 있다. 주차장에서도 유료로 장비를 대여할 수 있다. 이곳에서 2km 떨어진 곳에는 별 모래 해변으로 유명한 아라구스쿠 해안이 있다.

히가시헨나곶 東平安名崎 히가시헨나자키

맵코드 310 205 235 구글 좌표 히가시헨나곶

미야코 공항에서 230번 현도県道 경유하여 렌터카로 북쪽으로 30분 沖縄県宮古島市城辺 城辺保良 1221-14
098 072 3751(미야코지마 시청) 월~금 09:30~16:30, 토·일 09:30~17:00(등대) ¥ 입장료 300엔(등대)

저건 분명 신이 빚은 대지 예술이다

미야코섬 동쪽 끝, 바다와 만나는 곳에 있는 석회암 절경이다. 석회암 절벽에 서면 기암괴석 수십 개가 흩뿌려진 듯 바다 위에 있는 모습이 마치 대지의 예술 같다. 신이 빚은 설치 작품 같아 말을 잃게 된다. 제주의 설문대할망과 그리스의 제우스 손길이 이곳까지 미친 것 같다는 생각이 들 정도이다. 신이 존재한다면 직접 두 손으로 만들었을 법한 이 풍경은 그러나 오로지 자연이 제 혼자 힘으로 만든 풍경이다. 파도와 바람이 오랜 시간 석회암을 깎고 풍화시켜 멋진 대지 예술을 만들었다. 절벽 주변으로 다양한 식물이 계절마다 다른 모습으로 피어나 절경을 더 빛내준다. 히가시헨나 곶은 일본 도시공원 100선 중 하나로 선정되기도 했다. 절벽 끝에는 하얀 등대가 우뚝 서 있다. 높이 24.5m에 이르는 가늘고 긴 흰색 등대다. 등대를 기준으로 오른쪽으로는 태평양이, 왼쪽으로는 동중국해가 펼쳐져 있어 큰 바다 두 개를 동시에 볼 수 있다. 이곳에는 류큐 시대 최고의 미인 '미무야'가 사랑을 이루지 못해 절벽에서 몸을 던졌다는 슬픈 전설도 전해진다.

이무갸 마린 가든 イムギャーマリンガーデン

맵코드 310 193 428 구글 좌표 imgya marine garden

미야코 공항에서 190번 현도 경유하여 렌터카로 남동쪽으로 15분 沖縄県宮古島市 城辺友利 605-2

https://okinawa-miyakojima.com/ingyamaringaden

©오키나와관광청

신의 놀이터에서 스노클링을 즐기자

제주도 서귀포의 황우지 해안은 에메랄드빛 바다가 커다란 돌에 둘러싸인 천연 수영장으로 유명하다. 수심은 깊지만, 방파제 구실을 하는 바위 덕분에 파도가 잔잔한 데다, 스노클링에도 제격이라 많은 여행객이 찾는다. 이무갸 마린 가든은 미야코섬의 황우지 해안 같은 곳이다. 다만 규모가 훨씬 크고 황우지 해안보다 더 신비롭다. 방파제 같은 돌길 바깥으로 넓은 바다가 펼쳐져 있다. 바람이 불고 파도가 쳐도 돌길 안쪽의 물은 호수처럼 잔잔하고 고요하다. 수심이 얕고 물이 깨끗해, 물놀이하거나 스노클링 즐기기 좋다. 바닷속에는 산호가 춤을 추고 있고, 바위 사이사이로는 아열대 물고기들이 형형색색 놀고 있는 모습을 훤히 볼 수 있다. 이무갸 마린 가든 옆 작은 언덕에는 전망대가 있다. 이곳에 오르면 아름다운 미야코 남부의 쪽빛 바다를 마음껏 감상할 수 있다. 편의 시설은 부족한 편이다. 스노클링을 즐기고 싶다면 개별적으로 장비를 챙겨가는 것이 좋다.

우에노 도이치 문화촌 うえのドイツ文化村 우에노도이쓰분카무라

맵코드 310 158 748*21 구글 좌표 우에노도이쓰분카무라

미야코 공항에서 190번과 202번 현도県道 경유하여 렌터카로 남쪽으로 20분 沖縄県宮古島市上野宮国 775-1
098 076 3771 09:30~17:30 휴무 화·목 ¥ 입장료 독일 마을 무료 하카이기념관 성인 750엔, 어린이 400엔 킨더하우스 성인 210엔, 어린이 100엔 하카이+킨더 통합권 성인 850엔, 어린이 400엔 http://www.hakuaiueno.com/

미야코에서 만난 독일

1873년 7월 11일 오키나와 부근을 지나던 독일 상선이 태풍을 만나 미야코섬에 좌초되었다. 주민들은 선원 8명을 전원 구조하여 37일간 친절하게 돌보았다. 사연이 독일에 알려지자 감동한 독일 황제 빌헬름 1세1797~1888년가 1876년 군함을 보내 박애 기념비를 건립했다. 100년 뒤인 1996년 난파선으로 인연 맺은 독일과 오키나와의 스토리를 더 오래 기념하기 위해 미야코에 테마파크 우에노 도이치 문화촌을 만들었다. 태평양의 작은 섬에서 만난 유럽풍 건물은 꽤 이국적으로 다가온다. 독일의 700년 된 마르크부르크 성을 완벽 재현했다. 기념관 안에는 독일 문화에 관한 자료들이 전시되어 있는데, 그중 베를린 장벽이 볼만하다. 독일 통일 이후 베를린 장벽이 해체되면서 세계 곳곳에 기증한 장벽 조각 중 하나이다. 실내 수영장, 산책로 등 다양한 볼거리와 편의시설이 있다. 2000년 독일 전 총리 슈뢰더가 이곳을 방문하면서 더욱 유명해졌다.

요나하 마에하마 비치 与那覇前浜ビーチ

맵코드 310 211 739 구글 좌표 Yonaha Beach

미야코 공항에서 390번 국도 경유하여 렌터카로 남서쪽으로 14분 沖縄県宮古島市下地与那覇 1199番 098 076 2177 해수욕 기간 4월~10월 ¥ 주차 무료 해양 레저 비용 마린 3종(바나나보트+밴드왜건 등)+사진 7,500엔부터, 요트 크루즈 7,000엔부터, 스노클링 6,000엔부터

아름다운 해변의 조건을 모든 갖추다

미야코섬 서쪽에서 구리마섬과 마주하고 있는 매력적인 해변이다. 일본에서는 매년 가장 아름다운 비치 10곳을 선정한다. 그 가운데 절반 이상이 오키나와에 있는 해변이고, 오키나와 해변 가운데 대부분은 미야코의 해변이다. 요나하 마에하마 비치는 일본에서 가장 아름다운 해변 1위에 제일 많이 꼽히는 비치이다. 하얀 모래, 에메랄드빛 바다, 잔잔한 파도, 푸른 하늘, 매혹적인 풍경. 아름다운 해변이 갖추어야 할 모든 요소를 완벽하게 갖췄다. 시선을 멀리 던지면 구리마 대교가 아름다움을 더욱 빛내준다. 해변의 길이가 무려 7km나 되며, 모래가 너무 부드러워 밟는 것만으로도 기분이 좋아진다. 동양에서 가장 아름다운 비치라고 자랑하는 일본인들의 호들갑이 빈말이 아니다. 스노클링, 제트 스키, 바나나 보트, 요트 크루즈 등 적지 않은 액티비티 프로그램이 있다. 구리마섬에 있는 전망대에 가면 요나하 마에하마 비치의 아름다운 모습을 한눈에 담을 수 있다. 아마도 오래 잊지 못할 풍경으로 남을 것이다.

구리마 대교 来間大橋 구리마 오오하시

맵코드 310 181 506 구글 좌표 쿠리마 대교

미야코 공항에서 243번 현도県道와 390번 국도 경유하여 렌터카로 남서쪽으로 15분

미야코 블루, 잊을 수 없는 드라이브

구리마섬은 미야코 서남쪽에 있는 섬이다. 면적은 2.84km²로 아주 작으며, 섬의 대부분은 사탕수수밭이다. 이 섬과 미야코섬을 구리마 대교가 이어준다. 1,690m에 이르는 긴 다리로 1995년에 건설되었다. 미야코섬의 다리는 대부분 명소로 대접받을 만큼 유명하다. 다리 자체가 아름답기로 정평이 나 있는 데다가, 무엇보다 미야코 블루를 한눈에 담으며 환상적인 드라이브를 즐길 수 있기 때문이다. 특히 구리마 대교를 건너며 바라보는 미야코의 바다는 절경 중의 절경이다. 아름다운 바다를 감상하며 탄성을 지르느라 모든 차가 천천히 달린다. 하늘마저 눈이 부시게 푸른 날에는 바다와 어우러져 더욱 아름다운 풍경을 연출한다. 다리를 건너면 카페와 기념품점이 옹기종기 모여 있고, 다리와 바다를 한눈에 담을 수 있는 전망대도 나온다. 전망대에 서면 건너편의 요나하 마에하마 비치의 백사장은 물론 왼쪽의 이라부섬과 이라부 대교까지 눈에 담을 수 있다. 눈이 부실 만큼 아름다운 풍경에 절로 감탄사가 튀어나올 것이다.

이라부 대교 伊良部大橋 이라부 오오하시

맵코드 310 420 839 구글 좌표 Irabu Bridge

미야코 공항에서 243번 현도와 252번 현도 경유하여 렌터카로 북서쪽으로 13분 沖縄県宮古島市平良久貝

천국으로 가는 듯 비현실적으로 아름다운

미야코섬과 북서쪽 이라부섬을 잇는 다리로 길이는 3,540m이다. 40여 년 전부터 계획하고, 9년 동안 건설하여 2015년에 완공하였다. 오키나와 본섬의 고우리 대교보다 1,580m가 더 길다. 그래서 '꿈의 다리'라 불리기도 한다. 이라부는 미야코에 딸린 섬 가운데 가장 큰 섬으로, 면적 26.6km²에 주민 6,280명이 살고 있다. 다리가 놓이기 전까지 오랜 시간 홀로 떨어져 있던 까닭에 때 묻지 않은 자연을 고스란히 간직하고 있다. 해변은 아름답고 사람들 표정은 소박하고 여유가 넘친다. 그러나 누가 뭐라 해도 가장 멋진 풍경은 이라부 대교에서 바라보는 바다이다. 천국으로 가는 다리가 지상에 있다면 그것은 아마도 이라부 대교일 것이다. 에메랄드빛 미야코 블루가 거대한 호수처럼 펼쳐져 있고, 다리 위에서 바닷속을 들여다볼 수 있을 정도로 물빛이 투명하다. 다리 위를 달리노라면 자동차가 아니라 비행기를 타고 하늘을 나는 기분이 든다. 다리 중간에 주차 공간이 마련되어 있어 많은 사람이 차를 세우고 인생 샷을 남긴다. 일본인들에게 프러포즈 장소로 인기가 좋다.

시모지섬과 나카노지마 비치 下地島 & 中の島ビーチ

시모지지마와 나카노지마 비치

맵코드 721 241 377*83(나카노지마 비치) 구글 좌표 나카노지마 비치

미야코 공항에서 243번 현도와 252번 현도 경유하여 렌터카로 북서쪽으로 35분 沖縄県宮古島市伊良部佐和田 1739

공항 옆에서 스노클링 즐기기

시모지섬은 이라부섬 서쪽에 있다. 두 섬은 마치 부부처럼 바싹 붙어 있다. 작은 다리가 두 섬을 이어준다. 이 작은 섬에 공항이 하나 있는데, 시모지 공항이다. 1994년 건설된 이후 공식적으로 비행기가 한 번도 취항한 적이 없는 독특한 공항이다. 군사용이지만 지금은 민간 항공사의 훈련용으로 쓰인다. 공항 서쪽에는 물빛이 아름다운 나카노지마 비치中の島ビーチ가 있다. 해변 곳곳에 바위와 암석이 누워있어 독특한 분위기를 자아낸다. 바닷속에도 크고 작은 바위가 있다. 기암괴석이 파도를 막아주고, 산호초와 아열대 물고기들에게 터전을 마련해준다. 바위 덕에 물결이 잔잔하여 스노클링 즐기기에 그만이다. 몇 발짝만 앞으로 나아가도 환상적인 풍경이 펼쳐진다. 스노클링 중급자라면 조금 멀리 나가는 것도 좋다. 아름다운 비치이지만 편의시설, 이정표 같은 것은 찾아볼 수 없다. 비치 안에 주민들이 운영하는 작은 매점 하나가 전부이다. 때 묻지 않은 자연과 풍경을 즐기기에 좋다.

시바 우물터 サバウツガー 시바우쯔가

맵코드 721 339 119 구글 좌표 24.846831, 125.206305

미야코 공항에서 252번 현도 경유하여 렌터카로 북서쪽으로 30분 沖縄県宮古島市伊良部前里添 588-70

우물가에서 바라보는 남빛 바다

이라부에는 1966년에 수도 시설이 놓였지만, 바닷가에는 아직 240년 된 시바 우물터가 남아 있다. 예전엔 물을 뜨기 위해 이곳에 갔지만, 지금은 해안 절경과 푸른 태평양을 마음에 담기 위해 이곳을 찾는다. 깎아내린 절벽, 에메랄드빛 바다와 산호가 만들어 내는 풍경이 보는 사람의 마음을 시원하게 만든다. 우물터는 절벽 아래로 돌계단 130개를 내려가야 한다. 막상 다다르면 특별한 것 없는 작은 우물터이다. 하지만 우물에서 절벽을 올려다보면 아득하기 그지없다. 물을 짊어지고 저 계단을 올랐을 옛 이라부 섬사람들의 삶이 떠올라, 인생을 다시 한번 생각하게 된다.

후나우사기 바나타 フナウサギバナタ

맵코드 721 366 822 구글 좌표 funausagibanata

미야코 공항에서 252번 현도 경유하여 렌터카로 북서쪽으로 30분 沖縄県宮古島市伊良部

작별 인사를 나누던 눈물의 언덕

옛날 섬사람들에게 배를 타는 것은 심리적 이별이었다. 다시 돌아오지 못할 것 같은 슬픔을 마음에 담고 바다를 건너야 했다. 그렇지만 섬사람들은 이별에 유독 무미건조하다. 쿨하게 이별해야 슬픔을 이겨내고, 떠나는 사람도 편하게 보낼 수 있기 때문이다. 이라부섬의 후나우사기 바나타는 떠나는 사람들을 지켜보던 곳이다. 그야말로 눈물의 언덕이었던 셈이다. 그래서일까? 언덕에 서면 유독 애잔한 아름다움이 느껴진다. 바닷가 절벽 위 독수리 조형물 전망대에 오르면 아득한 바다가 한눈에 들어온다. 손을 흔들며 작별 인사를 했을 이라부 사람들의 슬픔도 아득히 전해져온다.

도구치 해변 渡口の浜 도구치노하마

맵코드 721 186 855*77 구글 좌표 도구치노하마 비치

미야코 공항에서 252번 현도 경유하여 렌터카로 24분 沖縄県宮古島市伊良部伊良部 1352-17 4월~10월

현지인이 즐겨 찾는 숨겨진 보석

일본의 아름다운 100대 해변에 이름을 올린 멋진 비치이다. 이라부섬 남쪽, 시모지섬 근처에 숨어 있는 해변이다. 밀가루처럼 고운 모래가 일품이다. 해변은 길고 넓다. 해변에 산책로를 조성해 놓아 한적하게 시간 보내기에 더없이 좋다. 수심이 깊지 않고 파도도 높지 않아 물놀이를 즐기기 좋다. 편의시설이 잘 갖춰져 있지는 않으므로, 먹을 것이나 물을 미리 챙겨가는 것이 좋다. 해변의 동쪽에 무료 주차장이 있다. 주차장 옆 카페 Blue Turtle에서 바라보는 해변 풍경도 멋지다.

사와다 해변 佐和田の浜 사와다노하모

맵코드 721 304 004*57 구글 좌표 SAWATA NO HAMA

미야코 공항에서 252번 현도 경유하여 렌터카로 북서쪽으로 30분 沖縄県宮古島市伊良部佐和田 1725 4월~10월

돌, 돌, 바위! 바다 위의 설치 예술

일본의 아름다운 100대 해변으로 선정되었다. 이라부섬 서북쪽에 있다. 고운 모래사장과 바다에 크고 작은 돌 300여 개가 뿌려진 독특한 풍경으로 유명하다. 이 돌들은 1771년에 일어난 쓰나미 때 깊은 바다에서 밀려온 것이다. 엄청나게 큰 돌도 있어 자연의 힘에 경외감을 느끼게 된다. 오키나와 역사상 최악의 쓰나미로 기록되어 있으며, 해변의 풍경만으로 그 위력을 충분히 상상할 수 있다. 그러나 바다는 아름답고 한없이 투명하다. 거기에 크고 작은 돌들이 조각품처럼 서 있어 해 질 녘 암석의 실루엣이 절정의 아름다움을 자아낸다. 해수욕보다는 아름다운 자연을 즐기기 좋다.

토리이케 通り池

맵코드 721 241 377*83 구글 좌표 토리이케

미야코 공항에서 252번 현도 경유하여 렌터카로 북서쪽으로 35분 沖縄県宮古島市伊良部字佐和田

바다를 닮은 에메랄드빛 호수

시모지섬 서북쪽 끝, 나카노지마 비치 북쪽 해안가에 카렌펠트 지형이 만든 신비로운 연못 토리이케가 있다. 카렌펠트란 석회암 지대가 빗물에 녹아내려 크고 작은 돌기 모양의 기둥이 만들어진 지대를 말한다. 시모지섬에는 꽤 넓은 카렌펠트 지대가 있다. 식물이 자란 카렌펠트 지대는 우주의 다른 행성에 와 있는 듯 분위기가 독특하고 이국적이다. 신비로운 풍경 사이로 파란 물이 고여 있는 제법 큰 연못이 신비감을 더해주는데, 이 연못이 '토리이케'이다. 주차장에 차를 세우고 나오면 숲길이 나타난다. 숲길을 따라 조금 걸어가면 신비로운 원형 연못 두 개가 나타난다. 지름이 각각 75m와 55m에 이르며, 두 연못이 이웃해 있어 '용의 눈알'이라 불린다. 물빛 또한 시모지섬답게 아름다운 에메랄드빛이다. 연못이 두 개이지만 사실은 땅 밑으로 연결되어 있다. 더 깊이 들어가면 바다와도 연결되어 있어 더욱 신비롭고 색다른 정령이 느껴진다. 이 연못은 원래 해저 동굴이었다. 침식작용으로 천장이 무너져 연못이 되었다. 인어가 살았다는 전설이 전해지고 있으며, 지금은 다이버들이 바닷속을 누빈다.

고자 소바야 古謝そば屋

80년 전통 소바 전문점

미야코 시 남쪽에 있는 소바 집이다. 1932년에 문을 연 전통이 있는 맛집이다. 미야코섬을 대표하는 식당이다. 인기 메뉴는 미야코 소바다. 가다랑어를 오래 우려낸 육수가 고명으로 올라오는 소키돼지갈비와 어우러져 깊고 시원한 맛을 낸다. 소바 세트도 인기가 좋다, 식용 수초 실말로 만든 초무침과 밥 그리고 소바가 나온다. 영어로 된 메뉴판이 있어서 주문하기 어렵지 않다. 미야코에는 시내 중심부 외에는 음식점이 많지 않다. 바다 구경도 식후경이다. 비치로 떠나기 전 단단히 배를 채우자.

구글 좌표 고자소바야

①미야코 공항에서 렌터카로 8분 ②미야코지마 시청에서 남쪽으로 도보 25분 沖縄県宮古島市平良下里1517-1
098 072 8304 11:00~16:00 휴무 수요일

포우차 다쓰야 ぽうちゃたつや

늘 손님이 많은 식당 겸 이자카야

현지인들에게 아주 인기가 높은 이자카야 겸 식당이다. 미야코 시내에 있는데, 언제나 손님이 많다. 예약하지 않으면 줄을 서서 기다리는 경우가 많다. 대표 메뉴는 오늘의 추천메뉴다. 그날 잡힌 생선이나 해산물로 요리한다. 주로 생선구이가 나오는데 소금구이와 간장 절임이 있다. 일본어 메뉴판밖에 없으므로 미리 일본어 메뉴를 숙지하고 가는 것이 좋다. 그게 어렵다면 오늘의 메뉴를 주문하자.

구글 좌표 Boucha Tatsuya

①미야코 공항에서 렌터카로 서북쪽으로 11분 ②미야코 시청에서 동남쪽으로 도보 5분 沖縄県宮古島市平良西里 平良西里275 098 073 3931 18:00~21:00 휴무 화·수요일

단란 だんらん

술을 부르는 생선회와 타코 와사비

미야코섬의 명동은 미야코 시청 옆을 지나는 78번 도로이다. 이곳은 늘 여행객으로 넘쳐난다. 반면 도로 안쪽은 비교적 조용하다. 단란은 78번 도로 남쪽 골목에 있다. 현지인이 많이 찾는 이자카야이다. 생선회와 해산물 꼬치구이까지 이자카야의 대표 메뉴들을 두루 맛볼 수 있는 곳이다. 주방장의 손맛이 뛰어나 생선회는 물론 다른 메뉴도 맛이 좋다. 타코 와사비도 맛이 좋다. 숙성이 잘 돼 쫄깃하면서 부드럽다. 당신은 이제, 미야코의 밤을 즐기기만 하면 된다.

구글 좌표 Danran

①미야코 공항에서 렌터카로 서북쪽으로 11분 ②미야코 시청에서 동남쪽으로 도보 4분 沖縄県宮古島市平良西里 294-1 098 073 8271 매일 17:00~24:00 ¥ 생선회 모둠お刺身5点盛り合わせ 1,950엔, 꼬치구이 모둠串焼き盛り合わせ 1,400엔 https://kaisen-danran.com

시마오뎅 타카라 島おでんたから

어묵 전문 식당 겸 이자카야

어묵 전문점이자 이자카야다. 현지인들이 더 많이 찾는 곳으로 내부는 이자카야 분위기가 강하다. 일본 사람들은 어묵을 우리와 조금 다르게 먹는다. 우리는 국물과 꼬치로 주로 먹지만 일본은 어묵을 채소와 함께 그릇에 내온다. 우리나라의 이자카야에서 볼 수 있는 어묵탕과 모습이 비슷하다. 다만 국물이 적은 게 다르다. 어묵이 인기 있는 술안주인 건 한국과 똑같다. 국물이 거의 없지만 이곳 어묵은 쫄깃하면서 고소하다. 자연스레 술을 부른다. 다른 이자카야와 달리 분위기가 차분해 조용히 술을 마시기에 좋다.

구글 좌표 Shima-oden Takara

①미야코 시청에서 190번, 78번 도로 따라 서북쪽으로 도보 3분 ②미야코 공항에서 렌터카로 서북쪽으로 14분 沖縄県宮古島市平良西里西里 172 098 072 0671 18:00~24:00 휴무 일·월

아카가라 あかがーら

흥이 절로 나는 라이브 이자카야

미야코섬에서 가장 흥겨운 이자카야다. 미야코 시청 옆 78번 도로에 있다. 가게 앞 스피커에서 흥겨운 류큐 라이브 음악 소리가 거리를 따라 흐른다. 이자카야에서 노래를 부르며 손님들이 어울려 춤을 추기로 유명하다. 78번 도로에는 이런 가게가 많은데 아카가라는 그중에서 가장 대표적인 곳이다. 테이블 여러 개와 독립된 방이 있는데 라이브를 즐기기 위해서는 홀에 자리를 잡는 것이 좋다. 류큐 노래를 부르는 민속 가수가 분위기를 살린다. 하이라이트는 모든 손님이 일어나 춤을 출 때다. 너나 할 것 없이 흥에 겨워 류큐 민속춤을 춘다. 마치 축제 같은 분위기다. 음식도 좋지만, 분위기는 더 좋다. 라이브 공연을 보려면 100엔을 추가하면 된다.

구글 좌표 24.805047, 125.280528

①미야코 시청 남쪽 블록 78번 도로변. 시청에서 도보 3분 ②미야코 공항에서 렌터카로 서북쪽으로 11분 沖縄県宮古島市平良西里 平良西里 233 098 072 2030 17:00~22:00 휴무 수요일 https://akagara-miyako.owst.jp/

시마 우타라쿠엔 츄라츄라 島唄楽園 美ら美ら

직원도 춤을 추는 흥겨운 라이브 이자카야

미야코섬은 독특하다. 낮에는 조용하지만, 밤이 되면 여기저기서 음악 소리가 흘러나온다. 특히 이자카야에서는 류큐 민속 음악이 라이브로 흘러나오고, 손님과 가수가 하나가 되어 춤을 춘다. 시마 우타라쿠엔 츄라츄라도 이런 곳 중 하나이다. 음식까지 맛이 좋아 여행객에게 인기가 높다. 가게가 작은 편이라 가수와 손님의 거리가 가깝다. 재미있는 점은 흥이 돋으면 직원들도 하나가 되어 춤을 춘다는 것이다. 라이브는 보통 22시쯤 시작된다. 술 한잔하며 기다리면 이윽고 라이브가 시작된다. 음식 중에서는 초밥이 특히 맛이 좋다. 건너편에 같은 이름의 가게가 있다. 꼬치구이 전문점으로 현지인에게도 인기가 좋다.

구글 좌표 24.806410, 125.279975

①미야코 시청에서 243번 도로 따라 서북쪽으로 도보 2분 ②미야코 공항에서 렌터카로 서북쪽으로 11분 沖縄県宮古島市平良西里 182 098 073 3130 18:00~24:00 휴무 월요일

야에야마 제도

Yaeyama Islands, 八重山諸島, 야에야마 쇼토

야에야마 제도는 일본 최남단이자 최서단의 군도이다. 중국과 일본이 영토 분쟁 중인 센카쿠 열도조어도, 댜오위다오 아래에 있다. 일본 땅이지만 대만에서 더 가깝다. 오키나와에서 서남쪽으로 410km, 타이완에선 불과 100km 떨어져 있다. 이시가키, 다케토미, 이리오모테, 하테루마, 요나구니를 비롯하여 29개 섬이 모여 있으며, 인구는 52,400명이다. 이시가키섬이 야에야마 제도의 중심이다.

독특한 남국의 분위기를 자아내 많은 여행객이 찾아오면서 2013년에 신이시가키 공항이 새롭게 문을 열었다. 오키나와 본섬과 마찬가지로 산호모래, 투명한 물빛, 산호초, 에메랄드빛 바다가 어우러져 있지만, 산은 더 높고 숲은 밀림처럼 울창하여 아열대 분위기를 강하게 느낄 수 있다. 오키나와 전쟁 당시 피해를 보지 않아 남국의 옛 정취를 고이 간직한 곳이기도 하다.

青いさんご礁
熱帯魚 さんご礁 めぐり

야에야마 제도 여행지도

히라쿠보곶/히라쿠보 전망대
平久保崎
선셋 비치
サンセットビーチ
전망대
카비라만
川平湾
요네하라 비치
米原ビーチ
207
390
79
이시가키섬
신이시가키 공항
(파이누시마 이시가키 공항)
208
87
이시가키섬 석회동굴
石垣島鍾乳洞
이시가키 시청
390
아즈마 버스터미널
야키니쿠
야마모토
히토시
이시가키항
하야나고미 카페
다케도미 공항
콘도이 비치
コンドイビーチ
다케토미섬
다케토미 마을

야에야마 제도 가는 방법

야에야마 제도에 가기 위해서는 항공편을 이용해야 한다. 한국에서 가는 직항편은 없다. 나하와 미야코섬, 본토의 도쿄, 오사카 등지에서 출발하는 항공편이 있다. JAL, ANA, RAC 등에서 신이시가키 공항까지 항공편을 운항한다. 신이시가키 공항은 이시가키섬 동쪽 끝 해안에 있다. 다케토미섬이나 이리오모테섬에 가려면 이시가키섬에서 페리를 이용해야 한다.

신이시가키 공항

맵코드 366 294 248 구글 좌표 파이누시마 이시가키 공항

주소 沖縄県石垣市白保 1960-104-1 전화 098 087 0468

이시가키섬 교통수단 안내

공항에서 공영버스, 택시, 렌터카를 타고 시내로 이동할 수 있다. 이 중에서 가장 많이 사용하는 교통편은 택시이며, 가장 편리한 교통수단은 렌터카이다. 이 밖에 투어버스를 이용해서 섬 안에서 정해진 코스를 여행할 수 있다.

① 공영버스 4번, 10번 공영버스가 공항에서 이시가키항 이도 터미널石垣港離島ターミナル 부근의 아즈마 버스 터미널東バスバスターミナル, 이시가키 버스터미널까지 운행한다. 이도 터미널과 아즈마 버스터미널은 도보로 2~3분 거리이다. 두 버스 모두 1회 승차 요금은 540엔이다. 대중교통으로 여행할 계획이라면 프리패스를 사용하자. 1일 프리패스는 1,000엔(어린이 500엔), 5일 프리패스는 2,000엔(어린이 1,000엔)이다.

4번 버스는 공항에서 06:55, 07:45에 운행한 뒤, 08:30부터 20:30까지 30분 간격으로 운행한다. 이후에는 21:00, 21:45에 운행한다. 공항에서 아즈마 버스터미널까지 45분 소요된다.

10번 버스는 하루에 두 편 07:25, 13:45에 공항에서 출발한다. 중간에 ANA 인터컨티넨탈 리조트를 경유한다. 공항-ANA 리조트-아즈마 버스터미널까지 50분 소요된다.

② 택시 가장 많이 이용되는 교통수단이다. 기본요금은 470엔이고, 공항에서 시내까지 택시비는 대략 4,000엔 정도이다.

③ 렌터카 가장 편리한 이동 수단이다. 방문 전 예약하면 공항에서 픽업 서비스를 받을 수 있다. 현지에 도착해서 렌탈하는 것보다 예약하는 것이 편리하다.

OTS 렌터카(한국어 예약 가능) 전화 098 084 4323 홈페이지 www.otsinternational.jp

Tabirai 렌터카(렌터카 비교 사이트, 한국어 예약 가능) 홈페이지 http://kr.tabirai.net

④ 투어버스 아즈마 버스터미널이시가키 버스터미널에서 출발하는 정기 관광버스로, 시간이 많지 않은 여행자에게 추천한다. 터미널에서 티켓을 구매하면 이용할 수 있으며, 전날 17:00까지 예약하고 터미널에 출발 20분 전까지 가면 된다. 당일 공석이 있는 경우도 사용할 수 있다. 09:30에 출발해 14:00에 돌아오는 코스로 점심 식사가 제공되고, 요금은 4,700엔(어린이 3,730엔)이다. 카비라만, 요네하라 야자 숲, 다마토리자키 전망대 등을 돌아볼 수 있다. 옵션으로 글라스 보트를 탈 수 있는데 승선료는 할인받은 금액으로 따로 내야 한다. 어른 1,000엔 어린이 500엔이다.

이시가키섬 石垣島 이시카키지마

구글 좌표 이시가키 섬

나하, 미야코섬, 도쿄, 오사카 등에서 신이시가키 공항으로 운항하는 항공편을 이용하여 갈 수 있다.

©오키나와관광청

©오키나와관광청

©오키나와관광청

©오키나와관광청

일본 사람들의 버킷리스트 같은 섬

이시가키섬은 야에야마 제도의 중심지로 인구 4만 7천여 명이 거주한다. 크기는 울릉도의 세 배쯤 된다. 둘레가 140km 정도여서 하루면 자동차로 일주하며 여행할 수 있다. 이 섬의 매력은 단연 아름다운 자연이다. 눈부시게 아름다운 바다와 푸른 산호초에 둘러싸인 선셋 해변, 투명함을 자랑하는 요네하라 해변과 신비하고 황홀한 종유석 동굴……. 일본 최남단이라는 상징성과 매혹적인 바다와 자연 풍경 덕에 일본인들이 평생 한 번은 꼭 가고 싶은 섬으로 늘 손에 꼽힌다.

이시가키의 매력은 여기서 끝나지 않는다. 이 섬은 미식, 특히 소고기로 명성이 높다. 일본 사람들은 이시가키 하면 '최남단'이라는 단어와 더불어 '이시가키 와규'를 떠올린다. 이시가키 와규는 일본 최고 소고기로 꼽는 고베 와규의 원조이다. 고베 와규가 바로 이시가키섬 송아지에서 시작된 까닭이다. 이시가키의 송아지가 고베로 건너갔고, 이때부터 고베 와규가 유명해졌다. 이시가키에 가면 열대 채소와 파인애플, 사탕수수를 먹고 자란 질감 좋고, 입에서 사르르 녹는 부드러운 와규를 즐길 수 있다.

이시가키섬은 아열대 기후대여서 계절의 변화가 거의 없다. 비가 자주 오지만 길게 내리지 않는다. 다만 여름과 가을철에 태풍이 자주 지나간다. 이시가키섬에 갈 때는 날씨를 꼭 확인하자.

©오키나와관광청

One More — 이시가키 섬의 명소 베스트 5

① 카비라만 川平湾 카비라코우엔

미슐랭 그린 가이드가 만점을 준 명승지

카비라만은 야에야마 제도에서 가장 유명한 곳이자 이시가키섬의 최고 명승지이다. 섬 북서부에 있으며, 미슐랭 그린 가이드는 이 바다에 만점(별 3개)을 부여했다. 바다가 땅으로 쑥 들어온 곳인데, 만이 끝나는 곳에 고지마섬을 비롯하여 크고 작은 여러 섬이 방파제처럼 바다를 막고 있어서 호수처럼 잔잔하다. 카비라만은 '산호초의 보고'이다. 물결이 잔잔해 산호가 자라기 최적의 조건을 갖춘 까닭이다. 1500년이나 된 300여 종의 산호초가 훼손되지 않은 채 바닷속을 아름답게 장식하고 있다.

카비라만은 오묘한 물빛으로 유명하다. 시간 변화에 따라 에메랄드그린이었던 물빛이 쪽빛으로 변하는 모습은 자연이 부리는 마술을 보고 있는 듯하다. 이곳에서는 아열대 물고기도 쉽게 볼 수 있다. 또 희귀종인 만타 가오리가 이곳에서 산다. 물이 깨끗해 다이빙 명소 유명하지만, 산호 보호 구역으로 지정돼 있어 수영은 할 수 없다. 하지만 글라스 보트를 타면 바닷속을 구경하며 즐겁게 시간을 보낼 수 있다. 주변에 음식점, 기념품점 등 편의시설이 많은 편이다.

맵코드 366 422 601*22 | 구글 좌표 Kabira Bay

🚶 ①신이시가키 공항에서 렌터카로 1시간 ②이즈마 버스터미널에서 11번, 7번(카비라 리조트선 버스) 승차하여 카비라川平 정류장 하차 ⌂ 沖縄県石垣市川平 1054 ☎ 098 082 2809

글라스 보트 운영 업체 Kabira Marine Servic ⌂ 沖縄県石垣市字川平911番地 ¥ 12세 이상 1,300엔

② 히라쿠보곶 平久保崎 히라쿠보자키

가는 길이 압권이다

섬 북쪽 끝에 있다. 널찍한 초원, 하얀 등대, 에메랄드빛 바다가 한 폭의 그림처럼 펼쳐진 명소이다. 이곳이 유명한 것은 아름다운 풍경을 볼 수 있는 곳이기도 하지만, 히라쿠보를 찾아가는 길의 풍경이 압권이기 때문이다. 공항에서 차로 대략 한 40분쯤 걸리는데, 드라이브 코스로 손꼽힌다. 소들이 평화롭게 풀을 뜯는 초록 들판과 굴곡진 산들 그리고 끝없이 펼쳐진 바다가 어우러져 드라이브만으로도 마음이 풍요로워진다. 전망대 절벽이 높지 않아 아름다운 바다를 가까이에서 바라볼 수 있다. 하얀 등대가 풍경을 완벽하게 완성해 준다.

맵코드 1036 067 506*50 구글 좌표 히라쿠보 곶

공항에서 390번 국도 경유하여 렌터카로 40분

③ 이시가키섬 석회동굴 石垣島鍾乳洞 이시가키지마 쇼유도

수만 년 전 산호와 조개 화석도 있다

이시가키는 작은 오키나와라 해도 부족하지 않을 정도로 명소가 많다. 석회동굴도 그중 하나이다. 섬 남서쪽에 있는데, 시내에서 15분, 공항에서 20분 정도면 도착할 수 있다. 길이가 3,200m에 이른다. 해저의 산호초가 융기하면서 만들어져 오키나와의 다른 석회동굴보다 좀 독특하다. 석회암이 빗물에 녹으면서 만들어진 종유석뿐만 아니라 수천, 수만 년 전 산호나 조개 같은 바다 생물 화석도 볼 수 있다. 동굴을 걷다 보면 일루미네이션 전등으로 장식된 종유석도 만나볼 수 있다. 동굴 안은 아열대 기후가 무색할 만큼 시원하다.

맵코드 366 063 831*84 구글 좌표 이시가키지마 종유동굴

신이시가키 공항에서 390번 국도 경유하여 렌터카로 20분 沖縄県石垣市石垣 1666番地 098 083 1550 09:00~18:00 ¥ 입장료 1,200엔(어린이 200엔) ishigaki-cave.com

④ 요네하라 비치 米原ビーチ

남국의 이국적인 비치

섬 북쪽에 있다. 아름다운 물빛과 투명도는 기본, 파도가 거의 없고 수심이 얕다. 멀리까지 천천히 걸어가며 물고기들이 자유롭게 노니는 모습과 아름다운 산호초를 감상할 수 있다. 수영과 스노클링을 즐기기도 좋다. 게다가 일본의 천연기념물인 야에야마야시 군락이 있어 이국적인 분위기가 물씬 풍긴다. 야에야마야시는 야에야마 제도의 고유종으로 키가 큰 야자나무의 일종이다. 남국의 이국적인 비치에서 오키나와의 바다를 만끽해 보자.

맵코드 366 397 577 구글 좌표 Yonehara Beach

①신이시가키 공항에서 87번 현도 경유하여 렌터카로 25분 ②아즈마 버스터미널에서 8번, 11번 버스 승차하여 요네하라비치노 이리구치米原ビーチの入り口 정류장에서 하차 沖縄県石垣市桴海 644 098 082 1535

⑤ 선셋 비치 石垣サンセットビーチ

산호 모래밭, 멋진 선셋 포인트

섬 북쪽에 있는 비치다. 시내와 멀리 떨어져 있어 조용하다. 에메랄드빛과 코발트블루가 오묘하게 섞여 있어 여행객을 매료시킨다. 그러나 이 비치의 자랑은 하얀 산호 모래사장이다. 산호모래로 만들어졌다고 믿기지 않을 만큼 부드러우며, 마치 고운 소금을 뿌려놓은 것 같다. 마을에서 비치를 관리하는 덕에 다양한 해양 프로그램을 갖추고 있다. 웨이크 보드, 스노클링 등을 마음껏 즐길 수 있다. 선셋을 즐기기도 좋다.

맵코드 366 799 856*20 구글 좌표 24.564205, 124.287761

신이시가키 공항에서 390번 국도 경유하여 렌터카로 35분 沖縄県石垣市平久保 234-323 098 089 2234

해수욕 기간과 시간 5월 1일~10월 15일 09:30~18:00 ¥주차 요금 1일 500엔 해양스포츠 요금 스노클링 8,000엔(어린이 5,000엔, 1시간), 웨이크 보드 4,000엔(20분) 편의시설 이용료 샤워실 500엔(어린이 300엔), 비치 의자 500엔(1일), 파라솔 2,000엔(1일)

야키니쿠 야마모토 焼肉やまもと

현지인이 인정하는 와규 전문점

이시가키는 소가 유명한 섬이다. 넓은 초지에서 소를 키워 일본에서도 명품으로 불린다. 여기까지 와서 와규를 맛보지 못한다면 말이 안 된다. 이시가키 와규를 먹으려면 항구 근처에 있는 야마모토 식당으로 가면 된다. 유명한 소고기 전문점으로 가격이 비교적 저렴해 여행객에게 인기가 좋다. 부위별로 주문을 해 일본식 화로에 구워 먹는다. 대부분 양념 고기인데, 우리보다 조금 단 편이다. 이 집은 일본 음식점임에도 우리나라처럼 사이드 메뉴가 많이 나온다. 일본어 메뉴판밖에 없는 점은 아쉽다. 주문하기 힘들면 세트 메뉴를 시키면 된다. '야키샤브'도 좋다. 고기를 살짝 구워 얇게 썬 양파를 싸서 먹는 메뉴다. 성수기에는 예약해야 한다.

구글 좌표 Sumibi-yakiniku Yamamoto

이시가키 항 이도 터미널에서 북서쪽으로 도보 7~10분 沖縄県石垣市浜崎町2-5-18 098 083 5641 17:00~21:00
휴무 수요일

히토시 ひとし石敢當店, Hitoshi

참치가 살살 녹는다

참치는 이시가키섬에서 소고기만큼 유명한 특산품이다. 야에야마 제도에서 잡히는 참치는 맛있기로 이름이 나 있는데, 히토시 식당에 가면 맛있는 참치회를 즐길 수 있다. 이 집이 유명한 이유는 주인이 예전에 참치잡이 어부였기 때문이다. 참치는 해체를 잘 해야 하는데 주인의 해체 솜씨는 이시가키섬에서 최고다. 한국에서는 냉동 참치를 해동해 먹지만 히토시는 생참치를 먹을 수 있는 곳이다. 다양한 부위가 참치회로 나오는데 그야말로 입에서 살살 녹는다. 너무 인기가 좋아 안타깝게도 이곳도 예약이 필수다. 저녁 시간이 지난 뒤 술과 즐길 요량이라면 기다렸다가 맛볼 수 있다. 초밥과 해산물 샐러드도 맛있다.

구글 좌표 히토시 이시간토점

이시가키 항 이도 터미널에서 북동쪽으로 도보 7~10분 沖縄県石垣市大川197-1 098 088 5807 16:30~23:00
휴무 없음

다케토미섬 竹富島 다케토미지마

구글 좌표 다케토미섬

류큐의 옛 정취를 유유자적 음미하자

다케토미섬은 이시가키섬에서 남서쪽으로 6㎞ 거리에 있다. 이시가키항의 이도 터미널에서 고속선을 타고 10분이면 도착할 수 있다. 아주 가까운 거리에 있지만, 두 섬의 분위기는 무척 다르다. 이시가키가 자연과 해변의 매력이 넘치는 곳이라면, 다케토미는 류큐 시대의 분위기를 물씬 풍기는 섬이다. 아마도 오키나와에서 류큐 시대 이미지를 가장 잘 간직하고 있는 곳일 것이다. 섬 둘레가 9㎞ 정도 되는 작은 섬이지만, 아름답게 보존된 전통 류큐 마을이 여행자들을 이곳으로 불러들인다. 본섬의 슈리성, 오키나와 월드, 류큐무라는 유적지이거나 류큐 전통마을을 재현한 민속촌이다. 하지만 다케토미 마을은 실제로 사람들이 살고 있다. 우리나라로 치면, 조선 시대 분위기를 느낄 수 있는 안동의 하회마을이나 경주의 양동마을을 떠올리면 된다. 하얀 모래가 깔린 골목, 산호 벽돌로 쌓은 돌담, 오키나와 전통의 붉은 기와지붕이 깊은 인상을 준다. 다케토미섬은 유명한 여자 배우 아오이 유우가 출연한 드라마 <편지>의 무대로도 유명하다.

©오키나와관광청

©오키나와관광청

©오키나와관광청

다케토미섬 찾아가기

이시가키항 이도 터미널에서 섬 동쪽에 있는 다케토미 동항竹富東港으로 페리를 운항한다. 매일 07:30, 09:30, 10:30, 11:30, 12:55, 16:00, 16:40, 17:30에 운항하며, 소요 시간은 10~15분이다. 요금은 왕복 1,160엔, 편도 590엔이다. 계절과 날씨에 따라 배 운항 시간은 달라질 수 있다. 렌터카는 배에 실을 수 없다. 페리 예약은 웹사이트 https://www.klook.com/ko/ 에서 할 수 있다. 검색창에 'by Anei Kanko'를 검색하면 티켓을 예약할 수 있다.

이시가키항 이도 터미널 石垣港離島ターミナル

맵코드 956 288 799 구글 좌표 ishigaki terminal

찾아가기 신이시가키 공항에서 209번 현도 경유하여 렌터카로 30분 주소 沖縄県石垣市美崎町 1 전화 098 089 7505

다케토미 동항 竹富東港

구글 좌표 24.335854, 124.093575

주소 沖縄県八重山郡竹富町竹富

다케토미섬 교통수단 안내

① 자전거 가장 좋은 이동 수단은 자전거다. 명소는 섬 중앙에 있는 마을이다. 15분 내외면 자전거로 마을을 둘러볼 수 있다. 섬 전체를 둘러보아도 2시간이면 충분하다. 자전거 대여소는 마을에 많으며, 배 시간에 맞춰 대여소 직원이 항구에서 여행자들을 기다린다. 자전거 800엔~2,000엔

② 버스 항구에서 마을과 콘도이 비치로 운행하는 버스를 이용할 수 있다. 편도 요금은 300엔 어린이 150엔이다. 예약도 할 수 있다. 홈페이지 https://takekou.info/

One More — 다케토미섬의 명소와 맛집

① 다케토미 마을

©오키나와관광청

©오키나와관광청

©오키나와관광청

물소 마차 타고 시간 여행을 떠나자

다케토미는 오키나와에서 가장 오키나와다운 곳으로 손꼽힌다. 야에야마 제도를 찾는 사람 중 80%는 다케토미섬을 방문하는 데, 그 이유는 류큐의 옛 분위기를 구경하기 위해서이다. 섬의 면적은 5.43km²에 불과하며, 볼거리는 작은 마을과 해변밖에 없다. 하지만 이 마을은 야에야마 제도를 대표할 정도로 아름답다. 마을에는 160여 개의 민가가 옹기종기 모여 있다. 여전히 옛 모습 그대로 목조 가옥이며 붉은 지붕을 얹고 있다. 100여 년 전 모습과 똑같다. 지붕 위에는 오키나와의 신 '시사'사자 모양의 수호신가 귀엽게 앉아 있다. 산호 벽돌로 쌓은 돌담은 고즈넉한 분위기를 연출하고, 길에는 고운 모래가 뿌려져 있다. 마치 시간이 류큐 시대에서 멈춘 것 같다. 다케토미 마을은 일본 전통 건축물 보존 지구로 지정돼 있다. 최남단이라는 지리적 조건 때문에 오키나와 전쟁의 화마를 피해 옛 모습을 고스란히 간직할 수 있었다. 덕분에 이곳에서는 시간이 느릿느릿 천천히 흘러간다.

맵코드 366 799 856*20 | 구글 좌표 다케토미

다케토미 동항에서 도보 20분 沖縄県八重山郡竹富町竹富 42

Travel Tip

물소 마차 타고 전통마을 구경하기

마을을 둘러보는 가장 좋은 방법은 도보나 자전거를 추천하지만, 물소 마차도 이용해 볼 만하다. 마을 안에 물소 마차를 운영하는 곳들이 있는데, 항구에서 예약할 수도 있다. 30분 정도면 마을 곳곳을 둘러볼 수 있다. 마차를 타고 마을 구경을 하다 보면 과거로 시간 여행을 하는 기분이 든다.

② 콘도이 비치 コンドイビーチ

아기자기하고 예쁜 해변

야에야마 제도에서 아름다운 해변을 이야기할 때 꼭 이름을 올리는 곳이다. 섬 서쪽 끝에 있다. 풍경만 본다면 오키나와 최고로 꼽힐 정도로 아름다운 비치이다. 넓고 길게 뻗은 산호 해변과 얕은 바다가 호수처럼 펼쳐져 있다. 바다 건너로는 야에야마 제도의 또 다른 섬 고하마와 이리오모테가 아름다운 자태로 푸른 태평양 위에 떠 있다. 하얀 산호모래 또한 일품이며, 썰물 때 물이 빠지면 더욱 아름답다. 바다가 아니라 하얀 모래사막에 커다란 에메랄드빛 호수가 펼쳐져 있는 듯한 풍경을 보여준다. 아쉽게도 바닷속에는 볼 것이 많지 않아 스노클링은 적합하지 않다.

맵코드 956 249 339*13 구글 좌표 곤도이 비치

다케토미 동항에서 도보 30분, 자전거 10분 沖縄県八重山郡竹富町竹富

③ 하야나고미 카페 Haa Ya nagomi-cafe

소바, 함박스테이크, 칵테일

다케토미섬은 워낙 작아서 식당이 많지 않다. 그나마 있는 식당도 대부분 소바 음식점이다. 오키나와 본토와 맛도 비슷해서 매력이 조금 떨어진다. 이럴 때면 다케토미 마을에 있는 하야나고미 카페로 가자. 2013년에 문을 연 레스토랑으로 가격도 저렴하고 소바와 소시지, 이시가키 소고기 함박스테이크 등 메뉴도 다양해서 선택의 폭이 넓다. 맛도 좋아 여행객에게 인기가 많다. 카페가 2층이라 다케토미 마을을 감상하면서 음식을 먹을 수 있어 더욱 좋다. 칵테일도 판매해 낮술 하기 그만이다.

구글 좌표 하야나고미 카페

다케토미항에서 남서쪽으로 도보 15분 沖縄県八重山郡 竹富町竹富379 2F 098 085 2253 10:30~16:00
¥ 1,000~2,000엔

PART 8

오키나와 숙소 정보

리조트부터 게스트하우스까지

오키나와는 민박과 게스트하우스, 캡슐형 호텔과 중저가 부티크 호텔, 그리고 리조트 호텔까지 숙소 종류가 다양하다. 가격도 천차만별이다. 숙소 예약 사이트마다 가격이 다르고, 성수기와 비성수기 가격 차이가 크다. 비수기는 겨울 12~2월로 기간이 짧다. 예약을 빨리할수록 저렴하게 구할 수 있다. 자신의 여행 스타일에 맞춰 예약하는 것이 중요하다. 나하의 게스트 하우스와 저가 호텔은 주차장이 협소하거나 없는 곳도 많아, 유료 주차장을 이용해야 한다. 예약할 때 확인하자.

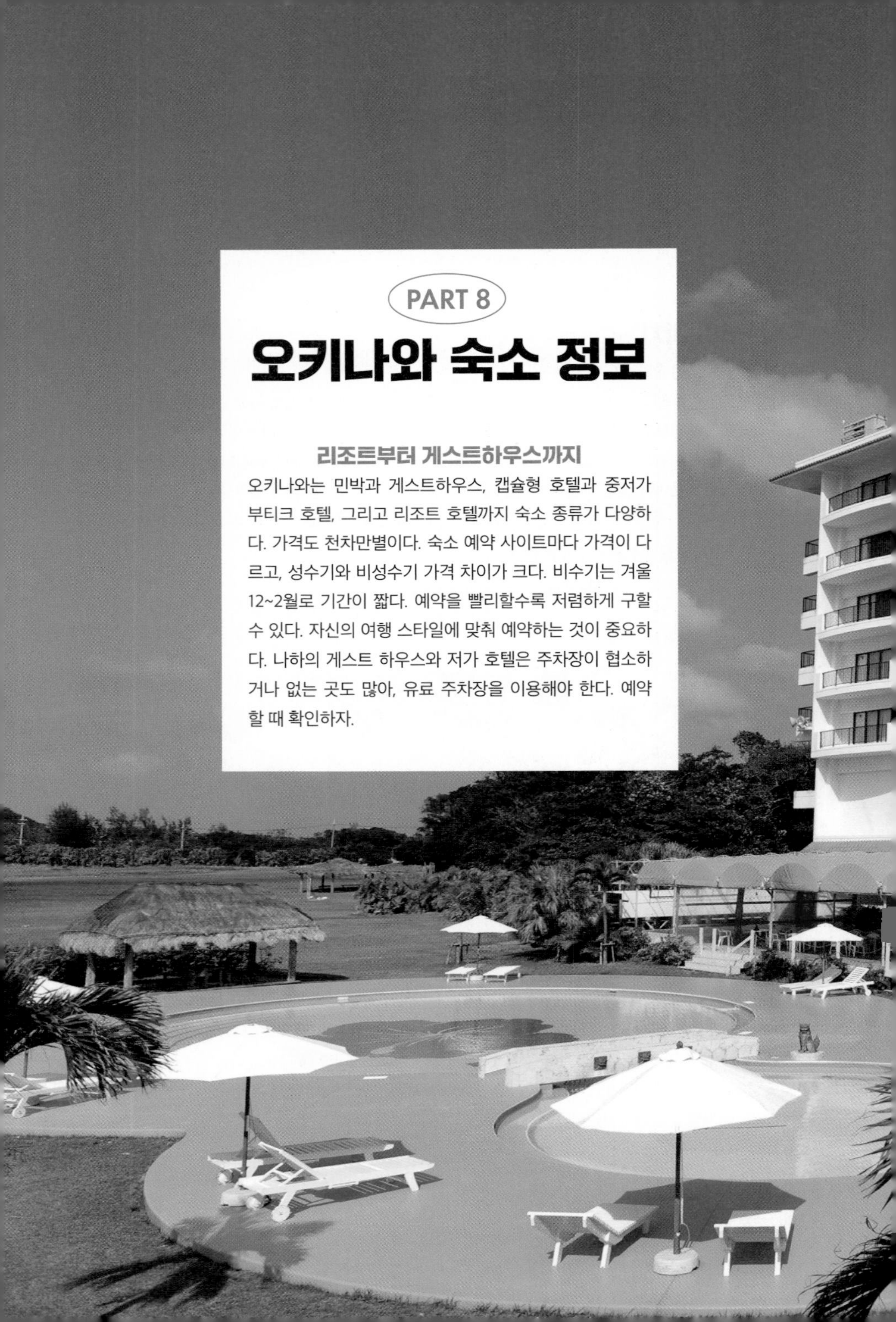

나하의 호텔과 게스트하우스

©naha-jalcity

호텔 JAL 시티 나하 Hotel JAL City Naha

나하의 주요 명소를 모두 걸어서

국제거리에 있는 호텔로 일본을 대표하는 호텔 중 하나이다. 국제거리, 마키시 공설시장, 츠보야 야치문 거리 등을 모두 걸어서 갈 수 있으며, 나하 공항은 차로 15분이면 갈 수 있다. 유명한 호텔에 걸맞은 최고의 서비스를 제공하며, 레스토랑, VIP룸 등의 편의시설이 있다. 304개의 객실에는 커피와 차, 욕조, 에어컨, TV, 냉장고 등이 갖추어져 있다. 마사지 서비스도 있어 피로를 풀기 좋다.

맵코드 33157376*21 구글 좌표 호텔 JAL 시티 나하

①나하 공항에서 332번 국도 경유하여 렌터카로 20분 ②모노레일 미에바시역美栄橋駅에서 도보 8분 ③돈키호테 국제거리점에서 서쪽으로 도보 3분 沖縄県那覇市牧志 1 丁目 3-70 098 866 2580 http://naha.jalcity.co.jp

©palmroyal

©palmroyal

호텔 팜 로열 나하 오키나와 Hotel Palm Royal Naha Okinawa

국제거리에 있어서 여행하기 좋다

2005년에 지어진 3성급 비즈니스호텔이다. 국제거리 바로 옆에 있어서 여행하기 좋다. 국제거리 포장마차 마을, 마키시 공설시장, 츠보야 야치문 도자 거리 등을 도보로 2~5분이면 갈 수 있다. 국제거리 주변에서 밥을 먹고 술 한잔하며 낮과 밤을 운전 걱정 없이 즐길 수 있는 곳이다. 호텔 안에 레스토랑도 있고, WiFi, 엘리베이터, 세탁 서비스, 금연 룸 등을 제공한다.

맵코드 33 158 420*31 구글 좌표 Hotel Palm Royal NAHA Kokusai Street

①나하 공항에서 58번 국도 경유하여 렌터카로 20분 ②모노레일 마키시역에서 국제거리 따라 서남쪽으로 도보 4분 ③돈키호테 국제거리점ドン・キホーテ国際通り店에서 동북쪽으로 도보 3분 沖縄県那覇市牧志 3丁目 9-10 098 865 555 https://palmroyal.co.jp

로와지르 호텔 Loisir Hotel Naha

수영도 하고 온천 스파도 즐기고

나하의 호텔 가운데 유일하게 온천이 있는 호텔이다. 나하 공항과 국제거리 중간 지점에 있다. 가격이 꽤 합리적인 편이다. 객실은 해변 뷰와 시티 뷰로 나뉘는데, 해변 뷰에서는 실내 수영장과 아름다운 바다가 보인다. 수영을 실컷 즐긴 후, 미네랄이 풍부한 무료 스파를 이용해 피로를 풀면 여행의 즐거움이 배가 된다. 나비 모양을 본떠 만든 인공 파도 수영장도 있어서 가족 단위 여행객에게 인기가 좋다.

맵코드 098 868 2222 구글 좌표 로와지르 호텔 나하

①나하 공항에서 58번 국도 경유하여 렌터카로 북동쪽으로 12분 ②모노레일 아사히바시역旭橋駅에서 서쪽으로 도보 13분 ③국제거리에서 렌터카로 12분(교통 체증이 심한 편) 沖縄県那覇市西 3 丁目 2-1 098 868 2222 https://www.loisir-naha.com/

퍼시픽 호텔 오키나와 Pacific Hotel Okinawa

가격이 합리적인 중급 호텔

나하 공항에서, 차로 10분 거리에 있는 합리적인 가격의 중급 호텔이다. 로와지르 호텔에서 북쪽으로 도보 2분 거리에 있다. 레스토랑, 야외 수영장, 바, 라운지를 제법 잘 갖추고 있다. 시즌별로 스낵바가 있는 야외 수영장도 운영해 여행객에게 인기가 좋다. 세탁이나 비즈니스 센터와 같은 서비스도 있다. 객실에 욕조가 있어 편히 쉬기 좋다. 조식은 07:00~09:30 사이에 이용할 수 있다. 조식이 깔끔하다. 높은 층 객실에서 멀리 바다가 보인다.

맵코드 33 155 399*55 구글 좌표 퍼시픽 호텔 오키나와

①나하 공항에서 58번 국도 경유하여 렌터카로 10분 ②모노레일 아사히바시역旭橋駅에서 서쪽으로 도보 15분 ③국제거리에서 렌터카로 12분 沖縄県那覇市西 3 丁目 6-1 098 868 5162 https://pacifichotel.jp

오키나와 하버 뷰 호텔 Okinawa Harborview Hotel

고품격 객실과 다양한 서비스

나하 공항에서 가까운 곳에 있는 4.5성급 호텔이다. 국제거리 남쪽에 있다. 나하 버스터미널, 국제거리가 가까워 나하를 여행하기 좋다. 역사와 전통을 갖고 있으며, 나하에서 최고의 서비스를 자랑한다. 352개 고품격 객실을 보유하고 있다. 에어컨, 샤워실, 와이파이가 완비되어 있다. 실외 수영장, 사우나, 휘트니스 센터 등 다양한 서비스 시설도 이용할 수 있으며, 가격도 합리적이다.

맵코드 33 126 565*85 구글 좌표 Okinawa Harbor view Hotel

①나하 공항에서 332번 국도 경유하여 렌터카로 14분 ②돈키호테 국제거리점에서 222번 현도 경유하여 렌터카로 10분 ③모노레일 쓰보가와역壺川駅에서 북동쪽으로 도보 7분 沖縄県那覇市泉崎 2丁目 46 098 853 2111 https://oka-hvh.com/index.html

머큐어 호텔 오키나와 나하 Mercure Hotel Okinawa Naha

도심에 근접한 금연 호텔

2009년에 지어진 아코르 계열 4성급 호텔로, 나하 시내를 여행하기 좋은 위치에 있다. 특히 전 객실이 금연이라 비흡연자들에게 인기가 좋다. 오키나와현청이 있는 도심에서 1km 거리에 있으며, 공항까지 10분 정도 걸린다. 모노레일 쓰보가와역壺川駅이 가까워 시내 어디든 이동이 편리하다. 260개 객실에 에어컨, 무료 음료, 안전 금고 등이 있으며, 와이파이 이용이 가능하다. 이곳의 레스토랑은 프랑스 요리로 유명하다.

맵코드 33126200*66 구글 좌표 머큐어 호텔 오키나와 나하

①나하 공항에서 332번 국도 경유하여 렌터카로 12분 ②모노레일 쓰보가와역壺川駅에서 도보 3분 ③돈키호테 국제거리점에서 222번 현도 경유하여 렌터카로 12분 沖縄県那覇市壺川 3丁目 3-19 098 855 7111

게스트하우스 그랜드 나하
Guest House Grand Naha

오키나와 게스트하우스 1위

모노레일 겐초마에역과 미에바시역 사이에 있다. 국제거리에서 도보로 8분 정도 걸린다. 규모가 꽤 크며, 2015년에 오픈했다. 5층 건물로 캡슐형, 도미토리, 커플 룸 등이 있다. 시설이 쾌적하고, 옥상에 공동으로 사용하는 넓은 테라스가 있다. 저녁에 간단히 맥주 한잔하기 좋다. 1층에는 대형 주방이 있다. 저렴한 가격에 나하에서 머물고 싶은 여행자에게 좋은 숙소다.

구글 좌표 게스트하우스 그랜드 나하

모노레일 미에바시역美栄橋駅에서 북동쪽으로 도보 5분 沖縄県那覇市久茂地 2 丁目 7-11 くもじ監査法人 098 917 4946 http://grannaha.jp

민숙 게토 民宿月桃 민수쿠 게토

여성에게 인기 좋은 일본풍 다다미방

국제거리에서 도보로 남쪽으로 5분 정도 거리에 있는 조용한 숙소다. 주변은 주택가이고 현지인 식당과 카페도 있어 더욱 좋다. 모든 객실이 다다미 바닥으로 되어 있어 일본 분위기를 맘껏 느낄 수 있다. 또 객실마다 베란다가 있어 통풍이 잘되고 아침마다 환한 햇살이 스며든다. WiFi 가능하고, 신청자는 자전거도 무료로 제공해 준다. 공용화장실을 사용하는 룸과 방안에 샤워실과 화장실이 있는 룸이 따로 있다.

맵코드 098 861 7555 구글 좌표 Minshuku Getto

①모노레일 겐초마에역県庁前駅에서 남서쪽으로 도보 6분 ②국제거리 Hotel Rocore Naha에서 남서쪽으로 도보 4분 ③오키나와현청에서 서쪽으로 도보 3분 沖縄県那覇市松尾 1 丁目 16-24 098 861 7555 http://w1.nirai.ne.jp/getto-32

오키나와노야도 패미리 인
Okinawanoyado Family-Inn, 沖縄の宿 ファミリーinn

아파트 형식의 쾌적한 게스트하우스

골목길에 있어 조용한 게스트하우스이다. 국제거리는 도보 20분 정도면 갈 수 있고, 나하 버스터미널이 도보 이동이 가능한 거리라 교통편이 좋다. 아파트 형식의 게스트하우스로, 보통의 게스트하우스보다 독립된 분위기다. 더블룸과 개인실이 있고 화장실과 샤워실은 룸 외부에 있고, 각 객실에서 에어컨과 와이파이를 사용할 수 있다. 전자레인지, 냉장고 등을 갖춘 간이 주방이 있어 간단한 음식을 해 먹을 수 있다. 1층에 식당이 있다.

구글 좌표 Okinawanoyado Family-Inn

①모노레일 아사히바시역旭橋駅에서 도보 3분. 서쪽 출구로 나와 뒤돌아 더블트리 바이 힐튼호텔에서 좌회전 후 1분 ②나하 버스터미널에서 서북쪽으로 도보 8분 沖縄県那覇市東町 9-9 070 5277 8538

©Royal View Hotel Churaumi

©Royal View Hotel Churaumi

©Royal View Hotel Churaumi

로열 뷰 호텔 추라우미 Royal View Hotel Churaumi

아름다운 뷰, 수상 레포츠, 조식 뷔페

호텔 이름에서 알 수 있듯이 추라우미 수족관에서 가깝다. 추라우미 수족관에서 도보 3분, 에메랄드 비치에서는 도보 10분 거리에 있다. 야외 수영장, 테니스 코트, 노래방 등 다양한 시설이 있으며, 바다 뷰 객실에서는 땅콩 모양의 섬 이에지마가 떠 있는 아름다운 동중국해를 조망할 수 있다. 룸마다 발코니가 있어 더욱 좋다. 바다 전망을 갖춘 1층 오션 카페에서 운영하는 조식 뷔페 음식이 맛있기로 유명하다.

맵코드 553 075 863*05 구글 좌표 26.694810, 127.879524

나하 공항에서 오키나와자동차도로沖縄自動車道 경유하여 렌터카로 1시간 45분 沖縄県国頭郡本部町石川 938
098 048 3631 https://royalview-churaumi.com/

오쿠마 프라이빗 비치 & 리조트

Okuma Private Beach & Resort, オクマプライベートビーチ&リゾート

조용하고 아늑한 리조트

184개 객실을 갖춘 4성급 호텔이다. 카페, 레스토랑, 상점 같은 편의시설이 있고, 객실은 금연 룸, 에어컨, 안전 금고, TV, 샤워실, 테라스 등이 완비되어 있다. 마사지, 어린이용 풀, 사우나, 테니스장, 스파, 실외 수영장 외에 수상 스포츠 시설과 프로그램도 갖추고 있어서 액티비티와 레저를 즐기기도 좋다. 오쿠마 리조트의 자랑은 오쿠마 비치이다. 이 비치는 2006년 일본 환경청 수질 조사에서 최고 등급인 AA를 받기도 했다. 고요하고 아늑해 더욱 아름다우며, 조용히 시간을 보내기 좋다

맵코드 485 829 787*85 구글 좌표 오쿠마 프라이빗 비치 & 리조트

①코우리섬에서 북쪽으로 자동차로 40분 ②헤도곶에서 58번 국도 경유하여 렌터카로 남쪽으로 27분 沖縄県国頭郡国頭村字奥間 913 098 041 2222 http://okumaresort.com

카누차 리조트 カヌチャリゾート

느긋한 휴식을 원한다면

북부 지역 호텔은 대부분 서쪽의 모토부 반도에 모여 있는데, 카누차 리조트는 동쪽에 있다. 주위에 명소는 없지만 리조트 부지가 넓어 조용하고 느긋하게 휴식을 즐길 수 있다. 베이비시터와 세탁 서비스를 받을 수 있으며, 애완동물 출입도 가능하다. 발코니가 있는 307개의 객실을 비롯하여 실내 수영장, 마사지, 가든, 스파, 골프장 등을 포함한 다양한 서비스 시설이 있어 종일 리조트에서 보내기 좋다. 맹그로브 숲으로 유명한 히루기 공원과 가깝다.

구글 좌표 Kanucha Resort

①나하 공항에서 오키나와자동차도로沖縄自動車道 경유하여 렌터카로 1시간 25분 ②히루기 공원에서 331번 국도 경유하여 렌터카로 22분 沖縄県名護市安部 156-2 570 018 880 https://www.kanucha.jp

©오키나와현청

르네상스 리조트 오키나와 ルネッサンスリゾートオキナワ

해양 스포츠를 즐기고 싶다면

온나손에 있는 리조트로 중부 여행객에게 인기 있는 곳이다. 마에다곶, 류큐무라에서 자동차로 5분 이내 거리이다. 전체 377개의 객실 모두 쾌적하며, 전용 비치, 가든, 스파, 피트니스 클럽, 마사지 등의 편의시설도 완비되어 있다. 특히 르네상스 비치를 품에 안고 있어 해양 스포츠에 최적화된 리조트이다. 비치는 작지만 고운 모래와 투명한 물을 자랑하며, 씨 워크, 트로링, 윈드서핑 등 다양한 해양 스포츠 프로그램을 즐길 수 있다. 가오리와 같이 수영할 수 있는 해수 풀도 있어 아이들에게 인기가 좋다.

구글 좌표 르네상스 리조트 오키나와

①나하 공항에서 오키나와자동차도로沖縄自動車道 경유하여 렌터카로 55분 ②나하 공항에서 리무진 버스 B노선 탑승하여 르네상스 리조트에서 하차 ③나하 버스터미널에서 20번, 120번名護西空港線 나고시공항선 승차하여 르네상스호테루마에ルネッサンスホテル前 정류장 하차 沖縄県国頭郡恩納村山田 3425-2 098 965 0707 https://www.marriott.com/en-us/hotels/okarn-renaissance-okinawa-resort

©hotel murasakimura

무라사키무라·요미탄 쿠쿠르 리조트 오키나와
むら咲 むら・読 谷ククルリゾート沖縄

중부 지역 여행하기 좋은

3성급 호텔로 나하와 중부 지역을 여행하기 좋은 곳이다. 아파트 형식의 건물은 군더더기 없이 깔끔하다. 공항에서 40km 거리에 있으며, 아메리칸 빌리지와 서부의 명승지 잔파곶 사이에 있다. 바다와 가깝고 민속촌인 무라사키무라이 바로 옆에 있어서 전망도 좋다. 자키미 성터, 류큐무라, 잔파곶, 요미탄 도자기 마을도 차로 15분 내외면 갈 수 있다. 39개의 객실은 쾌적한 환경을 자랑한다. 레저 여행을 원하는 여행객이나 가족 단위 여행객에게 좋다.

구글 좌표 Murasaki Mura · Yomitan Kukuru Resort Okinawa

①나하 공항에서 오키나와자동차도로沖縄自動車道 경유하여 렌터카로 1시간 20분 ②아메리칸 빌리지에서 58번 국도 경유하여 렌터카로 북쪽으로 30분 ③류큐무라에서 58번 국도 경유하여 렌터카로 남서쪽으로 15분 沖縄県中頭郡読谷村高志保 1020-1 098 958 7871 https://www.hotel-murasakimura.com/

호텔 문 비치 ホテルムーンビーチ

에메랄드빛 바다를 품에 안은

르네상스 리조트에서 북쪽으로 자동차로 5분 거리에 있다. 오키나와 중부 서해안에서 가장 오래된 리조트이다. 1975년 오키나와 엑스포 당시 건축된 역사와 전통이 있는 곳이다. 2012년에 리모델링하여 새롭게 단장했다. 온나손에서 아름답기로 유명한 문 비치를 품에 안고 있다. 엘리베이터, 바, 흡연실, 주차장, 카페 등의 편의시설을 비롯하여 사우나, 테니스장, 실외 수영장, 휘트니스 클럽, 마사지 등의 시설을 완비하고 있다. 비오스의 언덕, 류큐무라, 만좌모에서 가깝다.

맵코드 206 096 558*53 구글 좌표 호텔 문 비치

①나하 공항에서 오키나와자동차도로沖縄自動車道 경유하여 1시간 ②나하 공항에서 리무진 버스 C노선 탑승 후 문 비치 호텔에서 하차 ③나하 버스터미널에서 120번名護西空港線 나고시공항선 승차하여 문비치마에ムーンビーチ前 정류장 하차 후 도보 4분 沖縄県国頭郡恩納村前兼久 1203 098 965 1020 http://moonbeach.co.jp

©kafuu okinawa

카후 리조트 후차쿠 콘도 호텔 カフーリゾートフチャクコンドホテル

아름다운 바다, 최고의 시설

호텔 문 비치와 쉐라톤 오키나와 사이에 있다. 바다와 골프장 사이에 있는 4.5성급 리조트 겸 호텔이다. 연인, 가족, 단체 여행객, 비즈니스 투숙객에게 최고의 만족을 선사한다. 나하 공항까지 약 70분 정도 소요되며, 중부의 명소 만좌모, 마에다 곶, 류큐무라, 비오스의 언덕과 가깝다. 세탁 서비스와 룸서비스는 물론 안전 금고 등의 서비스도 받을 수 있다. 객실은 모두 294개이며, 주차장, 레스토랑, 휘트니스 클럽, 스파, 실외 수영장, 어린이 수영장, 가든 등 다양한 편의시설도 갖추고 있다. 온나손의 에메랄드빛 바다를 품고 있어 이국적이면서도 아름다운 뷰를 선사한다.

맵코드 33 155 399*55 | 구글 좌표 퍼시픽 호텔 오키나와

①나하 공항에서 오키나와자동차도로沖縄自動車道 경유하여 렌터카로 1시간 10분 ② 잔파곶에서 북쪽으로 렌터카로 23분
沖縄県国頭郡恩納村冨着志利福地原 246-1 098 964 7000 http://www.kafuu-okinawa.jp/

©오키나와관광청

쉐라톤 오키나와 선마리나 리조트 Sheraton Okinawa Sun Marina Resort

전용 비치에서 바다를 즐기자

오키나와 중부 구니가미 군国頭郡, Kunigami-gun에 있다. 호텔 문 비치에서 북쪽으로 자동차로 3분 거리이다. 온나손, 모토부 반도, 얀바루가 모두 구니가미 군에 속해 있다. 피라미드 모양으로 지은 건물이 인상적이다. 나하 공항에서 자동차로 1시간 정도 걸린다. 비오스의 언덕, 류큐무라, 만좌모에서 비교적 가까운 편이다. 직원들의 서비스가 좋으며, WiFi, 24시간 프론트 데스크, 세탁 등의 서비스를 받을 수 있다. 모든 객실에 발코니, 책상, 안전 금고, TV 등이 완비되어 있고, 탁구나 스파, 낚시, 전용 비치, 어린이용 풀장 등 여가를 즐길 수 있는 시설도 겸비하고 있다.

맵코드 098 965 2222 | 구글 좌표 쉐라톤 오키나와 선마리나 리조트

①나하 공항에서 오키나와자동차도로沖縄自動車道 경유하여 렌터카로 1시간 ②만좌모에서 58번 국도 경유하여 렌터카로 남쪽으로 15분 ③류큐무라에서 58번 국도 경유하여 렌터카로 북쪽으로 10분 沖縄県国頭郡恩納村字冨着 66-1 098 965 2222 https://www.marriott.com/en-us/hotels/okasi-sheraton-okinawa-sunmarina-resort

ANA 인터컨티넨탈 만자 비치 리조트 ANA Intercontinental Manza Beach Resort

아이를 위한 오션 파크, 다양한 액티비티

중부에서 가장 유명한 리조트이자 럭셔리 호텔이다. 만좌모 북쪽 건너편에 있다. 아름다운 만좌 비치를 품고 있다. 넓고 길게 펼쳐진 하얀 모래와 잔잔한 물결 때문에 가족 단위 여행객에게 인기가 좋으며, 특히 어린이들에게 인기가 좋다. 미끄럼틀과 인공 해수 풀 등을 갖춘 어린이 오션 파크가 있기 때문이다. 그밖에 드래곤 보트, 보트 스노클링 같은 해양 스포츠 프로그램과 윈드서핑 스쿨, 요트 스쿨도 운영한다. 스파, 실외 수영장, 사우나, 테니스장도 갖추고 있다.

맵코드 206 313 455*17 구글 좌표 아나 인터컨티넨탈 만자 비치 리조트

①나하 공항에서 오키나와 자동차도로沖縄自動車道 경유하여 렌터카로 1시간 ②나하 공항에서 리무진 버스 D노선 탑승하여 아나 만자 비치에서 하차 ③만좌모에서 58번 국도 경유하여 렌터카로 5분 沖縄県国頭郡恩納村字瀬良垣 2260 098 966 1211

오키나와 카리유시 비치 리조트 오션 스파
沖縄かりゆしビーチリゾート・オーシャンスパ

비치, 실외 수영장, 아름다운 뷰

카리유시 호텔의 오키나와 중부 체인이다. 중부 북쪽 온나손에 있다. 조용하고 쾌적한 데다 명소와도 가까워 인기가 좋다. 나하와 북부를 이어주는 58번 국도 주변에 있어 교통도 편리하다. 대형 실외 수영장이 있고 호텔 앞에 아름다운 비치가 많아 에메랄드빛 여름을 즐기기 좋다. 숙소에서 바라보는 뷰가 아름다우며, 특히 해 질 녘 붉게 물든 하늘과 석양을 바라보는 것도 큰 즐거움이다.

맵코드 098 967 8731 구글 좌표 오키나와 카리유시 비치 리조트 & 오션 스파

①나하 공항에서 오키나와자동차도로沖縄自動車道 경유하여 렌터카로 1시간 10분 ②만좌모에서 58번 국도 경유하여 렌터카로 17분 ③나고 파인애플 파크에서 58번 국도 경유하여 렌터카로 26분 沖縄県国頭郡恩納村名嘉真ヤーシ原 2591-1 098 967 8731 ¥ 스탠다드 룸 12,000엔부터(2인 기준) https://kariyushi-oceanspa.jp

스파 리조트 에그제스 Spa Resort Exes, スパリゾートエグゼス

호텔 안에서 시간 보내기 좋은

헬스클럽, 사우나, 실내 수영장, 실외 수영장, 스파 등 다양한 편의시설을 갖추고 있다. 객실은 90개이다. 객실이 넓고 전망이 좋다. 상점, 레스토랑도 잘 갖추어져 있어 종일 숙소에서 시간을 보내기 좋다. 특히 수영장 시설이 좋아 호텔에서 시간을 보내며 여유를 즐기는 투숙객이 많다. 레스토랑도 맛집으로 유명해 식사하기 좋다. 호텔에서 운영하는 해양 레저 프로그램도 있다. 만좌모와 가깝다.

맵코드 098 967 7500 구글 좌표 오키나와 스파 리조트 EXES

①나하 공항에서 오키나와자동차도로沖縄自動車道 경유하여 렌터카로 1시간 10분 ② 만좌모에서 58번 국도 경유하여 렌터카로 28분 沖縄県国頭郡恩納村名嘉真ヤージ原 2592-40 098 967 7500 ¥ 스탠다드 룸 20,000엔부터(2인 기준) https://exes-kariyushi.com

베스트 웨스턴 오키나와 고키 비치 ベストウェスタン沖縄幸喜ビーチ

중부와 북부 지역을 여행하기 좋은

온나손과 나고시 사이 58번 국도에 있는 호텔이다. 중부와 북부 지역을 여행하기 좋다. 북부로는 나고 파인애플 파크와 오키나와 해피 오리온 파크가 가깝고, 추라우미 수족관도 40분 이내로 갈 수 있다. 중부의 만좌모는 자동차로 21분 거리다. 객실은 56개이다. 와이파이, 금연 룸, 간이 부엌, 냉장고 등이 완비되어 있다. 호텔 앞에는 모래와 산호가 펼쳐져 있는 아름다운 비치가 있다. 조용하고 아늑해서 더욱 좋다.

맵코드 098 054 8155 구글 좌표 베스트 웨스턴 오키나와 고키 비치

①나하 공항에서 오키나와자동차도로沖縄自動車道 경유하여 렌터카로 1시간 10분 ②나고 파인애플 파크에서 58번 국도 경유하여 렌터카로 20분 沖縄県名護市幸喜 117 098 054 8155 https://bwhotels.jp

오키나와 그랑 메르 리조트 オキナワグランメールリゾート

중부 동해안의 멋진 리조트

오키나와 중부 지역에는 리조트가 대부분 서쪽 해안가에 있는데, 오키나와 그랑 메르 리조트는 동쪽 해안에서 멀지 않은 곳에 있다. 오키나와 최고의 드라이브 도로인 해중도로, 카츠렌 성터 같은 명소를 가기에 편리하다. 서해안의 아메리칸 빌리지도 자동차로 20분이면 갈 수 있다. 쾌적한 300개의 객실을 비롯하여 어린이 수영장, 헬스클럽, 실내 수영장, 마사지, 주차장, 연회장, 바, 안전 금고 등을 갖추고 있다.

맵코드 33 532 317*25 구글 좌표 오키나와 그랜드 메르 리조트

①나하 공항에서 오키나와자동차도로沖縄自動車道 경유하여 렌터카로 50분 ②해중도로에서 렌터카로 35분 ③카츠렌 성터에서 85번 현도 경유하여 렌터카로 25분 沖縄県沖縄市与儀 2丁目 8-1 098 966 1211

http://www.okinawa-grandmer.com

화이트 비치 인 이시카와 ホワイトビーチイン石川

이용 편리한 중저가 숙소

우루마시의 이시카와 비치에서 도보 8분 거리에 있다. 오키나와자동차도로 이시카와 인터체인지에서 차로 1분 거리이며, 서쪽 해변에도 차로 20분이면 갈 수 있어 위치가 좋다. 서해안 주변에는 대부분 고급 리조트와 호텔이 많은데, 이곳은 중저가 숙소로 합리적인 가격을 원하는 여행객에게 좋다. 주변에 대형 마트, 맥도날드 등도 있어 편리하며, 객실에는 평면 TV와 전용 욕실(욕조 포함)이 갖춰져 있다. 무료 세면용품, 헤어드라이어도 제공한다.

구글 좌표 화이트 비치 인 이시카와

①나하 공항에서 오키나와자동차도로沖縄自動車道 경유하여 렌터카로 50분 ②류큐무라에서 58번 국도와 73번 현도 경유하여 렌터카로 12분 沖縄県うるま市石川白浜2丁目 3-26 098 989 6644

©southernbeach okinawa

©southernbeach okinawa

서든 비치 호텔 & 리조트 오키나와

Southern Beach Hotel & Resort Okinawa サザンビーチホテル＆リゾート沖縄

항구와 푸른 바다를 그대 품 안에

연인, 가족 단위 여행자들에게 인기 있는 호텔이다. 호텔 앞으로 에메랄드빛 바다와 하얀 모래 해변이 펼쳐져 있다. 나하 공항 남쪽의 이토만항 주변에 있어서 시내 이동이 매우 편리하며, 오키나와 아웃렛 몰 아시비나, 평화기념공원과도 가깝다. 조용한 이토만 항구 풍경을 감상하기도 좋다. 바, 레스토랑, 주차장, 엘리베이터, 흡연실 등이 준비되어 있으며, 448개의 객실 모두 쾌적하다. 그 밖에 키즈 클럽, 어린이 수영장, 오락실, 마사지, 실외 수영장 등 다양한 편의시설이 있다.

맵코드 232 453 347*62 구글 좌표 서던 비치 호텔 앤 리조트 오키나와

①나하 공항에서 331번 국도 경유하여 렌터카로 20분 ②평화기념공원에서 331번 국도 경유하여 렌터카로 20분 沖縄県糸満市西崎町 1 丁目 6-1 098 992 7500 http://southernbeach-okinawa.com

히야쿠나 가란 Hyakuna Garan, 百名伽藍

한 아름 바다를 품은, 모던하게 일본적인

고품격 럭셔리 호텔이자 리조트다. 남부의 대표적인 비치 미이바루 비치新原ビーチ와 가깝다. 튀김이 맛있는 섬 오우지마와 이웃해 있으며, 오키나와 월드, 평화기념공원 같은 명소도 멀지 않다. 게다가 객실에서 바라보는 바다 풍경이 끝내준다. 동중국해와 맞닿아 있어 끝없이 펼쳐진 오키나와 남부의 바다를 조망할 수 있다. 4층 건물에 15개의 럭셔리한 객실이 있으며 무료 음료 서비스, 에어컨, WiFi, 욕조가 완비되어 있다. 모던하면서도 다다미 바닥으로 꾸며져 있어서 일본적이다. 가든, 마사지와 스파 시설, 레스토랑 등을 잘 갖추고 있어 편히 쉬면서 휴양하기 좋다. 비즈니스 고객, 연인, 가족 여행이나 레저 여행객에게 모두 어울리는 곳이다.

맵코드 232 469 434*58 구글 좌표 Hyakuna Garan

①나하 공항에서 48번 현도 경유하여 렌터카로 40분 ②미이바루 비치에서 도보 6분 ③오키나와월드에서 17번 현도와 331번 국도 경유하여 렌터카로 12분 沖縄県南城市玉城 玉城百名山下原 1299-1 098 949 1011 http://www.hyakunagaran.com/

유인치 호텔 난조 The Yuinchi Hotel Nanjo, ユインチホテル南城

스파로 유명한 호텔

남부에서 유명한 호텔 중 한 곳이다. 스파로 유명해 가족 단위 여행객이 많이 찾는다. 오키나와에는 화산이 없어 온천수를 매우 소중하게 생각하는데, 이 호텔의 스파는 미네랄이 풍부해 물이 좋기로 유명하다. 6층 건물에 53개 객실을 갖추고 있다. 전 객실에 TV, 에어컨, WiFi 등 편의시설을 갖추고 있다. 게임방, 테니스장, 실외 수영장 등도 갖추고 있다. 비즈니스 고객은 물론 레저 여행자나 가족 여행자에게 모두 적합한 호텔이며, 남부의 명소 오키나와 월드와 세이화 우타키와도 가깝다

맵코드 232 587 315*84 구글 좌표 유인치 호텔 난조

①나하 공항에서 토미구스쿠 히가시 도로豊見城東道路와 나하 공항자동차도로那覇空港自動車道(無料区間) 경유하여 렌터카로 40분 ②오키나와 월드에서 86번 현도県道 경유하여 렌터카로 15분 沖縄県南城市佐敷字新里 1688 098 947 0111 http://www.yuinchi.jp/

게라마 제도의 호텔과 게스트하우스

도카시쿠 마린 빌리지 Tokashiku Marin Village とかしくマリンビレッジ 토카시쿠 마린 비렛지

보석 같은 해변을 품은

도카시키섬의 보물 같은 해변 도카시쿠 비치와 이웃해 있다. 도카시쿠 비치는 산으로 둘러싸인 반달 모양 비치로, 자연 그대로의 모습을 고스란히 간직하고 있어 더욱 아름답다. 토카시쿠 마린 빌리지에 머물면 바로 눈앞에서 도카시쿠 비치의 아름다움을 맘껏 누릴 수 있다. 무료 WiFi, 레스토랑, 무료 전용 주차장 등의 서비스를 받을 수 있다, 객실마다 평면 TV와 전용 욕실이 갖추어져 있다. 도카시키항과 비치 사이를 운행하는 무료 셔틀 서비스도 제공해 준다.

구글 좌표 도카시쿠 마린 빌리지

①도카시키항에서 렌터카로 8분 ②도카시키항에서 무료 셔틀 서비스 이용 沖縄県島尻郡渡嘉敷村字渡嘉敷 1919-1
098 987 2426 http://www.tokashiku.com

게라마 백팩커스 Kerama Backpackers, ケラマバックパッカーズ

배낭여행자들에게 인기 좋은

도카시키항에서 걸어서 10분 거리에 있는 게스트하우스다. 정원이 있으며, 전역에서 무료 WiFi 이용이 가능하다. 예약하면 도카시키항에서 무료 픽업 서비스를 받을 수 있다. 각 객실에는 냉난방 시설, 안전 금고가 완비되어 있다. 욕실과 화장실, 주방, 라운지, 테라스는 공용이다. 도카시키섬을 대표하는 아하렌 비치까지 무료 셔틀을 운행해 배낭여행자들에게 인기가 좋다.

구글 좌표 케라마 백팩커스

①도카시키항에서 도보 8분 ②도카시키항에서 무료 픽업 서비스 이용예약 시 沖縄県島尻郡 渡嘉敷村字渡嘉敷 40番地 070 5277 4522 http://kerama-backpackers.com/

레스트 하우스 아사기 あさぎレストハウス

자마미섬을 여행하기 좋은

자마미항에서 도보 3분 거리에 있는 숙소이다. 항구의 마을 안에 있다. 주변에 식당, 이자카야, 자전거 대여점 등이 있어 이용하기 편리하다. 숙소에도 식당이 있는데 맛이 좋기로 유명하다. 자마미의 해산물을 이용한 정식의 인기가 좋다. 옥상에는 테라스가 있어서 쉬기 좋고, 방도 넓고 깨끗하다. 전실 욕조가 있는 것이 장점이다. 자마미 항구 마을은 섬 여행의 베이스캠프 같은 곳이다. 레스트 하우스 아사기 말고도 민숙, 게스트하우스가 몰려 있다.

구글 좌표 Rest House Asagi

자마미항에서 도보 3분 沖縄県島尻郡座間味村座間味 108
098 896 4135

미야코지마 토큐 호텔 & 리조트 Myakojima Tokyu Resorts

발코니에서 아름다운 바다를

미야코섬에서 아름답기로 소문난 마에하마 비치에 있는 리조트이다. 뷰가 아름다운 5개의 레스토랑, 야외 수영장, 테니스 코트, 미니 골프장 등 다양한 편의시설이 있다. 무료 WiFi 사용이 가능하다. 모든 객실에 아름다운 바다를 바라볼 수 있는 전용 발코니가 있다. 호텔에서 아름다운 해변과 에메랄드빛 바다를 실컷 구경할 수 있다. 미야코 공항과 15분 거리에 있으며, 무료 셔틀 서비스를 받을 수 있다.

맵코드 310 241 260*22 구글 좌표 미야코지마 토큐호텔 & 리조트

①미야코 공항에서 390번 국도 경유하여 렌터카로 15분 ②미야코 공항에서 무료 셔틀 이용. 예약 필수 ③구리마 대교 Kurima Bridge에서 도보로 25분, 렌터카로 5분 沖縄県宮古島市下地字与那覇 914 098 076 2109
https://www.tokyuhotels.co.jp/miyakojima-h/index.html

콘페키 더 빌라 올 스위트

Konpeki the villa all suite, 紺碧ザ・ヴィラオールスイート, 콘페키 자 뷔라 오루스이토

객실이 8개 밖에 없는 프라이빗 리조트

미야코섬에서 아름다운 숙소로 꼽히는 곳으로, 미야코에서 두 번째로 큰 섬인 이라부섬에 있다. 아이를 받지 않아 일본 신혼 여행객에게 인기가 좋은 프라이빗 리조트이며, 객실마다 작은 수영장이 있다. 이라부 바다는 때 묻지 않은 자연을 고스란히 간직하고 있다. 이처럼 아름다운 바다를 리조트 수영장에서 감상할 수 있어 좋다. 모든 객실이 쾌적하다. 덕분에 숙박비가 비싸지만, 객실이 8개밖에 되지 않기 때문에 인기가 아주 좋다.

구글 좌표 Azure The Villa All-Suite

미야코 공항에서 252번 현도県道 경유하여 렌터카로 20분 沖縄県宮古島市伊良部池間添 字 1195-1 098 078 6000
http://konpeki.okinaw

야에야마 제도의 호텔

©ishigakijima sunshine

비치 호텔 선샤인 이시가키 Beach Hotel Sunshine Ishigaki, ビーチホテル サンシャイン

맛 좋은 레스토랑, 멋진 뷰, 이국적인 분위기

이시가키섬의 서쪽 해안에 있는 호텔로, 아름다운 바다를 감상할 수 있다. 야외 수영장 2개와 넓은 테라스, 음식 맛이 좋기로 유명한 레스토랑이 있다. 객실에서 야에야마 제도의 다케토미섬과 이리오모테섬의 이국적인 분위기가 한눈에 들어온다. 신이시가키 공항에서 차로 30분 거리이며, 호텔에서 이시가키섬 석회동굴까지는 차로 약 10분 정도 걸린다. 자전거 대여 서비스를 이용할 수 있으며, 숯불구이 꼬치 바비큐 식당과 일본 요리 및 서양 요리를 포함한 세계 각국의 요리를 맛볼 수 있는 뷔페 레스토랑도 있다.

맵코드 956 374 562*20 구글 좌표 비치 호텔 선샤인

①신이시가키 공항에서 390번 국도 경유하여 렌터카로 서쪽으로 30분 ②이시가키섬 석회동굴에서 렌터카로 서쪽으로 10분 沖縄県石垣市新川 2484 098 082 8611 https://www.ishigakijima-sunshine.net/

©ishigaki seasidehotel

©ishigaki seasidehotel

이시가키 시사이드 호텔 Ishigaki Seaside Hotel, 石垣シーサイドホテル

해양 스포츠 즐기기 좋은

신이시가키 공항에서 북서쪽으로 차로 40분, 카비라만에서 차로 10분 거리에 있다. 스쿠지 비치底地ビーチ가 바로 앞에 있다. 이시가키섬에서 인기가 좋은 호텔이다. 야외 수영장, 공중목욕탕 등이 있다. 수영장에서 바다의 멋진 뷰를 감상할 수 있으며, 스노클링과 제트 스키 프로그램을 운영하고 있다. 자전거 대여 서비스도 있고, 동전 투입식 세탁 시설과 편의점도 있어 편리하다. 레스토랑 음식이 맛있으며, 오키나와 전통 요리를 즐길 수 있다.

맵코드 66 480 068*01 구글 좌표 이시가키 시사이드 호텔

①신이시가키 공항에서 79번 현도 경유하여 렌터카로 40분 ②카비라만에서 207번 현도 경유하여 렌터카로 10분 沖縄県石垣市川平 154-12 098 088 2421 http://www.ishigaki-seasidehotel.com/

권말 부록 1

실전에 꼭 필요한 여행 일본어

이것만은 꼭! 일본어 패턴

인사말

숫자

요일

기본 단어

음식 관련 단어

간단한 대화

공항과 기내에서

교통수단 이용할 때

숙소에서

음식점에서

관광할 때

쇼핑할 때

위급한 상황일 때

01 이것만은 꼭! 일본어 패턴

1 부탁합니다. ~お願いします。 / ~ください。 오네가이시마스 / 쿠다사이

영수증 부탁드립니다. **領収書お願いします。** 료슈쇼 오네가이시마스.

치킨 부탁드립니다. **チキンお願いします。** 치킨 오네가이시마스.

2 어디인가요? どこ 도코

화장실이 어디인가요? **トイレはどこですか?** 토이레와 도코데스까?

버스 정류장이 어디인가요? **バス停はどこですか?** 바스테와 도코 데스까?

3 얼마? いくら 이쿠라

얼마에요? **いくらですか?** 이쿠라 데스까?

전부 얼마인가요? **全部いくらですか?** 젠부 이쿠라 데스까?

4 원해요. 欲しい 호시

룸서비스를 원해요. **ルームサービスが欲しいです。** 루무서비스가 호시 데스.

택시를 원해요. **タクシーが欲しい。** 타쿠시가 호시.

5 할 수 있나요? できますか? 데끼마스까

펜을 빌릴 수 있을까요? **ペンを借りることができますか?** 펜 오 카리루 코토 가 데키마쓰까?

영어 할 수 있으세요? **英語できますか?** 에고 데키마쓰까?

6 할게요. Iやります。 야리마쓰

카드로 지급할게요. **カードでお支払いします。** 카도데 오시하라이 시마스.

2박을 더 머물게요. **2泊以上滞在します。** 니또 마리조 타이자이시마스.

7 ~무엇인가요? 何ですか? 난데쓰까?

이것은 무엇인가요? **これは何ですか?** 고레와 난데쓰까?

다음 역 이름은 무엇인가요? **次の駅名は何ですか?** 추기노 에키메이와 난데스까?

8 있어요? ありますか? 아리마쓰까?

다른 거 있어요? **他に何かありますか?** 오키 니나니카 아리마쓰까?

자리 있어요? **席ありますか?** 세끼 아리마쓰까?

9 이건 ~인가요? これは~ですか? 고레와 ~데쓰까?

이 길이 맞나요? **これは正しいですか?** 고레와 타다시데쓰까?

이것은 여성용/남성용인가요? **これは女性用/男性用ですか?** 고레와 조세이요/단세이요 데쓰까?

10 이건 ~예요. これは~です。 고레와 ~데쓰.

이건 너무 비싸요. **これは高すぎる。** 고레와 타카 쓰기루.

이건 짜요. **これは織ります。** 고레와 오리마쓰.

02 인사말

네. はい。 하이.
아니요. いいえ。 이에.
안녕. こんにちは。 고니찌와.
안녕하세요.(아침) おはようございます。
오하요우고자이마스.
안녕하세요.(저녁) こんばんは。 곤방와.
안녕히 계세요. さようなら。 사요나라.
만나서 반가워요. お会いできて嬉しいです。
오아이데키 테우레시데쓰.
감사합니다. ありがとうございます。
아리가또고자이마쓰.

03 숫자

1 一 이치
2 二 니
3 三 산
4 四 시/욘
5 五 고
6 六 로쿠
7 七 시치
8 八 하치
9 九 큐
10 十 쥬
100 百 햐쿠
1000 千 센
10000 一万 이치만
물건 및 음식 개수
1개 ひとつ 히토츠
2개 ふたつ 후타츠
3개 みつ 미츠
4개 よっつ 욧츠
5개 いつつ 이츠츠
몇 개 何個 /いくつ 난코

04 요일

일요일 日曜日 니치요비
월요일 月曜日 게추요비
화요일 火曜日 가요비
수요일 水曜日 수이요비
목요일 木曜日 모꾸요비
금요일 金曜日 긴요비
토요일 土曜日 도요비

05 기본 단어

거리 ストリート 스토리또
거스름돈 お金 오카네
계산서 計算書 케이산쇼
공원 公園 코엔
공항 空港 쿠코
광장 広場 히로바
궁전 宮廷 큐테이
기차 電車 덴샤
남자 男 오토코
내일 明日 아시타
도착 到着 도차쿠
닫힘 閉じる 토지루
박물관 博物館 하쿠부추칸
버스 バス 바수
비행기 飛行機 히코키
세일 セール 세
시간표 時刻表 지고쿠효
시장 市場 이치바
식당 食堂 쇼쿠도오
아침 朝 아사

어제 昨日 키노
언제 いつ 이추
여권 パスポートパスポー 파수포토
여기 ここ 코코
여자 女性 조세이
역 駅 에끼
열림 開く 히라쿠
영수증 領収書 료수쇼
예약 予約 요야쿠
오늘 今日 쿄
요금 料金 료킨
은행 銀行 긴코
이것 これ 코레
입구 入り口 이리구치
지하철 地下鉄 치카테추
집 家 야
출구 出口 데구치
출발 出発 슈파츄
화장실 トイレ 토이레
환전소 両替所 료가에조

06 음식 관련 단어

달걀 卵 타마고
닭고기 チキン 치킨
대구(생선) タラ 타라
돼지고기 豚肉 부타니쿠
레드 와인 赤ワイン 아카와인
로제 와인 ロゼワイン 로제 와인
맥주 ビール 비루
메뉴판 メニューパネル 메뉴파네루
문어 タコ 타코
물 水 미주
생선 魚 요오
샴페인 シャンパン 샨판
소고기 牛肉 규니쿠
송아지고기 子牛肉 코규니쿠
수프 スープ 수프
아침밥 朝ご飯 아사고한
양고기 子羊 고히추지
오리고기 オリゴ 오리고
와인 ワイン 와인
저녁밥 夕食 유우쇼쿠
점심밥 昼食 츄우쇼쿠
정어리 イワシ 이와시
채소 野菜 야사이
커피 コーヒー 코히
화이트 와인 白ワイン 시로와인
후식 後食 고쇼쿠

07 간단한 대화

별말씀을요. 別言します。 베추겐시마쓰.
부탁합니다. お願いします。 오네가이시마쓰.
미안합니다. すみません。 쓰미마센.
실례합니다. すみません。 쓰미마센.
어디서 오셨나요? どこから来ましたか? 도코 카라 키마시타까?
한국에서 왔습니다. 韓国から来ました。 칸코쿠 카라 키마시타.
한국인입니다. 韓国人です。 칸고쿠진데쓰.
성함이 어떻게 되나요? お名前はどうなりますか? 오나매와 도나리마쓰까?
제 이름은…입니다. 私の名前は… です。 와타시노 나마애와…데쓰.
일본어 못합니다. 日本語できません。 니혼코 데키마센.
영어 할 줄 아세요? 英語を教えてください。 에고오 오시에테쿠다사이?

무슨 말인지 모르겠어요. 何を言うのか分からない。 나니 오유 노카와카라나이.

화장실은 어디인가요? トイレはどこですか? 토이레와 도코데쓰까?

00가 어디인가요? 00はどこですか? 00와 도코 데쓰까?

얼마인가요? いくらですか? 이쿠라 데쓰까?

예약 부탁합니다. ご予約お願いします。 고요야큐 오네가이시마쓰.

영수증 부탁합니다. 領収書をお願いします。 료수쇼 오네가이시마쓰.

생수 주세요. ミネラルウォーターください。 미네라루우타 쿠다사이.

메뉴판 좀 주세요. メニューをお願いします。 메뉴오 오네가이시마쓰.

08 공항과 기내에서

1 탑승 수속할 때

자주 쓰는 단어

여권 パスポート 파수포토

비행기 티켓 飛行機チケット 히코키치케토

창가 자리 窓際席 마도기와 세끼

복도 자리 廊下席 로카세끼

앞자리 先端 센탄

무게 重量 주료

추가 비용 追加費用 추이카 히요

짐 ジム 지무

자주 쓰는 회화

여기 여권이요. ここのパスポートです。 코코노 파스포토데쓰.

창가 자리 앉을 수 있나요? 窓辺に座れますか? 마도베니 수와레매수까?

창쪽 자리를 받을 수 있나요? 前の席をもらえますか? 마에노세끼오 모라에마수까?

무게 제한이 얼마인가요? 重量制限はいくらですか? 주료 세이겐와 이쿠라데수까?

추가 비용은 얼마인가요? 追加料金はいくらですか? 추이카 료킨와 이쿠라데수카?

13번 게이트가 어디인가요? 13番ゲートはどこですか? 쥬삼반 게토와 도쿠데수까?

2 보안 검색받을 때

자주 쓰는 단어

액체 液体 에키타이

주머니 ポケット 포케또

노트북 ノートパソコン 노토파소콘

모자 帽子 보쉬

벗다 脱ぐ 누구

임신 妊娠 닌신

가다 行く 이쿠

자주 쓰는 회화

나는 액체류 없어요. 私は液体がありません。 와타시와 에키타이 가아리마센.

주머니에 아무것도 없어요. ポケットには何もありません。 포케토니와 나니 모 아리마센.

제 가방에 노트북이 있어요. 私のバッグにラップトップがあります。 와타시노 바꾸니 라푸 토푸가 아리마수.

모자를 벗어야 하나요? 帽子を脱ぐ必要がありますか? 보쉬오 누구히추수요가 아리마수까?

저는 임신을 했습니다. 私は妊娠しました。 와타시와 닌신 시마시타.

이제 가도 되나요? 今行ってもいいですか? 이마 이떼모 이데수까?

3 면세점 이용할 때

자주 쓰는 단어

면세점 免税店 멘제이똉

화장품 化粧品 케쇼인

향수 香水 코수이

가방 バッグ 바꾸

선글라스 サングラス 산구라수

담배 タバコ 타바코

주류 アルコール 아르코루

계산하다 計算する 케이산 수루

자주 쓰는 회화

얼마에요? いくらですか? 이쿠라데수까?

가방 있나요? バッグありますか? 바꾸 아리마수까?

이걸로 할게요. これでやります。 코레데 야리마수.

이 쿠폰을 사용할 수 있나요? このクーポンは使えますか? 코노 쿠폰 와 추카에마수까?

여기 있어요. ここにあります。 코코니 아리마수.

4 비행기 탑승할 때

자주 쓰는 단어

탑승권 搭乗券 토조켄

좌석 座席 자세끼

좌석 번호 Zaseki bangō 자세끼 반고

일등석 ファーストクラス 파수토크라수

이코노미석 エコノミー席 이코노미 세끼

안전띠 安全バンド 안젠반도

바꾸다 変える 가에르

마지막 탑승 안내 最終搭乗案内 사이슈 토조 안나이

자주 쓰는 회화

제 자리는 어디인가요? 私の席はどこですか? 와타시노 세끼와 도코데스까?

여긴 제 자리입니다. ここは私の席です。 코코와 와타시노 세끼데스.

좌석 번호가 몇 번이세요? 座席番号は何回ですか? 자세끼 반고와 난카이데스까?

자리를 바꿀 수 있나요? 席を変更できますか? 세끼오 센코 데끼마스까?

가방을 어디에 두어야 하나요? バッグをどこに置くべきですか? 바꾸 오도코니 오쿠베키데스까?

제 좌석을 젖혀도 될까요? 私の座席を濡らしてもいいですか? 와따시노 자세끼오 누라시떼 모 이데스까?

5 비행기 탑승할 때

자주 쓰는 단어

간식 おやつ 오야츄

맥주 ビール 비루

물 水 미주

담요 毛布 게누노

식사 食事 쇼꾸지

닭고기 チキン 치킨

생선 魚 사카네

비행기 멀미 飛行機乗り物酔い 히코키 노리모노요이

자주 쓰는 회화

간식 좀 먹을 수 있나요? 軽食を食べることができますか? 케이쇼쿠 오 타베루 코토 가 데끼마스카?

물 좀 마실 수 있나요? 水を飲むことはできますか? 미주 오 노무 코토와 데키마스까?

담요 좀 받을 수 있나요? 毛布を受け取ることができますか? 모후오 우케토루 코토가 데끼마스까?

식사는 언제 하나요? 食事はいつですか? 쇼쿠지와 이추데스카?
닭고기로 할게요. 鶏肉にします。토르니쿠 니시마스
비행기 멀미가 나요. 飛行機乗り物酔いがあります。히코키 노리모노 요이 가 아리마스.

6 기내 기기와 시설문의

자주 쓰는 단어

전등 照明 쇼메
작동하지 않다 動作しない 도사시나이
화면 画面 가멘
음량 音量 온료
영화 映画 에가
좌석 座席 자세끼
눕히다 横になる 요코 니나루
화장실 トイレ 토이레

자주 쓰는 회화

전등을 어떻게 켜요? ランプをどのように点灯しますか? 란푸 오 도노 요니 텐토 시마스까?
화면이 안 나와요. 画面が出ない。가멘가 데나이.
음량을 어떻게 높이나요. 音量をどのように上げますか。온료오 도노 요니 아게마스까.
영화 보고 싶어요. 映画を見たいです。게가오 미타이데스.
제 좌석을 어떻게 눕히나요? 私の座席をどのように横にしますか? 와타시노 자세끼오 도노 요니 요코 니 시마스까?
화장실이 어디인가요? トイレはどこですか? 토이레와 도코데스까?

7 환승할 때

자주 쓰는 단어

환승 乗り継ぎ 노리추기
탑승구 搭乗口 도조쿠치
탑승 搭乗 도조
연착 連着 렌자쿠
편명 便名 벤메이
갈아탈 비행기 乗り換え飛行機 노라커아에 히코키
쉬다 休む 야스무
기다리다 待つ 마추

자주 쓰는 회화

어디서 환승할 수 있나요? どこで乗り換えできますか? 도코 데 노리카에 데끼마스까?
몇 번 탑승구로 가야 하나요? 何度搭乗口に行けばいいですか? 난도 토조구치니 이케바 이데스까?
탑승은 몇 시에 시작하나요? 搭乗は何時に始まりますか? 토조와 난지니 하지마리마스까?
화장실이 어디인가요? トイレはどこですか? 토이레와 도코데스까?
제 비행편명은 000입니다. 私の飛行便名は000です。와타시노 히코 빈메이 와 000 데스.
어디서 쉴 수 있나요? どこで休むことができます? 도코데 야수무 코토 가 데키마스까?

8 입국 심사받을 때

자주 쓰는 단어

방문하다 訪問する 호몬스루
여행 旅行 료코
관광 観光 칸코
출장 出張 슈초
왕복 티켓 往復チケット 오후쿠 치케토
머물다 滞在する 타이자이 스루
일주일 一週間 이슈칸
입국 심사 入国審査 뉴코쿠 신사

자주 쓰는 회화

방문 목적이 무엇인가요? 訪問目的は何ですか? 호몬 모쿠테키와 나니데스까?

여행하러 왔어요. 旅行に来ました。 료코니 키마수시타.

출장왔어요. 出張してきました。 슈초 시테 키마시타.

왕복 티켓 있나요? 往復チケットはありますか? 오후쿠 치케토 와아리마스까?

호텔에서 지낼 거에요. ホテルで過ごすつもりです。 호테루데 수고수 추모리데스.

일주일 동안 머무를 거에요. 一週間滞在します。 이슈칸 타이카이 시마스.

09 교통수단 이용할 때

❶ 승차권 구매할 때

자주 쓰는 단어

표 テーブル 테부루

매표소 チケット売り場 치케또 우리바

발권기 チケット 치케또

시간표 時刻表 지고쿠효

왕복 往復 오후쿠

편도 片道 가타미치

어른 大人 오토나

어린이 子供 코도모

자주 쓰는 회화

표 어디서 살 수 있나요? チケットどこで買えますか? 치케또 도코 데 카에마스까?

발권기는 어떻게 사용하나요? チケットはどのように使用しますか? 치케또 와 도노 요니 시요 시마스까?

왕복표 두 장이요. 往復表2枚です。 오후쿠 효 이 마이데스.

어른 세 장이요. 大人3枚です。 오토나 삼 마이 데스.

어린이는 얼마에요? 子供はいくらですか? 코도모 와 이쿠라데스까?

마지막 버스는 몇 시예요? 最後のバスは何時です? 사이고노 바수 와 난지데스?

❷ 버스 이용할 때

자주 쓰는 단어

버스 バス 바수

버스를 타다 バスに乗る 바수 니노루

내리다 降りる 오리루

버스 티켓 バスチケット 바수 티케또

버스 정류장 バス停 바수 테이

버스 요금 バス料金 바수 료킨

이번 정류장 今回の停留所 콘카이노 테류조

다음 정류장 次の停留所 추기노 테리조

셔틀버스 シャトルバス 샤토루바수

자주 쓰는 회화

버스 어디서 탈 수 있나요? バスどこで乗れますか? 바수 도코데 노레마스까?

버스 정류장이 어디에 있나요? バス停はどこにありますか? 버수테이와 도코니 아르마스까?

이 버스 000로 가나요? このバス000に行きますか? 코노 마수 000니 이키마스까?

버스 요금이 얼마인가요? バス料金はいくらですか? 바수 료킨와 이쿠라데스까?

다음 정류장 이름이 뭐예요? 次の停留所の名前は何ですか? 추기노 테루조 노 나매 와 나니데스까?

어디에서 내려야 하나요? どこから降りるべきですか? 도코카라 오리루베키다스까?

③ 유이레일 이용할 때

자주 쓰는 단어

유이레일 yuirail 유이레루

기차 電車 덴샤

타다 乗る 노루

내리다 降りる 오리루

노선도 路線図 로젠주

승강장 乗り場 노리바

역 駅 에키

자주 쓰는 회화

어디서 유이레일을 탈 수 있나요? どこでゆいレールに乗れますか? 도코데 유이레루니 노레마스까?

이 유이레일 000에 가나요? このゆいレール000に行きますか? 코노 유이레루 000 니 이키마스까?

노선도를 받을 수 있나요? 路線図をもらえますか? 로젠주오 모라에마스까?

승강장을 찾을 수가 없어요. 乗り場が見つかりません。 노리바가 미추카리마센.

다음 역 이름이 뭐죠? 次の駅名は何ですか? 추기노 에키메이 와 나니데스까?

④ 택시 이용할 때

자주 쓰는 단어

택시 タクシー 타쿠시

트렁크 トランク 토란쿠

더 빠르게 より速く 요리 하야쿠

스톱 ストップ 스토푸

잔돈 お金 오카네

자주 쓰는 회화

어디서 택시를 탈 수 있나요? どこでタクシーに乗れますか? 도코 데 타쿠시 니 노레마스까?

기본요금이 얼마인가요? 基本料金はいくらですか? 기혼 료킨와 이쿠라데스까?

공항으로 가주세요. 空港に行ってください。 쿠코니 이테 쿠다사이.

트렁크 열어줄 수 있나요? トランクを開くことができますか? 토란쿠오 히라쿠 코토가 데키마스까?

저기서 세워줄 수 있나요? そこで立ててもらえますか? 소코데 타테테 모라에마스까?

잔돈은 가지세요. お金を持ってください。 오카네오 모토 쿠다사이.

⑤ 거리에서 길 찾을 때

자주 쓰는 단어

주소 住所 주쇼

거리 ストリート 수토리토

코너 コーナー 코나

골목 路地 로지

지도 地図 치주

먼 遠い 토이

가까운 近い 치카이

길을 잃은 迷った 마요타

자주 쓰는 회화

이 주소로 어떻게 가나요? このアドレスにどのように行きますか? 코노 아도레수니 도노 요니 이키마스까?

모퉁이에서 오른쪽으로 도세요. コーナーから右に向かってください。 코나카라 미기니 무카떼 쿠다사이.

여기서 머나요? ここに滞在しますか? 코코니 타이카이 시마수까?

길을 잃었어요. 迷子になりました。 마이고니 나리마시따.

이 빌딩을 찾고 있어요. この建物を探しています。 고노 타테모노오 사가시테미마스.
이 길이 맞나요? これは正しいですか? 고레와 타다시데수까?

6 교통편 놓쳤을 때

자주 쓰는 단어

비행기 飛行機 히코키
놓치다 逃す 노가수
연착되다 連着する 렌자쿠 수르
다음 次 추기
변경하다 変更する 헨코수르
환불 払い戻し 하라이모도시
기다리다 待つ 마추

자주 쓰는 회화

비행기를 놓쳤어요. 飛行機を逃した。 히코키 오 노가시타.
제 비행기가 연착됐어요. 私の飛行機が連着しました。 와타시노 히코키가 렌자쿠 시마시타.
다음 비행기/기차는 언제에요? 次の飛行機/電車はいつですか? 추기노 히코키 덴샤 와 이추데수카?
어떻게 해야 하나요? どうすればいいですか? 도수레바 이데수카?
변경할 수 있나요? 変更できますか? 헨코 데키마수카?
환불받을 수 있나요? 払い戻しできますか? 하라이모도시 데키마스까?

10 숙소에서

1 체크인할 때

자주 쓰는 단어

체크인 チャックイン 차쿠인
예약 予約 요야쿠
여권 パスポート 파수포토
바우처 バウチャー 바우차
더블 트윈 베드 ダブルツインベッド 다부루추인베또
추가 침대 追加ベッド 추이까 베또
보증금 デポジット 데포지또
와이파이 비밀번호 Wi-Fiパスワード 와이파이 파수와도

자주 쓰는 회화

체크인할게요. チェックインします。 체쿠인 시마스.
일찍 체크인할 수 있어요? 早めにチェックインできますか? 하야메니 체쿠인 데스까?
예약했어요. 予約しました。 요여쿠 시마시타.
여기 제 여권이요. ここの私のパスポートです。 코코 노 와타시노 파수포토데스.
더블 침대를 원해요. ダブルベッドが欲しい。 다부루 데도가 호시.
와이파이 비밀번호가 무엇인가요? Wi-Fiパスワードとは何ですか? 와이파이 파수아와도 토와 난데스까?

② 체크아웃할 때

자주 쓰는 단어

체크아웃 チェックアウト 체크아우토

늦은 遅い 오소이

보관하다 保管する 호칸 수루

짐 ジム 지무

영수증 領収書 료수쇼

요금 料金 료킨

추가 요금 追加料金 추이카 료킨

택시 タクシー 타쿠시

자주 쓰는 회화

체크 아웃 할게요. チェックアウトします。 체쿠아우토 시마스.

체크아웃이 몇 시예요? チェックアウトは何時ですか? 체크아토와 이추데스까?

늦은 체크아웃은 얼마인가요? レイトチェックアウトはいくらですか? 레이토체쿠아우토와 이쿠라데수까?

짐 맡길 수 있나요? 荷物を預けることはできますか? 니모추오 아주케루 코토와 데키마수까?

영수증 받을 수 있나요? 領収書をもらえますか? 료수쇼 오모라에마스까?

③ 부대시설 이용할 때

자주 쓰는 단어

레스토랑 レストラン 레수토란

조식 朝食 조쇼쿠

수영장 プール 푸루

헬스장 ジム 지무

스파 スパ 수파

세탁실 ランドリールーム 란도리루무

자판기 自動販売機 지도 한바이키

24시간 24時間 니주요 지칸

자주 쓰는 회화

언제 여나요? いつですか? 이추데스까?

조식 어디서 먹나요? 朝食どこで食べますか? 쵸쇼쿠 도코 데 타베마스까?

조식 언제 끝나요? 朝食はいつ終わりますか? 쵸쇼쿠 와 이추 오와리마스까?

수영장은 언제 닫나요? プールはいつ閉まりますか? 푸루 와 이추 쉬마리마스까?

헬스장은 몇 층에 있나요? ジムは何階にありますか? 지무와 난카이 아리마스까?

자판기는 어디 있나요? 自動販売機はどこですか? 지도 한바이키 와 도코데스까?

④ 객실 용품 요청할 때

자주 쓰는 단어

타올 タオル 타오루

비누 石鹸 세켄

칫솔 歯ブラシ 하부라시

티슈 ティッシュ 티슈

베게 ベゲ 베게

드라이기 ドライヤー 도라이야

바꾸다 変える 카에루

자주 쓰는 회화

타올 받을 수 있나요? タオルもらえますか? 타오루 모라에마스까?

비누 받을 수 있나요? 石鹸を受けることができますか ? 세켄 오 우카렌 코토 가데키마스까?

칫솔 하나 더 주세요. 歯ブラシもう一つください。 하부라시 모히토추 쿠다사이.

베개 하나 더 주세요. 枕をもう1つください。 마쿠라 오모 이토츠 쿠다사이.
침대 시트 바꿔 줄 수 있나요? ベッドシーツを交換できますか? 베똔시추오 코칸 데키마스까?

5 기타 서비스 요청할 때

자주 쓰는 단어

룸서비스 ルームサービス 루무사비스
주문하다 注文する 추몬스르
청소 清掃 세이소
모닝콜 モーニングコール 모닌구코루
세탁서비스 ランドリーサービス 란도리 사비수
에어콘 エアコン 에아콘
히터 ヒーター 히타
냉장고 冷蔵庫 레이조코

자주 쓰는 회화

룸서비스 되나요? ルームサービスになりますか? 루무사비수 니 나리마스까?
샌드위치를 주문하고 싶어요. サンドイッチを注文したいです。 산도이치 오추몬 시따이데스.
방 청소를 해줄 수 있나요? 部屋の掃除をしてもらえますか? 헤야 노소지 오시테 모라에마스까?
7시에 모닝콜 해줄 수 있나요? 7時にモーニングコールしてもらえますか? 시치지니 모닝구 코루 시떼 모라에마스까?
세탁서비스 되나요? ランドリーサービスになりますか? 난도리사비수니 나리마스까?

6 불편사항 말할 때

자주 쓰는 단어

고장나다 壊れる 코와레루
뜨거운 물 お湯 오유
수압 水圧 수이야추
화장실 トイレ 토이레
귀중품 貴重品 키초힌
뜨거운 ホット 호또
차가운 冷たい 추메타이
시끄러운 騒々しい 소조쉬

자주 쓰는 회화

에어컨이 고장 났어요. エアコンが壊れました。 에아콘가 코와레마시타.
온수가 안 나와요. お湯が出ない。 오유가데나이.
수압이 낮아요. 水圧が低いです。 수이아추 가 히쿠아데스.
변기 물이 안 내려가요. 便器の水が降りません。 밴키노 미주 가 오리마센.
귀중품을 잃어버렸어요. 貴重品を紛失しました。 키초힌오 푼시추 시마시타.
너무 시끄러워요. とても騒々しいです。 토테모 소코시데스.

11 음식점에서

1 예약할 때

자주 쓰는 단어

예약 予約 요야쿠

테이블 テーブル 테부루

아침 식사 朝食 초쇼쿠

점심 ランチ 란치

저녁 夕方 유가타

예약을 취소하다. 予約をキャンセルする。 요야쿠 오 캰세루 스루

예약을 변경하다. 予約を変更する。 요야쿠 오 헨코 스루

주차장 駐車場 추샤조

자주 쓰는 회화

자리 예약하고 싶어요. 席予約したいです。 세키 요야쿠 시타이데스.

저녁 식사 예약하고 싶어요. 夕食を予約したいです。 유쇼쿠 오 요야쿠 시타이데스.

3명 예약하고 싶어요. 3人予約したいです。 산리 요야쿠 시타이데스.

예약 취소하고 싶어요. 予約キャンセルしたいです。 요야쿠 키안세루 시타이데스.

제 이름은 케이트 리에요 私の名前はケイトリーです。 와타시노 나마에하 케이토리이데스.

주차장이 있나요? 駐車場はありますか? 쥬샤조와 아리마수카?

2 주문할 때

자주 쓰는 단어

메뉴 メニュー 메뉴

주문하다 注文する 주문수르

추천 おすすめ 오수수메

이것 これ 고레

스테이크 ステーキ 수테키

해산물 シーフード 시푸도

짠 織 오리

매운 辛い 추라이

자주 쓰는 회화

메뉴판 볼 수 있나요? メニューパネルを見ることができますか? 메뉴파네루 오미루 코토 가 데키마스까?

지금 주문할게요. 今注文します。 이마 추문 시마스.

추천해줄 게 있나요? おすすめすることがありますか? 오수수메 수르 코토 가 아리마스까?

이걸로 주세요. これでください。 고레데 쿠다사이.

스테이크 하나 주세요. ステーキ一つお願いします。 스테키 히토추 오네가이시마스.

너무 짜지 않게 해주세요. 絞りすぎないようにしてください。 시보리 수기나이 요니 시테 쿠다사이.

3 식당 서비스 요청할 때

자주 쓰는 단어

닦다 拭く 푸쿠

접시 皿 사라

떨어뜨리다 落とす 오토수

칼 剣 켄

젓가락 箸 하시

컵 カップ 카푸

냅킨 ナプキン 나푸킨

아기 의자 ベビーチェア 베비체아

자주 쓰는 회화

테이블 좀 닦아 주시겠어요?. テーブルをちょっと拭いてくれますか? 테부로 오 초토 후이테 쿠레마스까?

접시 하나 더 주시겠어요? もう一つの皿を与えますか? 모히토추 노 사라 오 아타에마스까?

나이프를 떨어뜨렸어요. ナイフを落としました。나이푸 오 오토시마시타.

냅킨이 없어요. ナプキンがありません。냅킨 가 아리마센.

아기 의자 있나요? ベビーチェアはありますか? 베비체아 와 아리마스까?

이것 좀 데워 줄 수 있나요? これは少し暖めてくれますか? 코레와 수코시 아타타메테 쿠레마스까?

4 불만 사항 말할 때

자주 쓰는 단어

너무 익은 熟した 주쿠시타

덜 익은 熟していない 주쿠시타이나이

잘못된 間違った 마치가타

음식 食べ物 타베모노

음료 飲み物 노미모노

짠 織 오리

새것 新しいもの 아타라시 모노

자주 쓰는 회화

실례합니다. すみません。수미마센.

덜 익었어요. それほど熟していません。소레호도 주쿠 시테 이마센.

메뉴가 잘 못 나왔어요. メニューがうまく出ませんでした。메뉴가 우마쿠 데마센데시타.

제 음료를 못 받았어요. 私の飲み物を受けられませんでした。와타시 노 노미모노 오우케 라레마센데시타.

너무 짜요. 絞りすぎです。시보리 수기데스.

새것 하나 더 주시겠어요. もう一つのものを与えてください。모히토추노 모노 오 아타에테 쿠다사이.

5 계산할 때

자주 쓰는 단어

계산서 計算書 계산쇼

지급 支払い 시하라이

현금 現金 겐킨

신용카드 クレジットカード 쿠레지토카도

영수증 領収書 료슈쇼

팁 ヒント 힌토

포함하다 含む 후쿠무

자주 쓰는 회화

계산서 주세요. 声明ください。세이메이 쿠다사이.

따로 계산해 주세요. 別に計算してください。베추니 케이산 시테 쿠다사이.

계산서가 잘못됐어요. 声明が間違っています。세이메이 가 마치가테 이마수.

영수증 주세요. 領収書ください。료슈쇼 쿠다사이.

6 패스트푸드 주문할 때

자주 쓰는 단어

세트 セット 세또

햄버거 ハンバーガー 함바가

감자튀김 フライドポテト 푸라이도포테토

케첩 ケチャップ 케차푸

추가의 追加 추이카

여기 ここ 코코

테이크아웃 テイクアウト 테이쿠아우토

리필 詰め替え 투메카에

자주 쓰는 회화

2번 세트 주세요. 2回セットしてください。 니카이 세토시테 쿠다사이.

햄버거 하나 주세요. ハンバーガーをお願いします。 한바가 오네가이시마스.

치즈 추가해 주세요. チーズを追加してください。 치주오 쿠와에테 쿠다사이.

리필 되나요? 補充されますか? 호주사레마수카?

포장해 주세요. 梱包してください。 콘포시테 쿠다사이.

7 커피 주문할 때

자주 쓰는 단어

아메리카노 アメリカーノ 아메리카노

라테 ラテ 라테

차가운 冷たい 추메타이

작은 小さい 치사이

중간의 真ん中 만나카

큰 大きい 오키

샷 추가 ショットを追加 쇼또오 추이카

두유 豆乳 토뉴

자주 쓰는 회화

아메리카노 하나 주세요. アメリカーノ一つお願いします。 아메리카노 히토추 오네가이시마수.

작은 라테 하나 주세요. 小さなラテ一つお願いします。 치사나 라테 히토추 오네가이시마수.

샷 추가해 주세요. ショットを追加してください。 쇼토오 추이카 시테 쿠다사이.

두유 라테 주세요. 豆乳ラテください。 토뉴 라떼 구다사이.

휘핑크림 추가해 주세요. ホイップクリームを追加してください。 호이푸쿠리무 오추이카시테 쿠다사이.

12 관광할 때

1 관람권 구매할 때

자주 쓰는 단어

티켓 チケット 치케또

입장료 入場料 뉴조료

유명한 有名な 유메나

공연 パフォーマンス 파포만수

뮤지컬 ミュージカル 뮤지카루

다음 공연 次のパフォーマンス 츠기 노 파포만수

좌석 座席 자세끼

매진 完売 칸바이

자주 쓰는 회화

티켓 얼마에요? チケットいくらですか? 치케또 이쿠라데스까?

표 두 장 주세요. 切符をお願いします。 키푸 오네가이시마수.

어른 세 장 주세요. 大人の世帯ください。 오토나노 세타이 쿠다사이.

가장 유명한 공연이 무엇인가요? 最も有名なパフォーマンスは何ですか? 모또모 유메이나 파포만수와 나니데스까?

공연이 언제 시작하나요? パフォーマンスはいつ始まりますか? 파포만수와 이추 한지마리마수까?

매진인가요? 完売ですか? 칸바이데수까?

❷ 투어 예약 및 취소할 때

자주 쓰는 단어

투어 예약 ツアー予約 츄아요야쿠

씨티 투어 シティツアー 시티티수아

박물관 투어 博物館ツアー 하쿠부추칸츄아

버스 투어 バスツアー 바수츄아

취소 キャンセル 캰세루

변경하다 変更する 헨코수루

환불 払い戻し 하라이모도시

취소 수수료 キャンセル料 캰세루료

자주 쓰는 회화

시티 투어 예약하고 싶어요. シティツアー予約したいです。 시이티츄아 요야쿠 시타이데수.

투어요금이 얼마인가요? 投与料金はいくらですか? 도요 료킨와 이쿠라데수까?

투어 몇 시에 시작하나요? ツアーは何時に始まりますか? 추아와 난지니 하지마리마수까?

투어 몇 시에 끝나요? ツアーは何時に終わりますか? 추아와 난지니 오아리마수까?

투어 취소할 수 있나요? ツアーをキャンセルできますか? 추아 오칸세루 데키마수까?

환불받을 수 있나요? 払い戻しできますか? 하라이모도시 데키마수까?

❸ 관광 안내소에서

자주 쓰는 단어

추천 おすすめ 오수수메

관광 観光 칸코

관광 정보 観光情報 칸코 조호

도시 지도 都市地図 토시 치주

관광 안내 책자 観光案内冊子 칸코 안나이 사시

시간표 時刻表 지고쿠효

가까운 역 最寄駅 모요리에키

예약 予約 요야쿠

자주 쓰는 회화

관광으로 무엇을 추천하시나요? 観光で何をお勧めしますか? 칸코 데나니오 오수수메 시마수까?

시내 지도를 받을 수 있나요? 市内の地図をもらえますか? 시나이 노치쿠오 모라에마수까?

관광 안내 책자를 받을 수 있나요? 観光案内冊子をもらえますか? 칸코 안나이 사시오 모라에마수까?

버스 시간표를 받을 수 있나요? バス時刻表をもらえますか? 바수 지고쿠효오 모라에마수까?

가까운 역이 어디인가요? 近くの駅はどこですか? 치카쿠 노에키와 도코데수까?

예약할 수 있나요? 予約できますか? 요야쿠 데키마수까?

④ 관광 명소 관람할 때

자주 쓰는 단어

렌트 レンタル 렌타루

오디오 가이드 オーディオガイド 오디오 가이도

가이드 투어 ガイドツアー 가이도 추아

안내 책자 ガイドブック 가이도 부쿠

입구 入口 이리구치

출구 出口 데구치

화장실 トイレ 토이레

기념품 가게 お土産店 오도산텐

자주 쓰는 회화

오디오 가이드 빌릴 수 있나요? オーディオガイドを借りることができますか? 오디오가이도오 카리루 코토 가 데키마수까?

오늘 가이드 투어 있나요? 今日のガイドツアーはありますか? 쿄노 가이도추아와 아리마수까?

안내 책자 받을 수 있나요? 案内冊子もらえますか? 안나이 사시 모라에마수까?

출구가 어디인가요? 出口はどこですか? 데구치와 도코데수까?

기념품 가게가 어디인가요? お土産屋さんはどこですか? 오도산야산와 도코데수까?

사진 찍어도 되나요? 写真撮ってもいいですか? 샤신 토테모 이데수까?

⑤ 사진 촬영 부탁할 때

자주 쓰는 단어

사진을 찍다 写真を撮る 샤신 오토루

누르다 押す오수

버튼 ボタン 보탄

하나 더 もう一つ 모히토추

배경 背景 하이케이

플래시 フラッシュ 후라슈

셀카 selfie 세르피

촬영 금지 撮影禁止 사추에이 킨시

자주 쓰는 회화

사진 찍어 줄 수 있나요? 写真撮ってもらえますか? 샤신 토테 모라에마수까?

이 버튼만 눌러주세요. このボタンだけを押してください。 코노 보탄 데케오시테 쿠다사이.

한 장 더 부탁해요. もう一枚お願いします。 모이치 마이 오네가이시마수.

배경이 나오게 찍어 주세요. 背景が出て撮ってください。 하이케이 가데테 도테 쿠다사이.

사진 찍어드릴까요? 写真を撮りますか? 샤신노 토리마수까?

플래시 사용해도 되나요? フラッシュ使用してもいいですか? 후라스쇼 시요 시테모 이데수까?

13 쇼핑할 때

① 상품 문의할 때

자주 쓰는 단어

상품 商品 쇼인

인기 있는 人気のある 닌키 노아루

얼마 いくら 이쿠라

세일 セール 세루

이것저것 これそれ 코레 소레

선물 贈り物 오쿠리모노

지역 특산물 地域特産物 치키 토쿠산 모노

추천 おすすめ 오수수메

자주 쓰는 회화

가장 인기 있는 게 뭐에요? 最も人気のあるものは何ですか? 모또모 닌키 노아루 모노 와나니데수까?
이 제품 있나요? この製品はありますか? 코노 세이힌와 아리마수까?
얼마에요? いくらですか? 이쿠라데수까?
이거 세일하나요? これはセールですか? 고레와 세루데수까?
스몰 사이즈 있나요? スモールサイズありますか? 스모루사이주 아리마수까?
선물로 뭐가 좋아요? 贈り物として何が好きですか? 오쿠리모노토 시테 나니가 수키데수까?

2 착용할 때

자주 쓰는 단어

사용하다 使用する 시요수루
탈의실 更衣室 코이시추
다른 것 その他 소노호카
다른 색 異なる色 코토나루 이로
더 큰 것 大きい 오키
작은 것 小さなもの 치사나모노
사이즈 サイズ 사이주
좋아하다 好きです 수키데스

자주 쓰는 회화

이거 입어 볼 수 있나요? これを着ることができますか? 코레오 키루 코토가데키마수까?
이거 사용해 볼 수 있나요? これを試すことができますか? 코레오 타메수 코토가 데키마수까?
탈의실은 어디인가요? 更衣室はどこですか? 코이시추와 도코데수까?
더 큰 거 있나요? 大きなものがありますか? 오키나 모노가 아리마수까?
마음에 들어요. 好きです。 수키데수.

3 가격 문의 및 흥정할 때

자주 쓰는 단어

얼마 いくら 이쿠라
가방 バッグ 바쿠
세금 환급 税還付 제이칸푸
비싼 高価 코카
할인 割引 와리비키
쿠폰 クーポン 쿠폰
더 저렴한 것 より安い 요리야수이
더 저렴한 가격 より安い価格 요리야수이카카쿠

자주 쓰는 회화

이 가방 얼마인가요? このバッグはいくらですか? 코노 바쿠와 이쿠라데수까?
나중에 환급받을 수 있나요? 後で払い戻しを受けることができますか? 아토데 하라이모도시오 우케루 코토가 데키마수까?
너무 비싸요. 高すぎる。 다카수기루.
할인받을 수 있나요? 割引を受けることができますか? 와리비키 오우케루 코토가 데키마수까?
이 쿠폰 사용할 수 있나요? このクーポンを使用できますか? 코노쿠폰 오시오 데키마수까?
더 저렴한 거 있나요? もっと安いものはありますか? 모토 야수이 모노와 아리마수까?

4 계산할 때

자주 쓰는 단어

총 総 소오
지급하다 支払う 시하라우
신용카드 クレジットカード 쿠레지또카도
체크카드 チェックカード 체쿠카도
현금 現金 겐킨
할부로 결제하다. 分割払いでお支払いください。
분카추수바라이 데오 시하라이 쿠다사이.
일시불로 결제하다. 一時払いでお支払いください。
이치치바라이 데오 시하라이 쿠다사이.

자주 쓰는 회화

총액은 얼마에요? 総額はいくらですか? 소가쿠 와 이쿠라데수까?
신용카드로 결제할 수 있나요? クレジットカードでお支払いできますか? 크레지토카도 데 오 시하라이 데키마수까?
현금으로 지급할 수 있나요? 現金で支払えますか? 겐킨 데 시하라이마수까?
영수증 주세요. 領収書ください。 료수쇼 구다사이.
할부로 결제할 수 있나요? 分割払いでお支払いできますか? 분카츠바라이 데 오 시하라이 데키마수까?
일시불로 결제할 수 있나요? 一時払いでお支払いできますか? 이치지바라이 데 오 시하라이 데키마수까?

5 포장 요청할 때

자주 쓰는 단어

포장하다 包む 추추무
뽁뽁이로 포장하다 ポポンで包む 포폰 데 추추무
따로 別に 베추니
선물 포장하다 サンプル包む 산푸루 추추무
상자 箱 하코
쇼핑백 ショッピングバッグ 쇼핀구 바꾸
비닐봉지 ビニール袋 바뉴류 부쿠로
깨지기 쉬운 壊れやすい 코와레 야수이

자주 쓰는 회화

포장은 얼마에요? 包装はいくらですか? 호소와 이쿠라데수까?
이거 포장해 줄 수 있나요? これを梱包してもらえますか? 고레오 콘포 시테 모라에마수까?
이거 뽁뽁이로 포장해 줄 수 있나요? これはポポンで包むことができますか?
코레와 포폰 데추추누 코토가 데키마수까?
따로 포장해 줄 수 있나요? 別に梱包してもらえますか? 베추니 콘포 시테모라에마수까?
선물 포장해 줄 수 있나요? ギフト包装してもらえますか? 기후토 호소시테 모라에마수까?
쇼핑백에 담아주세요. 買い物袋に入れてください。 카이모노 푸쿠로니 이레테쿠다사이.

6 교환·환불할 때

자주 쓰는 단어

교환하다 交換する 교칸수루
반품하다 返品する。헨핀수루
환불 払い戻し 하라이모도시
다른 것 その他 소노호카
영수증 領収書 요슈쇼
지급하다 支払う 시하라우
사용하다 使う 츄카우
작동하지 않는 動作しない 도서사너아

자주 쓰는 회화

교환할 수 있나요? 交換できますか? 코칸 데키마수까?

환불받을 수 있나요? 払い戻しできますか? 하라이모도시 데키마수까?

영수증을 잃어버렸어요. 領収書を紛失しました。 료슈쇼오 푼시추시마시타.

현금으로 계산했어요. 現金で計算しました。 게킨데 케이산 시마시타.

사용하지 않았어요. 使わなかった。 추카와나카타.

작동하지 않아요. 動作しません。 도사시마센.

14 위급한 상황일 때

① 아프거나 다쳤을 때

자주 쓰는 단어

약국 薬局 야쿄쿠

병원 病院 뵤인

아프다 病気 뵤키

다치다 傷つく 키주추쿠

두통 頭痛 주추

복통 腹痛 후쿠추

인후염 喉の炎 노도노호노

열 熱 네추

어지러운 めまい 메마이

토하다 吐く 하쿠

자주 쓰는 회화

병원이 어디에요? 病院はどこですか? 뵤인와 도코데수까?

무릎을 다쳤어요. 膝を傷つけました。 히자오 키주추케마시타.

어지러워요. めまいがします。 메마이 가시마수.

토할 거 같아요. 吐くと思います。 하쿠토 오모이마수.

② 분실·도난 신고할 때

자주 쓰는 단어

경찰서 警察署 케이사추쇼

분실하다 失う 우시나우

전화기 電話 덴와

지갑 財布 사이후

여권 パスポート 파수포토

신고하다 報告する 호코쿠수루

도난 盗難 토난

훔친 盗む 누수무

귀중품 貴重品 키초힌

한국 대사관 韓国大使館 칸코쿠 타이시칸

자주 쓰는 회화

가까운 경찰서가 어디인가요? 近くの警察署はどこですか? 치카쿠노 케이사추쇼와 도쿠데수까?

여권을 분실했어요. パスポートを紛失しました。 파수포토오 푼시타 시마시타.

어디에 신고해야 하나요? どこに報告する必要がありますか? 도코니 호코쿠수루 히추요 가리마수까?

제 가방을 도난당했어요. 私のバッグを盗まれました。 와타시노 바쿠오 누수마레마시타.

분실물 보관소는 어디인가요? 紛失物保管所はどこですか? 훈시추 모노호칸 쇼와 도코데수까?

한국 대사관에 연락해 주세요. 韓国大使館に連絡してください。 칸코쿠 타시칸니 렌라쿠 시테쿠다사이.

권말 부록 2

실전에 꼭 필요한 여행 영어

01 이것만은 꼭! 여행 영어 패턴 10

1 ~주세요. ~ please. 플리즈

영수증 주세요. Receipt, please. 뤼씨트, 플리즈.

닭고기 주세요. Chicken, please. 취킨, 플리즈.

2 어디인가요? Where is ~? 웨얼 이즈

화장실이 어디인가요? Where is the toilet? 웨얼 이즈 더 토일렛?

버스 정류장이 어디인가요? Where is the bus stop? 웨얼 이즈 더 버쓰 스탑?

3 얼마예요? How much ~? 하우 머취

이건 얼마예요? How much is this? 하우 머취 이즈 디스?

전부 얼마예요? How much is the total? 하우 머취 이즈 더 토털?

4 ~하고 싶어요. I want to ~. 아이 원트 투

룸서비스를 주문하고 싶어요. I want to order room service. 아이 원트 투 오더 룸 썰비쓰.

택시 타고 싶어요. I want to take a taxi. 아이 원트 투 테이크 어 택시.

5 ~할 수 있나요? Can I/you ~? 캔 아이/유

펜 좀 빌릴 수 있나요? Can I borrow a pen? 캔 아이 바로우 어 펜?

영어로 말할 수 있나요? Can you speak English? 캔 유 스피크 잉글리쉬?

6 저는 ~ 할게요. I'll ~. 아윌

저는 카드로 결제할게요. I'll pay by card. 아윌 페이 바이 카드.

저는 2박 묵을 거예요. I'll stay for two nights. 아윌 스테이 포 투 나잇츠.

7 ~은 무엇인가요? What is ~? 왓 이즈

이것은 무엇인가요? What is it? 왓 이즈 잇?

다음 역 이름이 무엇인가요? What is the next station? 왓 이즈 더 넥쓰트 스테이션?

8 ~ 있나요? Do you have~? 두유 해브

다른 거 있나요? Do you have another one? 두유 해브 어나덜 원?

자리 있나요? Do you have a table? 두유 해브 어 테이블?

9 이건 ~인가요? Is ~? 이즈 디스

이 길이 맞나요? Is this the right way? 이즈 디스 더 롸잇 웨이?

이것은 여성용/남성용인가요? Is this for women/men? 이즈 디스 포 위민/맨?

10 이건 ~예요. It's ~. 잇츠

이건 너무 비싸요. It's too expensive. 잇츠 투 익쓰펜시브.

이건 짜요. It's salty. 잇츠 썰티.

1 탑승 수속할 때

자주 쓰는 여행 단어

여권 passport 패쓰포트
탑승권 boarding pass 볼딩 패쓰
창가 좌석 window seat 윈도우 씻
복도 좌석 aisle seat 아일 씻
앞쪽 좌석 front row seat 프뤈트 로우 씻
무게 weight 웨잇
추가 요금 extra charge 엑쓰트라 차알쥐
수하물 baggage/luggage 배기쥐/러기쥐

자주 쓰는 회화

여기 제 여권이요. Here is my passport. 히얼 이즈 마이 패쓰포트.
창가 좌석을 받을 수 있나요? Can I have a window seat? 캔 아이 해브 어 윈도우 씻?
앞쪽 좌석을 받을 수 있나요? Can I have a front row seat? 캔 아이 해브 어 프뤈트 로우 씻?
무게 제한이 얼마인가요? What is the weight limit? 왓 이즈 더 웨잇 리미트?
추가 요금이 얼마인가요? How much is the extra charge? 하우 머취 이즈 디 엑쓰트라 차알쥐?
13번 게이트가 어디인가요? Where is gate thirteen? 웨얼 이즈 게이트 떨틴?

2 보안 검색 받을 때

자주 쓰는 여행 단어

액체류 liquids 리퀴즈
주머니 pocket 포켓
전화기 phone 폰
노트북 laptop 랩탑
모자 hat 햇
벗다 take off 테이크 오프
임신한 pregnant 프레그넌트
가다 go 고우

자주 쓰는 회화

저는 액체류 없어요. I don't have any liquids. 아이 돈 해브 애니 리퀴즈.
주머니에 아무것도 없어요. I have nothing in my pocket. 아이 해브 낫띵 인 마이 포켓.
제 백팩에 노트북이 있어요. I have a laptop in my backpack. 아이 해브 어 랩탑 인 마이 백팩.
모자를 벗어야 하나요? Should I take off my hat? 슈드 아이 테이크 오프 마이 햇?
저 임신했어요. I'm pregnant. 아임 프레그넌트.
이제 가도 되나요? Can I go now? 캔 아이 고우 나우?

3 면세점 이용할 때

자주 쓰는 여행 단어

면세점 duty-free shop 듀티프뤼 샵
화장품 cosmetics 코스메틱스
향수 perfume 퍼퓸
가방 bag 백
선글라스 sunglasses 썬글래씨스
담배 cigarette 씨가렛
주류 alcohol 알코홀
계산하다 pay 페이

자주 쓰는 회화

얼마예요? How much is it? 하우 머치 이즈 잇?

이 가방 있나요? Do you have this bag? 두유 해브 디스 백?

이걸로 할게요. I'll take this one. 아윌 테이크 디스 원.

이 쿠폰을 사용할 수 있나요? Can I use this coupon? 캔 아이 유즈 디스 쿠펀?

여기 있어요. Here you are. 히얼 유 얼.

이걸 기내에 가지고 탈 수 있나요? Can I carry this on board? 캔 아이 캐뤼 디스 온 볼드?

④ 비행기 탑승할 때

자주 쓰는 여행 단어

탑승권 boarding pass 볼딩 패스

좌석 seat 씻

좌석 번호 seat number 씻 넘버

일등석 first class 펄스트 클래쓰

일반석 economy class 이코노미 클래쓰

안전벨트 seatbelt 씻벨트

바꾸다 change 췌인쥐

마지막 탑승 안내 last call 라스트 콜

자주 쓰는 회화

제 자리는 어디인가요? Where is my seat? 웨얼 이즈 마이 씻?

여긴 제 자리입니다. This is my seat. 디스 이즈 마이 씻.

좌석 번호가 몇 번이세요? What is your seat number? 왓 이즈 유어 씻 넘벌?

자리를 바꿀 수 있나요? Can I change my seat? 캔 아이 췌인지 마이 씻?

가방을 어디에 두어야 하나요? Where should I put my baggage? 웨얼 슈드 아이 풋 마이 배기쥐?

제 좌석을 젖혀도 될까요? Do you mind if I recline my seat? 두 유 마인드 이프 아이 뤼클라인 마이 씻?

⑤ 기내 서비스 요청할 때

자주 쓰는 여행 단어

간식 snacks 스낵쓰

맥주 beer 비얼

물 water 워럴/워터

담요 blanket 블랭킷

식사 meal 미일

닭고기 chicken 취킨

생선 fish 퓌쉬

비행기 멀미 airsick 에얼씩

자주 쓰는 회화

간식 좀 먹을 수 있나요? Can I have some snacks? 캔 아이 해브 썸 스낵쓰?

물 좀 마실 수 있나요? Can I have some water? 캔 아이 해브 썸 워럴?

담요 좀 받을 수 있나요? Can I get a blanket? 캔 아이 겟 어 블랭킷?

식사는 언제인가요? When will the meal be served? 웬 윌 더 미일 비 설브드?

닭고기로 할게요. Chicken, please. 취킨, 플리즈.

비행기 멀미가 나요. I feel airsick. 아이 필 에얼씩.

6 기내 기기/시설 문의할 때

자주 쓰는 여행 단어

등 light 라이트
작동하지 않는 not working 낫 월킹
화면 screen 스크린
음량 volume 볼륨
영화 movies 무비쓰
좌석 seat 씻
눕히다 recline 뤼클라인
화장실 toilet 토일렛

자주 쓰는 회화

등을 어떻게 켜나요? **How do I turn on the light?** 하우 두 아이 턴온 더 라이트?
화면이 안 나와요. **My screen is not working.** 마이 스크린 이즈 낫 월킹
음량을 어떻게 높이나요? **How can I turn up the volume?** 하우 캔 아이 턴업 더 볼륨?
영화 보고 싶어요. **I want to watch movies.** 아이 원트 투 워치 무비쓰.
제 좌석을 어떻게 눕히나요? **How do I recline my seat?** 하우 두 아이 뤼클라인 마이 씻?
화장실이 어디인가요? **Where is the toilet?** 웨얼 이즈 더 토일렛?

7 환승할 때

자주 쓰는 여행 단어

환승 transfer 트뤤스퍼
탑승구 gate 게이트
탑승 boarding 볼딩
연착 delay 딜레이
편명 flight number 플라이트 넘벌
갈아탈 비행기 connecting flight 커넥팅 플라이트
쉬다 rest 뤠스트
기다리다 wait 웨이트

자주 쓰는 회화

어디에서 환승할 수 있나요? **Where can I transfer?** 웨얼 캔 아이 트뤤스퍼?
몇 번 탑승구로 가야 하나요? **Which gate should I go to?** 위취 게이트 슈드 아이 고우 투?
탑승은 몇 시에 시작하나요? **What time does the boarding begin?** 왓 타임 더즈 더 볼딩 비긴?
화장실은 어디에 있나요? **Where is the toilet?** 웨얼 이즈 더 토일렛?
제 비행기 편명은 ooo입니다. **My flight number is ooo.** 마이 플라이트 넘벌 이즈 ooo.
라운지는 어디에 있나요? **Where is the lounge?** 웨얼 이즈 더 라운지?

8 입국 심사받을 때

자주 쓰는 여행 단어

방문하다 visit 비짓
여행 traveling 트뤠블링
관광 sightseeing 싸이트씨잉
출장 business trip 비즈니스 트립
왕복 티켓 return ticket 뤼턴 티켓
지내다, 머무르다 stay 스테이
일주일 a week 어 위크
입국 심사 immigration 이미그뤠이션

자주 쓰는 회화

방문 목적이 무엇인가요? What is the purpose of your visit? 왓 이즈 더 펄포스 오브 유얼 비짓?

여행하러 왔어요. I'm here for traveling. 아임 히어 포 트뤠블링.

출장으로 왔어요. I'm here for a business trip. 아임 히어 포 비즈니스 트립.

왕복 티켓이 있나요? Do you have your return ticket? 두유 해브 유얼 뤼턴 티켓?

호텔에서 지낼 거예요. I'm going to stay at a hotel. 아임 고잉 투 스테이 앳 어 호텔.

일주일 동안 머무를 거예요. I'm staying for a week. 아임 스테잉 포 어 위크.

03 교통수단

① 승차권 구매할 때

자주 쓰는 여행 단어

표 ticket 티켓

사다 buy 바이

매표소 ticket office 티켓 오피스

발권기 ticket machine 티켓 머쉰

시간표 timetable 타임테이블

편도 티켓 single ticket 씽글 티켓

어른 adult 어덜트

어린이 child 촤일드

자주 쓰는 회화

표 어디에서 살 수 있나요? Where can I buy a ticket? 웨얼 캔 아이 바이 어 티켓?

발권기는 어떻게 사용하나요? How do I use the ticket machine? 하우 두 아이 유즈 더 티켓 머쉰?

왕복 표 두 장이요. Two return tickets, please. 투 뤼턴 티켓츠, 플리즈.

어른 세 장이요. Three adults, please. 쓰리 어덜츠, 플리즈.

어린이는 얼마인가요? How much is it for a child? 하우 머취 이즈 잇 포 어 촤일드?

마지막 버스는 몇 시인가요? What time is the last bus? 왓 타임 이즈 더 라스트 버스?

② 버스 이용할 때

자주 쓰는 여행 단어

버스를 타다 take a bus 테이크 어 버스

내리다 get off 겟 오프

버스표 ticket 티켓

버스 정류장 bus stop 버스 스탑

버스 요금 bus fare 버스 풰어

이번 정류장 this stop 디스 스탑

다음 정류장 next stop 넥스트 스탑

셔틀 버스 shuttle bus 셔틀 버스

자주 쓰는 회화

버스 어디에서 탈 수 있나요? Where can I take the bus? 웨얼 캔 아이 테이크 더 버스?

버스 정류장이 어디에 있나요? Where is the bus stop? 웨얼 이즈 더 버스 스탑?

이 버스 ooo로 가나요? Is this a bus to ooo? 이즈 디스 어 버스 투 ooo?

버스 요금이 얼마인가요? How much is the bus fare? 하우 머취 이즈 더 버스 풰어?

다음 정류장 이름이 무엇인가요? What is the next stop? 왓 이즈 더 넥스트 스탑?

어디서 내려야 하나요? Where should I get off? 웨얼 슈드 아이 겟 오프?

③ 유이레일 이용할 때

자주 쓰는 여행 단어

유이레일 yuirail 유이레일
타다 take 테이크
내리다 get off 겟 오프
노선도 line map 라인 맵
승강장 platform 플랫폼
역 station 스테이션

자주 쓰는 회화

유이레일 어디에서 탈 수 있나요? Where can I take the yuirail?
웨얼 캔 아이 테이크 더 유이레일?
노선도 받을 수 있나요? Can I get the line map? 캔 아이 겟 더 라인 맵?
승강장을 못 찾겠어요. I can't find the platform. 아이 캔트 파인 더 플랫폼.
다음 역은 무엇인가요? What is the next station? 왓 이즈 더 넥쓰트 스테이션?

④ 택시 이용할 때

자주 쓰는 여행 단어

택시를 타다 take a taxi 테이크 어 택씨
택시 정류장 taxi stand 택씨 스탠드
기본요금 minimum fare 미니멈 풰어
공항 airport 에어포트
트렁크 trunk 트뤙크
더 빠르게 faster 풰스털
세우다 stop 스탑
잔돈 change 췌인쥐

자주 쓰는 회화

택시 어디서 탈 수 있나요? Where can I take a taxi? 웨얼 캔 아이 테이크 어 택씨?
기본요금이 얼마인가요? What is the minimum fare? 왓 이즈 더 미니멈 풰어?
공항으로 가주세요. To the airport, please. 투 디 에어포트, 플리즈.
트렁크 열어줄 수 있나요? Can you open the trunk, please? 캔 유 오픈 더 트뤙크, 플리즈?
저기서 세워줄 수 있나요? Can you stop over there? 캔 유 스탑 오버 데얼?
잔돈은 가지세요. You can keep the change. 유 캔 킵 더 췌인쥐.

⑤ 거리에서 길 찾을 때

자주 쓰는 여행 단어

주소 address 어드뤠쓰
거리 street 스트뤼트
모퉁이 corner 코널
골목 alley 앨리
지도 map 맵
먼 far 퐈
가까운 close 클로쓰
길을 잃은 lost 로스트

자주 쓰는 회화

박물관에 어떻게 가나요? How do I get to the museum? 하우 두 아이 겟 투 더 뮤지엄?

모퉁이에서 오른쪽으로 도세요. Turn right at the corner. 턴 롸잇 앳 더 코널.

여기서 멀어요? Is it far from here? 이즈 잇 퐈 프롬 히얼?

길을 잃었어요. I'm lost. 아임 로스트.

이 건물을 찾고 있어요. I'm looking for this building. 아임 룩킹 포 디스 빌딩.

이 길이 맞나요? Is this the right way? 이즈 디스 더 롸잇 웨이?

6 교통편 놓쳤을 때

자주 쓰는 여행 단어

비행기 flight 플라이트

놓치다 miss 미쓰

연착되다 delay 딜레이

다음 next 넥쓰트

변경하다 change 췌인쥐

환불 refund 뤼풘드

기다리다 wait 웨이트

자주 쓰는 회화

비행기를 놓쳤어요. I missed my flight. 아이 미쓰드 마이 플라이트.

제 비행기가 연착됐어요. My flight is delayed. 마이 플라이트 이즈 딜레이드.

다음 비행기는 언제예요? When is the next flight? 웬 이즈 더 넥쓰트 플라이트?

어떻게 해야 하나요? What should I do? 왓 슈드 아이 두?

변경할 수 있나요? Can I change it? 캔 아이 췌인쥐 잇?

환불받을 수 있나요? Can I get a refund? 캔 아이 겟 어 뤼풘드?

04 숙소에서

1 체크인할 때

자주 쓰는 여행 단어

체크인 check-in 췌크인

일찍 early 얼리

예약 reservation 뤠저베이션

여권 passport 패쓰포트

바우처 voucher 봐우처

추가 침대 extra bed 엑쓰트롸 베드

보증금 deposit 디파짓

와이파이 비밀번호 Wi-Fi password 와이파이 패스월드

자주 쓰는 회화

체크인할게요. Check in, please. 췌크인 플리즈.

일찍 체크인할 수 있나요? Can I check in early? 캔 아이 췌크인 얼리?

예약했어요. I have a reservation. 아이 해브 어 뤠저베이션

여기 제 여권이요. Here is my passport. 히얼 이즈 마이 패쓰포트.

더블 침대를 원해요. I want a double bed. 아이 원트 어 더블 베드.

와이파이 비밀번호가 무엇인가요? What is the Wi-Fi password? 왓 이즈 더 와이파이 패스월드?

2 체크아웃할 때

자주 쓰는 여행 단어

체크아웃 check-out 쳬크아웃
늦게 late 레이트
보관하다 keep 킵
짐 baggage 배기쥐
청구서 invoice 인보이쓰
요금 charge 차알쥐
추가 요금 extra charge 엑스트라 차알쥐
택시 taxi 택시

자주 쓰는 회화

체크아웃할게요. Check out, please. 쳬크아웃 플리즈.
체크아웃 몇 시예요? What time is check-out? 왓 타임 이즈 쳬크아웃?
늦게 체크아웃할 수 있나요? Can I check out late? 캔 아이 쳬크아웃 레이트?
늦은 체크아웃은 얼마예요? How much is it for late check-out? 하우 머취 이즈 잇 포 레이트 쳬크아웃?
짐을 맡길 수 있나요? Can you keep my baggage? 캔 유 킵 마이 배기쥐?
청구서를 받을 수 있나요? Can I have an invoice? 캔 아이 해브 언 인보이쓰?

3 부대시설 이용할 때

자주 쓰는 여행 단어

식당 restaurant 뤠스터런트
조식 breakfast 브뤡퍼스트
수영장 pool 풀
헬스장 gym 쥠
스파 spa 스파
세탁실 laundry room 뤈드리 룸
자판기 vending machine 벤딩 머쉰
24시간 twenty-four hours 트웬티포 아워쓰

자주 쓰는 회화

식당 언제 여나요? When does the restaurant open? 웬 더즈 더 뤠스터런트 오픈?
조식 어디서 먹나요? Where can I have breakfast? 웨얼 캔 아이 햅 브뤡퍼스트?
조식 언제 끝나요? When does breakfast end? 웬 더즈 브뤡퍼스트 엔드?
수영장 언제 닫나요? When does the pool close? 웬 더즈 더 풀 클로즈?
헬스장이 어디에 있나요? Where is the gym? 웨얼 이즈 더 쥠?
자판기 어디에 있나요? Where is the vending machine? 웨얼 이즈 더 벤딩 머쉰?

4 객실 용품 요청할 때

자주 쓰는 여행 단어

수건 towel 타월
비누 soap 쏩
칫솔 tooth brush 투쓰 브러쉬
화장지 tissue 티슈
베개 pillow 필로우
드라이기 hair dryer 헤어 드롸이어
침대 시트 bed sheet 베드 쉬이트

자주 쓰는 회화

수건 받을 수 있나요? **Can I get a towel?** 캔 아이 겟 어 타월?

비누 받을 수 있나요? **Can I get a soap?** 캔 아이 겟 어 쏩?

칫솔 하나 더 주세요. **One more toothbrush, please.** 원 모어 투쓰 브러쉬, 플리즈.

베개 하나 더 받을 수 있나요? **Can I get one more pillow?** 캔 아이 겟 원 모어 필로우?

드라이기가 어디 있나요? **Where is the hair dryer?** 웨얼 이즈 더 헤어 드라이어?

침대 시트 바꿔줄 수 있나요? **Can you change the bed sheet?** 캔 유 췌인쥐 더 베드 쉬이트?

5 기타 서비스 요청할 때

자주 쓰는 여행 단어

룸 서비스 **room service** 룸 썰비스

주문하다 **order** 오더

청소하다 **clean** 클린

모닝콜 **wake-up call** 웨이크업 콜

세탁 서비스 **laundry service** 뤈드리 썰비스

에어컨 **air conditioner** 에얼 컨디셔널

휴지 **toilet paper** 토일렛 페이퍼

냉장고 **fridge** 프리쥐

자주 쓰는 회화

룸서비스 되나요? **Do you have room service?** 두 유 해브 룸 썰비스?

샌드위치를 주문하고 싶어요. **I want to order some sandwiches.** 아이 원트 투 오더 썸 쌘드위치스.

객실을 청소해 줄 수 있나요? **Can you clean my room?** 캔 유 클린 마이 룸?

7시에 모닝콜 해 줄 수 있나요? **Can I get a wake-up call at 7?** 캔 아이 겟 어 웨이크업 콜 앳 쎄븐?

세탁 서비스 되나요? **Do you have laundry service?** 두 유 해브 뤈드리 썰비스?

히터 좀 확인해 줄 수 있나요? **Can you check the heater?** 캔 유 췌크 더 히터?

6 불편사항 말할 때

자주 쓰는 여행 단어

고장난 **not working** 낫 월킹

온수 **hot water** 핫 워터

수압 **water pressure** 워터 프레슈어

변기 **toilet** 토일렛

귀중품 **valuables** 밸류어블즈

더운 **hot** 핫

추운 **cold** 콜드

시끄러운 **noisy** 노이지

자주 쓰는 회화

에어컨이 작동하지 않아요. **The air conditioner is not working.** 디 에얼 컨디셔널 이즈 낫 월킹.

온수가 안 나와요. **There is no hot water.** 데얼 이즈 노 핫 워터.

수압이 낮아요. **The water pressure is low.** 더 워터 프레슈어 이즈 로우.

변기 물이 안 내려가요. **The toilet doesn't flush.** 더 토일렛 더즌트 플러쉬.

귀중품을 잃어버렸어요. **I lost my valuables.** 아이 로스트 마이 밸류어블즈.

방이 너무 추워요. **It's too cold in my room.** 잇츠 투 콜드 인 마이 룸.

1 예약할 때

자주 쓰는 여행 단어

예약하다 book 북
자리 table 테이블
아침 식사 breakfast 브렉퍼스트
점심 식사 lunch 런취
저녁 식사 dinner 디너
예약하다 make a reservation 메이크 어 뤠저붸이션
예약을 취소하다 cancel a reservation 캔쓸 어 뤠저붸이션
주차장 parking lot/car park 파킹 랏/카 파크

자주 쓰는 회화

자리 예약하고 싶어요. I want to book a table. 아이 원트 투 북 어 테이블.
저녁 식사 예약하고 싶어요. I want to book a table for dinner. 아이 원트 투 북 어 테이블 포 디너.
3명 자리 예약하고 싶어요. I want to book a table for three. 아이 원트 투 북 어 테이블 포 뜨리.
000 이름으로 예약했어요. I have a reservation under the name of 000. 아이 해브 어 뤠저붸이션 언덜 더 네임 오브 000.
예약 취소하고 싶어요. I want to cancel my reservation. 아이 원트 투 캔쓸 마이 뤠저붸이션.
주차장이 있나요? Do you have a parking lot? 두 유 해브 어 파킹 랏?

2 주문할 때

자주 쓰는 여행 단어

메뉴판 menu 메뉴
주문하다 order 오더
추천 recommendation 뤠커멘데이션
스테이크 steak 스테이크
해산물 seafood 씨푸드
짠 salty 쏠티
매운 spicy 스파이씨
음료 drink 드링크

자주 쓰는 회화

메뉴판 볼 수 있나요? Can I see the menu? 캔 아이 씨 더 메뉴?
지금 주문할게요. I want to order now. 아이 원트 투 오더 나우.
추천해줄 수 있나요? Do you have any recommendations? 두 유 해브 애니 뤠커멘데이션스?
이걸로 주세요. This one, please. 디스 원 플리즈.
스테이크 하나 주시겠어요? Can I have a steak? 캔 아이 해브 어 스테이크?
제 스테이크는 중간 정도로 익혀주세요. I want my steak medium, please. 아이 원트 마이 스테이크 미디엄, 플리즈.

3 식당 서비스 요청할 때

자주 쓰는 여행 단어

닦다 wipe down 와이프 다운
접시 plate 플레이트
떨어뜨리다 drop 드롭
칼 knife 나이프
데우다 heat up 힛 업
잔 glass 글래쓰
휴지 napkin 냅킨
아기 의자 high chair 하이 췌어

자주 쓰는 회화

이 테이블 좀 닦아줄 수 있나요? Can you wipe down this table? 캔 유 와이프 다운 디스 테이블?

접시 하나 더 받을 수 있나요? Can I get one more plate? 캔 아이 겟 원 모얼 플레이트?

나이프를 떨어뜨렸어요. I dropped my knife. 아이 드롭트 마이 나이프.

냅킨이 없어요. There is no napkin. 데얼 이즈 노우 냅킨.

아기 의자 있나요? Do yon have a high chair? 두 유 해브 어 하이 췌어?

이것 좀 데워줄 수 있나요? Can you heat this up? 캔 유 힛 디스 업?

4 불만사항 말할 때

자주 쓰는 여행 단어

너무 익은 overcooked 오버쿡트

덜 익은 undercooked 언더쿡트

잘못된 wrong 뤙

음식 food 푸드

음료 drink 드륑크

짠 salty 쏠티

싱거운 bland 블랜드

새 것 new one 뉴 원

자주 쓰는 회화

실례합니다. Excuse me. 익스큐스 미.

이것은 덜 익었어요. It's undercooked. 잇츠 언더쿡트.

메뉴가 잘못 나왔어요. I got the wrong menu. 아이 갓 더 뤙 메뉴.

제 음료를 못 받았어요. I didn't get my drink. 아이 디든트 겟 마이 드륑크.

이것은 너무 짜요. It's too salty. 잇츠 투 쏠티.

새 것을 받을 수 있나요? Can I have a new one? 캔 아이 해브 어 뉴 원?

5 계산할 때

자주 쓰는 여행 단어

계산서 bill 빌

지불하다 pay 페이

현금 cash 캐쉬

신용카드 credit card 크뤠딧 카드

잔돈 change 췌인쥐

영수증 receipt 뤼씨트

세금 tax 텍스

포함하다 include 인클루드

자주 쓰는 회화

계산서 주세요. Bill, please. 빌, 플리즈.

따로 계산해 주세요. Separate bills, please. 쎄퍼뤠이트 빌즈, 플리즈.

계산서가 잘못 됐어요. Something is wrong with the bill. 썸띵 이즈 뤙 위드 더 빌.

신용카드로 지불할 수 있나요? Can I pay by credit card? 캔 아이 바이 크레딧 카드?

영수증 주시겠어요? Can I get a receipt? 캔 아이 겟 어 뤼씨트?

세금이 포함되어 있나요? Is the tax included? 이즈 더 텍스 인클루디드?

6 패스트푸드 주문할 때

자주 쓰는 여행 단어

세트 combo/meal 컴보/미일

햄버거 burger 벌거얼

감자튀김 chips/fries 칩스/프라이스

케첩 ketchup 켓첩

추가의 extra 엑쓰트라

콜라 coke 코크

리필 refill 뤼필

포장 takeaway/to go 테이크어웨이/투 고

자주 쓰는 회화

2번 세트 주세요. I'll have meal number two. 아이윌 햅 미일 넘벌 투.

햄버거만 하나 주세요. Just a burger, please. 저스트 어 벌거얼, 플리즈.

치즈 추가해 주세요. Can I have extra cheese on it? 캔 아이 해브 엑쓰트라 치즈 언 잇?

리필할 수 있나요? Can I get a refill? 캔 아이 겟 어 뤼필?

여기서 먹을 거예요. It's for here. 잇츠 포 히얼.

포장해 주세요. Takeaway, please. 테이크어웨이 플리즈.

7 커피 주문할 때

자주 쓰는 여행 단어

아메리카노 americano 아뭬리카노

라떼 latte 라테이

차가운 iced 아이쓰드

작은 small 스몰

중간의 regular/medieum 뤠귤러/미디엄

큰 large 라알쥐

샷 추가 extra shot 엑쓰트롸 샷

두유 soy milk 쏘이 미일크

자주 쓰는 회화

차가운 아메리카노 한 잔 주세요. One iced americano, please. 원 아이쓰드 아뭬리카노, 플리즈.

작은 사이즈 라떼 한 잔 주시겠어요? Can I have a small latte? 캔 아이 해브 어 스몰 라테이?

샷 추가해 주세요. Add an extra shot, please. 애드 언 엑쓰트롸 샷, 플리즈.

두유 라떼 한 잔 주시겠어요? Can I have a soy latte? 캔 아이 해브 어 소이 라테이?

휘핑크림 추가해 주세요. I'll have extra whipped cream. 아윌 해브 엑쓰트롸 휩트 크림.

얼음 더 넣어 주시겠어요? Can you put extra ice in it? 캔 유 풋 엑쓰트롸 아이쓰 인 잇?

06 관광할 때

1 관람권 구매할 때

자주 쓰는 여행 단어

표 ticket 티켓

입장료 admission fee 어드미션 퓌

공연 show 쑈

인기 있는 popular 파퓰러

뮤지컬 musical 뮤지컬

다음 공연 next show 넥쓰트 쑈

좌석 seat 씻

매진된 sold out 쏠드 아웃

자주 쓰는 회화

표 얼마예요? How much is the ticket? 하우 머취 이즈 더 티켓?

표 2장 주세요. Two tickets, please. 투 티켓츠, 플리즈.

어른 3장, 어린이 1장 주세요. Three adults and one child, please. 뜨리 어덜츠 앤 원 촤일드, 플리즈.

가장 인기 있는 공연이 뭐예요? What is the most popular show? 왓 이즈 더 모스트 파퓰러 쑈?

공연 언제 시작하나요? When does the show start? 웬 더즈 더 쑈 스타트?

매진인가요? Is it sold out? 이즈 잇 솔드 아웃?

② 투어 예약 및 취소할 때

자주 쓰는 여행 단어

투어를 예약하다 book a tour 북 어 투어

시내 투어 city tour 씨티 투어

박물관 투어 museum tour 뮤지엄 투어

버스 투어 bus tour 버스 투어

취소하다 cancel 캔쓸

바꾸다 change 췌인쥐

환불 refund 뤼풘드

취소 수수료 cancellation fee 캔쓸레이션 퓌

자주 쓰는 회화

시내 투어 예약하고 싶어요. I want to book a city tour. 아이 원트 투 북 어 씨티 투어.

이 투어 얼마예요? How much is this tour? 하우 머취 이즈 디스 투어?

투어 몇 시에 시작해요? What time does the tour start? 왓 타임 더즈 더 투어 스타트?

투어 몇 시에 끝나요? What time does the tour end? 왓 타임 더즈 더 투어 엔드?

투어 취소할 수 있나요? Can I cancel the tour 캔 아이 캔쓸 더 투어?

환불 받을 수 있나요? Can I get a refund? 캔 아이 겟 어 뤼풘드?

③ 관광 안내소 방문했을 때

자주 쓰는 여행 단어

추천하다 recommend 뤠커멘드

관광 sightseeing 싸이트시잉

관광 정보 tour information 투어 인포메이션

시내 지도 city map 씨티 맵

관광 안내 책자 tourist brochure 투어뤼스트 브로슈얼

시간표 timetable 타임테이블

가까운 역 the nearest station 더 니어리스트 스테이션

예약하다 make a reservation 메이크 어 뤠저베이션

자주 쓰는 회화

관광으로 무엇을 추천하시나요? What do you recommend for sightseeing? 왓 두유 뤠커멘드 포 싸이트씨잉?

시내 지도 받을 수 있나요? Can I get a city map? 캔 아이 겟 어 씨티 맵?

관광 안내 책자 받을 수 있나요? Where can I find a tourist brochure? 웨얼 캔 아이 파인드 어 투어리스트 브로슈얼?

버스 시간표 받을 수 있나요? Can I get a bus timetable? 캔 아이 겟 어 버스 타임테이블?

가장 가까운 역이 어디예요? Where is the nearest station? 웨얼 이즈 더 니어리스트 스테이션?

거기에 어떻게 가나요? How do I get there? 하우 두 아이 겟 데얼?

4 관광 명소 관람할 때

자주 쓰는 여행 단어

대여하다 rent 렌트
오디오 가이드 audio guide 오디오 가이드
가이드 투어 guided tour 가이디드 투어
입구 entrance 엔터뤈쓰
출구 exit 엑씨트
기념품 가게 gift shop 기프트 샵
기념품 souvenir 수브니어

자주 쓰는 회화

오디오 가이드 빌릴 수 있나요? Can I borrow an audio guide? 캔 아이 보로우 언 오디오 가이드?
오늘 가이드 투어 있나요? Are there any guided tours today? 얼 데얼 애니 가이디드 투얼스 투데이?
안내 책자 받을 수 있나요? Can I get a brochure? 캔 아이 겟 어 브로슈얼?
출구는 어디인가요? Where is the exit? 웨얼 이즈 디 엑씨트?
기념품 가게는 어디인가요? Where is the gift shop? 웨얼 이즈 더 기프트 샵?
여기서 사진 찍어도 되나요? Can I take pictures here? 캔 아이 테잌 픽쳐스 히얼?

5 사진 촬영 부탁할 때

자주 쓰는 여행 단어

사진을 찍다 take a picture 테이크 어 픽쳐
누르다 press 프레쓰
버튼 button 버튼
하나 더 one more 원 모얼
배경 background 백그라운드
플래시 flash 플래쉬
셀카 selfie 셀피
촬영 금지 no pictures 노 픽쳐스

자주 쓰는 회화

사진 좀 찍어 주실 수 있나요? Can you take a picture? 캔 유 테이크 어 픽쳐?
이 버튼 누르시면 돼요. Just press this button, please. 저스트 프레쓰 디스 버튼, 플리즈.
한 장 더 부탁드려요. One more, please. 원 모얼, 플리즈.
배경이 나오게 찍어주세요. Can you take a picture with the background? 캔 유 테이크 어 픽쳐 윗 더 백그라운드?
제가 사진 찍어드릴까요? Do you want me to take a picture of you? 두 유 원트 미 투 테이크 어 픽쳐 옵 유?
플래시 사용할 수 있나요? Can I use the flash? 캔 아이 유즈 더 플래쉬?

07 쇼핑할 때

1 제품 문의할 때

자주 쓰는 여행 단어

제품 item 아이템
인기 있는 popular 파퓰러
얼마 how much 하우 머취
세일 sale 쎄일
이것·저것 this·that 디스·댓
선물 gift 기프트
지역 특산품 local product 로컬 프러덕트
추천 recommendation 뤠커멘데이션

자주 쓰는 회화

가장 인기 있는 것이 뭐예요? What is the most popular one? 왓 이즈 더 모스트 파퓰러 원?

이 제품 있나요? Do you have this item? 두 유 해브 디스 아이템?

이거 얼마예요? How much is this? 하우 머취 이즈 디스?

이거 세일하나요? Is this on sale? 이즈 디스 언 쎄일?

스몰 사이즈 있나요? Do you have a small size? 두 유 해브 어 스몰 싸이즈?

선물로 뭐가 좋은가요? What's good for a gift? 왓츠 굿 포 어 기프트?

2 착용할 때

자주 쓰는 여행 단어

사용해보다 try 트롸이

탈의실 fitting room 퓌팅 룸

다른 것 another one 어나더 원

다른 색상 another color 어나더 컬러

더 큰 것 bigger one 비걸 원

더 작은 것 smaller one 스몰러 원

사이즈 size 싸이즈

좋아하다 like 라이크

자주 쓰는 회화

이거 입어볼 볼 수 있나요? Can I try this on? 캔 아이 트롸이 디스 온?

이거 사용해 볼 수 있나요? Can I try this? 캔 아이 트롸이 디스?

탈의실은 어디인가요? Where is the fitting room? 웨얼 이즈 더 퓌팅 룸?

다른 색상 착용해 볼 수 있나요? Can I try another color? 캔 아이 트롸이 어나더 컬러?

더 큰 것 있나요? Do you have a bigger one? 두 유 해브 어 비걸 원?

이거 마음에 들어요. I like this one. 아이 라이크 디스 원.

3 가격 문의 및 흥정할 때

자주 쓰는 여행 단어

얼마 how much 하우 머취

가방 bag 백

세금 환급 tax refund 택쓰 뤼펀드

비싼 expensive 익쓰펜씨브

할인 discount 디스카운트

쿠폰 coupon 쿠펀

더 저렴한 것 cheaper one 취퍼 원

더 저렴한 가격 lower price 로월 프라이쓰

자주 쓰는 회화

이 가방 얼마예요? How much is this bag? 하우 머취 이즈 디스 백?

나중에 세금 환급 받을 수 있나요? Can I get a tax refund later? 캔 아이 겟 어 택쓰 뤼펀드 레이러?

너무 비싸요. It's too expensive. 잇츠 투 익쓰펜씨브.

할인 받을 수 있나요? Can I get a discount? 캔 아이 겟 어 디스카운트?

이 쿠폰 사용할 수 있나요? Can I use this coupon? 캔 아이 유즈 디스 쿠펀?

더 저렴한 거 있나요? Do you have a cheaper one? 두 유 해브 어 취퍼 원?

4 계산할 때

자주 쓰는 여행 단어

총 total 토털
지불하다 pay 페이
신용 카드 credit card 크뤠딧 카드
체크 카드 debit card 데빗 카드
현금 cash 캐쉬
할부로 결제하다 pay in installments 페이 인 인스톨먼츠
일시불로 결제하다 pay in full 페이 인 풀

자주 쓰는 회화

총 얼마예요? How much is the total? 하우 머취 이즈 더 토털?
신용 카드로 지불할 수 있나요? Can I pay by credit card? 캔 아이 페이 바이 크뤠딧 카드?
현금으로 지불할 수 있나요? Can I pay in cash? 캔 아이 페이 인 캐쉬?
영수증 주세요. Receipt, please. 뤼씨트, 플리즈.
할부로 결제할 수 있나요? Can I pay in installments? 캔 아이 페이 인 인스톨먼츠?
일시불로 결제할 수 있나요? Can I pay in full? 캔 아이 페이 인 풀?

5 포장 요청할 때

자주 쓰는 여행 단어

포장하다 wrap 뤱
뽁뽁이로 포장하다 bubble wrap 버블 뤱
따로 separately 쎄퍼랫틀리
선물 포장하다 gift wrap 기프트 뤱
상자 box 박쓰
쇼핑백 shopping bag 샤핑 백
비닐봉지 plastic bag 플라스틱 백
깨지기 쉬운 fragile 프뤠질

자주 쓰는 회화

포장은 얼마예요? How much is it for wrapping? 하우 머취 이즈 잇 포 뤱핑?
이거 포장해줄 수 있나요? Can you wrap this? 캔 유 뤱 디스?
뽁뽁이로 포장해줄 수 있나요? Can you bubble wrap it? 캔 유 버블 뤱 잇?
따로 포장해줄 수 있나요? Can you wrap them separately? 캔 유 뤱 뎀 쎄퍼랫틀리?
선물 포장해 줄 수 있나요? Can you gift wrap it? 캔 유 기프트 뤱 잇?
쇼핑백에 담아주세요. Please put it in a shopping bag. 플리즈 풋 잇 인 어 샤핑 백.

6 교환·환불할 때

자주 쓰는 여행 단어

교환하다 exchange 익쓰췌인쥐
반품하다 return 뤼턴
환불 refund 뤼펀드
다른 것 another one 어나덜 원
영수증 receipt 뤼씨트
지불하다 pay 페이
사용하다 use 유즈
작동하지 않는 not working 낫 월킹

자주 쓰는 회화

교환할 수 있나요? Can I exchange it? 캔 아이 익쓰췌인지 잇?

환불 받을 수 있나요? Can I get a refund? 캔 아이 겟 어 뤼펀드?

영수증을 잃어버렸어요. I lost my receipt. 아이 로스트 마이 뤼씨트.

현금으로 계산했어요. I paid in cash. 아이 페이드 인 캐쉬.

사용하지 않았아요. I didn't use it. 아이 디든트 유즈 잇.

이것은 작동하지 않아요. It's not working. 잇츠 낫 월킹.

08 위급 상황

1 아프거나 다쳤을 때

자주 쓰는 여행 단어

약국 pharmacy 파마씨
병원 hospital 하스피탈
아픈 sick 씩
다치다 hurt 헐트
두통 headache 헤데이크
복통 stomachache 스토먹에이크
인후염 sore throat 쏘어 뜨로트
열 fever 퓌버
어지러운 dizzy 디지
토하다 throw up 뜨로우 업

자주 쓰는 회화

가까운 병원은 어디인가요? Where is the nearest hospital? 웨얼 이즈 더 니어뤼스트 하스피탈?

응급차를 불러줄 수 있나요? Can you call an ambulance? 캔 유 콜 언 앰뷸런쓰?

무릎을 다쳤어요. I hurt my knee. 아이 헐트 마이 니.

배가 아파요. I have a stomachache. 아이 해브 어 스토먹에이크.

어지러워요. I feel dizzy. 아이 퓔 디지.

토할 것 같아요. I feel like throwing up. 아이 퓔 라이크 뜨로잉 업.

2 분실·도난 신고할 때

자주 쓰는 여행 단어

경찰서 police station 폴리쓰 스테이션
분실하다 lost 로스트
전화기 phone 폰
지갑 wallet 월렛
여권 passport 패쓰포트
신고하다 report 뤼포트
도난 theft 떼프트
훔친 stolen 스톨른
귀중품 valuables 밸류어블즈
한국 대사관 Korean embassy 코뤼언 엠버씨

자주 쓰는 회화

가장 가까운 경찰서가 어디인가요? Where is the nearest police station? 웨얼 이즈 더 니어뤼스트 폴리쓰 스테이션?

제 여권을 분실했어요. I lost my passport. 아이 로스트 마이 패쓰포트.

이걸 어디에 신고해야 하나요? Where should I report this? 웨얼 슈드 아이 뤼포트 디스?

제 가방을 도난당했어요. My bag is stolen. 마이 백 이즈 스톨른.

분실물 보관소는 어디인가요? Where is the lost-and-found? 웨얼 이즈 더 로스트앤파운드?

한국 대사관에 연락해 주세요. Please call the Korean embassy. 플리즈 콜 더 코뤼언 엠버씨.

INDEX
찾아보기

숫자·영어 알파벳

ㄱ

ㄴ

ㄷ

ㄹ

ㅁ

ㅂ

ㅈ

ㅊ

ㅋ

ㅌ

ㅍ

ㅎ